压水堆核电厂操纵人员基础理论培训系列教材

核电厂核蒸汽供应系统

Nuclear Steam Supply System of Nuclear Power Plants

夏延龄　周一东　黄兴蓉　编著

中国原子能出版社

图书在版编目(CIP)数据

核电厂核蒸汽供应系统 / 夏延龄,周一东,黄兴蓉编著.
—北京:原子能出版社,2010.1(2014.1 重印)
(压水堆核电厂操纵人员基础理论培训系列教材)
ISBN 978-7-5022-4767-6

Ⅰ.①核… Ⅱ.①夏… ②周… ③黄… Ⅲ.核电厂—蒸汽—供热系统 Ⅳ.TM623.4

中国版本图书馆 CIP 数据核字(2009)第 243525 号

内容简介

本书以世界上目前典型的百万千瓦级压水堆核电厂为例阐述了核蒸汽供应系统的流程、主要设备、工作原理和运行特点。全书共分七章,内容包括核反应堆及系统的基本组成、压水堆本体结构、冷却剂环路系统及设备、一回路辅助系统、专设安全设施、安全壳及其附属系统、核岛排气疏水系统及硼回收系统等。

本书是压水堆核电厂操纵人员基础理论培训系列教材之一,也可供从事核电工程的相关技术人员及高等院校核工程专业的师生参考。

核电厂核蒸汽供应系统

策　　划　刘　朔　张　琳
出版发行　中国原子能出版社(北京市海淀区阜成路 43 号　100048)
责任编辑　刘　岩
技术编辑　冯莲凤
责任印制　潘玉玲
印　　刷　保定市中画美凯印刷有限公司
经　　销　全国新华书店
开　　本　787 mm×1092 mm　1/16
印　　张　17　　**字　数**　418 千字
版　　次　2010 年 12 月第 1 版　2014 年 1 月第 2 次印刷
书　　号　ISBN 978-7-5022-4767-6
印　　数　2501—4000　　**定　价**　82.00 元

网址:http://www.aep.com.cn　　**E-mail:atomep123@126.com**
发行电话:010-68452845

《压水堆核电厂操纵人员基础理论培训系列教材》

编　委　会

编委会办公室

《压水堆核电厂操纵人员基础理论培训系列教材》

校 审 专 家

（按姓氏拼音顺序排列）

一审专家：

高秀清　高永春　李文埮　李永章　刘耕国
罗璋琳　彭木彰　浦胜娣　吴炳祥　夏益华
张培升　赵兆颐

二审专家：

陈　跃　付卫彬　黄志军　蒋祖跃　李守平
马明泽　毛正宥　潘泽飞　唐锡文　王瑞正
魏　挺　薛峻峰　杨　炜　朱晓斌

统审专家：

曹述栋　丁卫东　丁云峰　宫广臣　苟　峰
顾颖宾　郭利民　何小剑　黄世强　廖伟明
刘志勇　马明泽　毛正宥　缪亚民　戚屯锋
苏圣兵　孙光弟　王晓航　魏国良　吴　放
吴　岗　杨昭刚　俞卓平　张福宝　张志雄
周卫红

前　言

核电厂操纵人员的素质关系到核电厂的安全运营，而培训工作是保证人员素质的基本环节之一。为适应当前我国大力发展核电的形势，保证核电厂操纵人员的培训质量，使基础理论培训满足国家核安全法规与行业规定的要求，便于对培训过程实施统一规范的管理，国家主管部门决定编写一套适用于核电厂操纵人员的基础理论培训教材——《压水堆核电厂操纵人员基础理论培训系列教材》。鉴于核工业研究生部在近20年的核电基础理论培训中，积累了丰富的教学及管理经验，具有稳定的师资队伍和较完整的教材体系，故由核工业研究生部具体承担教材编写的组织工作。

为了编好操纵人员培训教材，核工业研究生部牵头组织长期从事核电培训的专家、教授进行认真分析和讨论，根据我国现有堆型的特点，从压水堆核电厂入手，由核电厂、核动力运行研究所、操纵人员资格审查委员会等单位的专家共同参与编写。这套教材共十二册，包括《核反应堆物理》、《核反应堆热工水力学》、《核电厂辐射防护》、《核电厂材料》、《核电厂通用机械设备》、《核电厂水化学》、《核电厂电气原理与设备》、《核电厂核蒸汽供应系统》、《核电厂蒸汽动力转换系统》、《核电厂仪表与控制》、《核电厂核安全》、《核电厂运行概论》。这套教材内容以核电厂相关专业的基本概念、基本原理及基础知识为主，可为操纵人员下一步培训打下良好的理论基础。

本套教材是经过充分准备、精心组织而完成的。首先，根据核电厂操纵人员的培训目标，按照《核电厂操纵人员的执照考核标准》(EJ/T 1043—2004)的相关内容和要求进行课程设置、制定教材编写原则、明确每种教材应涵盖的内容；在总结以往教学经验的基础上，充分征求各核电厂专家的意见，形成了内容完整、要求明确的教材编写大纲。其次，聘请既有较高的专业水平又有较强的实际工作能力和丰富的教学经验的专家担任本套教材的编者，并为编者提供教材编写技巧、《著作权法》等相关知识的讲座和模拟机现场观摩学习；编者根据教材编写原则和大纲编写具体内容，力求做到既符合学员的认知规律又贴近核电厂的实际。再次，请理论功底扎实、教学经验丰富的教授、专家根据教学原则对教材内容的准确性、系统性等进行审查，并广泛征求任课教师的意见；同时请实践经验丰富的核电厂专家结合实际进行审查。编者根据上述意见对教材进行认真修改后，再征求各方意见，最终由操纵人员资格审查委员会审定。

本套教材中《核电厂电气原理与设备》由江苏核电有限公司具有丰富实际工作经验的专家编写。其余的各分册由核工业研究生部多年从事核电培训教学工作、教学及实践经验丰富的教授、专家编写。

在本套教材的编审过程中，核工业研究生部的任课教师们认真参与教材的编审和研讨；江苏核电有限公司专门成立"电气教材编写专项组"，精心组织编审；各核电厂积极推荐审稿专家，提供编写教材所需资料；核电秦山联营有限公司组织一线人员与编者进行对口交流，创造条件为编者提供模拟机现场演示与讲解；各核电厂、核动力运行研究所、操纵人员资格审查委员会等单位的专家们认真审稿，提出许多宝贵意见；原子能出版社自始至终给予通力合作，提前介入指导，缩短了出版周期。

本套教材的编制出版，凝聚着编、审、校、印及组织管理人员的大量心血，同时得到各相关单位的大力支持和热情帮助，在此深表谢意！

编委会

2010 年 11 月

编者的话

《核电厂核蒸汽供应系统》是根据核电基础理论培训教材编写大纲要求，在广泛听取核电专家意见的基础上编写的，是《压水堆核电厂操纵人员基础理论培训系列教材》之一，也可供核电厂相关人员参考。

本书根据《核动力厂运行安全规定》(HAF103)和《核电厂人员的配备、招聘、培训和授权》(HAD103/05)的要求，内容以基础理论知识、基本概念和基本原理为主，涵盖了《核电厂操纵人员的执照考核》标准(EJ/T 1043—2004)附录B的有关内容。

本书以核工业研究生部核电厂操纵人员培训讲义《核电厂蒸汽供应系统》为基础，结合任课老师的教学实践作了修改和补充。在编写上，尽量从原理上着重讲清楚基本概念、基本系统及功能，并注意联系实际，将这些基本知识与核电厂的运行实际相结合。在内容选择和安排上，为便于读者理解，力求做到由浅入深，避免艰深的理论，做到既重点突出，又具有一定的全面性、系统性。

全书共分7章。第1章绪论，简单介绍了核反应堆及系统的基本组成、分类以及核电厂动力堆的类型；第2章介绍压水堆本体结构；第3章介绍压水堆冷却剂系统及设备；第4章介绍一回路辅助系统；第5章介绍专设安全设施；第6章介绍安全壳及其附属系统；第7章介绍核岛排气疏水系统及硼回收系统。全书内容主要按目前世界上普遍采用的欧美系列广东大亚湾、浙江秦山核电厂压水堆系统设备编写，在章节适当位置同时简单介绍俄罗斯系列江苏田湾核电厂压水堆的系统设备。教材中出现的系统运行方式和数据，如无特别注明，则以大亚湾核电厂压水堆为例，仅供学员参考。

本书由夏延龄主编，编写分工如下：夏延龄第1、2、3章；黄兴蓉第4、7章；周一东第5、6章。

在成书过程中，彭木彰、魏挺等专家审校了全文，编者表示诚挚的谢意。

书中如有不妥之处，恳请批评指正。

编者

2010年11月

目　录

第 1 章　绪论 ………………………………………………………………… (1)
1.1　核反应堆及系统基本组成 ……………………………………………… (1)
1.2　核反应堆的分类 ………………………………………………………… (3)
1.2.1　按中子能量分类 …………………………………………………… (3)
1.2.2　按用途分类 ………………………………………………………… (4)
1.2.3　按主要组成部分分类 ……………………………………………… (5)
1.2.4　按核反应堆设计特点分类 ………………………………………… (5)
1.3　核电厂动力堆类型 ……………………………………………………… (6)
1.3.1　概述 ………………………………………………………………… (6)
1.3.2　轻水慢化堆(LWR) ……………………………………………… (7)
1.3.3　重水慢化堆(HWR) ……………………………………………… (11)
1.3.4　石墨水冷堆……………………………………………………… (13)
1.3.5　石墨气冷堆……………………………………………………… (13)
1.3.6　熔盐堆(MSR) …………………………………………………… (17)
1.3.7　快中子增殖堆(FBR)……………………………………………… (17)
复习题 ……………………………………………………………………… (21)

第 2 章　压水堆本体结构 ……………………………………………… (22)
2.1　堆芯结构…………………………………………………………………… (22)
2.1.1　燃料组件………………………………………………………… (25)
2.1.2　控制棒组件……………………………………………………… (30)
2.1.3　可燃毒物棒组件………………………………………………… (32)
2.1.4　中子源棒组件…………………………………………………… (34)
2.1.5　阻力塞棒组件…………………………………………………… (35)
2.2　堆内构件…………………………………………………………………… (36)
2.2.1　下部堆内构件…………………………………………………… (38)
2.2.2　上部堆内构件…………………………………………………… (40)
2.3　反应堆压力容器…………………………………………………………… (44)
2.3.1　压力容器本体…………………………………………………… (45)
2.3.2　压力容器顶盖…………………………………………………… (45)
2.3.3　压力容器密封…………………………………………………… (46)

2.4 控制棒驱动机构 …… (47)
2.4.1 销爪式磁力提升型驱动机构 …… (48)
2.4.2 销爪式磁力提升驱动机构动作原理 …… (50)
2.5 堆内测量装置 …… (51)
2.5.1 堆芯温度测量装置 …… (51)
2.5.2 堆内中子注量率测量装置 …… (52)
2.6 压水堆本体结构技术讨论 …… (56)
2.6.1 冷却剂堆内流向及旁通流 …… (56)
2.6.2 压力容器安全问题 …… (58)
2.6.3 俄罗斯(VVER)系列堆本体结构简介 …… (60)
2.7 典型 PWR 堆本体技术参数 …… (64)
复习题 …… (69)

第 3 章 压水堆冷却剂系统及设备 …… (70)
3.1 压水堆冷却剂系统 …… (70)
3.1.1 系统功能和要求 …… (70)
3.1.2 系统组成 …… (71)
3.1.3 系统特性参数 …… (73)
3.1.4 系统设备支撑 …… (74)
3.2 蒸汽发生器 …… (76)
3.2.1 蒸汽发生器类型 …… (76)
3.2.2 蒸汽发生器结构 …… (78)
3.2.3 蒸汽发生器自然循环 …… (83)
3.2.4 蒸汽发生器运行 …… (84)
3.2.5 典型 PWR 蒸汽发生器主要技术参数 …… (89)
3.2.6 俄罗斯 VVER 系列蒸汽发生器 …… (90)
3.3 反应堆冷却剂泵 …… (94)
3.3.1 功能及要求 …… (94)
3.3.2 冷却剂泵结构 …… (94)
3.3.3 监测、控制和保护 …… (102)
3.3.4 运行(参数仅供参考) …… (104)
3.3.5 技术参数 …… (106)
3.3.6 俄罗斯 VVER 系列冷却剂泵 …… (107)
3.4 稳压器 …… (110)
3.4.1 概述 …… (110)
3.4.2 稳压器结构 …… (110)
3.4.3 稳压器工作原理 …… (113)
3.4.4 压力控制系统 …… (115)

3.4.5 水位控制系统 …… (117)
3.4.6 技术参数 …… (120)
3.5 卸压箱 …… (121)
3.5.1 功能和设计要求 …… (121)
3.5.2 卸压箱结构 …… (121)
3.5.3 卸压箱监测、控制和运行 …… (121)
3.5.4 技术参数 …… (123)
3.6 冷却剂系统运行工况 …… (123)
3.6.1 换料冷停堆 …… (123)
3.6.2 维修冷停堆 …… (124)
3.6.3 正常冷停堆 …… (124)
3.6.4 单相中间停堆 …… (124)
3.6.5 两相中间停堆 …… (124)
3.6.6 正常中间停堆 …… (124)
3.6.7 热停堆 …… (125)
3.6.8 热备用 …… (125)
3.6.9 功率运行 …… (125)
复习题 …… (126)

第4章 一回路辅助系统 …… (128)
4.1 化学和容积控制系统 …… (128)
4.1.1 系统功能 …… (129)
4.1.2 系统组成及流程 …… (129)
4.1.3 系统主要设备 …… (132)
4.1.4 系统控制原理 …… (138)
4.1.5 系统运行 …… (142)
4.2 硼和水补给系统 …… (144)
4.2.1 系统功能 …… (144)
4.2.2 系统组成和流程 …… (145)
4.2.3 系统主要设备 …… (148)
4.2.4 硼和水的补给 …… (149)
4.2.5 硼化和稀释中对硼和水的容积计算 …… (149)
4.2.6 自动补给和手动补给方式时硼酸流量的计算 …… (152)
4.2.7 系统运行 …… (153)
4.3 余热排出系统 …… (154)
4.3.1 系统功能 …… (155)
4.3.2 系统组成及流程 …… (155)
4.3.3 系统主要设备 …… (157)

4.3.4 系统运行 …………………………………………………………………… (159)
4.4 压水堆换料及池水冷却和处理系统 …………………………………………… (161)
4.4.1 堆芯富集度分区 ……………………………………………………………… (161)
4.4.2 换料原则 …………………………………………………………………… (161)
4.4.3 换料操作 …………………………………………………………………… (162)
4.4.4 辐照样品的装卸 ……………………………………………………………… (167)
4.4.5 装卸料后恢复 ………………………………………………………………… (167)
4.4.6 反应堆换料水池和乏燃料水池的冷却和处理系统 …………………………… (168)
4.5 设备冷却水系统 ……………………………………………………………… (174)
4.5.1 系统功能 …………………………………………………………………… (175)
4.5.2 系统组成及流程 ……………………………………………………………… (175)
4.5.3 系统主要设备 ………………………………………………………………… (178)
4.5.4 系统热负荷及水质要求 ……………………………………………………… (179)
4.5.5 系统运行 …………………………………………………………………… (180)
4.6 重要厂用水系统 ……………………………………………………………… (182)
4.6.1 系统功能 …………………………………………………………………… (182)
4.6.2 系统组成及流程 ……………………………………………………………… (182)
4.6.3 系统主要设备 ………………………………………………………………… (183)
4.6.4 系统运行 …………………………………………………………………… (184)
复习题…………………………………………………………………………… (185)

第 5 章 专设安全设施 ………………………………………………………… (187)
5.1 概述 …………………………………………………………………………… (187)
5.1.1 专设安全设施的定义 ………………………………………………………… (187)
5.1.2 专设安全设施的功能 ………………………………………………………… (187)
5.1.3 专设安全设施的设计准则 …………………………………………………… (188)
5.2 堆芯安全注入系统 …………………………………………………………… (188)
5.2.1 系统功能 …………………………………………………………………… (188)
5.2.2 系统组成与流程 ……………………………………………………………… (189)
5.2.3 系统工作原理 ………………………………………………………………… (194)
5.2.4 系统水源 …………………………………………………………………… (194)
5.2.5 系统运行模式 ………………………………………………………………… (195)
5.2.6 安注系统参数 ………………………………………………………………… (199)
5.3 安全壳喷淋系统 ……………………………………………………………… (200)
5.3.1 系统功能 …………………………………………………………………… (200)
5.3.2 系统组成与流程 ……………………………………………………………… (201)
5.3.3 系统工作原理 ………………………………………………………………… (202)
5.3.4 系统水源 …………………………………………………………………… (203)

5.3.5 系统运行模式 …… (203)
5.3.6 安全壳喷淋系统参数 …… (205)
5.4 氢控制系统 …… (205)
5.4.1 系统功能 …… (205)
5.4.2 系统组成与流程 …… (205)
5.4.3 主要设备工作原理 …… (206)
5.4.4 运行 …… (207)
5.5 辅助给水系统 …… (208)
5.5.1 系统功能 …… (208)
5.5.2 系统组成与流程 …… (209)
5.5.3 系统工作原理 …… (209)
5.5.4 系统水源 …… (212)
5.5.5 系统运行 …… (212)
5.5.6 辅助给水系统参数 …… (216)
复习题 …… (216)

第 6 章 安全壳及其附属系统 …… (218)
6.1 概述 …… (218)
6.2 安全壳结构原理 …… (218)
6.2.1 安全壳功能 …… (218)
6.2.2 安全壳类型 …… (220)
6.2.3 安全壳结构 …… (220)
6.2.4 技术参数 …… (222)
6.3 安全壳通风系统 …… (223)
6.3.1 安全壳连续通风系统 …… (223)
6.3.2 安全壳换气通风系统 …… (224)
6.3.3 安全壳堆坑通风系统 …… (226)
6.3.4 控制棒驱动机构通风系统 …… (227)
6.3.5 安全壳内部过滤净化系统 …… (227)
6.4 安全壳隔离系统 …… (228)
6.4.1 系统功能及工作原理 …… (228)
6.4.2 安全壳隔离阶段划分 …… (229)
复习题 …… (231)

第 7 章 核岛排气和疏水系统及硼回收系统 …… (232)
7.1 概述 …… (232)
7.1.1 放射性废物的来源 …… (232)
7.1.2 典型电功率为 900 MW 压水堆核电厂放射性废物处理系统 …… (233)

7.2 核岛排气和疏水系统 …… (234)
7.2.1 系统功能 …… (234)
7.2.2 系统收集管网 …… (234)
7.3 硼回收系统 …… (239)
7.3.1 系统的功能 …… (239)
7.3.2 系统组成及流程 …… (239)
7.3.3 系统主要设备工作原理 …… (242)
7.3.4 系统运行模式 …… (246)
7.3.5 硼回收系统技术参数 …… (247)
复习题 …… (248)

索引 …… (250)

参考文献 …… (255)

第1章　绪　论

1.1　核反应堆及系统基本组成

核反应堆类型繁杂，差异很大，但都会有一些共同的组成和功能。核反应堆内的裂变反应都必须能够加以控制，必须要能带走所产生的热量。堆的每一设计必须提供措施来保证在反应堆寿期内能安全可靠地保持这种性能。即使发生事故，也必须有一定措施使后果最小。为此，每一个核反应堆都会设置一些相应职能的结构部件、系统和构筑物。以此来解决诸如核方面的，热工水力方面的，机械方面的，控制方面的，以及安全等方面的问题。下面，首先扼要地介绍核反应堆及系统的基本组成和它们的功能，来作为入门。

(1) 反应堆本体及堆芯

核反应堆一般由反应堆容器(堆壳体、压力容器、压力壳)通过其内部的堆内结构件将堆芯固定支承。反应堆容器内存装核燃料、慢化剂、冷却剂、控制、测量部件、各类实验管道，组成反应堆本体。有些反应堆在堆容器外部会设置中子反射层、测量及实验管道、屏蔽等结构，组合成一体统称为堆本体。另有一些反应堆将一回路设备置于堆容器之内堆芯的周围，组合成一个整体，也称为堆本体。

堆本体内装置有核燃料、慢化剂、冷却剂、控制部件的部位一般称为堆芯，是反应堆的心脏。堆芯结构必须使反应堆在寿期内能以可控的方式进行核裂变，能将所产生的热量既经济又方便地带出，能获得合理的功率分布以提高核燃料的利用率，并能保持核燃料的结构完整性。有些堆还将直接进行核裂变反应的部位称之为“活性区”，以区别于堆芯内的“再生区”、“反射层区”。

(2) 核燃料

顾名思义，核燃料就是核反应堆内产生核裂变，放出能量和裂变中子的基体燃料。核燃料可分为易裂变的和可再生的两种。易裂变核燃料一般指以金属形式或以合金、化合物形式存在的铀-233(^{233}U)、铀-235(^{235}U)及钚-239(^{239}Pu)。可再生的核燃料指钍-232(^{232}Th)、铀-238(^{238}U)。钍-232、铀-238在核反应堆内吸收一个中子后会分别转化为易裂变燃料铀-233和钚-239。

除了少数一些特殊堆型采取堆芯均匀装载核燃料外，大部分核反应堆堆芯都采用固体核燃料非均匀装载方式。这种非均匀堆的核燃料通常是将固体核燃料芯块装在包壳内封死，做成带包壳可更换的单元体，通称燃料元件。根据不同堆型要求，燃料元件可以做成圆棒、圆管、圆环或薄片等形状。多个燃料元件利用机械连接方式组合成一个可同时更换的整体，称为核燃料组件。

核燃料元件、组件应能在堆芯长期可靠和高效率地工作。既要能把核燃料和裂变产物密封在包壳内不使放射性物质外泄，又要能在高温下运行将热量传出。同时还要求在堆芯装卸方便、安全；中子的自身吸收小；加工和后处理成本低。

一些堆型为了再生铀-233或钚-239，堆芯除了装载易裂变核燃料组成活性区外，还专门增设了再生区(或称再生层)。再生区内装载99%以上铀-238含量的天然铀或钍-232，如快中子增殖反应堆。

(3) 慢化剂

慢化剂又称减速剂。在热中子核反应堆中，核裂变主要靠热中子引起。核裂变产生的快中子必须经过慢化剂核碰撞，损失能量变成热中子，才能参加再次核裂变。这些放在堆芯能把裂变中子迅速减速的物质称为慢化剂。对慢化剂的要求是，当快中子与慢化剂核碰撞时，快中子的能量损失要越多越好，而吸收中子的能力则要越小越好。因此，一般都选择中子吸收截面较小、慢化能力较高的轻物质作慢化剂材料。常用的慢化剂材料有轻水(H_2O)、重水(D_2O)、石墨(C)、铍及氧化铍(Be，BeO)和有机化合物等。快中子反应堆不用慢化剂，这是因为快中子堆核裂变靠快中子引起，中子不能减速。

在热中子堆堆芯的四周放置一层慢化剂类材料，把泄漏出堆芯的中子部分反射回去，以提高中子利用率，减少核燃料装载。同时使整个堆芯中子分布趋于均匀，有利于提高反应堆功率。这就是反射层。反射层可以置于反应堆壳体内，也可以置于壳体外。

(4) 冷却剂及其系统

堆芯核燃料裂变时，核裂变能以热能形式释放出来。这要通过导热性能好，吸收中子少的介质将堆芯热量带出，并以某种方式将热量转移。这种介质称为冷却剂(或称载热剂)。冷却剂可以是液体、气体，也可以是其他流动类物质，最常用的如轻水、重水、氦气、液态金属钠等。冷却剂以足够的流量通过密闭的冷却环路不断循环，将堆芯热量带出并转移走。这种密闭的冷却环路称为反应堆冷却剂系统(又称反应堆一回路冷却系统，反应堆主回路系统)。冷却剂系统主要由核反应堆压力容器、循环泵、蒸汽发生器(或各种形式的换热器)、稳压器、阀门和连接管道等设备组成。

冷却剂系统应具有良好的密封性能和承受足够温度、压力的能力，不使带放射性的冷却剂外泄。此外，冷却剂系统设备及其支撑结构还必须能承受内、外因素造成的各种负载。

许多核反应堆的慢化剂和冷却剂共用一种介质，以简化堆芯结构或适应其堆型特点，如轻水型或重水型研究堆和核电厂反应堆。

(5) 控制系统

核反应堆控制系统是为了使反应堆能够安全地实现启动、停闭、改变功率；能在正常情况下稳定运行；能在异常工况下及时作出反应，采取相应对策，避免发生事故；能在事故工况快速停堆，确保安全。为了实现上述控制功能，反应堆设置有一系列探测器，以获得反应堆中子注量率、堆及系统温度、压力、液位等信号用于监测、控制；在堆内放入一种或数种吸收中子能力大的物质，如用镉、硼、银铟镉合金、铪等材料做成的控制棒，或在冷却剂中加入硼酸、硝酸钆等溶液以控制反应堆的反应性。控制棒是控制反应堆的重要控制方式。根据作用不同，控制棒一般分为用于安全停堆的事故棒，用于堆稳定功率运行的调节棒(自动调节棒、功率调节棒、温度调节棒)，用于补偿反应堆较慢反应性变化(如燃耗反应性损失)的补偿棒等。有些核反应堆还采用其他一些辅助性的反应性控制方式，如调节慢化剂的温度、密度和装量来达到控制反应堆的目的。反应堆控制系统一般包括堆芯监测系统、核监测系统、反应堆控制系统和反应堆保护系统。在大型核电厂，控制系统还应包括温度、压力控制系统，负荷跟踪控制系统等。

(6) 专设安全设施

在核反应堆上确保反应堆事故状态下从堆芯排出余热、实现必要冷却；控制已发生的事故不再继续扩展、恶化；缓解已发生的事故，使事故后果降至最小；将可能释放出来的放射性物质尽量密封隔离，使之不外泄或少外泄；确保周围居民和工作人员的健康不受损害，环境不被污染等安全功能的系统、部件、构筑物称为专设安全设施。专设安全设施一般包括堆芯应急冷却系统（安全注入系统）、安全壳喷淋系统、蒸汽发生器辅助给水系统、安全壳内消氢系统、安全壳及安全壳内通风冷却、过滤系统、安全壳隔离系统、主蒸汽管道断裂隔离系统、堆芯余热排出系统、堆芯应急冷却电源系统等。

（7）屏蔽

用来吸收减弱来自堆芯及其系统的中子、γ射线的辐射，保护工作人员和周围居民的身体健康，或防止反应堆部件因过度辐照而引起材料脆化、发热过高的措施，称为屏蔽。根据不同区域的不同屏蔽要求，对屏蔽材料有不同的要求。通常用体积质量（密度）大的材料屏蔽γ射线，如铁、铅等。用体积质量（密度）小的材料屏蔽中子，如水、石墨、含硼材料及石蜡、塑料等。也可使用重元素和含氢物质的混合物，如混凝土，用来同时屏蔽中子和γ射线。屏蔽材料要求具有良好的抗辐照性能，一定的机械强度，尽可能大的导热系数。对中子屏蔽材料，还要求在中子被慢化、吸收过程中发生的二次γ能量尽可能低，活化放射性尽可能小。

（8）二回路系统和最终热阱

二回路系统的任务是把一回路冷却剂传递来的热量转移走。不同堆型的热量转移方式和最终转换成何种能源用途各不相同。利用蒸汽发生器，最终转换成电能的为核电厂堆，转换成热能的为供热堆，转换成机械能驱动螺旋桨的为船用堆。一些实验研究堆二回路热量不被利用而排放掉，仅利用堆内中子进行辐照生产、材料考验，或做各种实验研究。有些堆型不设二回路系统，直接用一回路冷却剂的热量转换成电能，如电站沸水堆（BWR）。另外还有些堆型因冷却剂介质隔离需要，二回路系统仅为中间回路，其热量需再次转移给三回路系统，随后由三回路系统转换成电能，如钠冷快中子堆、熔盐堆。核反应堆剩余利用不了的余热或研究堆上不利用的热量一般通过循环水系统或冷却塔排放，其最终热阱为大海、江河或大气环境。

（9）辅助系统

为了确保核反应堆及其回路系统的正常运行，必须设置各种辅助系统。辅助系统包含的范围很广，内容很多，如一回路的化学和容积控制系统、硼和水补给系统、堆芯余热排放系统、设备冷却水系统等；二回路的众多辅助系统；核燃料更换、贮存、运输所需的相应系统；放射性废气、废液、废物处理诸系统；以及仪控电、辐射监测、通风、通讯广播、气水暖、消防保卫等系统。

1.2 核反应堆的分类

核反应堆种类繁多，其分类方法也多种多样，主要有以下几种分类：

1.2.1 按中子能量分类

按照引起堆内主要裂变的中子平均能量大小，可分为热中子反应堆、中能中子反应堆和快中子反应堆三类。热中子反应堆中子能量小于1 eV。目前世界上绝大部分核反应堆属于此范畴。快中子反应堆中子能量在 100 keV～15 MeV 范围。中能中子反应堆中子能量在 1 eV～10 keV 范围,此类核反应堆仅限于特殊用途的实验研究。

1.2.2 按用途分类

按用途不同,核反应堆可分为实验堆、动力堆、生产堆三大类(表 1-1)。实验堆主要用于中子物理、核物理、放射化学、生物、医学等各学科的实验研究;核反应堆燃料元件、结构材料的辐照考验研究;新设计堆型静、动态的特性试验研究;同位素、单晶硅、电子元器件、化工制品、食品、生物、医学制品的辐照、改性研究和技术应用;活化分析等。动力堆以利用核能为目的,将堆芯核裂变产生的热量在堆外转换成电能、机械能或热能,如核电厂动力堆、舰船动力堆,供热供汽堆。生产堆专门用来生产钚(^{239}Pu)和氚(^{3}H)等,为核武器提供原料。此类堆目前世界上已全部关闭。

表 1-1 按用途反应堆分类

主 类	支 类	反应堆名称	注 释
实验、研究、试验类堆	研究实验堆	零功率堆 临界实验装置 微型堆 中子源(束)堆 脉冲堆	
	工程试验堆(工具堆)	材料试验堆 低通量堆 高通量堆	 热中子注量率小于 10^{12} n/(cm² · s) 热中子注量率大于 10^{14} n/(cm² · s)
	辐照应用研究堆	同位素辐照生产堆 材料辐照堆 食品辐照堆 化工用堆 生物医学用堆	
		原型堆 示范堆	
动力堆	电站堆	电站热中子堆 电站快堆	
	舰船用堆	军用舰船堆 民用舰船堆	航空母舰、核潜艇堆 破冰船堆等
	供热堆	供暖堆 供汽堆	
生产堆	易裂变材料生产堆	钚生产堆	
	聚变材料生产堆	氚生产堆	

1.2.3　按主要组成部分分类

按核反应堆的主要组成部分核燃料、慢化剂、冷却剂的性质，可分为固体燃料堆、流态燃料堆；液体慢化堆、固体慢化堆；气体冷却堆、液体冷却堆等几大类（表 1-2）。

表 1-2　按主要组成部分性质反应堆分类

主　类	支　类		反应堆名称	注　释
核燃料	固体燃料堆		砾石床堆 金属燃料堆 陶瓷燃料堆 氧化物燃料堆 碳化物燃料堆	
	流态燃料堆	液体燃料堆	水均匀堆 熔盐堆 液态金属燃料堆	核燃料为水溶液 熔盐混合物作核燃料和冷却剂 核燃料溶解在液态金属中
		弥散体燃料堆	浆液（糊状）燃料堆 流化床堆	固体细粒核燃料悬浮在流体冷却剂中循环 固体细粒核燃料靠冷却剂流动而悬浮在堆芯
慢化剂	液体慢化剂堆		水堆 有机物慢化堆	轻水慢化堆、重水堆
	固体慢化剂堆		石墨慢化堆 铍慢化堆 氧化铍慢化堆 氢化锆慢化堆 塑料慢化堆	
冷却剂	气体冷却堆		空气冷却堆 氮气冷却堆 二氧化碳冷却堆 氦冷堆	
	液体冷却堆		水冷堆 有机冷却堆 熔盐堆 液态金属堆 钠冷堆 铋冷堆 钠钾冷堆	轻水冷堆、重水堆 有机介质作冷却剂 熔盐混合物作冷却剂和核燃料

1.2.4　按核反应堆设计特点分类

根据核反应堆核及工程方面设计特点，又可进行更为详细的堆型分类（表 1-3）。

表 1-3 按核设计、工程设计特点反应堆分类

主 类	支 类	反应堆名称	注 释
核燃料	裂变材料	天然铀堆 低浓铀堆 高浓铀堆 钚燃料堆	包括各种金属、氧化物、碳化物核燃料
	再生材料	钍堆	
堆芯构型	均匀性	均匀堆 非均匀堆	
	密实性	强化堆芯堆 稀释堆芯堆	
		循环燃料堆	流体状燃料
		裸堆	无反射层
转换比		燃烧堆 转换堆 增殖堆	
一次冷却剂回路		压水堆 沸水堆 循环燃料堆 强制循环堆 自然对流堆	
机动性		移动式堆 可运输堆 装配式堆 空间堆	运行时能移动 可随时拆卸、组装，便于运输的堆 热电直接转换，为太空特殊用途服务
堆体结构		池式堆 压力容器式(罐式)堆 压力管式堆	

1.3 核电厂动力堆类型

1.3.1 概述

人类自1938年首次发现核裂变反应以来，科学家们就已经意识到利用巨大核能的可能性。1942年美国建成世界上第一个受控链式核裂变反应装置——核反应堆。然而可悲的是，核能首先被用于军事目的，为战争服务。直至第二次世界大战结束后的1954年，苏联才建成了世界上第一座试验性5 MW电功率的核电厂。从此，核电这一核能和平利用的主要

领域开始在世界各地蓬勃发展起来。

根据IAEA 2005年统计，世界上共有430座核电厂，约占电厂总装机容量的16%，另有24座在建，已关闭核电机组117台。全世界已有约12 000堆·年的核电运行经验。具体核电厂堆型如表1-4。

表1-4 世界核电厂堆型统计

堆 型		在役核电厂数/座
轻水堆(LWR)	压水堆(PWR)	259
	沸水堆(BWR)	92
重水堆		43
石墨气冷堆		32
其他堆型		4

1.3.2 轻水慢化堆(LWR)

利用普通轻水作慢化剂、冷却剂的堆型(LWR)约占核电厂动力堆装机总容量的80%，是世界各国普遍采用的核电动力堆型。其主要的优势在于水的中子慢化能力强，热物理性能好(比热容、密度较高、黏度低)；与结构材料相容；价格低；核燃料采用锆合金包壳、二氧化铀(UO_2)芯块，安全性好；具有负温度反应性效应，反应堆自稳定性能好；堆芯紧凑，水、蒸汽工艺属于常规成熟的技术，建造成本较低。但由于轻水热中子吸收截面较大，故堆芯燃料必须要用低富集度的加浓铀(2%~3%)，不能用天然铀作燃料；需要定期停堆开盖才能进行换料；另外，为提高电厂热效率，需获得高参数的蒸汽，但水堆会受压力的运行限制。

1.3.2.1 压水堆(PWR)

压水堆是目前世界上最普遍采用的核电堆型。其主要特点是利用堆容器——压力壳和冷却剂环路系统、设备包容带放射性的一回路介质。利用主泵使冷却剂循环带出堆芯热量；利用蒸汽发生器使二回路水介质，由给水变成蒸汽，从而推动汽轮发电机组输出电能；利用稳压器稳定系统压力。典型900 MW压水堆额定功率下一回路冷却剂平均温度约310 ℃，压力15.5 MPa，二回路蒸汽压力约6.9 MPa，温度约284 ℃，电厂热效率32%~34%，压水堆及其系统如图1-1所示。

压水堆堆芯为17×17排列的无盒燃料组件的组合，控制棒以组件形式由堆芯上部插入燃料组件的导向管内。压水堆控制除控制棒外还采用调节慢化剂水中硼酸浓度的方法来实现。因此，控制棒设计成当量很小的细棒，在堆芯均匀分布，且运行中基本处于堆芯外，使堆功率分布均匀，燃料燃耗加深，经济性好。压水堆结构紧凑，单位体积功率高；事故下能使冷却剂淹没堆芯；技术成熟、安全可靠、造价低、建造周期短，为许多国家建设核电首选。

1.3.2.2 沸水堆(BWR)

沸水堆是核电厂轻水堆的又一种堆型。沸水堆与压水堆的区别在于，压水堆一回路内冷却剂温度必须在相应压力的饱和温度以下运行，不允许介质沸腾，而沸水堆则允许堆芯冷却剂在特定压力状态沸腾，堆内反应性可控，核燃料运行稳定、安全可靠。堆芯冷却剂沸腾产生的蒸汽经过汽水分离后可直接推动汽轮发电机组。因此，其优势是一、二回路合一，省去了众多一回路上的重大设备，如主泵、蒸汽发生器和稳压器，简化了系统；一回路压力由压水堆15.5 MPa降至7.0 MPa，使一回路承压设备减薄，成本下降。沸水堆蒸汽压力7.0 MPa、温度约280 ℃，电厂热效率30%~33%。沸水堆及其系统如图1-2所示。

由于沸水堆堆芯慢化剂汽化，密度下降，需要增大核燃料装料量；沸水堆堆芯顶部需要

放气孔
压力容器顶盖
热电偶测量管
管座接头
压力容器主螺栓
上支承板（导向筒支承板）
压紧弹簧
内支承凸缘
上部支承柱（支承筒）
控制棒组件导向管（导向筒）
堆芯吊篮
冷却剂
进口
冷却剂
出口
对中销
上栅格板（堆芯上板）
热屏蔽
堆芯围板
辐板
燃料组件
轴照监督管
压力容器筒体
下栅格板（堆芯下板）
下部支承柱
流量分配板
径向支承块
下部支承板
人孔
中子注量率测量管
二次支承组件

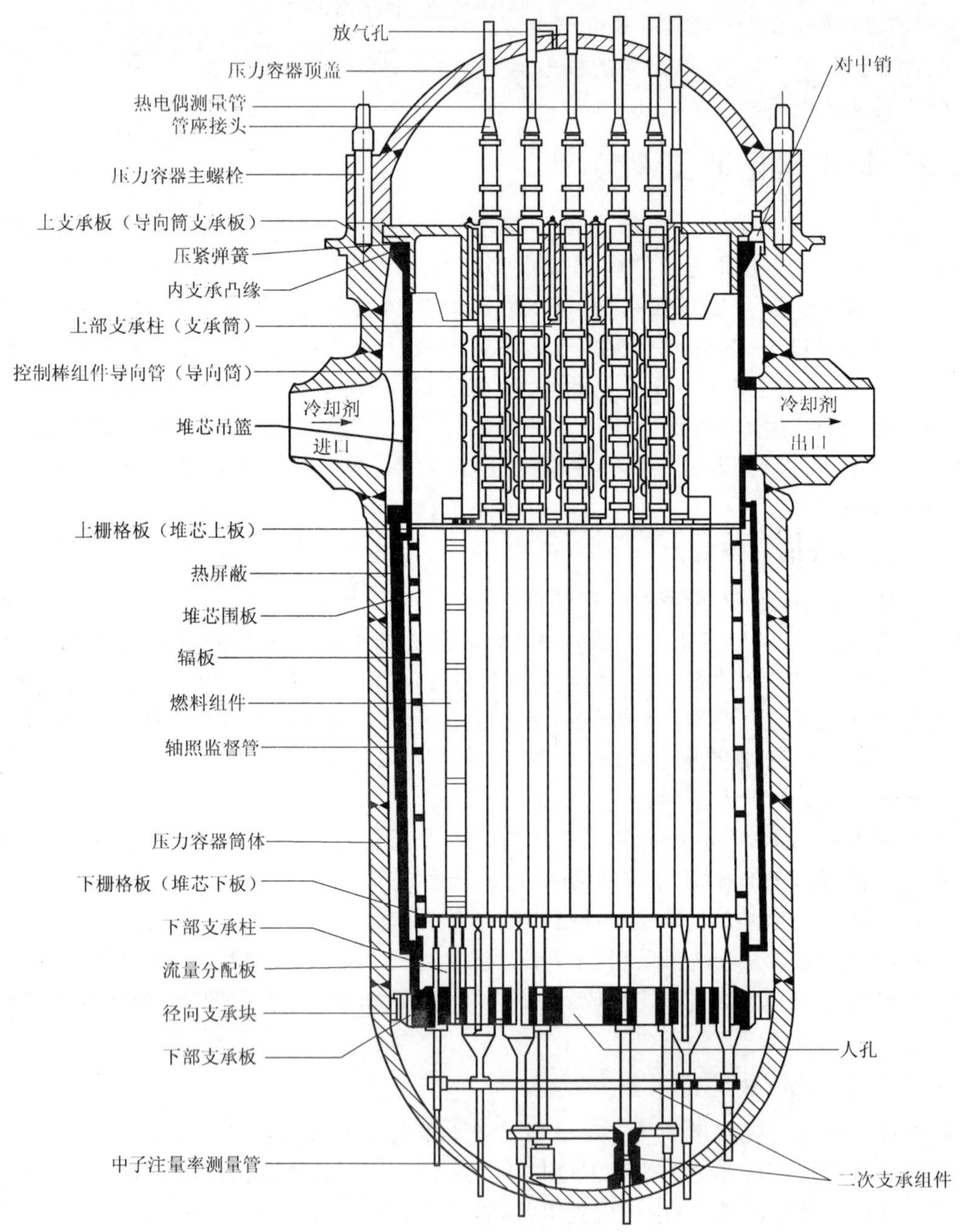

a

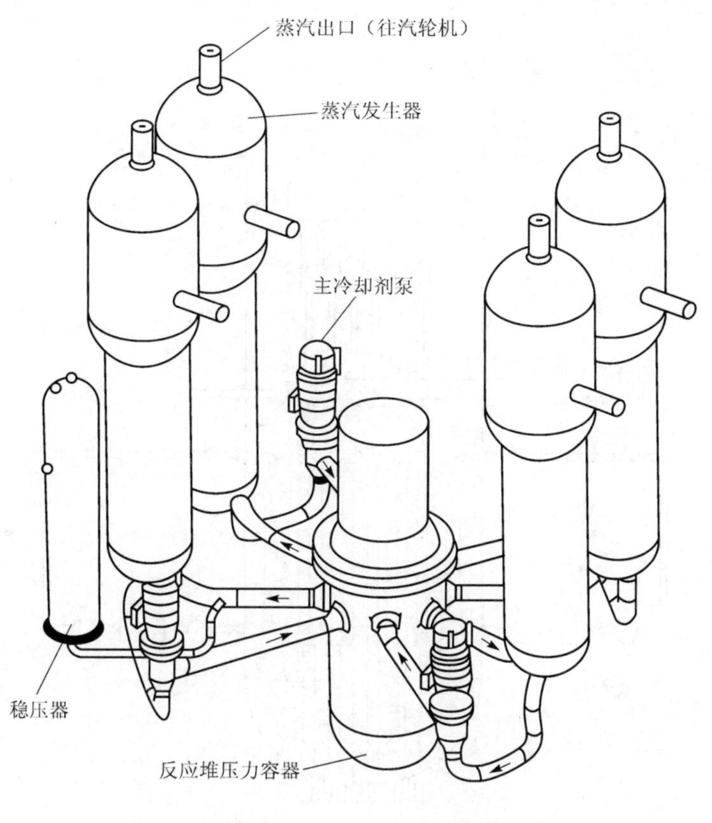

b

图 1-1　压水堆及其系统示意图

a. 压水堆本体；b. 压水堆一回路

设置庞大的汽水分离装置，故其压力壳尺寸明显大于压水堆压力壳，且控制棒组件只能从堆底部插入堆芯。另外一、二回路合一后，将会造成蒸汽、给水常规系统设备带有放射性，因此需要设置屏蔽隔离，并给检修带来困难。由于上述因素，故沸水堆核电厂发展数量要较压水堆电厂少。

沸水堆堆芯由 7×7 或 8×8 燃料棒组合的带盒组件组成。四盒燃料组件之间设置十字形控制棒组件，其驱动机构置于堆容器（压力壳）底部，控制棒由堆芯下部插入。冷却剂循环依靠压力壳外四周的再循环泵，使冷却剂进入压力壳内堆芯四周的喷射泵，利用喷射泵作为动力将堆顶汽水分离出的水和进入压力壳的给水由堆芯下部送入堆芯。由于沸水堆冷却剂再循环系统流量小、压力低，故堆芯失水（LOCA）事故概率和严重性下降，相应安全性提高。沸水堆控制除控制棒外，可调节再循环流量，改变堆芯慢化剂汽泡份额，从而控制堆的反应性，不采用冷却剂中加硼酸调节其浓度的方法。

目前世界上已有将沸水堆再循环系统改为全部内部循环模式，即将数台可变转速的电动叶轮泵，由压力壳底部内置入堆芯四周，替代喷射泵，取消壳外再循环回路。这种先进沸水堆（ABWR）可提高电厂热效率至 34%～36%，同时增加了利用再循环流量控制反应性的范围和灵活性。

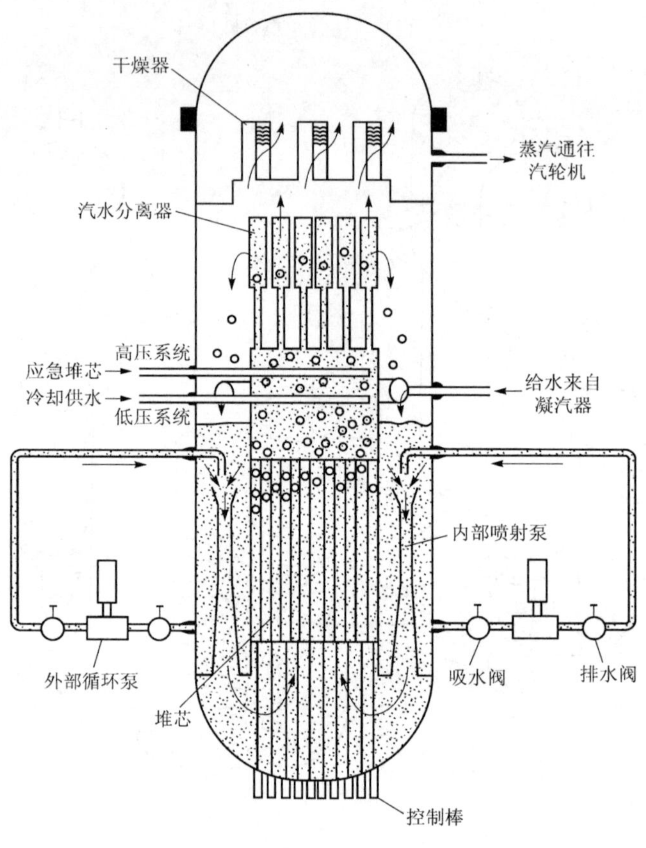

a

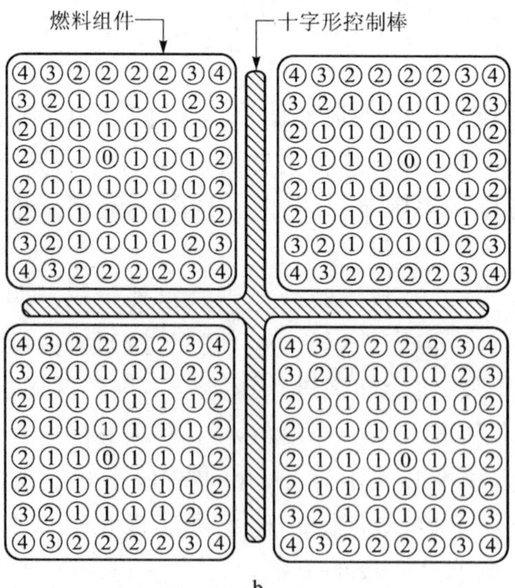

b

注：1. 美国GE公司一种配置方案；
2. 数码1~4表示依次递减的燃料富集度，数码0表示无燃料。

图 1-2 沸水堆及其系统示意图

a. 沸水堆本体；b. 沸水堆燃料组件

1.3.3　重水慢化堆(HWR)

重水作为慢化剂、冷却剂的核电动力堆,其最大的特点在于:尽管重水的中子慢化能力略低于轻水,但其热中子吸收截面却远小于普通轻水,因此其减速比(慢化能力与热中子吸收截面之比)远大于轻水。由于重水的这个特性,用重水作为慢化剂,堆芯燃料可以采用天然铀而无需浓缩。省去了建造核燃料浓缩(扩散)厂的巨大投资和复杂技术,或摆脱了国外采购被别国控制的困境。这种堆可以充分利用天然铀中的铀-235(0.71%),堆内卸出的乏燃料中的铀-235含量甚至低于扩散厂的尾料的丰度(约0.2%),简化之后的后处理过程,因此,被许多国家看好,作为重点发展的对象。

重水慢化堆发展较早,经过了不同堆型探索,如容器式和压力管式堆的比较,立式和卧式堆的比较,慢化剂、冷却剂一体和分隔的比较等。发展至今,以加拿大CANDU型电厂堆为主体,已成为商用系列,技术成熟,可与轻水型堆进行某种程度的抗衡。图1-3为CANDU型典型核电厂重水堆。

CANDU型堆为卧式压力管式慢化剂和冷却剂分离的压力重水型堆(PHWR)。其慢

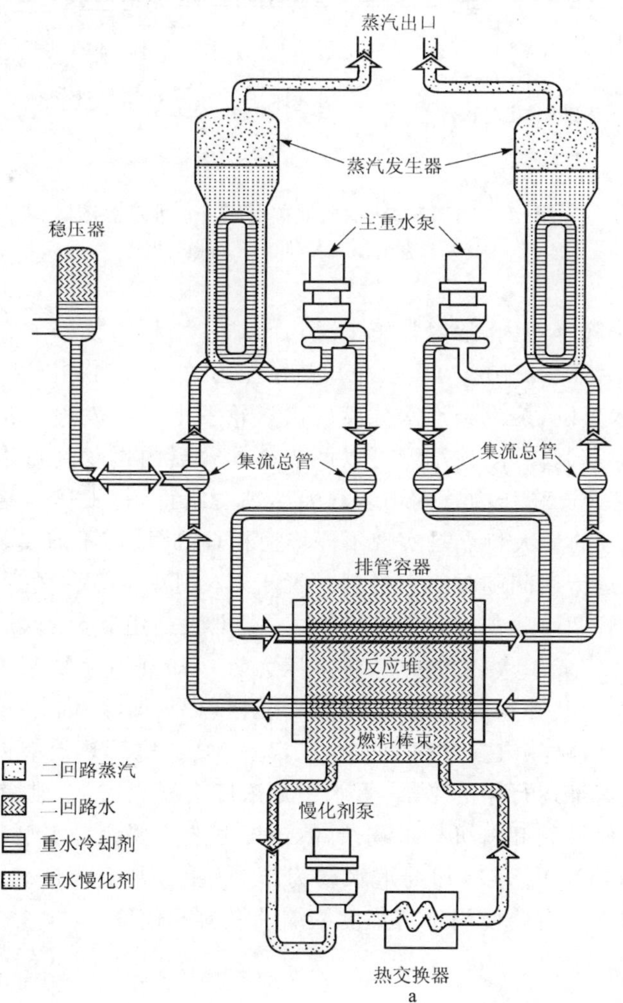

a

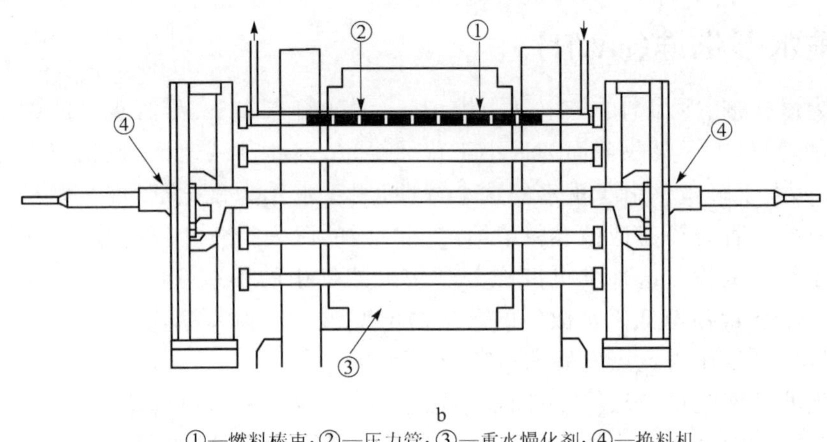

b

①—燃料棒束；②—压力管；③—重水慢化剂；④—换料机

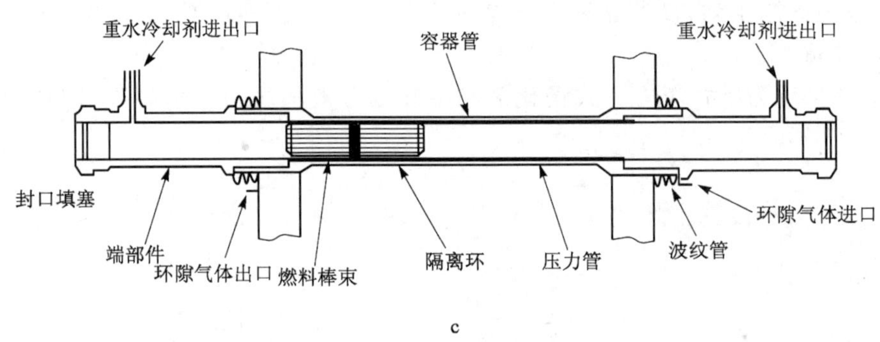

c

图 1-3 CANDU 型典型核电厂重水堆示意图

a. 冷却剂系统；b. CANDU 堆；c. 燃料管道

化剂重水处于卧式排管容器内，常温常压工况。而堆芯燃料则置于贯穿于排管内的水平压力管内，高温高压(10 MPa、310 ℃)重水冷却剂在压力管内流动将堆芯热量带出，通过蒸汽发生器使二回路给水蒸发，蒸汽经汽水分离后供汽轮发电机组发电。控制棒置于慢化剂容器内由上部插入。除控制棒外，该堆型可以调节排管容器内慢化剂重水的水位来对堆反应性进行控制。全堆芯 380 个压力管内均装载天然铀短组件，每根压力管内可装燃料棒束组件 12 个。CANDU 堆的最大特点是实现不停堆换料，因此堆芯不需要装载过多的燃料和过大的剩余反应性，堆运行期间随时实行换料。置于 CANDU 堆两端的不停堆装卸料机用计算机控制，实现压力管两端冷却剂管口切换，从一端推入一组新燃料，从另一端掉出一组乏燃料于装卸料机内。完成一次装卸料后，将该压力管冷却剂通道复原。这种不停堆几乎连续不断的左右双向均可装卸料的方式，可使燃料燃耗均匀、加深，堆芯功率分布均匀，经济性提高。CANDU 堆二回路蒸汽参数约为 260 ℃，4.7 MPa，电厂热效率 28%～30%。由于重水价格昂贵，且其随着堆运行年的增加，重水中氚浓度会积累增加，泄漏会对人身造成危害，因此密封要求高，不停堆装卸料机技术复杂，故该堆型造价要比轻水型堆高 10%～20%。

国际上也有将 CANDU 堆冷却剂重水改为压力轻水，甚至沸腾轻水的探索，以克服其上述缺点，但换来的将是需要使用低富集度浓缩铀燃料的代价。

1.3.4　石墨水冷堆

石墨慢化轻水冷却的核电厂堆型始于苏联1954年建成的世界上第一座核电厂。由于固体石墨中子慢化能力强，热中子吸收截面小，故此类堆沿用苏联生产堆结构模式，即在堆本体石墨固体众多垂直孔道内装置冷却剂水通道铝合金压力管。每根压力管内装载多块铝包壳金属天然铀燃料元件块。高温高压水在压力管燃料通道内将核裂变热带出，通过蒸汽发生器产生蒸汽发电。此类堆采取不停堆换料方式，需装卸料的压力管上、下端通过接口转换，新燃料块由上部推入，乏燃料由下部掉落。

为了提高蒸汽参数、电厂热效率和核电的安全性，苏联在石墨水冷堆的基础上发展了石墨沸水冷堆型（切尔诺贝利RBMK堆型）。图1-4为石墨沸水冷堆原理图。

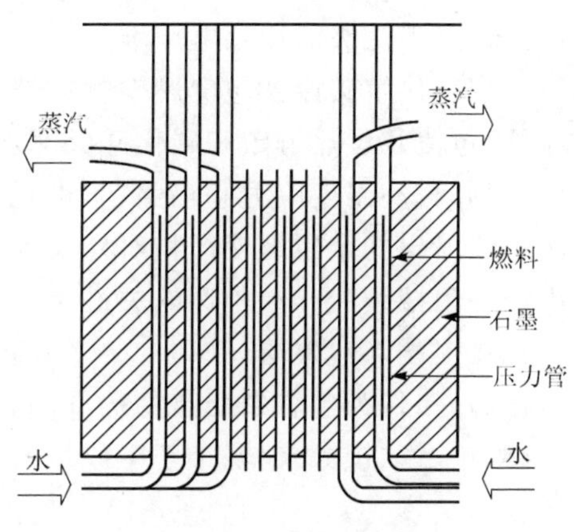

图1-4　石墨沸水冷堆（RBMK）示意图

此类堆型由压水变为沸水，百万千瓦电功率级堆芯参数约为7 MPa，285 ℃，燃料由金属天然铀改为富集度为2％的UO_2组件，电厂热效率接近PWR水平。此类堆不再采用不停堆装卸料，堆结构相应较简单，但堆本体庞大。更主要的是，由于石墨沸水堆燃料燃耗末期气泡系数为正值，且大于缓发中子份额（β）；控制棒开始插入时会引入正反应性；控制棒落棒时间过长（约18 s）；无最终安全屏蔽安全壳，而堆厂房包容密封承压能力偏低（约0.12 MPa）等设计不足，致使这类堆型的总体安全性差。

1986年发生“切尔诺贝利”核事故后，此类堆在设计上作了尽可能的改进，如在堆内装更多吸收体棒，将铀-235富集度由2％提高到2.4％，以减小汽泡正反应性系数；纠正插棒初期的正反应性引入；加快控制棒降落时间（由18 s降至2.5 s）等。尽管这样，由于石墨沸水冷堆的固有不安全性，今后此类核电厂堆型将不会再建造。

1.3.5　石墨气冷堆

石墨慢化气体冷却型堆发展历史最为悠久，1938年美国芝加哥大学首先建成世界上第一座可控链式核裂变装置（研究实验型反应堆）。该堆采用石墨块作慢化剂，金属天然铀作燃料，利用鼓风机压缩空气进行冷却。之后，欧美等国家逐步将此堆型发展为核电动力堆。

石墨气冷堆经过了三个阶段的发展历程，即早期的（低温）气冷堆（LTGR）、中期的改进型气冷堆（AGR）及目前的高温气冷堆（HTGR）。1956年英国首先建成石墨气冷堆核电厂，采用镁铍合金包壳金属天然铀燃料，二氧化碳冷却。此阶段气冷堆一回路参数温度345～400 ℃、压力0.8～4 MPa，电厂热效率从19.1％发展到30％，单堆电功率45～250 MW。

20世纪60年代，为了改善燃料包壳在高温二氧化碳介质中的氧化，提高电厂堆的安全性、参数和电厂热效率，石墨气冷堆在原基础上进行了改进。这种改进型气冷堆，堆芯燃料包壳由镁铍合金改为不锈钢，燃料芯块由金属铀改为二氧化铀，铀-235富集度由天然铀丰度相应提高至2％，仍采用二氧化碳气体作为冷却剂，其参数温度由400 ℃升至675 ℃，压力 4 MPa，电厂热效率达到 40%，单堆电功率最大达到 600 MW。

与此同时 20 世纪六七十年代，欧、美诸国同时在发展一种另类的石墨慢化高温气冷核电动力堆。这种堆采用惰性气体氦作为冷却剂介质，堆芯则采用 2%～5%富集度的二氧化铀（或高富集度氧化铀加氧化钍）全陶瓷型热解碳涂敷颗粒燃料，不再采用金属包壳。这种关键技术允许燃料颗粒在 1 000 ℃，甚至更高温度运行。堆内用石墨体兼作堆芯结构。堆芯冷却剂温度由 675 ℃进一步提高至 750 ℃、950 ℃甚至 1 000 ℃，压力在 1～4 MPa，电厂热效率约 40%，如兼容供热则热效率达到 60%以上。美国 1974 年已建成单堆电功率 330 MW的原型堆，之后原西德也相继建成 300 MW 电功率的原型堆。在此基础上相应设计出百万千瓦级商用核电厂堆。

现行热解碳涂敷包覆燃料颗粒是在直径 200～800 μm 的氧化铀（钍）或碳化铀（钍）芯粒外，包覆几层热解碳和碳化硅（SiC），如图 1-5 所示。内层为疏松热解碳，用来贮存气态裂变产物、缓冲温度应力和辐照、防止裂变反冲核对外层损伤。第二层为高密度热解碳，用来防止泄漏出的金属裂变产物对外层碳化硅的腐蚀，并承受部分内压。第三层碳化硅是承受内压并阻挡裂变产物外逸的关键层。第四层为高密度热解碳，主要用来保护碳化硅免受外部机械损伤。包覆层总厚 100～200 μm，因此燃料颗粒直径在 1 mm 之内。包覆层犹如微型压力壳，作为包容裂变产物的屏障极其有效，其在 1 200～1 300 ℃下运行，裂变产物（包括碘、铯、锶、钡等）泄漏小于生成量的十万分之一，且能耐受多次热循环不失效。

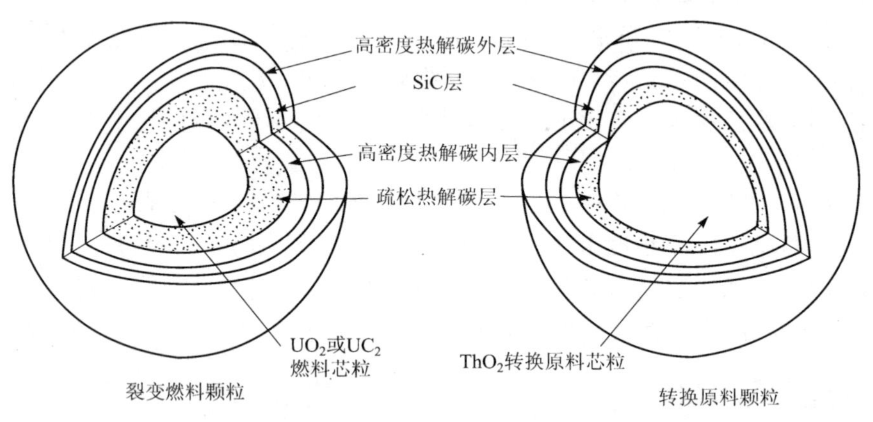

图 1-5 高温气冷堆包覆燃料颗粒

可将包覆燃料颗粒弥散在石墨基体中，压制成球形燃料元件。原西德采用这种球形燃料元件和球床型堆芯，以固定的石墨反射层作堆容器盛装燃料球，用气动方式将直径60 mm的燃料球由堆顶连续送入，从底部连续卸出，实现不停堆装卸料。卸出的燃料球经破损监测和燃耗测量后可再次送回堆芯复用。堆芯几十万个燃料球经 6～15 次运行循环后平均燃耗每吨铀、钍氧化物可达10 万 MW·d。氦冷却剂出堆温度在 750 ℃以上，可产生 540 ℃的过热蒸汽，电厂热效率为 40%。球床型高温气冷堆（图 1-6），堆本体和一回路设备置于双层钢容器内，后改用预应力混凝土容器，容器中心为堆本体坑，四周混凝土坑内设置氦气鼓风机和蒸汽发生器等设备，上部用双层盖板密封。球床堆优势在于燃料球制造较容易，不停堆换料使堆功率分布均匀，燃料燃耗加深。缺点在于装卸料系统复杂，反射层石墨更换困难，需

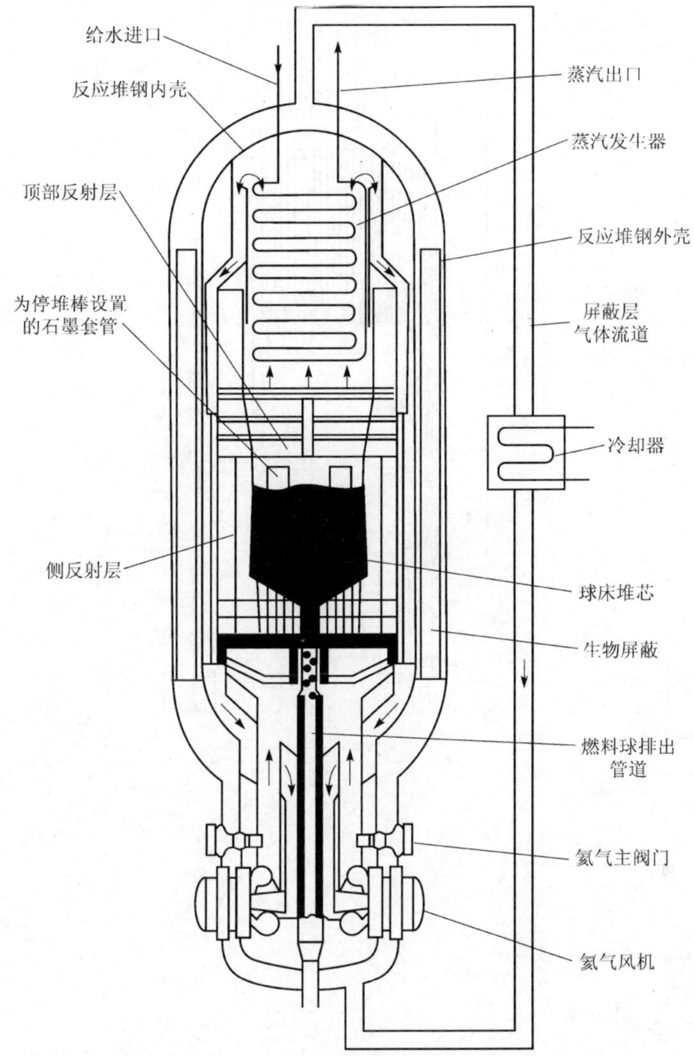

图 1-6 球床型高温气冷堆示意图

采用耐辐照、高寿命高品质石墨。

也可将包覆燃料颗粒弥散在石墨基体内,做成燃料棒插入石墨棱柱块,制成棱柱形燃料元件。美国采用棱柱形燃料元件和柱床型堆芯。堆芯由几百根燃料棱柱和反射层石墨棱柱块堆砌而成。棱柱块中开有冷却剂、控制材料通孔。堆芯燃料径向、轴向分区装载,需要停堆换料。柱床型堆同样将堆本体和一回路设备置于预应力混凝土容器坑内。柱床型堆芯优点在于堆芯布置灵活,可以改变;反射层可更换,相应对反射层石墨的要求降低;冷却通道阻力下降,降低了氦气鼓风机的功率。但柱床型堆由于分区装载燃料,较球床型堆需要较高富集度的燃料,图 1-7 为一种典型模块式柱床型高温气冷堆示意图。

综上所述,高温气冷堆主要优点为:

(1) 具有很高的内在安全性,在所有温度下均具有很大的负温度反应性系数,因此反应堆有很好的自稳能力。堆芯功率密度低,而堆内数量巨大的石墨体和混凝土堆坑,热容量巨

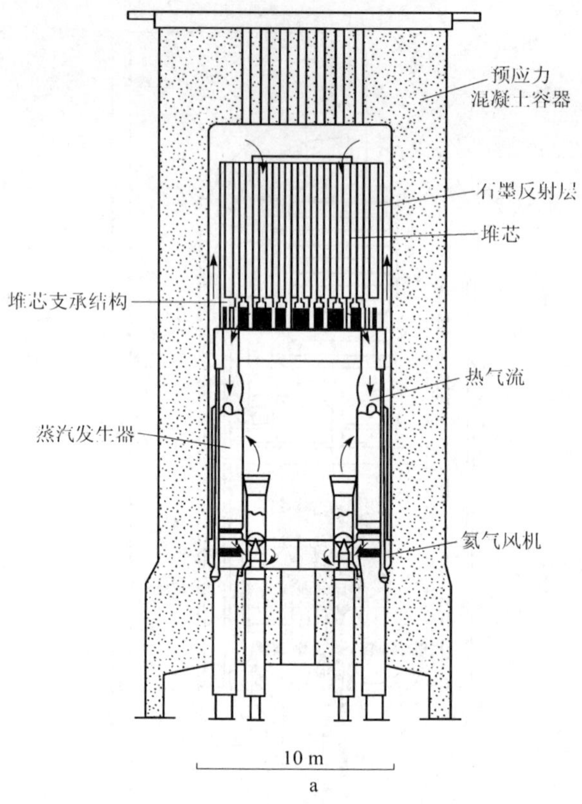

a

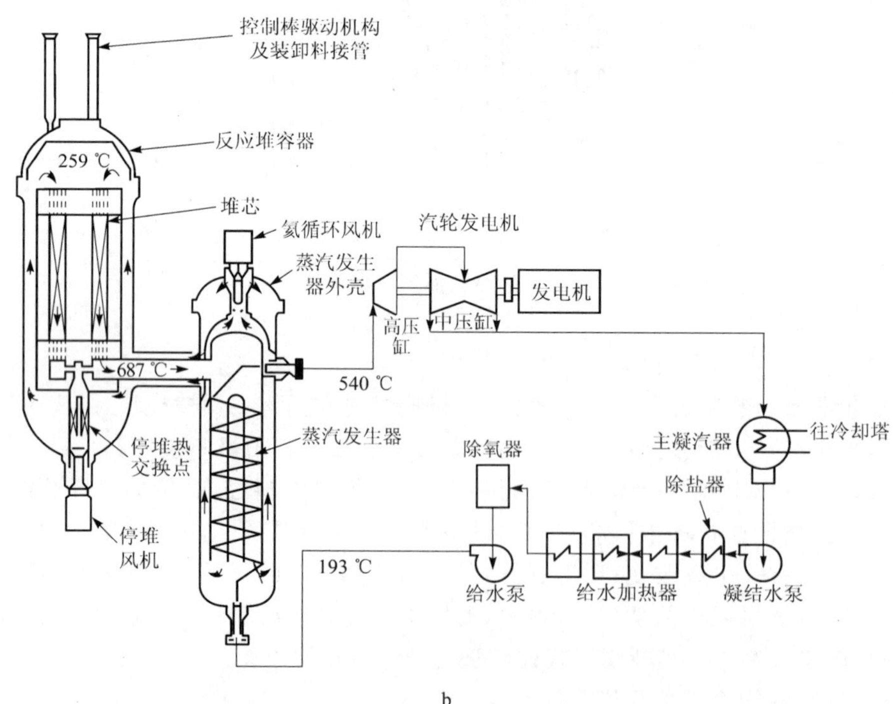

b

图 1-7 一种典型模块式柱床型高温气冷堆示意图

a. 气冷堆示意图；b. 流程示意图

大，加上颗粒燃料耐高温特性，因此即使冷却剂氦全部流失，燃料元件温度不会超过限值而发生熔化，大量裂变产物向环境释放。为此，高温气冷堆可不设堆芯应急冷却系统和安全壳。

(2) 冷却剂氦气可以在高温低压下运行，反应堆容器不需要承受高压。氦气核性能稳定，几乎不吸收中子，不产生感生放射性；化学性能稳定，不腐蚀其他材料，无腐蚀产物活化放射性；便于运行维护、更换部件，不污染环境；氦气导热性能良好。

(3) 燃料燃耗深，经济性好；燃料转换比接近1，可以充分利用再生核燃料进行铀-钚循环和铀-钍循环。

(4) 电厂热效率40%，高于水堆核电厂。如实现氦气透平直接循环发电，则省去二次汽水回路，且可将发电热效率提高至50%以上。

(5) 可以实现高温气体的综合利用，如炼钢、煤炭气化、制氢和生产合成液体燃料等。

但是，高温气冷堆目前尚未建成一座商用核电厂，其经济性有待实际验证。高温气冷堆发展停滞不前既有三哩岛、切尔诺贝利事故的影响，更主要的是一些关键技术尚需进一步研发解决，如高温材料、设备的研制、石墨高温、强辐照损伤、燃料循环的后处理，以及氦气中杂质气体、水蒸气、石墨粉尘、裂变气体的净化、去除，以防止堆芯腐蚀和流道沉积。

1.3.6 熔盐堆(MSR)

尽管熔盐堆尚未跻身商用核电厂行列，仅处于研发阶段，但考虑到这种堆类型的特殊性以及发达国家对其研发的兴趣和发展前途，本节将对其进行简单的描述，以使读者有所了解。

熔盐堆属于热中子类堆型，采用石墨作为慢化剂。但是熔盐堆又是热中子堆类型中唯一能增殖的反应堆，即转换比大于1，因此熔盐堆又称为熔盐增殖堆(MSBR)。熔盐堆以三回路形式运行。堆芯和一回路内冷却剂熔盐为含有核燃料的氟化物熔盐。在堆内，无包壳的熔融状核燃料参与核裂变反应，经由一回路堆出口管流出堆芯后，则作为冷却剂停止核裂变而带出热量，将热量由换热器转交给中间回路熔盐介质。堆出口熔盐温度高达700 ℃。考虑到熔盐放射性裂变产物的隔离，熔盐堆设置中间回路。中间回路介质为氟硼酸盐($NaBF_4$-NaF)熔盐介质，介质内不含核燃料。中间回路通过蒸汽发生器将热量转移给给水、蒸汽回路，产生蒸汽发电。中间回路温度620 ℃，蒸汽538 ℃。

熔盐堆采用高镍合金材料作反应堆容器。由于熔盐堆可以在高温低压下运行；熔盐负温度反应性系数不大，堆自稳性能好；熔盐与水、环境相容，且泄漏出即成为固体，不会扩散，不会浸入地下等因素，故反应堆的安全性好。由于熔盐堆系统、设备压力低，不存在燃料组件、包壳，堆芯结构简单；熔盐导热性能好、比热容高，堆芯功率密度大，电厂热效率高(约44%)；实现不停堆核燃料循环，就地处理而不需要后处理厂，所以熔盐堆核电厂相应经济性好，发电成本下降。另外，由于熔盐堆可以实现钍-铀(^{232}Th-^{233}U)转换(增殖比约1.07)，且倍增周期短，故可以充分利用地下可再生的核燃料资源。

同理，熔盐堆型发展较慢的主要原因在于高温材料、设备研制、燃料就地循环处理工艺、石墨高温、强辐照损伤、裂变气体的提取等诸多技术难点的解决。

1.3.7 快中子增殖堆(FBR)

快中子增殖堆是继热中子裂变反应堆型之外的另一种范畴的核裂变反应堆，迄今已有

40 多年的发展历史。

快中子堆需要保持堆芯有高的平均中子能量(约 0.25 MeV,相当于热中子能量的一百万倍),在堆芯不设慢化剂。核裂变依靠快中子使易裂变核燃料产生可控持续的链式核反应。在堆芯快中子条件下,快中子堆特别有利于核燃料的增殖,裂变释放的多余快中子被堆芯中的再生核燃料吸收,生成新的易裂变核素;从堆芯活性区泄漏出的快中子,被外围再生区中的再生核燃料吸收,也生成新的易裂变核素,致使快中子堆转换比大于 1,故快中子堆也通称为快中子增殖堆。在快中子条件下,易裂变燃料的裂变截面很小,因此需要装载大量的裂变燃料,即燃料中易裂变核素的比例越大越好,这样反应堆才能达到临界,并维持所需功率的运行。为了减少裂变燃料的积压和缩短核燃料的增殖周期(倍增时间),必须要提高反应堆的比功率(kW/kg 核燃料),因此快中子堆堆芯要比热中子堆小得多。一座百万千瓦电功率快堆堆芯直径仅约 2 m,高约 1 m,其比功率约为压水堆的 3 倍,沸水堆的 4.5 倍,相应快中子注量率约为热中子堆的 100 倍。如此高的快中子注量率对堆芯结构、材料将会提出更苛刻的技术要求。快堆功率密度超过 300 kW/L(压水堆 100 kW/L,沸水堆 50 kW/L),所以传热问题特别突出。想要将如此小堆芯中产生的巨大热量传出,冷却剂必须具有良好的传热性能且不能慢化中子。快堆冷却剂一般选择液态金属(钠、钾、铋等)或氦气,分别称为液态金属冷快堆和气冷快堆。目前世界各国普遍首选钠冷快堆。液态金属钠不过度腐蚀结构材料,在高温常压下稳定运行(常压下沸点约 1 165 K,熔点 370.96 K),无需厚重的反应堆压力容器。高功率小堆芯要求足够大的传热面积,因此燃料棒必须做得很细(一般取约 6 mm 棒径)。为了提高快堆的经济性,需要尽量提高燃料的燃耗深度。目前采用 $(U,Pu)O_2$ 混合氧化物(MOX)燃料燃耗可达100 000 MW · d/t。由于氧化物燃料中的氧原子会起慢化作用,使增殖比有所下降,目前正在研发有利于增殖的碳化物燃料(U,Pu)C 等(钠冷快堆对于氧化物燃料增殖比可达 1.2)。

现行钠冷快中子增殖堆堆芯(活性区)燃料组件由不锈钢包壳氧化物烧结陶瓷燃料芯块制成的燃料元件细棒组成。200～300 根细棒按三角形点阵排列,装入六角形不锈钢元件盒内,组成一个燃料组件整体。全堆芯包含 200～300 个组件,按易裂变燃料富集度分区布置成六角形堆芯(图 1-8)。碳化硼(B_4C)控制棒占用燃料组件内两个栅格位置,由堆芯上部驱动。外围再生区燃料组件采用相同的外形尺寸,但棒径较粗,棒数较少,内装天然或贫化铀氧化物,或再生燃料钍氧化物作为转换原料。活性区燃料组件细棒的两端,也装有转换原料,形成轴向上、下再生区。径向再生区外还设置有不锈钢反射层。快堆采用不锈钢作堆容器,其承压较低。为屏蔽中子,堆芯外围设有中子屏蔽组件。

钠作为冷却剂最大问题在于钠被活化产生强放射性(^{24}Na 半衰期 4.7 h);钠与水、蒸汽接触会产生激烈的钠水化学反应,放热产生钠火,反应产物(Na_2O、NaOH、H_2)具有强腐蚀性。为此钠冷快堆均设计有中间钠回路,以将一回路钠与常规岛给水、蒸汽隔离,防止放射性钠外逸或与水反应,便于运行、检修或事故处理。考虑到燃料元件不锈钢包壳蠕变性能,温度需低于 700 ℃,一般堆出口钠温不超过 560 ℃,产生蒸汽温度约为 520 ℃,电厂热效率可达 42%。尽管快堆高密度燃料下钠空泡效应会引入大的正反应性,但燃料温度系数会提供快速的负反馈,使堆处于安全稳定状态。另外快堆中易裂变燃料钚-239 缓发中子份额较小,快堆瞬发中子寿命较短,会给快堆控制造成一定的困难。但是快堆由再生燃料转换为易裂变燃料的生成率很高,而裂变产物在快中子条件下的吸收截面却很小,且快堆负温度反应

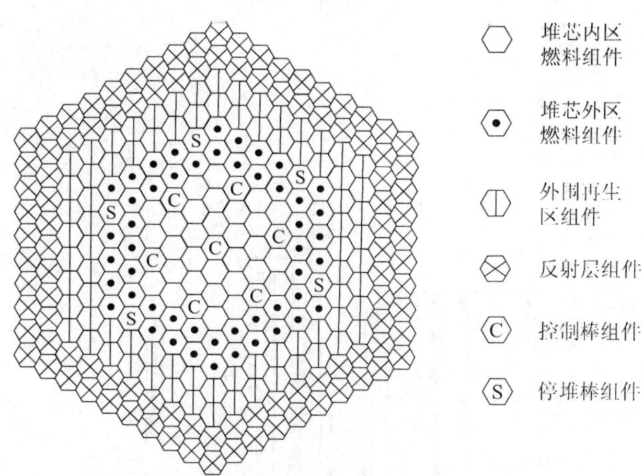

图 1-8 典型快中子堆堆芯横截面图

性系数很低，使得所需的后备反应性较小(约 5%，热中子堆约 20%)。所以快中子堆的控制棒数很少，比较简便。

钠冷快堆的一回路布置分池式和回路式两种形式。回路式布置堆本体、热交换器和钠泵各自独立，由回路管道相互连接(图 1-9)。这种布置较灵活，堆容器较小容易制造，容器顶盖比较简单；分离的设备容易维护、检修。但回路的热、冷端存在热应力和应力集中问题；管道、设备需要设置屏蔽。

池式布置是将一回路设备全部置于堆芯容器内，形成一个大的钠池。此方式省去了堆外钠冷却回路，将热交换器、钠泵，包括余热交换器、钠净化设备等置于堆芯四周，池壁钠液温度较低，相当于堆芯进口温度；池壁无管道连接和接管处的应力集中。中间回路钠由钠池顶部顶盖进出，这样可保证堆芯在钠池中不会裸露(图 1-10)。池式堆一回路几千吨钠置于双壳钠池内，热容量极大，即使应急冷却失效，无法排出堆芯余热，单靠自然循环，10 多个小时才会使燃料包壳达到烧毁极限(800～1 000 ℃)。但相应钠池的尺寸要增大很多，另外，为防止中间回路钠在堆芯被活化，在堆芯与热交换器之间需设置一圈厚约 1 m 的钢和碳化硼组成的中子屏蔽层。钠池钠液面需覆盖高纯氩气，上部为巨大、复杂的大顶盖部件，钠池内所有设备都悬挂在顶盖上。顶盖中央设置有大、小旋转屏蔽塞。顶盖直径在 12～18 m，厚约 2 m，起着支承、屏蔽、密封、隔热和引导装卸料机、控制棒驱动机构等多项作用。由于钠的高导热系数，会使一回路管道、设备承受大的热应力、热冲击，因此对材料的技术要求高；钠对不锈钢腐蚀与氧含量关系很大，故需靠净化系统除去氧及其他杂质。为防止腐蚀和泄漏，钠容器都采用不锈钢材料并做成双层。

钠冷快堆需在停堆状态，氩气保护的钠液面下定期进行换料。高温液钠环境和钠的不透明增加了装卸料操作的复杂性和难度。

利用快中子堆将核电厂乏燃料中的高放长寿命核素烧掉，是快堆的另一种用途和发展方向。每吨轻水堆乏燃料含有约 10 kg 超铀和锕系核素，其半衰期在几千年、数万年以上，成为核电发展中难以解决的重大问题。这些核素却能吸收能量高于 0.1～1 MeV 的中子而裂变。因此可将其适当掺入 MOX 燃料中，在快堆中燃烧掉，最终转变为仅需隔离百年的较短寿命的放射性核素。

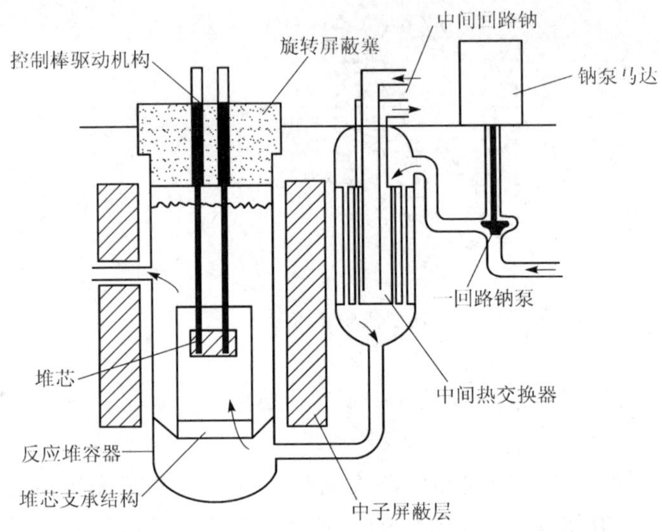

a

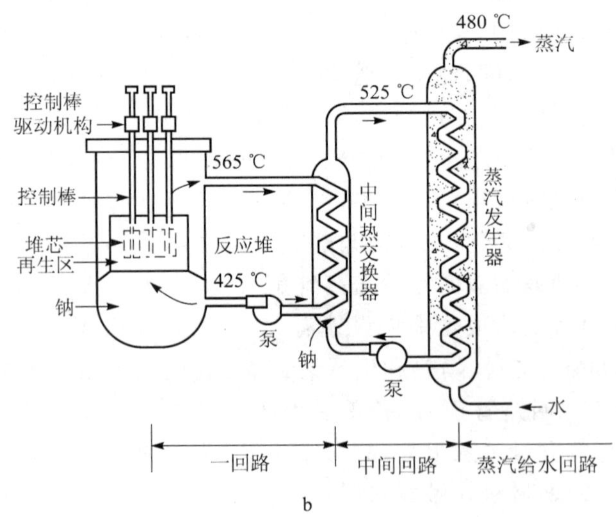

b

图 1-9 回路式钠冷快堆示意图

a. 回路式钠冷快堆；b. 回路式钠冷快堆流程

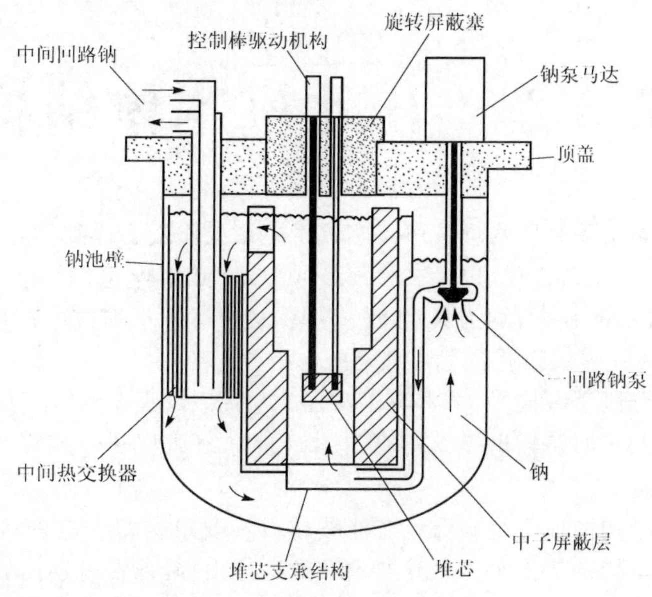

图 1-10 池式钠冷快堆示意图

目前世界上快中子堆发展较慢的主要原因还是技术上不够成熟，经济上竞争能力低于轻水堆核电厂。

复习题

1. 试述核反应堆及其系统的基本组成和它们的功能。
2. 描述核反应堆四种主要的分类方法，并试举例。
3. 试述核电厂动力堆的类型特点，主要优、缺点。

第 2 章　压水堆本体结构

本书从本章开始将围绕压水堆核电厂蒸汽供应系统作较为详细的介绍。着重选择目前世界上运行的欧、美系列第二代(以及二代加)900～1 000 MW 电功率压水堆系统设备作介绍(本书以下未加说明的数据,均为典型 900 MW 电功率压水堆核电厂的数据),同时兼顾对俄罗斯 VVER-1000 等系列有较大区别之处作简单介绍。

为了便于读者分段学习接受,本书将压水堆冷却剂系统设备分为反应堆本体结构、冷却剂环路系统设备以及一回路辅助系统等章。本章将介绍典型 900 MW 电功率核电厂压水堆的反应堆本体结构。

核反应堆本体结构的任务是确保堆芯能按核设计要求进行安全的可控的链式反应;确保核裂变释放的热量能按热工水力设计要求有效地导出;确保在寿期内处于满功率运行,全部堆内构件保持良好性能,即使在事故时仍能保证反应堆结构的完整性和安全性。此外,作为电厂动力堆还应有良好的经济性,应尽量减少基建费用、燃料费用和运行维修费用,以降低核电成本。因此,要求反应堆本体结构必须合理选材,精心设计、精心建造。

反应堆本体结构除了和一般动力设备一样对强度、刚度、耐热、抗腐等性能有较高的要求外,还须满足核性能和耐辐照的苛刻要求。为了确保电厂动力堆安全可靠运行,对堆内主要构件从选型、选材到加工、组装都要做大量的试验研究工作。对有的重要部件还需放在其他反应堆内进行实际考验,当证明其性能符合要求后才能正式使用。因此,反应堆本体结构是核电厂设备中技术难度最大,加工制造精度最高,生产周期最长的关键设备。

压水堆是电厂动力堆中发展最早的一种用普通轻水作慢化剂、冷却剂的热中子堆型。尽管普通轻水容易获得,慢化性能和热物理性能又好,但由于中子吸收截面大,因此堆芯核燃料不能用天然铀而需采用低浓缩铀燃料。为了提高热效率,且要使冷却剂在高温下不沸腾,因此堆及系统设备需承受很高压力,在高温高压下运行。与其他电厂动力堆比较,压水堆的特点是堆体小,堆芯结构紧凑,单位体积功率大,平均燃耗深,慢化剂具有负反应性温度效应,事故下冷却剂能淹没堆芯,技术成熟,安全可靠,造价较便宜,建造周期较短。

压水堆本体结构由堆芯结构、堆内构件、压力容器和控制棒驱动机构等几部分组成。图 2-1 所示为典型压水堆的本体结构。

2.1　堆芯结构

堆芯结构是反应堆的核心部件。核燃料要在这里实现链式裂变反应,并将核能转化为热能。堆芯又是一个很强的放射源。因此,堆芯结构设计是反应堆本体结构设计中的核心。

堆芯结构由核燃料组件、控制棒组件、可燃毒物棒组件、中子源棒组件、阻力塞棒组件组成。它由上、下栅格板及堆芯围板包围起来后,依靠堆芯吊篮定位于冷却剂进出口管下部压力壳中间偏下处。冷却剂从进口管进入吊篮与压力壳之间的环形通道,向下流至堆芯下腔室,然后转而向上流经堆芯。冷却剂在约15.5MPa压力下被加热到约330℃。加热后的

通风罩
控制棒驱动机构
管座连接装置
螺栓
压力容器顶盖
控制棒组件导向管（导向筒）
密封环
上部（导向筒）支承板
压紧弹簧
控制棒组件
堆芯上栅格板
围板组件
燃料组件
压力容器
辐照样品管
下部支承板
堆芯吊篮
仪表导向管及支承板
导向块
二次支承组件

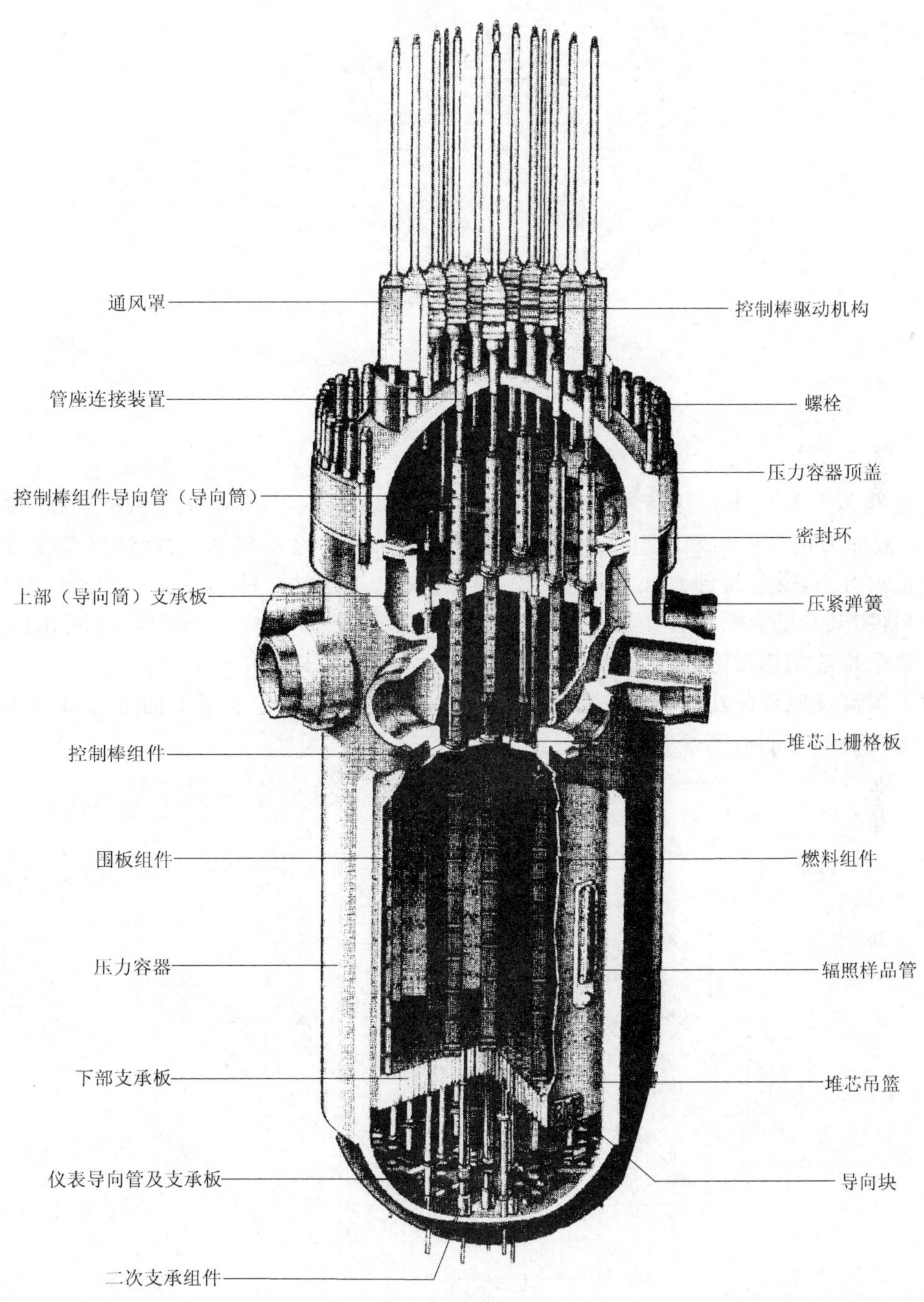

a

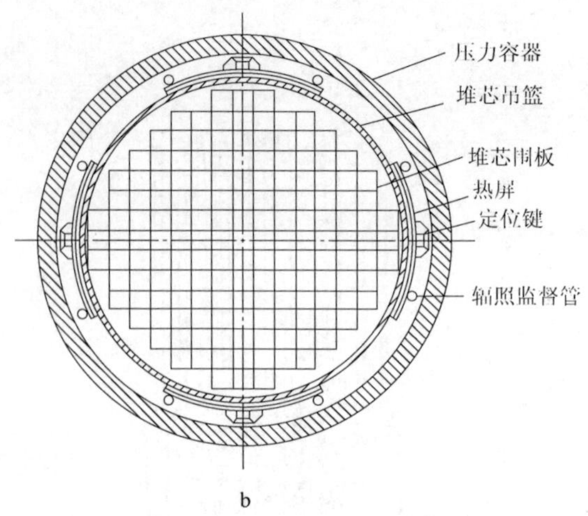

图 2-1　典型压水堆的本体结构

a. 立体图；b. 横截面示意图

冷却剂经堆芯上部从出口接管流出。现以典型的电功率 90 万 kW 的 PWR 为例，堆芯由 157 个横截面为正方形的燃料组件组成等效直径约 3 m，高约 3.65 m 的活性区。全堆 UO_2 燃料装量约 80 t，燃料组件直立在吊篮部件中，约有 1/3 燃料组件的导向管内，从上部放入控制棒组件，其余的燃料组件中放入不同数目的可燃毒物棒组件、中子源棒组件和阻力塞棒组件。整个堆芯结构浸泡在压力容器内含有硼酸的高温高压轻水中。

为了提高反应堆的功率输出，加深核燃料的卸料燃耗，堆芯采用不同铀-235 富集度核燃料分区装料和定期局部换料(图 2-2)。

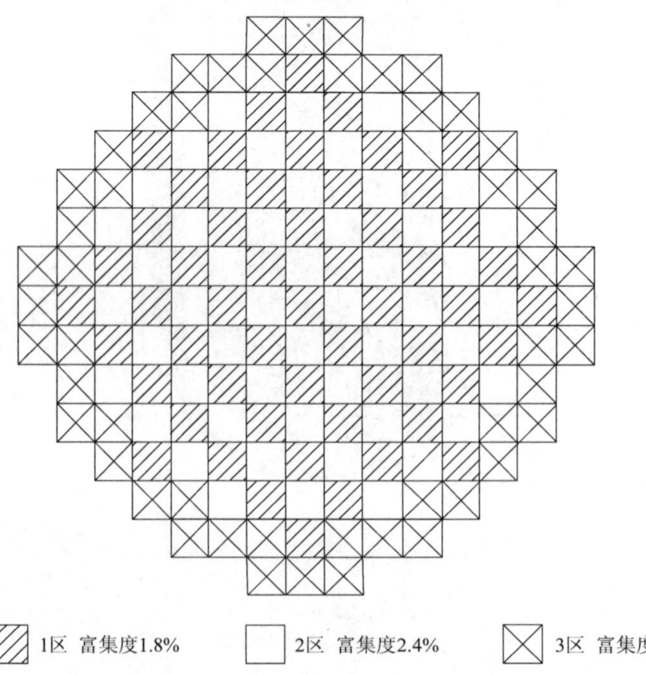

图 2-2　典型 900 MW 压水堆核电厂堆芯首炉料富集度分布

2.1.1　燃料组件

燃料组件长期处于强中子辐照、高温高压水力冲刷、振动、腐蚀等恶劣条件下工作，因此燃料组件的性能直接关系到反应堆的安全可靠性。

燃料组件由燃料元件棒、定位格架、组件骨架等零部件组装而成(图 2-3)。元件棒按

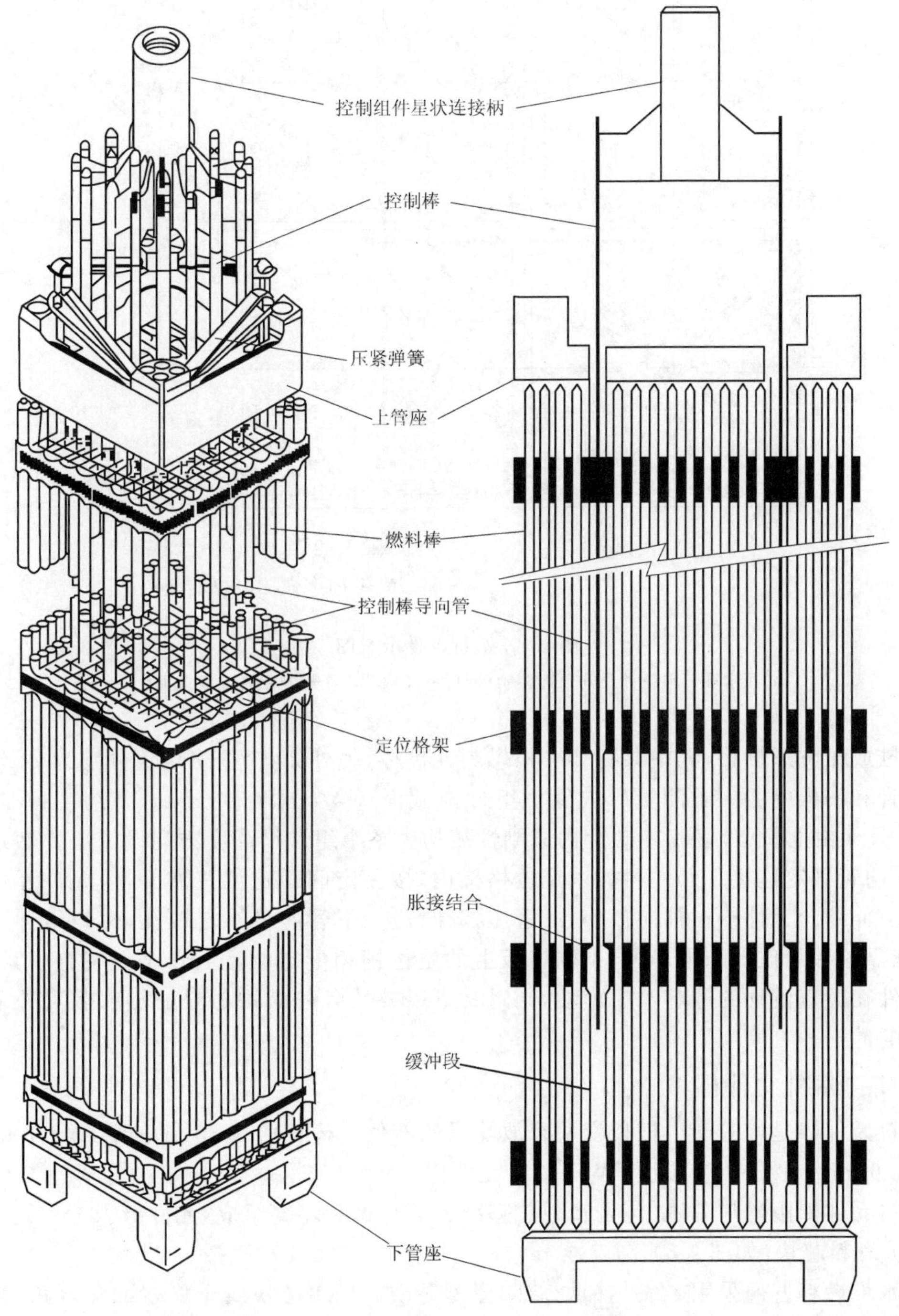

a

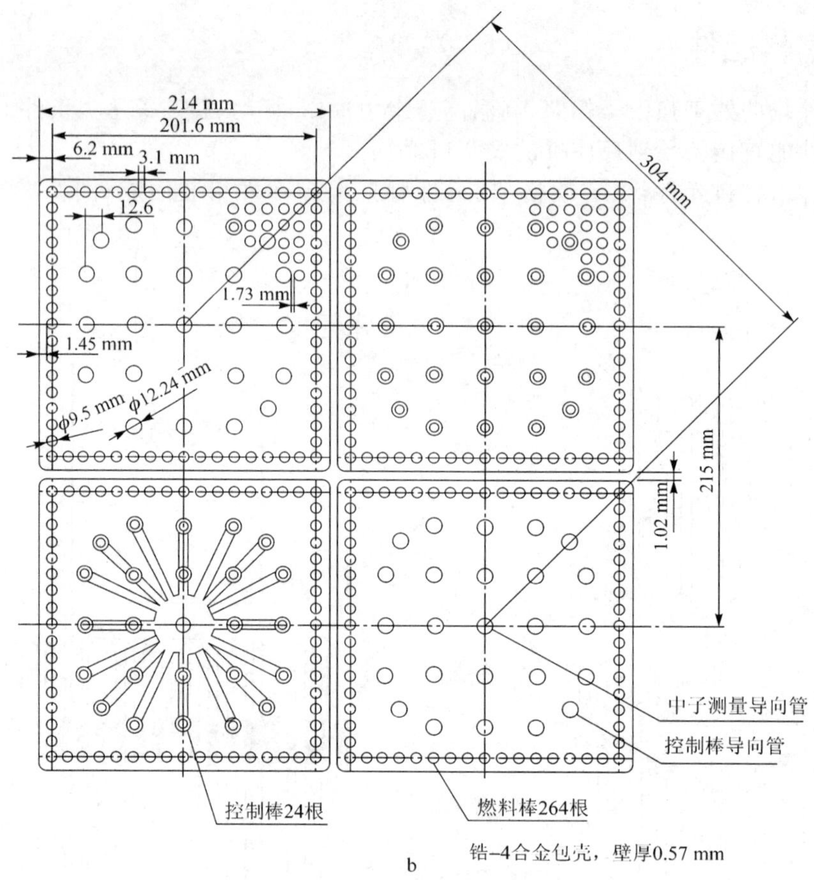

图 2-3　燃料组件示意图

a. 压水堆燃料组件及其顶部控制棒组件；b. 堆芯 4 个燃料组件的横截面图

17×17排成正方形栅格，其中共有 264 根燃料元件棒，另外 25 个栅格位置分别为 24 根控制棒导向管和一根中心中子测量导向管。组件横截面 214 mm×214 mm，高约 4 m，总重约 650 kg，骨架由上、下管座和导向管构成刚性结构。整个组件沿高度方向设 8 层弹簧定位格架，与导向管固定连接。元件棒插入定位格架内，按一定间距定位并夹紧，但允许元件棒沿轴向自由伸缩。元件棒在轴向被上、下管座挡住。上、下管座设有定位孔，燃料组件装入堆芯后，依靠这些定位孔与堆芯上、下栅格板上的定位销相配定位。上管座上装有压紧弹簧，防止组件在高速流动的冷却水中窜动，同时又可以补偿各种结构材料的热膨胀和外来载荷对组件的冲击。

2.1.1.1　燃料元件棒

燃料元件棒是堆芯产生核裂变并释放热量的部件。棒长约 3.85 m，直径约 9.5 mm，棒间距 12.6 mm。图 2-4 为典型 PWR 燃料元件棒。

燃料元件棒由燃料芯块、包壳管、隔热片、压紧弹簧和端塞组成，元件棒内充有氦气。

(1) 燃料芯块(如图 2-5)

压水堆燃料普遍采用二氧化铀烧结陶瓷型芯块。UO_2芯块属于稳定的化合物，与水在高温下不发生反应，熔化温度高达 2 800 ℃，燃耗可达 33 000 MW·d/t U 以上，因此是一种较理想的燃料芯块。UO_2芯块的缺点是密度低（约10.4 g/cm^3）；导热性差；中心温度可高达 1 400 ℃；机械强度低；释放裂变气体使包壳内压在燃料寿期末高达 15 MPa；高温、辐照下会膨胀、致密、龟裂。UO_2芯块铀-235 富集度 1.8%～3.25%，直径约 8.2 mm，高度约13.5 mm。每根燃料元件棒内装 275 个芯块。由于二氧化铀导热率小，致使铀芯温度远比芯块周边温度高（径向温度梯度＞1 000 ℃/cm）。热膨胀和辐照肿胀会使芯块端面，特别是径向产生严重的变形（如图 2-5a），有可能造成包壳管在这些部位破损。因此，燃料芯块一般做成如图 2-5b 那样的碟形端面加倒角形状，以补偿中心区的热膨胀，减少芯块与包壳间的摩擦力。

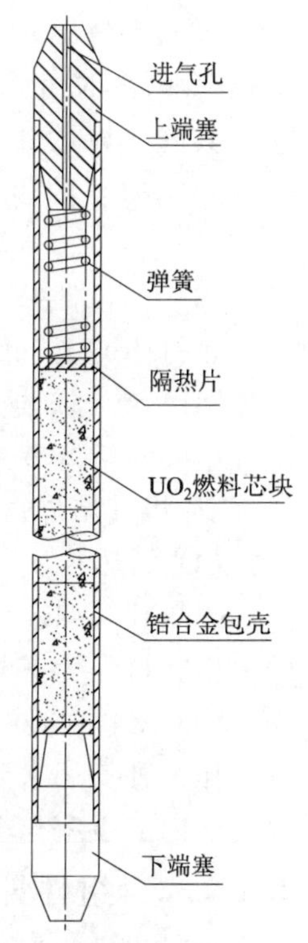

图 2-4　压水堆燃料元件棒剖面图

目前世界上许多核电厂反应堆燃料芯块选用烧结陶瓷型材料，其中一个重要原因是陶瓷芯块能够滞留固化核燃料中除气态及挥发类裂变产物外的大部分裂变产物。如果增加、改善芯块表面的包覆涂层工艺，还能进一步减少裂变产物向外扩散。因此从核安全角度，核燃料芯块是防止放射性物质向环境泄漏的首道安全屏障。

（2）包壳管

燃料元件包壳管是反应堆防止放射性物质外泄的又一道重要的安全屏障，它的作用是与上、下端塞一起，包容裂变产物并将核燃料与冷却剂分隔开。包壳材料采用锆-4 合金，或其他锆合金，如锆-铌、M5 等，其优点是在高温下有较高的机械强度和耐水腐蚀性能；具有较好的抗蠕变性和延展性；氚渗透扩散较少；中子吸收截面小，从而可使用较低富集度燃料并加深燃耗。其缺点是导热性能较差；在长期水作用下会氧化致使表层剥落。锆-4 合金含锡 1.2%～1.7%、铁 0.18%～0.24%、铬 0.07%～0.24%，不含镍以避免脆化。锆-4 合金在 500 ℃以下与 UO_2相容，在 350 ℃以下与水相容，温度高于 800 ℃将与水或蒸汽激烈反应产生氢气和放热。其熔点为1 250 ℃。

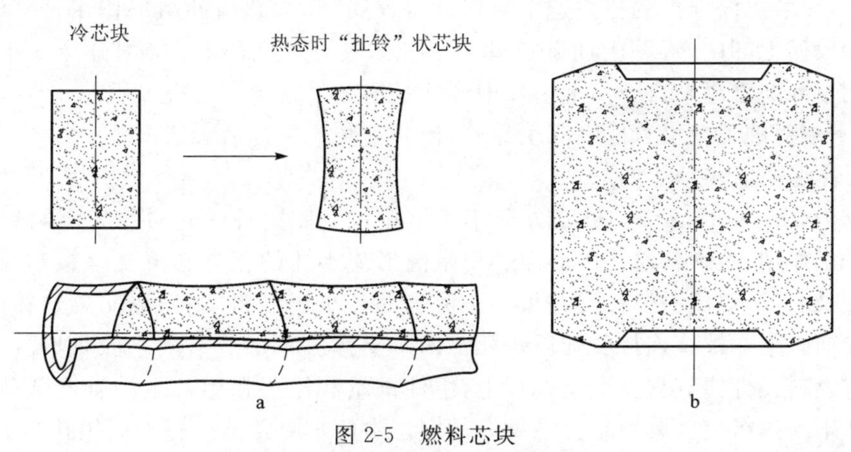

图 2-5　燃料芯块

a. 燃料芯块变形；b. 碟形端面倒角燃料芯块

包壳管壁厚一般为 0.57 mm。考虑到装配需要,补偿燃料芯块热膨胀和运行中芯块的辐照肿胀,防止包壳及其焊缝应力损伤,芯块与包壳管之间留有 0.164 mm 的冷态间隙。其内充以约 3 MPa 压力的氦气,以改善元件棒的导热性能和包壳的应力状态。芯块与包壳间的间隙以及元件上端压紧弹簧处的空腔还可以容纳从燃料中释放出的裂变气体。

(3) 上下端塞

燃料棒的上下部用 Zr-4 合金端塞与包壳管焊接密封组成安全屏障,以防止氦气及裂变气体逸出,冷却剂进入,同时使压紧弹簧产生预压力,压住隔热片和燃料芯块。另外,在燃料组件组装时端塞有上下抽插的用途。上端塞上有一个进气孔,以便在燃料棒制成后进行充氦,随后将其堵焊密封。

(4) 隔热片

隔热片又叫芯块支承板,用来减小燃料芯块的轴向传热,以减小端塞热应力和压紧弹簧的温度。材料为三氧化二铝陶瓷片,置于燃料芯块组合体的上、下两端。

(5) 压紧弹簧

压紧弹簧用来防止芯块在运输、吊装过程中轴向窜动。一般用镍基不锈钢作材料,置于包壳管内上端塞与上部隔热片之间空腔内。

2.1.1.2 组件骨架

燃料组件骨架是由控制棒导向管(包括中子注量率测量导向管)和上、下管座焊接而成。骨架的功用是确保组件的刚性和强度,承受整个组件的重量、流体的振动和压力波动,承受控制棒快速下插时的冲击力,准确为控制棒导向,保障燃料组件在堆芯就位、固定并可靠工作,确保组件在装卸和运输中安全。

(1) 导向管

每个燃料组件共有 24 根控制棒导向管和 1 根位于中心位置的通量测量导向管。导向管材料为锆-4 合金,直径约 12 mm,厚 0.6 mm。控制棒导向管为控制棒、可燃毒物棒、中子源棒或阻力塞棒导向。导向管与这些棒之间留有 1 mm 左右的间隙,以便于相对移动,同时可使少量冷却剂流通,进行必要的冷却。导向管下部在第一和第二格架之间管径略为缩小,形成缓冲段,在紧急停堆控制棒快速下落接近行程底部时,起缓冲阻尼作用,使降棒速度减慢。在缓冲段偏上部位,管壁上面开有几个小流水孔,用于插棒时将部分冷却水从管内挤出。通量测量导向管用来自下而上引导中子注量率测量装置导管进入堆芯。导向管上部用端塞堵死,下端对准下栅板管座喇叭引导管,使测量装置导管易于插入。

(2) 下管座(图 2-6)

下管座为 214 mm×214 mm 正方形不锈钢箱体空腔构件。它对流入燃料组件的冷却剂流量起分配作用,是燃料组件的底座。由带圆形流水孔的正方形下支撑板和具有四个支撑脚的下框架组成,焊成一体。支撑板上小流水孔径小于燃料棒径,以防燃料棒向下位移。支撑板与导向管下端螺纹连接装配后焊死。四个支撑脚下形成一个水腔,以便冷却剂进入燃料组件。燃料元件棒直立在下支撑板上,组件重量和作用在组件上的轴向载荷经导向管传递分布在下支撑板上。燃料组件在堆芯的定位由两个对角支撑脚上的销孔与下栅板上的两个定位销来保证。作用在燃料组件上的水平载荷也通过定位销传递。

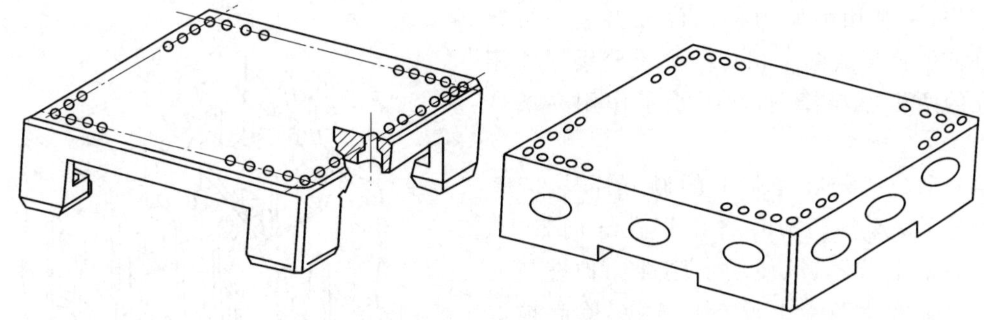

图 2-6　压水堆燃料组件下管座

(3) 上管座(图 2-7)

上管座也是一个 214 mm×214 mm 正方形箱体空腔构件。冷却剂通过上管座由燃料组件流向上栅板流水孔。上管座又是燃料组件防止控制棒、可燃毒物棒、中子源棒、阻力塞棒等功能组件撞击的护罩。上管座由连接板、围板、顶板、四个片状弹簧和压紧块等部件组成。弹簧和压紧块螺栓材料为因科镍,其余部件材料不锈钢。正方形连接板上加工有许多小孔和槽形孔,既要使冷却剂流出,又能防止燃料元件棒从组件中向上弹出。导向管上端固定在连接板上,使作用在燃料组件上的轴向载荷均匀地分布在导向管上。围板为正方形框架结构,组成了管座的水腔,它与连接板固定成为一体。正方形顶板与围板固定成一体,中央有一个通孔以便控制棒等功能组件的棒束穿过并容纳功能组件的连接柄,同时使冷却剂导入上栅板流水孔。四个弹簧通过压紧块,利用螺栓固定在顶板上。簧片自由端向下弯曲扣在顶板键槽内。在堆内上部构件就位时,弹簧被上栅板压下,以此压紧燃料组件,防止组件水力提升和振动,补偿燃料组件和堆内构件间各种轴向偏差。

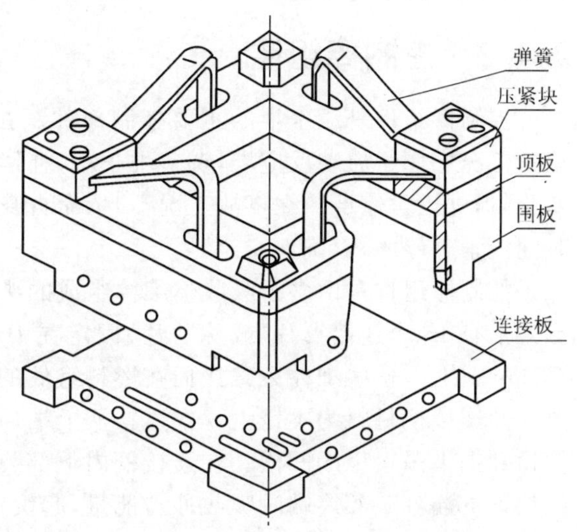

图 2-7　压水堆燃料组件上管座

2.1.1.3　定位格架

压水堆燃料组件都采用无元件盒组件,故每个组件需沿长度方向按一定间隔设置 8 层定位格架进行支承,以便将燃料元件棒定位、夹紧,使组件在寿期内保持棒间侧向间隙。格架的夹紧力应使可能发生的振动磨损降到最小,又要允许有不同的热膨胀引起的轴向位移,避免燃料元件棒弯曲,不致引起燃料包壳超过允许应力。

格架是由冲压成形的条带,刚性凸起支承和弹簧夹支承等组装焊接而成的弹性组件(图 2-8)。除弹簧夹材料为因科镍外,全部为锆-4 合金。条带开槽,相互上下配插,互相锁住,被装配成 17×17 正方形栅格,交叉处电子束焊连接。每个小栅元四边条带上分别设有弹簧夹支承和刚性凸起支承。元件棒插入栅元后,两种支撑共同作用使燃料元件棒既保持

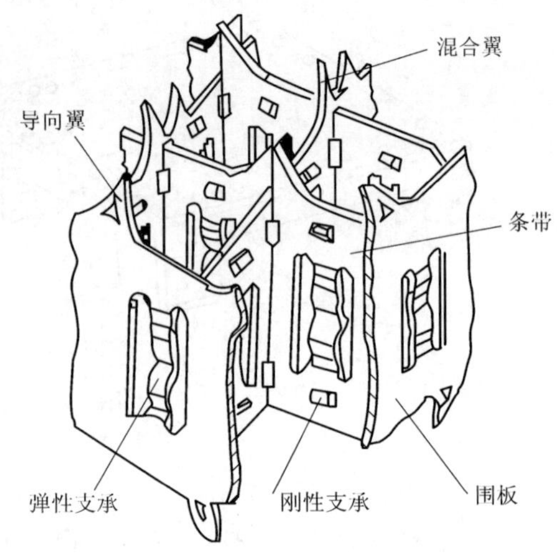

图 2-8 压水堆燃料组件定位格架

中央定位，又利用弹簧力将元件棒夹紧。格架中大部分位置形成两个相背的弹簧分别顶住相邻栅元的两根燃料棒，自然抵消了作用在条带上的力。

格架通过固定在条带上的调节片与 25 个导向管连接，这些调节片直接焊在导向管上。格架四周条带较厚，以便增加刚性保护燃料元件棒。格架四周条带上设有导向翼，除起搅混冷却剂提高传热效率作用外，还为组件装卸时导向。燃料组件中间 6 个格架的内条带上也设有搅混翼以搅混冷却剂。

2.1.2 控制棒组件

控制棒组件是压水堆的主要控制部件。在正常工况下用于启动反应堆，调节堆功率、补偿反应性损失，控制由温度引起的反应性微小变化，提供正常停堆。在事故工况下，依靠自身重力快速下插（约 2 s）至堆芯，使反应堆在短时间内紧急停闭，以确保安全。

控制棒组件是由多根吸收体细棒组成的头部呈多角星形架状的束棒结构（图 2-9）。星形架上有 16 个连接翼片（或称肋片）固定在中央连接柄上。共有 24 根细棒悬置固定在 16 个连接翼上。这些细棒束直接插在燃料组件的导向管内，实现对中导向并上下移动。连接翼片和连接柄材料为不锈钢。在连接柄上端，有与控制棒驱动杆可远距离相连接或脱口的槽口和提供吊运用的凹槽。在连接柄内下部装有一个因科镍材料的弹簧，以便在控制棒脱扣快速下插到底部终端时吸收冲击能量，起缓冲作用。利用附件螺纹连接、焊接结构，弹簧被置于连接柄内，确保运行期间不会脱落。

以国内典型 900 MW 电功率压水堆为例，堆芯共有控制棒组件 53 组（首炉料时只装 49 组，其余由可燃毒物棒组件临时替代），布置如图 2-10。其中“黑”棒组件 41 组，每组由 24 根银-铟-镉吸收体细棒组成，吸收中子能力强，主要作安全棒使用。“灰”棒组件 12 组，每组由 8 根银-铟-镉吸收体细棒和 16 根不锈钢阻力塞细棒组成，吸收中子能力较弱，主要作调节棒使用（图 2-11）。

吸收体细棒在活性区高度内由吸收中子材料，质量分数比为 80%∶15%∶5%的银-铟-镉合金以挤压成形的芯块形式密封在不锈钢细管内制成，以防止吸收体芯块与冷却剂接触。控制棒吸收体芯块直径约 9 mm，高约 100 mm，装入外径约 10 mm，厚约 0.5 mm 的不锈钢包壳管内，两端用端塞焊接密封。包壳与吸收体芯块间留有 0.03 mm 冷态间隙和足够的轴向空腔（约 35 mm），内充 0.1 MPa 的氦气。上端塞穿过组件星形架连接翼片上的孔用螺纹连接销钉固定并焊死。固定部位之下，端塞上的缩颈可增加一定挠性，使细棒能矫正装入及运行时微小的对中偏差。下端塞尾部做成弹头状，可减少水中阻力和便于导入导向管底部缓冲段。控制棒吸收体总长度应保证控制棒组件提至上部最高位置，细棒抽出活性区时，仍有一段留在导向管内，这样既可避免过量冷却水从导向管旁流，又可继续保持吸收体细棒在导向管内的对中导向，甚至当吊篮断裂，堆芯及燃料组件细微下移情况时，吸收体细棒仍能

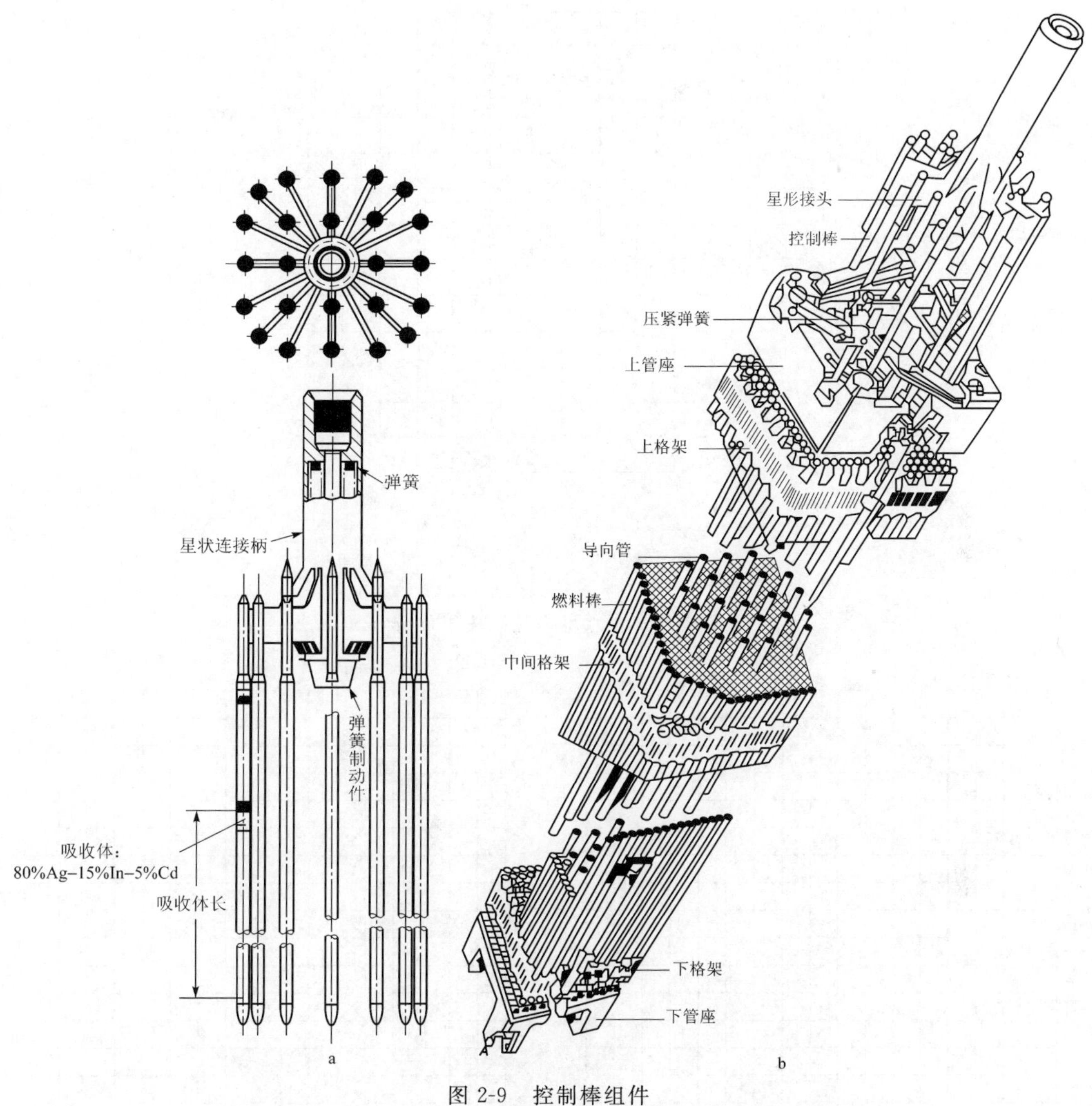

图 2-9　控制棒组件

a. 压水堆控制棒组件；b. 压水堆燃料组件及其顶部控制棒组件

不抽出导向管口并继续保持对中导向，以确保反应堆紧急插棒停堆。

压水堆这种细棒束型控制棒组件的优点是，棒径细，数量多，均匀分布在堆芯，有利于堆芯中子注量率和功率均匀分布；细棒提升时的空腔效应小，不会因出现水腔而造成较大的功率分布畸变；众多细棒提高了吸收体表面积与体积比，减少了自屏，提高了中子吸收的效率，大大减轻了控制棒的重量和吸收体的装载；控制棒细而长，增大了挠性，在保证与导向管同心的前提下，可相对放宽装配工艺要求，而不致引起卡棒。

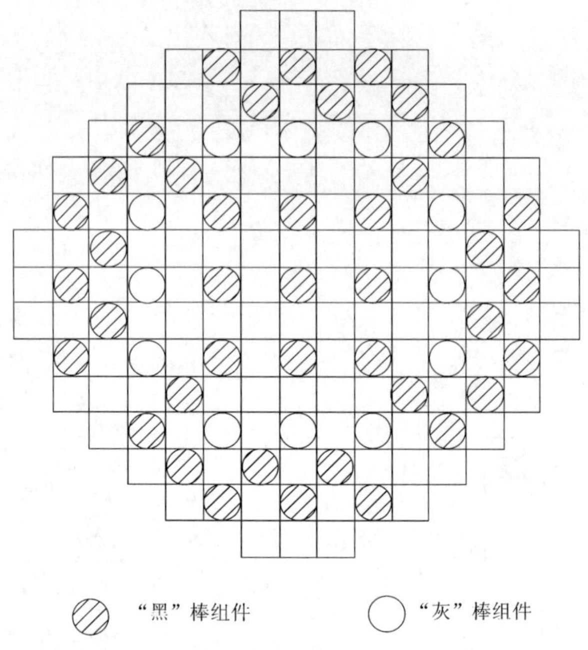

图 2-10　压水堆内控制棒组件分布

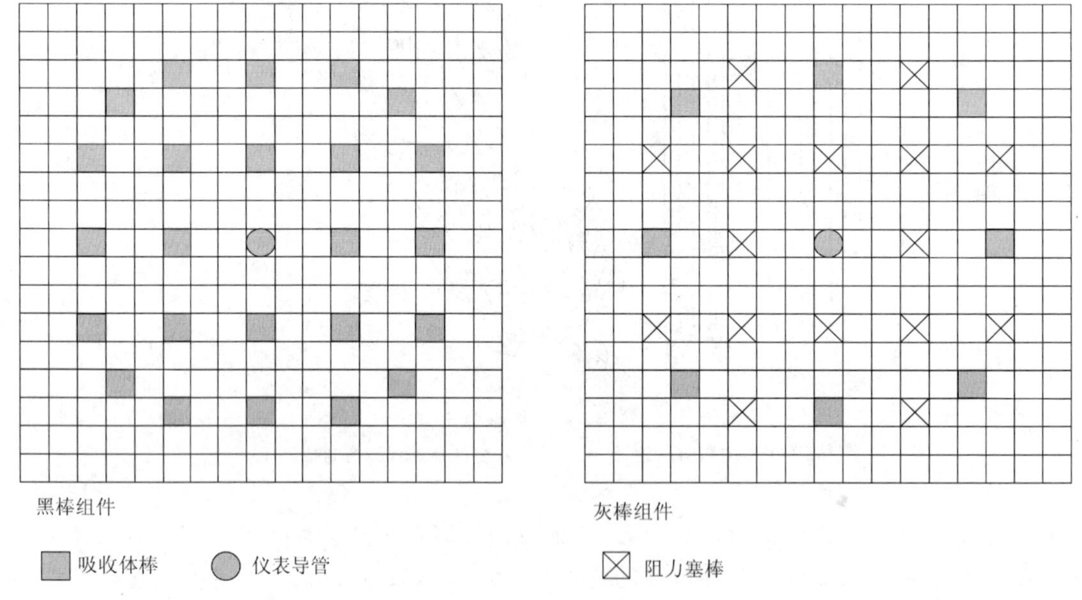

图 2-11　控制棒“黑”棒、“灰”棒组件内布置

2.1.3　可燃毒物棒组件

核电厂压水堆在日常运行中，反应性控制采用改变控制棒组件堆芯内的数量、高度和调节慢化剂（冷却剂）水中硼（酸）浓度来实现。然而，压水堆电厂在新堆首炉满装载核燃料，零燃耗状态，尤其是在冷态，堆芯温度还处在常温时，其堆内后备反应性很大，单靠控制棒组件

和增加硼浓度已不足以抑制住其过大的正反应性。这是因为：① 堆内控制棒组件数量及吸收棒价值是依据核设计最终确定，并在堆建成后已经固定；② 尽管慢化剂水其温度反应性系数为负值，但如水中含硼，则还需考虑慢化剂温度升高，体积膨胀，部分含硼水被挤出堆芯，堆内慢化剂单位体积硼含量减少引起的正反应性因素。当水中硼浓度达到并超过某个极限值，硼（质量）的浓度约为 1 100 mg/L 时，含硼水综合的温度反应性系数会由负值转变为正值，将会影响反应堆的自稳性能，这是堆设计不允许的。由此可见，水中增加硼含量也不是无限制的。

鉴于上述原因，电厂压水堆新堆时设计有一种称为“可燃毒物棒”的功能组件，用以作为抑制新堆过多正反应性的安全措施，在新堆前一个乃至几个运行循环内置于堆芯内参与运行。随着反应堆运行，燃料燃耗不断增加，剩余反应性逐步减少，相应可燃毒物中子吸收材料也在较快地消耗掉。故可在首次换料或前几次换料中，将可燃毒物棒组件一次性或分批取走，并由阻力塞棒组件替代。压水堆新堆运行初期还可以利用可燃毒物棒组件在堆芯的布置及组件内毒物棒的数量，展平堆功率分布，降低堆功率径向不均匀系数。

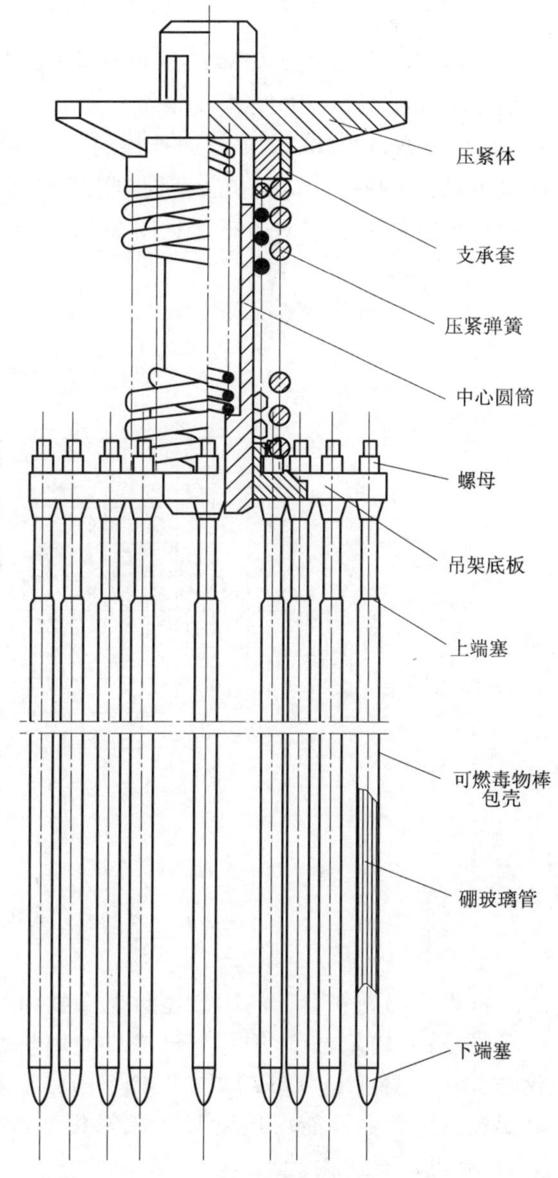

图 2-12　压水堆可燃毒物棒组件

可燃毒物棒组件由吊架、弹簧、可燃毒物细棒及阻力塞细棒组成。结构及外形尺寸基本与控制棒组件相似(图 2-12)。细棒顶端与吊架底板连接固定。细棒插于燃料组件导向管内。吊架底板坐在燃料组件上管座内，支承在管座的顶板上。整个组件通过吊架上的压紧体及弹簧，由上部堆内构件的上栅板将其向下压紧，使组件保持轴向位置固定不变。为了便于在换料时远距离取出，同样在组件吊架连接柄上端作了专门的设计。吊架材料为不锈钢，弹簧材料采用因科镍。

固体可燃毒物要求采用吸收中子能力较强，又能随反应堆运行而被消耗掉的材料，故一般用线含硼量为 0.03 g/cm 的硼玻璃管。制成长约 100 mm，直径约 9 mm，厚约 1.55 mm 的小管段，装在与控制棒外形相似，长度与燃料棒相同，厚度为 0.5 mm 的不锈钢包壳内。硼玻璃管与不锈钢包壳间，同样在径向和轴向均要求留有一定间隙。上下用端塞密封(也可采用氧化铝-碳化硼(Al_2O_3-B_4C)环状芯块，内腔流水的锆合金套管，或碳化硼-锆弥散体的锆合金包壳棒)。

以典型的电功率 900 MW 压水堆为例,堆芯首炉料共装载可燃毒物棒组件 66 组。与控制棒组件相似,每组也为 24 根细棒形式。其中 18 组由 16 根毒物棒、8 根阻力塞棒组合;48 组由 12 根毒物棒、12 根阻力塞棒组合。另外在堆芯两组初级中子源棒组件内,每组还有 16 根可燃毒物棒。因此,初装载时,实际上有 896 根可燃毒物细棒装载于反应堆堆芯。可燃毒物棒组件在堆芯内的布置见图 2-13。

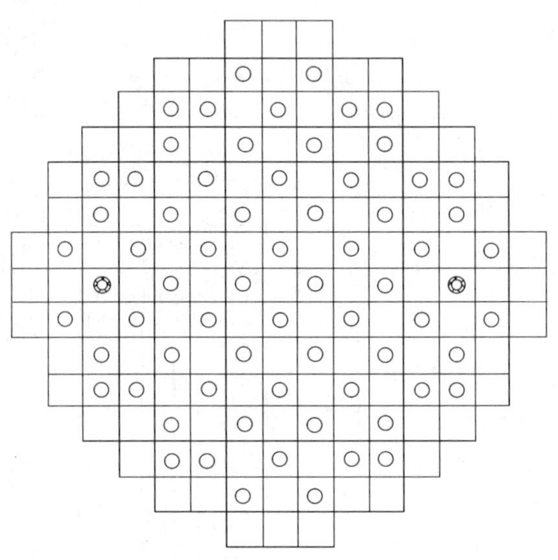

○ 可燃毒物棒组件(共66组) ◎ 初级中子源棒组件(共2组)

图 2-13 首炉料压水堆内可燃毒物棒组件分布

考虑到与燃料分开的离散型可燃毒物棒结构形式使用不灵活,运行周期末残留硼吸收中子,经济性较差,近年国际上已推广使用与燃料一体化的可燃毒物,如燃料芯块表面涂硼化锆(ZrB_2)层;UO_2-Gd_2O_3(或 UO_2-Er_2O_3)弥散体。这类一体化可燃毒物燃料加工工艺、高温、腐蚀、辐照性能均与纯 UO_2燃料相似,不仅适用于首炉装料,且可优化之后的换料方案,提高电厂经济效益。

2.1.4 中子源棒组件

核反应堆首次启动运行,以及之后的每次停闭后的再启动,都需要 $10^7 \sim 10^8$ n/s 量级的中子源,以使反应堆能够安全可靠地启动,并可通过测量通道获得可测的中子注量率水平,监测反应堆接近临界的过程,克服核测量盲区。电厂压水堆在堆芯配备有两种不同的中子源棒组件。它们是两组初级中子源棒组件和两组次级中子源棒组件。

初级中子源一般采用 α 源与铍(^{9}Be)组合或直接用自发裂变中子源。其中铍与 α 源($^4_2$He)发生核反应产生中子,如式(2-1)。

$$\alpha + {}^9_4\text{Be} \longrightarrow {}^{12}_6\text{C} + {}^1_0\text{n} \tag{2-1}$$

而可采用的 α 源则很多,如表 2-1 所示。

表 2-1　可采用的 α 源

名　称	镅	钚		镭	钍	钋
符号	$^{241}_{95}Am$	$^{238}_{94}Pu$	$^{239}_{94}Pu$	$^{226}_{88}Ra$	$^{228}_{90}Th$	$^{210}_{84}Po$
半衰期/a	458	88	2.4×10^4	1 620	1.9	约 0.38(138.4 d)
来源	乏燃料中提取	乏燃料中分离，再经堆辐照	堆辐照	天然	乏燃料中分离，再经堆辐照	堆辐照

自发裂变中子源在压水堆上也有应用，典型的如锎源(^{252}Cf)。锎源体积小，源强度高(约 2.3×10^{12} n/s·g)，需要利用乏燃料中分离出的锕系元素在高注量率(约 10^{15} n/s·cm^2)堆芯长期辐照才能获得。锎源半衰期约 2.65 年。锎源在压水堆一般要求工作寿命 500～1 000 d，放射性活度 3.7×10^{12} Bq，中子源强(2～4)×10^8 n/s。

初级中子源棒组件的 24 根细棒中实际往往只含 1 根初级中子源细棒，其余则可能有 1 根次级中子源棒，若干根可燃毒物棒和阻力塞棒组成。初级中子源细棒所采用的锎源或 α 发射体与铍均匀混合后压制成的小柱体，均放在双层钢包壳内，两端焊封，管内径向、轴向留间隙并充氦。堆芯对称布置的两组初级中子源棒组件，将随可燃毒物棒组件一起或在首次换料时，或在前几次换料中取走，并由阻力塞棒组件替代。反应堆再次启动依靠堆芯两组次级中子源棒组件。

次级中子源是利用铍的(γ,n)反应，在 γ 能量高于 1.67 MeV 条件下，也能使铍核反应产生中子。适用的 γ 发射体有钠-24、镓-72、锑-124。核电厂次级中子源普通采用锑-铍源(Sb-Be)。锑-铍源入堆时没有放射性，不会放出中子，需要锑在堆芯吸收中子活化后放出高能 γ 射线，使铍发射中子，其反应式如下：

$$^{123}_{51}Sb + ^{1}_{0}n \longrightarrow ^{124}_{51}Sb \xrightarrow[60\ d]{\beta^{-}\cdot\gamma} ^{124}_{52}Te \tag{2-2}$$

$$\gamma + ^{9}_{4}Be \longrightarrow ^{8}_{4}Be + ^{1}_{0}n \tag{2-3}$$

次级中子源锑-铍芯块叠放在不锈钢包壳管内，两头用端塞焊封，管内径向、轴向留有空隙并充氦气，组成次级中子源细棒。每根细棒中约装锑-铍混合物 530 g，其在压水堆满功率运行 2 个月后，放射性活度可满足停堆 12 个月后再启动反应堆的要求。压水堆堆芯内一般对称设置 2 组次级中子源棒组件，每个组件中一般仅需设置 4 根左右次级中子源细棒，其余则用不锈钢阻力塞实心短棒补齐。次级中子源棒组件一般情况下将永久置于堆芯，故要求其结构可靠使用寿命长。

中子源棒组件结构、外形尺寸与可燃毒物棒组件相同(图 2-14)。组件由吊架、弹簧及中子源、可燃毒物、阻力塞等细棒组成。细棒顶端与吊架底板连接固定，细棒插入燃料组件导向管内。吊架底板坐于上管座顶板，由上部堆内构件上栅板通过弹簧补偿压住吊架，使组件轴向固定。吊架及弹簧材料与可燃毒物棒组件相同。吊架连接柄上部与可燃毒物棒组件相同，也作专门设计，以便远距取放操作。

2.1.5　阻力塞棒组件

为了使插在燃料组件导向管内的控制棒、可燃毒物棒、中子源棒获得足够的冷却，堆芯

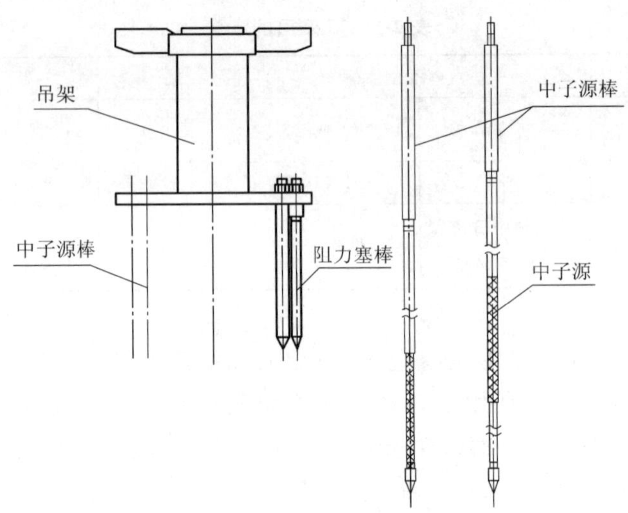

图 2-14　压水堆中子源棒组件

燃料组件所有的导向管内均会有一定数量的冷却剂流过。然而实际情况是，在一些导向管内并没有控制棒、可燃毒物棒或中子源棒插入，这样势必会造成冷却剂不必要的较大的旁路损失。为此需设计一些阻力塞棒插在这些空导向管内，避免冷却剂从导向管内白白旁路，确保冷却剂尽量多地去冷却核燃料元件棒。

阻力塞棒为 20 cm 长的不锈钢实心短棒，置于堆芯顶部位置，以减少中子不必要的吸收。短棒两头与控制棒上下端塞相似，外径也基本相同。阻力塞棒除了分别配用在控制棒组件，可燃料毒物棒组件和中子源棒组件上外，堆芯一部分燃料组件上部凡不设置以上三种功能组件的，则必须设置阻力塞棒组件。阻力塞棒组件结构、外形尺寸、材料与可燃毒物棒组件、中子源棒组件相同。组件由吊架、弹簧及 24 根阻力塞棒组成。安装固定、压紧定位、顶部装卸设计要求以及吊架、弹簧材料与可燃毒物棒、中子源棒组件相同。对阻力塞棒组件及其他永久性置于堆芯的功能组件，除了结构简单可靠，抽插灵活方便，换料时能利用相同的机具远距离操作等要求外，还要求使用寿命长。

2.2　堆内构件

堆内构件位于反应堆压力容器内，由不锈钢或因科镍型的高合金钢制成。主要包括上部堆内构件和下部堆内构件两大部分(见图 2-15)。堆内构件的作用是：

(1) 承受堆芯结构的重量，使堆芯燃料组件定位并被压紧，保证其位置和方向的准确性，防止其在运行过程中移位。

(2) 为控制棒组件导向，确保燃料组件和控制棒组件相互对中，以便于控制棒顺利抽插。压紧可燃毒物棒组件、中子源棒组件和阻力塞棒组件，防止其运行中振动、移位。

(3) 为堆芯测量装置导向定位，使测量装置顺利到达所需的测量部位，并提供支承。

(4) 使堆内冷却剂流量合理分配，引导冷却剂按一定方向流过各燃料组件，导出堆芯热量并冷却堆内各部件。

(5) 减弱中子和 γ 射线对压力容器的辐照，延长压力容器的使用寿命。

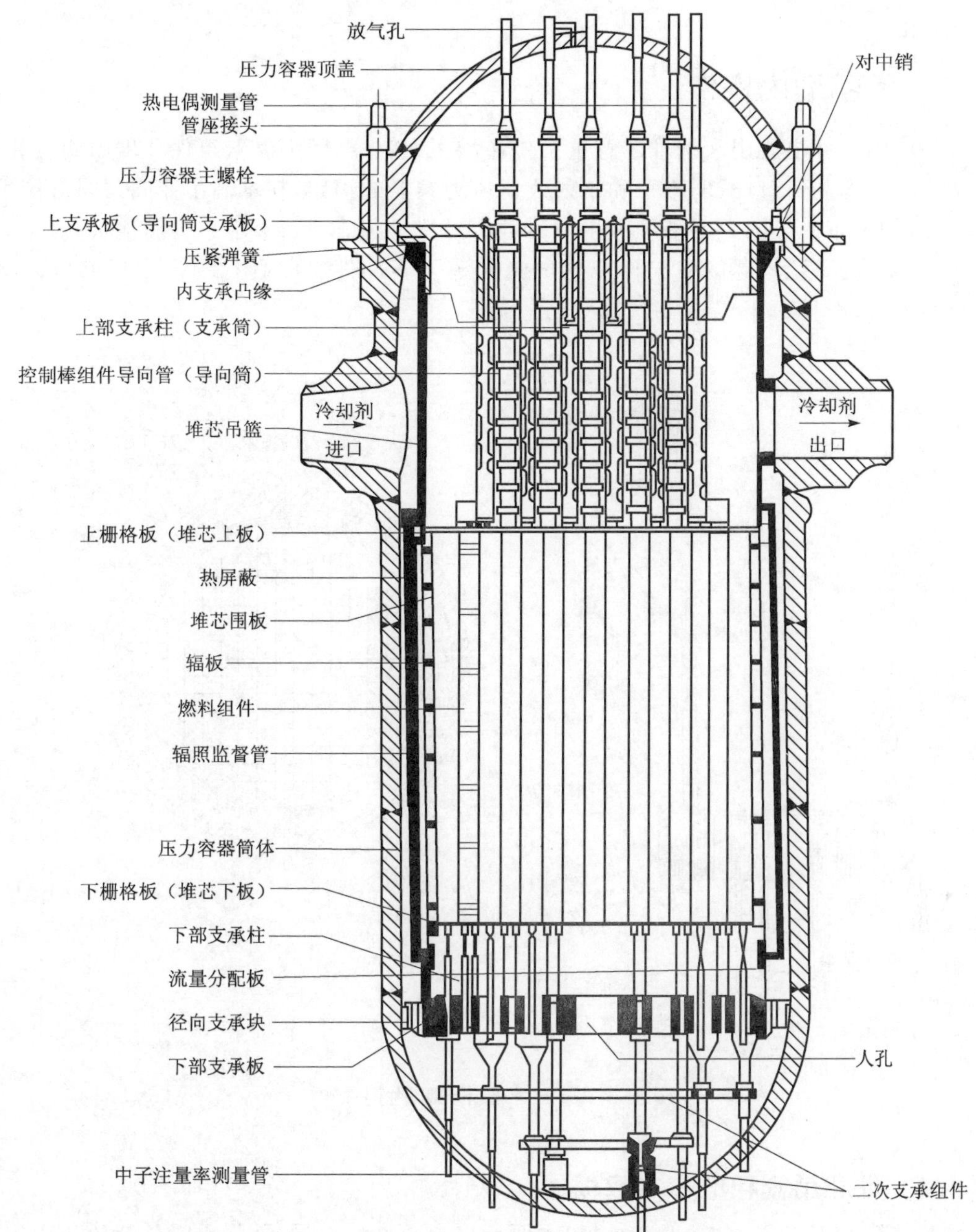

图 2-15　典型 900 MW 电厂压水堆压力壳内构、部件布置

堆内构件应具有耐高温、耐腐蚀、耐辐照性能；有足够的强度和尺寸稳定性；能承受事故工况下可能出现的负载、振动、水力冲击和应力；能补偿堆芯和支承部件的热膨胀；能在任何工况下实现可靠停堆，并使堆芯保持持续冷却的状态。堆内构件同样要求有很高的加工、组装精度，以便于现场安装和装卸料操作。

上下部堆内构件将分别作为一个整体安装或卸出。每次换料前需将上部堆内构件卸出。而在对反应堆压力容器进行在役检查前，则需将上部堆内构件、堆芯燃料组件、下部堆内构件卸出。

2.2.1 下部堆内构件

下部堆内构件主要用来把堆芯总重量传递给压力容器，固定燃料组件和堆内测量装置，搅混和分配冷却剂流量，减弱中子和γ射线对压力容器的辐照，在堆芯吊篮断裂时限制堆芯移位，为冷却剂正确导向。下部堆内构件由堆芯吊篮、堆芯支承板、堆芯下栅格板、流量分配孔板、二次支承组件、堆芯围板组件及热屏组件等主要部件组成(图 2-16)。下部堆内构件整体重约 84 t，直径约 3.9 m，高约 9.9 m。

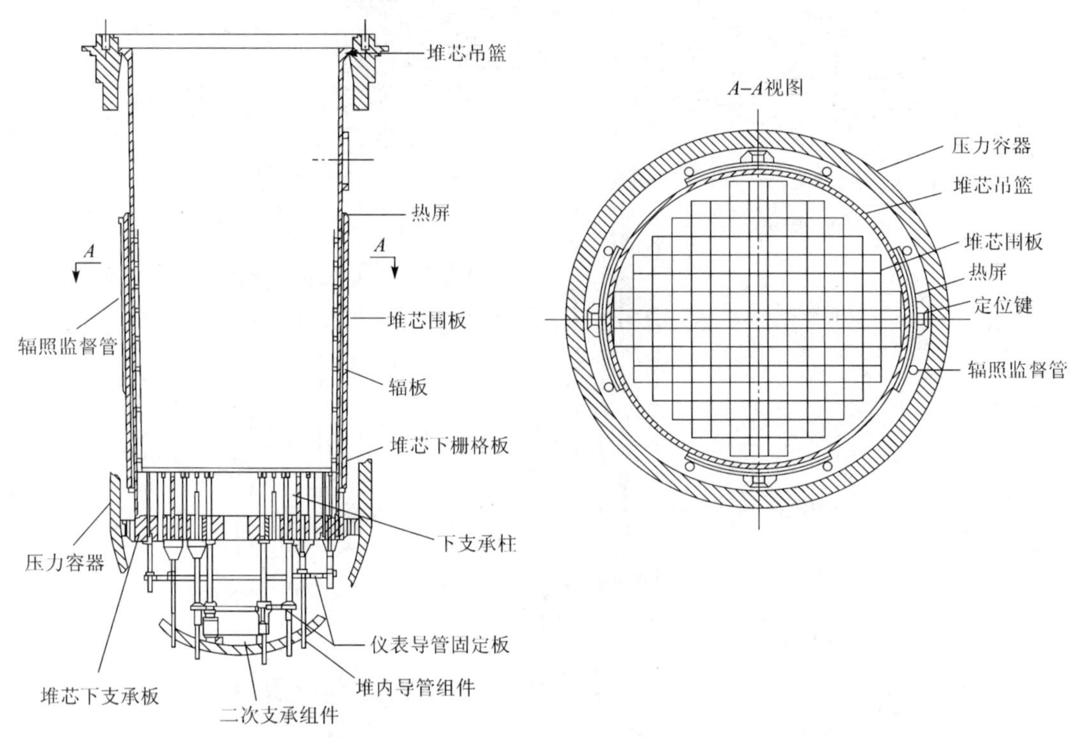

图 2-16 压水堆下部堆内构件

2.2.1.1 堆芯吊篮和堆芯支承板

堆芯吊篮和堆芯支承板(下支承板)主要用来支承堆芯重量，并将重量传递给压力容器，同时使冷却剂沿固定方向流动。堆芯支承板还为堆内测量装置导向。

堆芯吊篮是一个高约 10 m 的不锈钢圆筒。吊篮通过上部凸肩悬挂并被压紧在压力容器内结合面位置的凸肩上。吊篮凸肩周边上开有 4 个对称的方形键槽，用于上、下堆内构件与压力容器一起定位，确保燃料组件与控制棒组件驱动机构对中，限制吊篮周向转动。吊篮上部位置设有冷却剂出口管嘴，管嘴数量取决于电厂压水堆冷却剂环路数。每个出口管嘴与压力壳出口接管位置一一对应，以便于引导冷却剂从吊篮上部经由压力壳出口接管流出。400 多毫米厚的堆芯支承板被焊接在吊篮下部，堆芯重量由堆芯下栅格板及下部支承柱传递到支承板上。支承板上开有许多孔为堆内测量装置导管导向并使冷却剂通过。在吊篮筒体下部外表面，周向设有四个对称的导向定位块(或槽)，与压力容器上的四个导向定位块相配，用以径向定位并允许吊篮有少量轴向自由胀缩位移。

2.2.1.2　堆芯下栅格板和下支承柱

堆芯燃料组件直立坐于堆芯下栅格板上，借助下栅格板下面的支承柱将堆芯重量传递给吊篮底部的支承板。下栅格板上每个燃料组件位置设一对对中销，给燃料组件定位。下栅格板通过支承柱连接固定在吊篮底部的支承板上。在下栅格板相对于每个燃料组件位置上开有冷却剂流通孔，以使冷却剂流入燃料组件。根据核测量装置要求，在下栅格板每个燃料组件位置中央设有测量装置导管的支承和导向装置，以使测量装置导管与燃料组件中央导向管对中并便于导入。

2.2.1.3　流量分配孔板

流量分配孔板也称扩散器板，位于下栅格板和堆芯支承板之间，定位固定于支承柱上。流量分配孔板上开有大量流通孔，它一方面可以提高下栅格板的刚性，使板面平直，同时用以消除引起冷却剂流量分配不均匀的涡流，保证通过每个燃料组件的流量相等。如果采取增加下栅格板的刚性，加大下栅格板与堆芯支承板间的距离来满足设计要求，则可以取消流量分配孔板。

2.2.1.4　二次支承组件

二次支承组件是一种安全装置，用来限制发生堆芯吊篮断裂事故造成的后果。二次支承组件是由一个外形与压力容器底部形状相似的防断底板和悬挂在堆芯支承板下面的 4 根圆柱形支柱，以及防断中板、吸能缓冲器等组成。二次支承组件的防断底板与压力容器底面在热态时有十几毫米的间距。在吊篮发生断裂时，堆芯突然垂直下落，此时设于支柱与防断底板间的四只吸能缓冲器依靠单薄的横截面产生变形而耗去冲击能量，从而防止压力容器受冲击而损坏。由于包括吸能缓冲器的变形，吊篮实际仅下落约 30 mm，因此控制棒实际相对从堆芯燃料组件中抽出也只有约 30 mm。这部分控制棒当量所引起的正反应性还不足以造成反应堆严重的超临界事故。同时，设计中已考虑即使控制棒组件处于顶部位置，吊篮断裂下降的 30 mm 左右的位移，也不会将控制棒头从导向管中抽出，造成细棒无法再次插入导向管。吊篮断裂堆芯下落时，二次支承组件的防断底板还能够限制堆芯径向位移，从而确保控制棒组件能顺利下插停堆。二次支承组件靠螺栓连接焊接固定，以防松动。

堆芯核测量用的几十个测量探头套管通过压力容器底部测量通道插入压力容器，然后再导入燃料组件中央导向管。这些测量套管进入压力容器后首先通过二次支承组件进行定位、支承并导向。

2.2.1.5　堆芯围板组件

堆芯围板是根据燃料组件构成的堆芯外廓形状，做成直角曲折状的，垂直置放于堆芯外沿的平板，围板确立了堆芯燃料区的边界，它坐装在堆芯下栅格板固定位置上，自下而上一直到刚好高出燃料组件位置，将整个燃料区紧紧围裹住。这样做可以强制冷却剂流经堆芯燃料组件，阻止冷却剂从堆芯外沿与吊篮筒体间隙大量旁路流失。围板依靠自下而上设置的多层辐板，在水平方向利用螺栓连接固定于吊篮筒体上。辐板外周边呈圆形与吊篮筒体连接固定，内周边呈直角曲折状与围板连接固定，以此支撑住围板，保证围板的刚性和平直。辐板上开有一些小孔，围板与吊篮筒体间充满水起反射层作用，将堆芯泄漏出的中子部分反射回堆芯，以节省核燃料；同时也可使这层冷却剂从下向上流动将热量带走，并使这部分冷却剂温度、化学成分均匀以及减小围板两侧压差的作用。这部分冷却剂流量约占总流量的0.5%。

2.2.1.6 热屏组件

热屏组件位于压力容器与堆芯吊篮筒体之间，用来减弱堆芯贯穿出的中子和γ射线对压力壳的辐照损伤和热应力。早期压水堆热屏为68 mm左右厚的一个不锈钢圆筒，吊挂固定在吊篮筒体外壁的堆芯高度位置。现行压水堆设计上作了改进，由于堆芯吊篮筒壁厚度已能提供一定的屏蔽，所以只在燃料组件最靠近压力容器的4个对称的扇形区装有四个瓦片状的热屏蔽。每个扇形区实际上有两块加工成斜角的板拼成，中间留有一定空隙，可以在纵向自由伸展，它们用螺钉直接固定在堆芯吊篮上。在4组屏蔽上固定有样品辐照管，管内装有随堆辐照的多批压力容器材料试验样品。这些试样可以通过吊篮凸肩处的取样孔，借助专用工具在换料时定期取出，送往实验室检验以随时监督压力壳的辐照损伤发展情况(图2-17)。

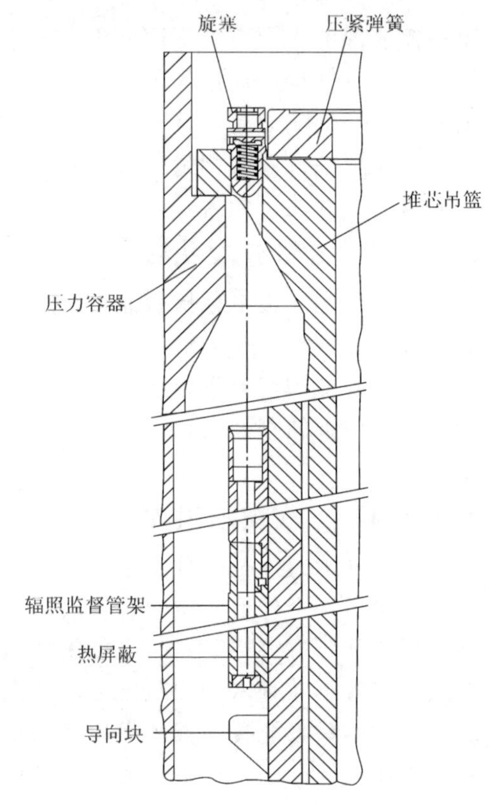

图2-17 压水堆热屏组件及压力壳钢辐照样品监督管

如果适当加厚吊篮筒体，加大压力容器内径，增加水反射层厚度，并选用更理想的压力容器材料，则可取消热屏蔽，可以简化结构，减小吊篮与压力壳间隙的阻力。这已经在国外一些大型电厂压水堆上实现。

2.2.2 上部堆内构件

上部堆内构件位于堆芯燃料组件上方，用来压紧并固定燃料组件，防止燃料组件在水力作用下向上冲击，使控制棒组件及其驱动机构与燃料组件对中并为控制棒束上下抽插提供导向，引导冷却剂流出反应堆。上部堆内构件同时还对除控制棒组件外的其他功能组件起压紧作用。上部堆内构件组装成一个整体，重约43.7 t，直径约3.9 m，高约4.2 m，装卸时实行整体吊装。

上部堆内构件由堆芯上栅格板、导向管支承板、控制棒导向管及支承柱等主要部件组成(图2-18)。

2.2.2.1 堆芯上栅格板

堆芯上栅格板是位于堆芯燃料组件上部的压紧定位板，它直接压紧燃料组件，可燃毒物棒组件、中子源棒组件和阻力塞棒组件，避免这些组件因水力冲击而“向上飞”。上栅格板上开有许多与每个燃料组件一一对应的流水孔、控制棒组件导向管孔和支承柱孔，以便冷却剂

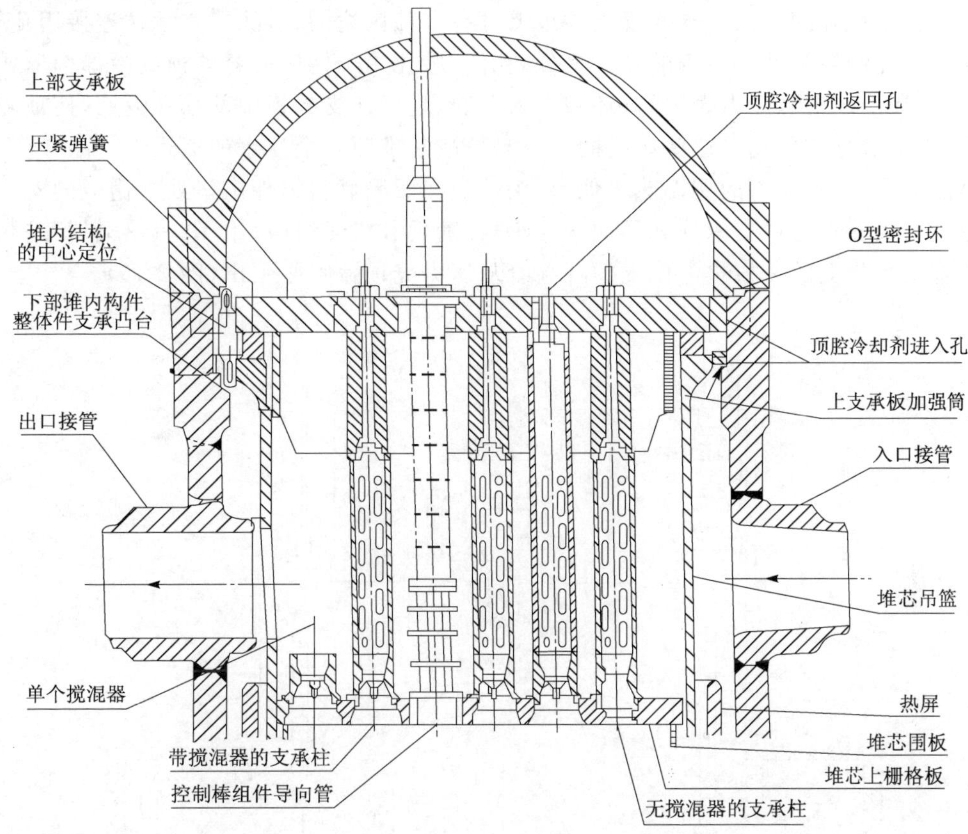

图 2-18　压水堆上部堆内构件

从堆芯流出;贯穿控制棒组件导向管;与支承柱固定连接。上栅格板上设有向下的定位销,每个燃料组件位置一对,与燃料组件上管座上的两个对角定位孔相配合,将燃料组件定位。上栅格板上板面,设有许多与控制棒组件导向管相配合的定位孔。堆芯上栅格板通过支承柱与上部导向管支承板连接固定。除控制棒组件导向管、支承柱外,在堆芯外围燃料组件位置的上栅格板上,另外还设置部分带有短管座搅混器的出水孔。

2.2.2.2　导向管支承板

导向管支承板又称上部支承板,是一块直径约 3.9 m,厚 100 多毫米的圆板。为了加强刚性避免变形,在支承板下平面焊接有圆筒状肋板进行加固。

导向管支承板利用支承柱与堆芯上栅格板连接成为一个整体。上部堆内构件通过导向管支承板法兰坐在吊篮法兰上面,两个法兰间有一个环形的板状压紧弹簧。压力容器顶盖就位时,顶盖重量及压力容器法兰主螺栓拧紧力将通过导向管支承板、支承柱、堆芯上栅格板传递给堆芯燃料组件上管座弹簧及可燃毒物棒、中子源棒、阻力塞棒等功能组件弹簧,从而将上部堆内构件、堆芯部件、下部堆内构件压紧成为一个整体,并依靠吊篮法兰坐挂在压力容器法兰凸肩上。压紧弹簧还能补偿上下堆内构件的加工、装配误差,补偿堆内构件热胀冷缩造成的尺寸偏差,补偿水力冲击产生的附加作用力。导向管支承板法兰周侧设有 4 个对称的方形键槽,用来与堆芯吊篮法兰、压力容器一起定位,从而使上下部堆内构件、堆芯、压力容器获得精确的定位。导向管支承板上开有多种用途的孔，除了支承柱连接用孔外，还有用来贯穿控制棒组件导向管的孔。另外还有一些孔用于使压力容器顶腔冷却剂形成小流量旁通流，让冷却剂从压力壳、吊篮环隙进入顶腔，随后从支承板中部小孔返回，使顶腔冷却剂温度、化学成分均匀化。这些小孔同时也是事故时堆顶安全注水的通道。

堆芯共有40只左右的测温热电偶，探头固定在所测燃料组件出口处上栅板的支承柱底部位置。导线套管通过支承柱和导向管支承板，随后分成4组（每组10只热电偶）进入固定于导向管支承板上的4根热电偶支撑柱导管从压力壳顶盖管座引出（图2-19）。

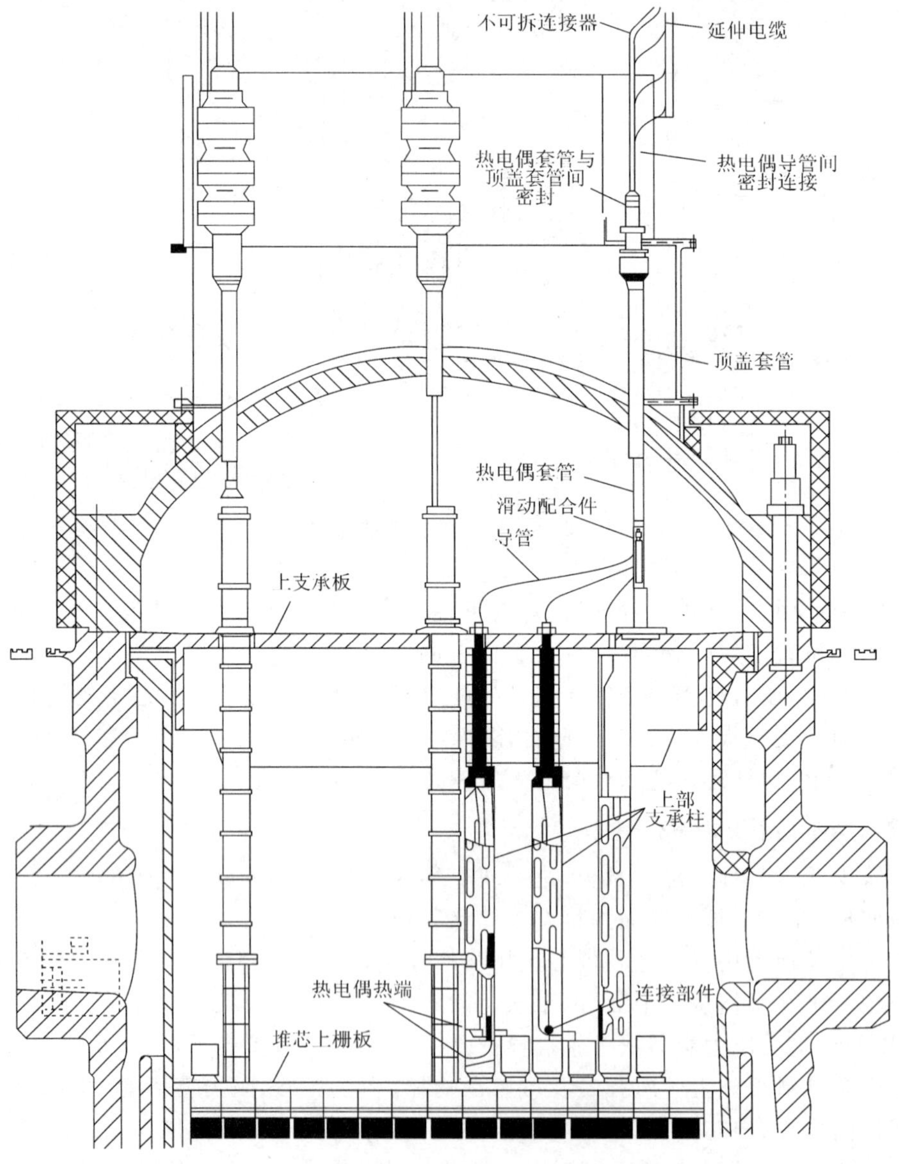

图2-19 典型压水堆堆芯上部测温热电偶引出示意图

2.2.2.3　上支承柱

导向管支承板和堆芯上栅格板之间用几十根上支承柱来连接固定并保持距离，使之成为一个整体，传递机械载荷。由图 2-19 可知，支承柱下端是空管，管壁上有流水孔，以此引导冷却剂横向进入出水口管嘴。部分支承柱下端带有搅混器以均匀冷却剂温度。部分支承柱顶部与导向管支承板连接口上开有孔洞，用于压力壳顶腔冷却剂旁通返回。

2.2.2.4　控制棒组件导向管

控制棒组件导向管是给控制棒组件在堆芯燃料组件内上下抽插时起导向作用的部件。因此要求有精确的对中尺寸确保控制棒束在导向管内自由移动，不允许将棒束卡住或别弯。

控制棒组件导向管分上下两部分。支承板与堆芯上栅格板之间，为圆形连续导向管段。上下两部分用法兰、螺栓连接。导向管下部法兰通过销钉与堆芯上栅格板定位连接。该段控制棒组件导向管由不锈钢 C 型管和双孔异型管装配而成（图 2-20）。管孔形如控制棒组件连接柄横截面，但略大以便留有一定间隙让控制棒束顺利通过。控制棒组件导向管壁上开有一些孔洞以便冷却剂流通。由于控制棒组件导向管较长，形状复杂，所以对它的装配精度要求较高，加工制造的难度也较大。

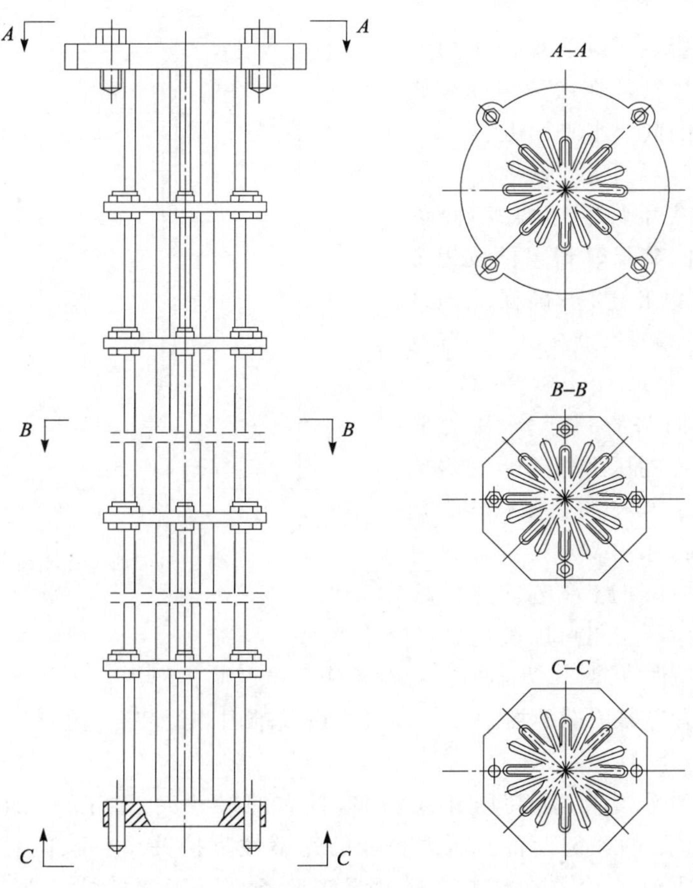

图 2-20　压水堆控制棒组件导向管

导向管支承板以上管段为控制棒组件棒束的延伸段，一般采用间断式导向，为方形导向管，内部形状与下部管段基本相似，结构相应较简单。上导向管段仅在其下部利用法兰、螺栓与导向管支承板固定连接，上端无固定连接，但与压力壳顶盖上的控制棒组件管座口一一对应，以便为控制棒组件传动轴定位并上下导向（见图 2-18、图 2-19）。

2.3　反应堆压力容器

反应堆压力容器也称为反应堆容器或反应堆压力壳。它是一个底部焊有半球形封头的圆筒形承压密封容器，顶部为用法兰螺栓连接的可拆卸半球形封头顶盖（图 2-21）。压力容器内装有堆芯燃料组件、上部及下部堆内构件、控制棒等功能组件以及其他与堆芯有关的部件。控制棒驱动机构及堆内测温装置的支承件都装在压力容器顶盖上。压力容器底部设有堆芯核测量装置的管座。压力容器冷却剂进出水接管都在法兰下部和燃料组件上部位置的同一水平面上。

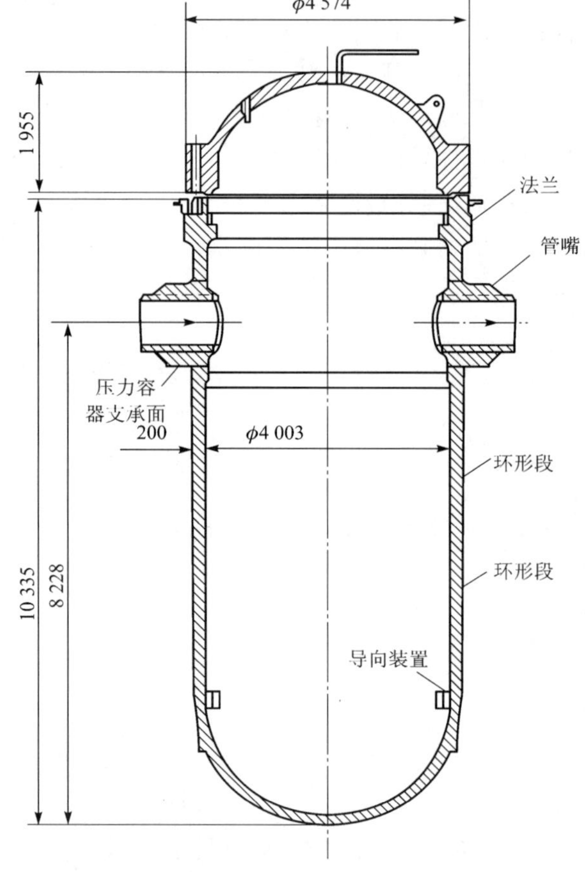

图 2-21　典型压水堆压力容器

反应堆压力容器的主要作用是：

（1）包容反应堆堆芯燃料组件，固定、支承堆内构件，确保燃料组件按规定位置在堆芯内支撑和定位；确保冷却剂按规定流道畅通无阻，将热量带出反应堆。

（2）作为一回路的一部分，压力容器是冷却剂与外界的压力边界。它需要承受反应堆内强 γ、中子的辐照及冷却剂的高温、高压载荷，还需要承受控制棒可能发生的撞击和一回路管道传递的应力。压力容器的承压密封可以避免放射物质外逸。

（3）与堆内构件一起，作为生物屏蔽对工作人员起防护作用。

（4）利用压力容器顶部的控制棒驱动机构以及堆内测量装置，控制反应堆，监测堆芯温度及中子注量率。

压力容器长期承受高温、高压和强辐照，且它的尺寸大、重量重、加工制造精度要求高，因此也是压水堆的关键设备。压力容器的完整性直接关系到核电厂的安全运行和使用寿命。为了满足压力容器在高温高压及强辐照条件下工作的特殊要求，考虑到核电厂寿期内冷却剂的流动冲刷，含硼水对材料的腐蚀，耐辐照性能及金属的老化等因素，压力容器材料要求有较高的机械性能、抗辐照性能和热稳定性。此外，对于断面收缩率、冲击韧性及脆性转变温度等指标，也都有较高的要求。兼顾到核电厂安全使用和建造经济性，压力容器采用高强度低碳铁素体低合金钢锻造材料。其成分及其质量分数一般为碳(C)≤0.25%、锰(Mn)1.15%～1.5%、钼(Mo)约 0.6%、镍(Ni)0.4%～1.0%，其余为铁(Fe)。这种材料具有良好的加工性能和焊接性能，其脆性转变温度较低(一般在 −30～5 ℃)。但当快中子辐照注量达到 5×10^{19} n/cm^2 以上时(约相当于运行 20 a 以上)，脆性转变温度可升至 100～150 ℃，就会给压力容器带来一定的脆性破裂的危险。为此堆芯可采取增加或增厚热屏、反射层等措施。同时在堆内放入足够数量的压力容器样品，进行随堆辐照考验并定期取样测试检验。为防止高温含硼水对压力容器材料的冲刷和腐蚀，压力容器内表面所有与冷却剂接触的部位都堆焊一层厚度不小于 5 mm 的不锈钢衬里。以电功率 900～1 000 MW 核电厂压水堆为例，压力容器高约 13.2 m，内径约 4 m，壁厚约 200 mm(接管段约 230 mm)，筒体部分重约 260 t，顶盖重约 54 t。压力容器在制造过程中需要反复热处理，反复探伤检验，制造周期 2～4 a。为了减少压力容器内外壁的温差，降低壳体的热应力，同时也为了降低压力容器外部空间的温度，压力容器表面需包覆一层绝热保温层。保温层由不锈钢板片制成，不能拆卸，在将压力容器放入堆坑就位时在现场安装。压力容器属于在核电厂寿期内不更换的设备，在运行中压力容器被中子活化后具有强放射性，无法对其进行近距离检查和维修，因此电厂压水堆压力容器使用寿命应与核电厂全寿期相一致。

压力容器由顶盖和压力容器本体两部分组成，利用顶盖和本体上的法兰、螺栓及上下法兰间的两个 O 型环紧固、密封。

2.3.1　压力容器本体

压力容器本体由一个下法兰环段、一个接管直环段、两个直环段、一个过渡段和一个半球形下封头通过全透焊连接成一体。下法兰端面上开有均匀布置的几十个螺栓孔，与顶盖上法兰螺栓孔一一对应。接管直环段的同一水平面上对称布置焊接有数个环路的进口接管和出口接管。它们将分别与压水堆冷却剂环路的冷段和热段相连接。其中出口接管部件内套有出口衬套管，用以减弱压力容器出口管嘴处的热应力。压力容器内侧本体下部焊有 4 个导向凸缘，为下部堆内构件导向、对中和径向定位。压力容器本体法兰水平面内侧有一个凸台，用以悬挂下部堆内构件。压力容器本体外侧法兰下部还有一个法兰。此法兰在堆顶换料水池充水前，用一个环形密封板搭在它与池底面上就能起到对堆坑的密封作用，防止堆顶换料水池充水时堆坑进水。半球形下封头球面上设有几十个核测量装置管座，以便通过这些管座引导中子注量率测量装置套管进出。

电厂压水堆利用压力容器冷却剂进出口接管作为压力容器的支承，整个压力容器依靠接管和钢垫支承在混凝土的基础上。支承结构用强迫通风冷却，使混凝土表面温度小于允许值(图 2-22)。

2.3.2　压力容器顶盖

压力容器顶盖是由一个上法兰环段和一个半球形上封头焊接而成。上法兰端面上同样开有均匀分布的与下法兰一一对应的贯穿螺栓的通孔。半球形上封头球面上开有几十个孔，每个孔上焊有一个连接管座，用于安装控制棒驱动机构、堆芯温度测量装置，以

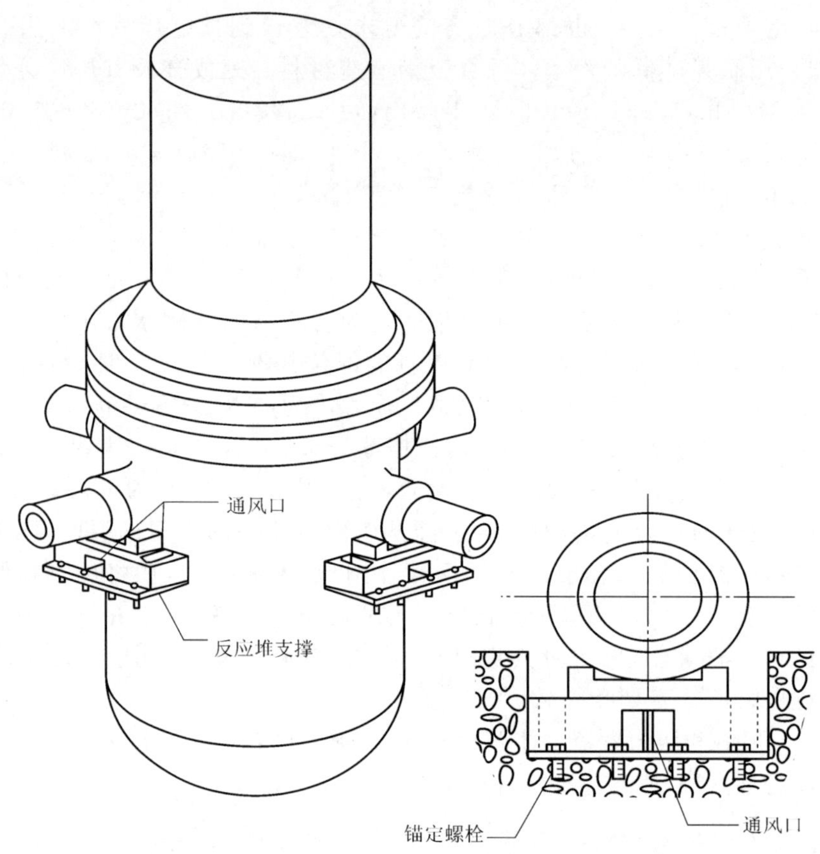

图 2-22　典型压水堆压力容器支撑

及堆芯应急安全注水、顶腔排气等用途。压力容器顶盖及容器底部采用球面封头结构的优点是受力状态好，封头厚度及用材可以相对节省，重量减轻。顶盖球面封头上排气管的作用是在冷却剂系统充水时排出压力容器顶腔的空气。压力容器顶盖法兰上压紧螺栓的操作需要用液压螺栓拉伸机在拧紧螺母时首先将螺栓拉伸，然后拧紧螺母。拉伸力解除后螺栓就可以得到正确的预紧力矩。需要拆卸拧松螺母时，则需进行相反操作。为了实现顶盖与压力容器本体的正确对中，应先将几个比螺栓长的导向螺栓旋入压力容器本体法兰螺孔内，然后将顶盖正确位置与导向螺栓对中使顶盖就位。反应堆换料开盖时也应采取此导向方法。

由于压力容器是由多个部件焊接而成，在压力容器上、下封头上还焊有许多管座，应力情况十分复杂，因此在制造时每道工序都要求有全面的质量检验，并采用多层埋弧焊或电渣焊，要求焊透全厚度，焊前预热，焊后作热处理。全部焊缝作 100%探伤检查，并取代表性焊样做机械性能测试。

2.3.3 压力容器密封

为了防止压力容器内带放射性的冷却剂外泄，在压力容器顶盖和本体法兰连接处设置有内、外两道同心的 O 型密封环。结构如图 2-23 所示，材料为不锈钢和镍基合金。压力容器顶盖、本体间靠螺栓连接并压紧 O 型密封环。在 O 型内环管的靠堆芯一侧表面上开有一条环缝，堆运行时环内腔将充入高压冷却剂使环管直径胀大，O 型环表面紧贴在压力容器法兰密封面上，达到密封的目的。外 O 型环管内腔则预充 3.5～10.5 MPa 氦气，当堆运行时，氦气受热膨胀，使 O 型环管随之胀大实现密封。在两道 O 型环之间及外 O 型环外，由下法兰引出接管，并设有泄漏监测，以便及时发现泄漏。运行中在一回路冷却或加热的瞬态工况下，允许产生低于 20 L/h 的泄漏，稳定工况正常温度压力运行时，密封处应没有任何泄漏。

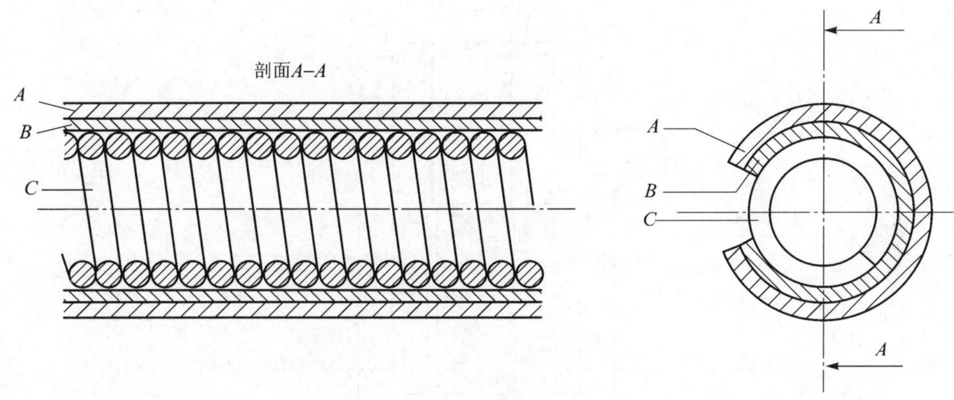

图 2-23　压力容器密封环(内环)
A—密封⊃形环；B—中间⊃形环；C—螺旋弹簧

2.4　控制棒驱动机构

控制棒驱动机构是确保核反应堆安全可控的重要动作部件，用以带动各种用途的控制棒组件在堆芯内上下抽插，实现反应堆的启动、调节和停闭。压水堆控制棒驱动机构置于压力壳顶盖上部，其驱动轴穿过顶盖伸进压力壳内与控制棒组件的连接柄相连接。为了防止高温高压的冷却剂泄漏，控制棒驱动机构的钢密封承压壳焊接在反应堆压力壳顶盖的管座上。驱动机构在承压壳内而驱动线圈则在承压壳外。图 2-24 为压水堆控制棒驱动机构的布置。

控制棒驱动机构要求在正常运行时棒移动速度缓慢(约 10 mm/s)，在事故状态驱动机构获得信号后自动脱扣，控制棒组件靠自重快速插入堆芯，时间一般不超过 2 s。控制棒驱动机构要求动作灵活可靠，具有足够的使用寿命；承压壳密封可靠，不发生破裂泄漏；装卸维修方便，并在换料时能使驱动轴杆与控制棒组件实现远距离灵活脱开和装复。常见的控制棒驱动机构有销爪式磁力提升型、磁阻马达型和其他如液压驱动型、齿轮齿条型等。压水堆控制棒驱动机构采用销爪式磁力提升型结构，它具有控制简单、制造方便、磨损小、寿命长、安全可靠的优点。

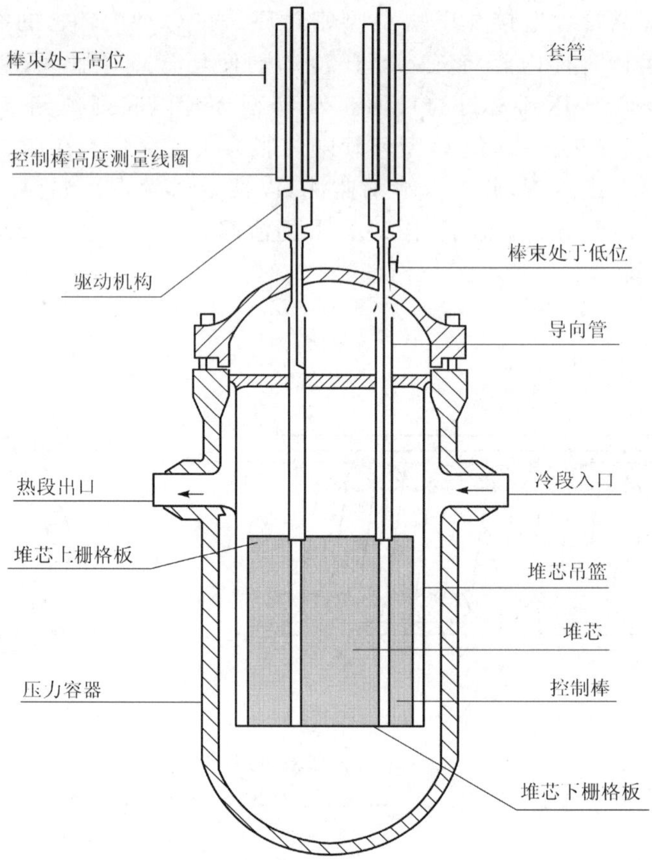

图 2-24 压水堆控制棒驱动结构

2.4.1 销爪式磁力提升型驱动机构

图 2-25 为销爪式磁力提升型控制棒驱动机构，它由驱动轴、销爪组件、密封壳组件、运行线圈组件及位置传送组件组成。

驱动轴是一根加工精度、光洁度要求很高的杆轴。杆轴中段带有环形沟槽，能让销爪与其啮合，从而驱动杆轴上下移动或保持在所需的位置。环形沟槽间尺寸误差和累计误差不得超过允许值，以确保控制棒位置的准确性。杆轴上段是控制棒组件位置传送器铁芯的上光杆，下段光杆端部通过可拆接头与控制棒组件连接柄上端相连接。

销爪组件共有两组，一组为夹持销爪组件，另一组为传递销爪组件。每组各有 3 个沿圆周均匀布置的钩爪，通过销爪组件连杆机构与衔铁连接。当线圈通电，电磁铁吸合衔铁，3 个销爪就会收拢并与驱动轴杆中段上的环形沟槽相啮合。线圈断电时 3 个销爪则依靠弹簧迅速张开，与沟槽脱开。销爪在插入或拔出环形沟槽时使其上下均有约 1 mm 的轴向间隙，以此做到销爪与环形沟槽啮合和脱开过程中均不承载。其具体做法是，夹持销爪在啮合空载插入驱动轴沟槽后增加向上提升约 2 mm 的动作，使其承载，同时使传递销爪由承载变为空载；相反，在夹持销爪承载状况下，夹持线圈断电时，需要销爪拔出前，先有下降约 2 mm 的动作，使控制棒组件载负由夹持销爪转移至传递销爪上，自身变为空载，再抽出脱开。因

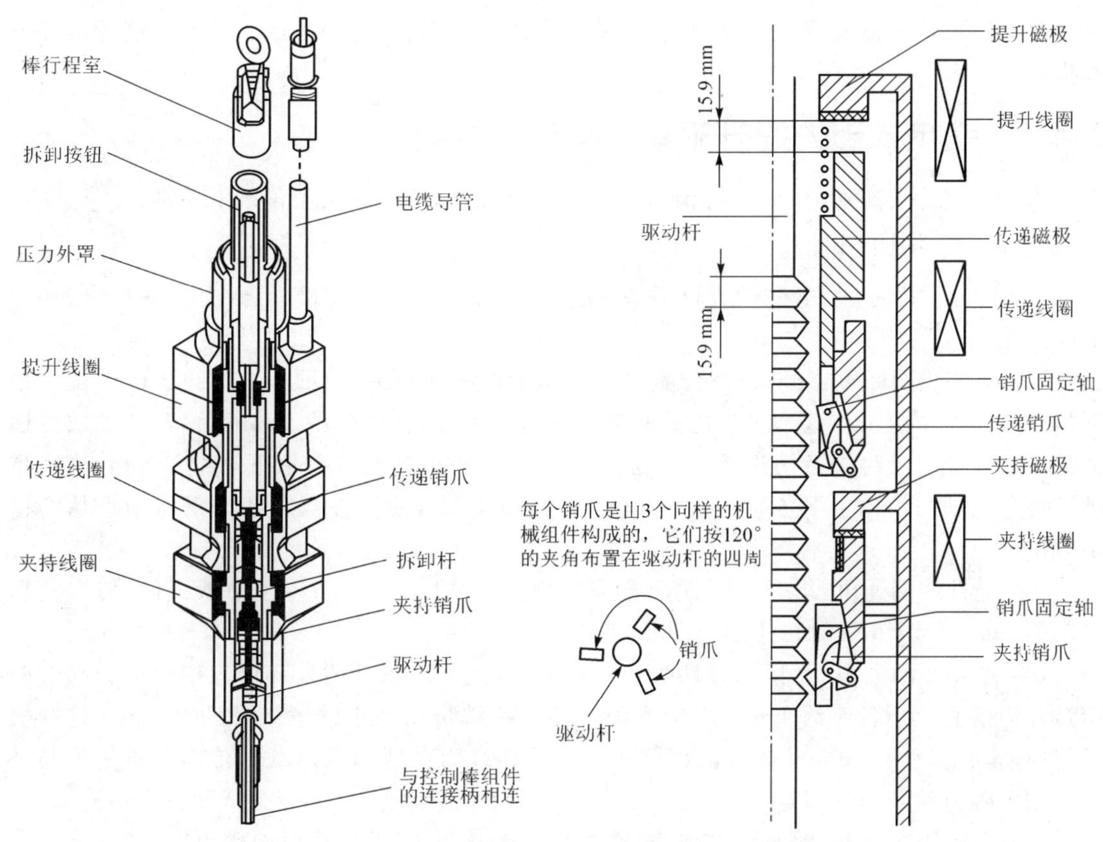

图 2-25　控制棒组件销爪式磁力提升型驱动机构

此钩爪与环形沟槽的接触表面磨损很小，连杆机构也不易损坏，可以确保驱动机构进行百万次动作而不发生故障。

控制棒组件的提升、下降，则依靠夹持销爪和传递销爪两个组件的配合。其中夹持销爪的电磁铁固定在密封壳体上，因此销爪只能使驱动轴带着控制棒组件停留在某一固定位置上。而传递销爪组件则是一个活动的整体，其电磁铁与上部提升衔铁连接。当提升线圈通电时，提升电磁铁吸合提升衔铁，将会带动传递销爪组件一起提升 1 个步长；反之则会依靠弹簧和自重使提升衔铁和传递销爪组件一起下降 1 个步长。销爪一般采用钴基合金材料，组件连杆机构摩擦活动表面则镀以硬钴层，以提高寿命。

运行线圈组件由提升线圈、传递线圈和夹持线圈组成，装在承压密封壳外面。3 个线圈的电源通断状态和先后程序决定了控制棒组件的动作。运行线圈的允许温度为 200 ℃，采用强迫通风冷却并设有通风罩。运行线圈由专用电动发电机供给交流 260 V 电源。发电机轴上带有飞轮，目的是时间不超过 1.2 s 的瞬时断电，可以不掉落控制棒。供电电缆穿过一根电缆管垂直安装在线圈罩上，电缆管长度与密封承压壳相同，顶部为一个多头插座。

密封壳组件是驱动轴和销爪组件的包壳，由圆长管密封承压壳及其上部位置传送器套管组成。密封壳与压力壳顶盖上的管座用梯形螺纹连接，并用“Ω”密封环焊封。位置传送器套管上部设有排气装置，在冷却剂系统充水建立压力时能把其中空气排光。控制棒位置指示信号是通过驱动机构上部的位置传送组件获得。控制棒组件上下移动时，驱动杆轴顶部铁芯在位置传送器套管内移动，感应套管外的传送线圈，发送信号给主控室控制棒组件位置指示器。

2.4.2 销爪式磁力提升驱动机构动作原理

当仅有夹持线圈通电时，夹持销爪承载，控制棒组件停留在某个位置上不动。

2.4.2.1 控制棒组件提升

(1) 传递线圈通电：电磁铁吸合衔铁，使传递销爪插入环形沟槽啮合(上下各有约 1 mm 轴向间隙)。

(2) 夹持线圈断电：此时依靠弹簧电磁铁与衔铁脱开，夹持销爪先下降约 2 mm，随后销爪从环形沟槽中脱出。这个过程先使驱动轴靠自重下降；在下降约 1 mm 后，驱动轴被传递销爪挡住。此时已将夹持销爪承载改为传递销爪承载。而夹持销爪下降约 2 mm，故销爪已处于空载即与沟槽上下各有约 1 mm 轴向间隙的状态，使其在空载状态下将销爪从沟槽中脱出。

(3) 提升线圈通电：提升电磁铁吸合提升衔铁，提升衔铁带动传递销爪组件，传递销爪带动驱动轴一起上升 1 个步长。

(4) 夹持线圈通电：夹持电磁铁吸合夹持衔铁，使夹持销爪插入环形沟槽啮合。啮合时销爪与沟槽间上下各有约 1 mm 轴向间隙。随之衔铁带动销爪继续上升约 2 mm。这样实际将驱动轴上提约 1 mm。此时已将传递销爪承载改为夹持销爪承载。传递销爪上下与环形沟槽已各有约 1 mm 间隙。

(5) 传递线圈断电：此时依靠弹簧，磁极与衔铁脱开，销爪从环形沟槽脱出。

(6) 提升线圈断电：此时依靠弹簧，电磁铁与衔铁脱开，衔铁带动传递销爪组件一起下降 1 个步长。

重复上述程序，控制棒组件逐步上升。

2.4.2.2 控制棒组件下降

(1) 提升线圈通电：衔铁带动传递销爪组件一起上升 1 个步长(此时传递线圈断电，故传递销爪不会带动控制棒组件提升)。

(2) 传递线圈通电：销爪与沟槽空载啮合。

(3) 夹持线圈断电：销爪下降约 2 mm，驱动轴下降约 1 mm。传递销爪承载，夹持销爪空载并脱出沟槽。

(4) 提升线圈断电：衔铁、传递销爪组件、驱动轴一起下降 1 个步长。

(5) 夹持线圈通电：销抓与沟槽空载啮合并上提约 2 mm 承载。驱动轴上升约 1 mm，传递销爪空载。

(6) 传递线圈断电：销爪空载脱出沟槽。

重复上述程序，控制棒组件逐步下降。

2.4.2.3 控制棒组件快速插入堆芯

控制棒组件快速插入堆芯动作只需将传递线圈、夹持线圈断电，两组销爪脱出构槽，驱动轴靠控制棒组件自重即会快速插向堆芯。此动作销爪在承载状态下从驱动轴沟槽中抽出，会有一定磨损。

核电厂压水堆典型销爪式磁力提升控制棒驱动机构额定行程为 225 步，步长 15.875 mm。提升重量约 163 kg。

2.5　堆内测量装置

2.5.1　堆芯温度测量装置

堆芯温度测量装置可提供堆芯温度信息，用以测量单个燃料组件冷却剂出口温度，从而监测燃料组件功率、监测堆芯功率径向不均匀状态，并由此估算出冷却剂饱和温度裕度。另外，还可进一步监测个别控制棒组件失步、燃料组件冷却剂通道异常、燃料组件错装等引起的局部温度变化；监测事故及事故后堆芯温度的变化。

典型 900 MW 级压水堆堆芯约有 40 只测温热电偶。温度信号由热电偶导线管经 4 根热电偶支撑柱引出。热电偶在堆芯安装、布置情况见图 2-19 及图 2-26。热电偶的热端接点固定置于所测燃料组件水流出口处堆芯上栅板上方的角撑板上。热电偶导线穿入不锈钢导线管，管内填充氧化铝绝缘材料。每 10 只热电偶导线管穿入一根热电偶支撑柱内，热电偶支撑柱穿过压力壳顶盖管座。导线管穿出支撑柱之外后经热电偶导线管接头，与同材料延伸线相连，然后经冷端补偿给出温度信号。热电偶支撑柱与压力壳管座之间为可拆卸密封结构。导线管与热电偶支撑柱之间则是焊接密封结构。热电偶导线管径 3.17 mm，长度 6.5～9.2 m，可测量程为 0～1 200 ℃。

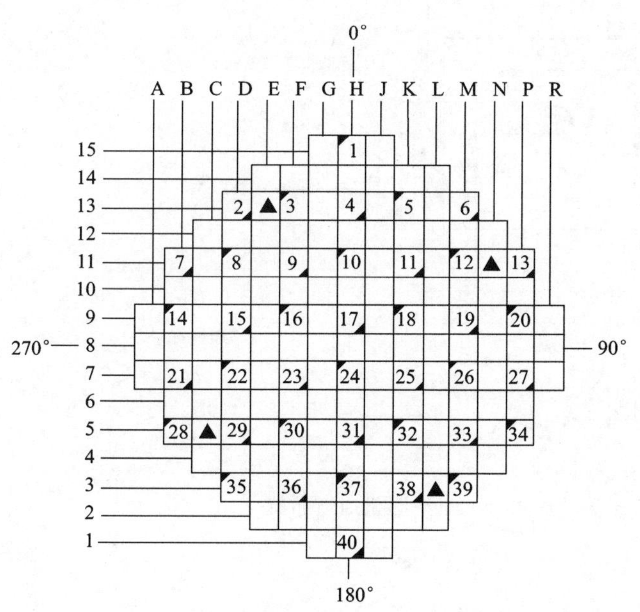

通道	A				B			
支撑柱号	E13		L3		N11		C5	
热电偶分配	1	12	18	32	2	13	7	31
	3	14	20	34	4	17	15	33
	5	16	24	35	6	19	21	36
	8	22	26	37	9	25	23	38
	10	28	30	39	11	27	29	40

◤ 通道A　◢ 通道B　▲ 热电偶支撑总柱

图 2-26　典型 900 MW 压水堆内热电偶布置

在每次停堆换料期间，反应堆减压冷却后先将热电偶从其延长线处断开，然后卸开可拆密封结构，给热电偶支承柱装上密封套后即可起吊压力壳顶盖。换料结束压力壳顶盖就位时，重新安装热电偶按相反步骤进行。

2.5.2 堆内中子注量率测量装置

堆内中子注量率测量装置用来测量堆芯轴向和径向中子注量率，从而检查堆芯的三维功率分布并确定堆芯热点的位置，监测燃料组件燃耗和堆芯有否偏离正常运行。利用堆内中子注量率测量装置还可以校核堆外中子测量装置。在新堆启动时，堆内中子注量率测量装置可以用来校核设计期望的堆内中子注量率和堆功率的三维分布，监测首次装料可能引起的临界或超临界，校准堆外测量电离室，检查热工设计的热点因子是否是保守的。

典型 900 MW 级压水堆堆芯约有 50 个燃料组件的测量通道。测量通道在堆芯内的布置如图 2-27 所示。每个测量通道都有一个特定编号。测量通道内插入指套管(图 2-28)，探测器在指套管内移动，从而达到在堆芯整个高度逐点测量中子注量率的目的。中子注量率测量装置主要由探测器、指套管、导向管、密封隔离装置、驱动装置、传递装置、读出和控制机柜等部件组成。

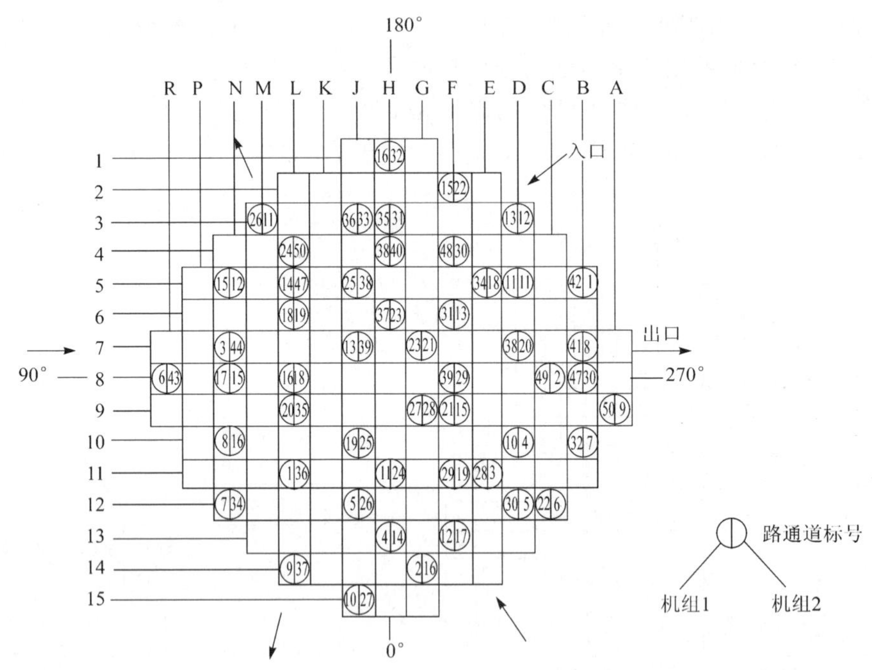

图 2-27 典型 900 MW 压水堆内中子注量率测量通道布置

(1) 探测器

压水堆堆内中子注量率测量探测器(测量探头)采用微型裂变室(图 2-29)。裂变室外径 4.7 mm，长约 66 mm，中央为涂有富集度 93%二氧化铀的长约 30 mm 的灵敏电极，电极 UO_2涂层 0.3 mg/cm^2。双层不锈钢包壳之内充有氩气，压力为 1.1×10^5 Pa，纯度 99.995%。裂变室中央电极及不锈钢包壳间加以高压。探测器顶部用端塞焊封，另一端与驱动、导电两用的螺旋形同轴电缆(柔性电缆)相连接。同轴电缆外电极是不锈钢外壳，中间

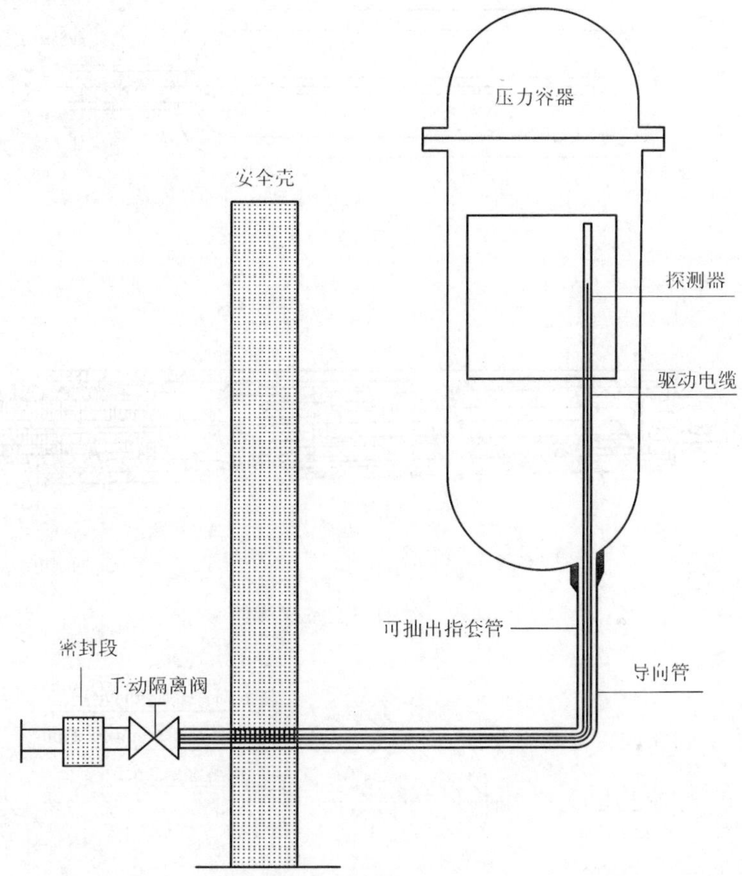

图 2-28　中子注量率测量通道、指套管、导向管及探测器布置

填充绝缘材料为三氧化二铝，电缆全长 30～40 m。

堆芯热中子射入裂变室 UO_2 电极，使其中 ^{235}U 裂变，较重的带正电的裂变碎片电离氩气，电子和正离子在外加电磁场作用下移向正负电极，产生电离电流。电离电流正比于探头处的中子注量率。微型裂变室探测器测量灵敏度为 $10^{-17}\pm15\%$ A/[n/(cm^2·s)]，$\gamma<2\times10^{-14}$ A/(R/h)。可测中子注量率范围为 $10^9\sim1.5\times10^{14}$ n/(cm^2·s)，对应电离电流 $10^{-8}\sim1.5\times10^{-3}$ A。

（2）指套管

指套管为空心圆管，端部用一锥形端塞焊封。指套管沿堆外导向管通过压力壳底部管座，下部堆内构件导向装置，插入所测燃料组件中央核测量导向管。指套管的另一端在密封隔离处。指套管用来为测量探头提供一个通道，并与一回路冷却剂隔离，防止冷却剂漏入测量探头通道。指套管外表面带肋，用来与导向管同心（见图 2-30）。换料时指套管将从导向管内抽出。

（3）导向管

导向管一端焊在压力壳下封头管座上，另一端焊在手动隔离阀上。导向管用来为指套管导向，引导指套管进入压力壳、下部堆内构件导向管、燃料组件中心导向管。导向管又是一回路压力边界，用来防止冷却剂向外泄漏。

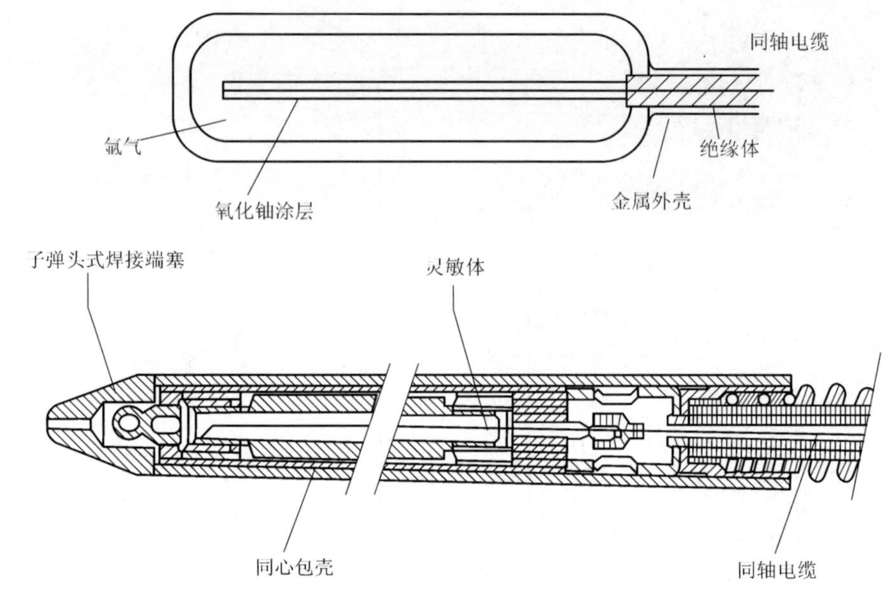

图 2-29 微型裂变室探测器

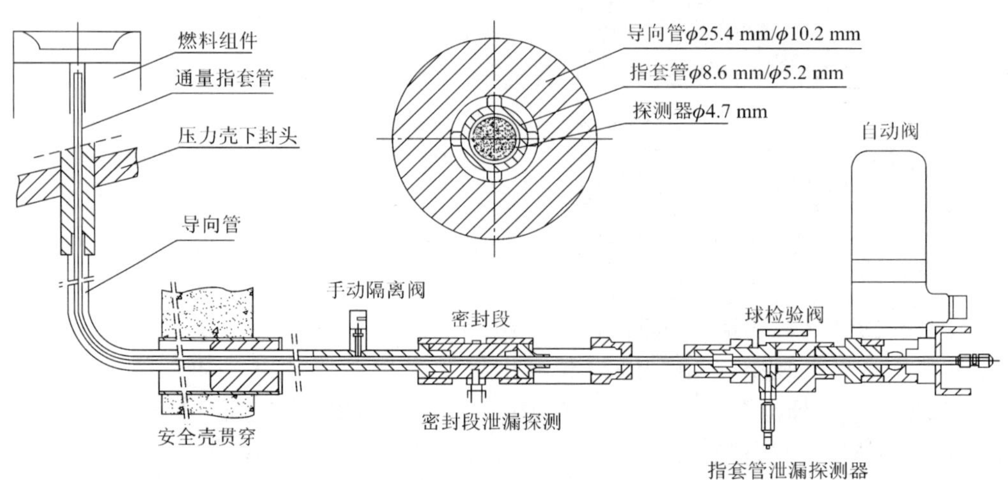

图 2-30 中子注量率测量通道密封隔离装置

(4) 密封隔离装置(图 2-30)

密封隔离部分由手动隔离阀、密封段、球检验阀、自动阀等部件组成。手动隔离阀用于指套管抽出后关闭,达到密封隔离一回路冷却剂的目的。阀座焊在密封段入口管上。密封段用来保证导向管和指套管间的静态和动态密封。密封段分前后两段密封,两段间设置有泄漏探测器。导向管延伸到密封段,指套管通过密封段延伸至球检验阀。当指套管内漏时,球检验阀内小球会堵住通向自动阀的锥形孔,阻止冷却剂流至自动阀外泄;指套管泄漏探测器报警,阻止自动阀开启。自动阀装在球检验阀和传递装置之间,平时处于常闭状态,需要测量时探测器来到前开启,测量完毕探头抽出后关闭。指套管泄漏时,用来隔断来自堆芯的冷却剂。

（5）驱动装置

驱动装置通过驱动与探测器相连接的电缆来移动测量探测器。它由电动机、驱动轮、存贮卷盘、位置发送器、安全装置及预热元件组成。

（6）传送装置

传送装置由组选择器、路组选择器和路选择器组成（图 2-31）。典型压水堆堆内中子注量率测量系统约有 5 组探测器及其相应的驱动机构、测量控制系统。每组可相应测量约 10 个通道的中子注量率。传递装置的功用就是控制探测器具体走向，其中组选择器用来把探测器引向正常测量路径、救援路径、校准路径或贮藏路径。路组选择器用来接纳来自正常测量路径、救援路径或校准路径的（仅某一组）探测器。路选择器则是用来把探测器引入 10 个

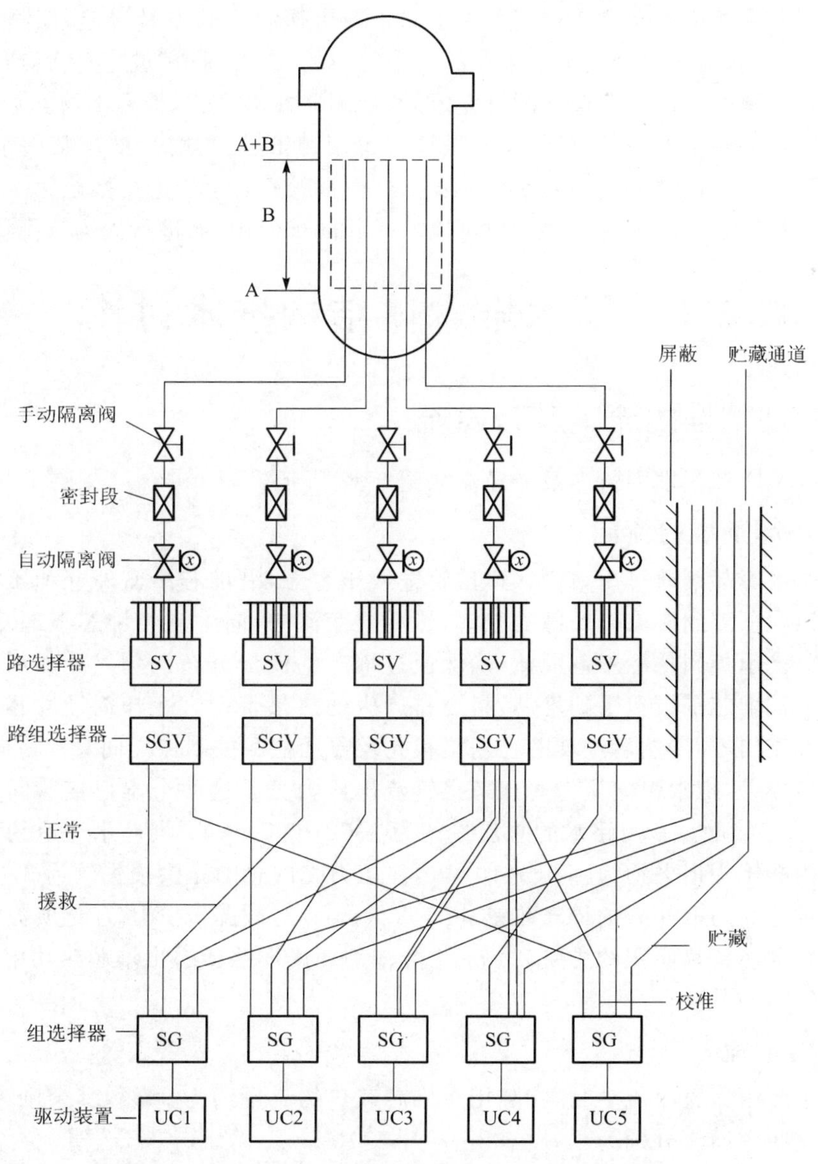

图 2-31　中子注量率测量传送装置

测量通道中的一个。

(7) 读出和控制机柜

读出和控制机柜一一对应于探测器传送和驱动装置。机柜上设有显示和控制设备。

中子注量率测量装置属于间断式的运行设备，除了新堆启动物理试验及提升功率阶段使用较频繁外，反应堆正常运行时每 30 个等效满功率日测量一次(设计要求最多每周使用一次)。测量时 5 组驱动装置分别把探测器从贮藏通道抽出，经过传送装置沿指套管以 18 mm/min速度插向堆芯底部，随后以 3 mm/min 的低速由堆芯底部将探测器上升到堆芯顶部。再以低速由上向下移动，此时测量系统开始读出电离电流。探测器至堆芯底部后再以高速度退回至传送装置，接着将探测器传送到下一个测量通道进行测量。直到每个探测器完成自身 10 个通道的测量。一个完整的测量工作需持续 2.5 h，计算机数据处理需要 1 d 时间。测量过程要求反应堆功率稳定。为了修正 5 个探测器的测量误差，探测器在对各通道测量前，需要首先送入一个选定的某组的一个特定的“参考通道”进行对比测量，用以比较测量结果进行灵敏度互校。在全部测量完成后，探测器抽出，插入带有生物屏蔽的保护孔道内贮藏。除了正常测量外，各测量组间还设计有备用测量进行救援，即当某一组故障时，可用另一组探测器去替代测量，救援路径为第 1 组救援第 2 组，以此类推至第 5 组救援第 1 组。堆内中子注量率测量装置必要时也可以不一起同步使用，而进行人为选择测量。

2.6 压水堆本体结构技术讨论

2.6.1 冷却剂堆内流向及旁通流

典型压水堆冷却剂堆内流向及旁通流如图 2-32 所示。

2.6.1.1 冷却剂堆内流向

典型压水堆冷却剂通过压力壳入口接管进入压力壳，沿堆芯吊篮外壁和压力壳内壁之间的环形通道向下流到压力壳底部的腔室，然后改变流向，向上流经堆芯下部支承板，在堆芯下栅格板与支承板间将冷却剂混流，确保通过堆芯的流量分布均匀。冷却剂继续经堆芯下栅格板进入被堆芯围板包围的堆芯，将燃料产生的热量带走。冷却剂经堆芯上栅格板从燃料组件顶部流出堆芯，然后经堆芯上栅格板孔及支承柱和控制棒导向管孔横向流动，到堆芯吊篮的出口接管，把水引向压力壳出口接管流出压力壳。这两个出口接管间保持一个小的间隙，并不直接接触。一回路水的总流量约为 $3\times21\ 000\ m^3/h$，堆芯水流速约为 4.8 m/s。水流在堆芯内的压头损失约为 1.56×10^5 Pa，在压力壳内总的压头损失约为 3.07×10^5 Pa。一回路水对堆芯的向上冲力约等于堆芯本身重量的 4/3，故需要靠压力壳顶盖和上部堆内构件来压紧。堆芯传热面积约为 4 524 m^2。冷却剂利用环路传递出堆芯热功率2 895 MW。电厂热效率约 32%。

2.6.1.2 旁通流

冷却剂进入压力壳内流动时，实际用于堆芯载热的流量约为 94%，其余则为旁通流，不经过堆芯。这些旁通流分别为：

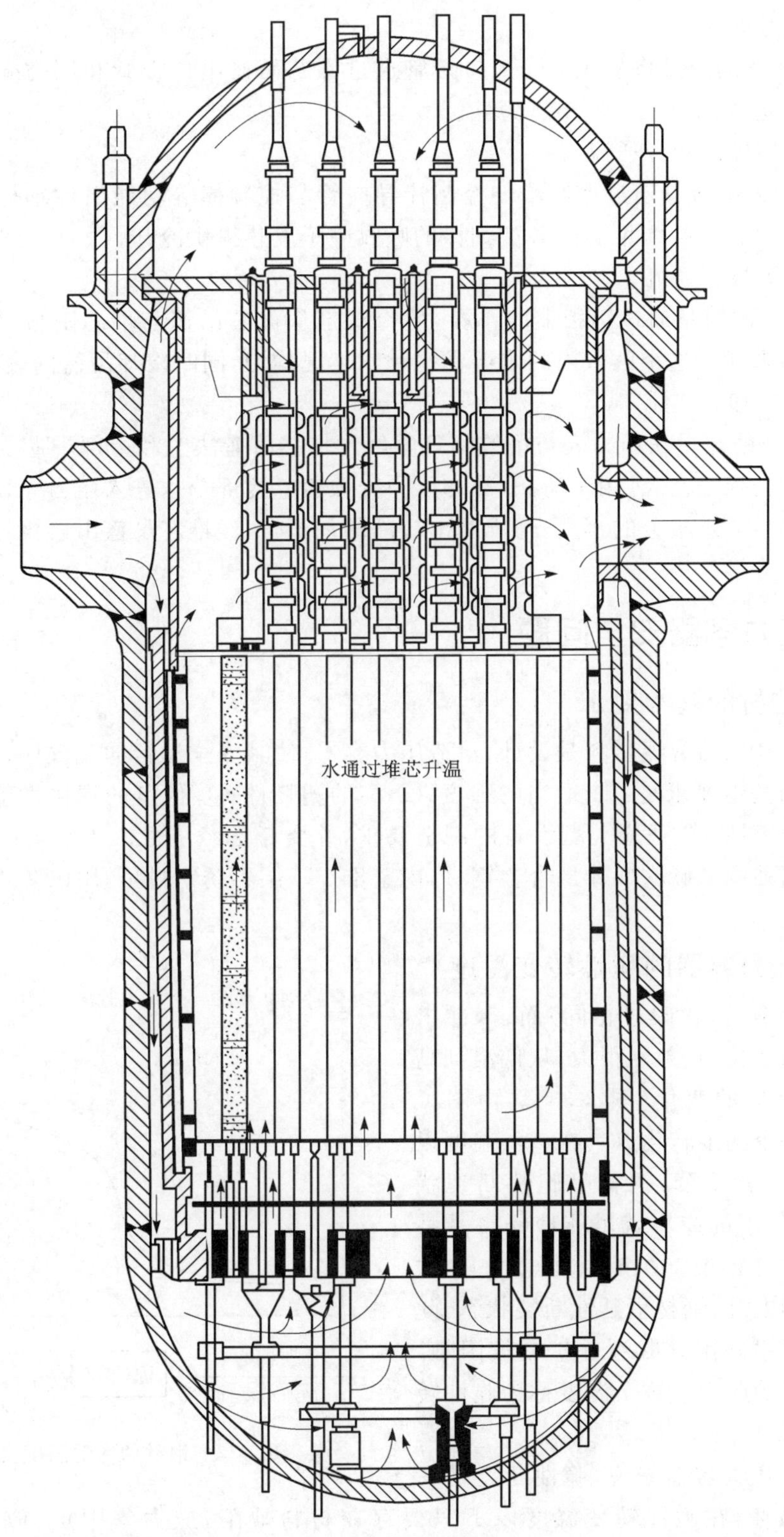

图 2-32　典型压水堆冷却剂堆内流向及旁通流

(1) 接管旁通流

约有1.25%的流量将从压力壳入口接管通过堆芯吊篮出口接管和压力壳出口接管间的小间隙直接进入出口接管流出压力壳。

(2) 控制棒导向管旁通流

约有2.24%的流量通过燃料组件控制棒导向管与控制棒等功能组件细棒间的环隙旁通。这部分流量将为插入堆芯的各类细棒的吸收中子发热提供冷却。

(3) 堆芯围板旁通流

约有0.6%的流量通过辐板上的小孔,使冷却剂从堆芯吊篮与堆芯围板之间旁流。这部分流量将用来保持这个区域内的水温和水化学工况均匀,同时冷却吊篮内表面。

(4) 封头冷却旁通流

约有2.2%的流量从压力壳与吊篮间环隙经过堆芯吊篮法兰和上部堆芯支承板法兰上的孔进入压力壳顶盖空腔,用于清扫、冷却压力壳顶盖。这部分水进入压力壳顶盖空腔后向下流经上部堆芯支承板上的小孔,与堆芯出口冷却剂汇合,经堆芯吊篮出口接管和压力壳出口接管流出反应堆。

2.6.2 压力容器安全问题

2.6.2.1 选材的基本要求

正确地选择压力容器材料是设计、建造压力容器,使其安全运行的关键环节之一。对压力容器选材的基本要求是:① 适当的强度;② 高的塑韧性;③ 优良的焊接性能;④ 低的中子辐照脆化敏感性;⑤ 适应大型设备的制造要求,并要考虑经济性。压水堆压力容器材料目前均选用高强度低碳铁素体低合金钢材,内壁堆焊一层不锈钢衬里,用以防止水力冲刷和腐蚀。

2.6.2.2 压力容器的脆性转变温度

对同一种钢材(含碳量相同)而言,冲击韧性随温度而变化,且差别很大,从低温到高温可达到几十倍的变化(图2-33)。由图可知其存在某一个温度转化点。在该点温度以下,冲击韧性急剧下降,钢材呈脆性断裂状态,此时施以很小的应力就可能使钢材沿某个缺陷处断裂并扩展。在该温度点以上,冲击韧性则急剧上升,钢材呈延性断裂状态,此时要想使钢材沿缺陷处断裂并扩展较困难,需要施加很强的应力。这个温度称为脆性转变温度(NDTT)。

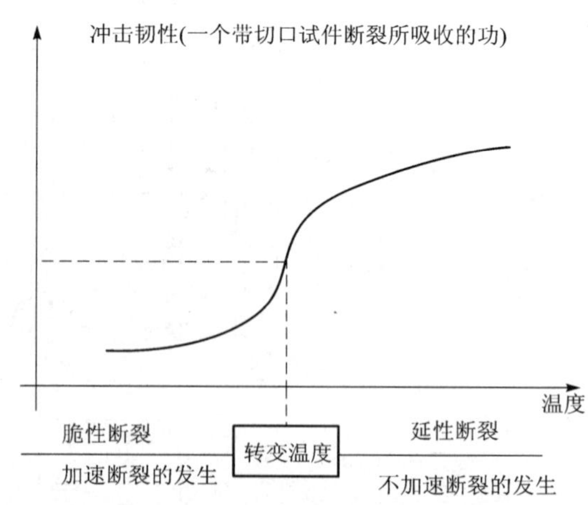

图2-33 钢材韧性随温度变化曲线

对压水堆压力容器来说,脆性断裂是一种灾难性的破坏,在脆性转变温度以下只要存在材料缺陷,应力集中点、应力较大的突变,就可能会使压力容器断裂。因此,在压力壳选定钢材型号后,还应确保材质及制造中不出现任何缺陷,而且在运行中还按照使用温度规定了压力容器的应力限值(图2-34)。

如将图 2-34 中应力转化成压力容器内冷却剂的压力，同时画上冷却剂压力的下部限制曲线，就得到图 2-35 压力容器运行图。压力下部限制曲线是对一回路水泵的限制和冷却剂饱和度的限制。

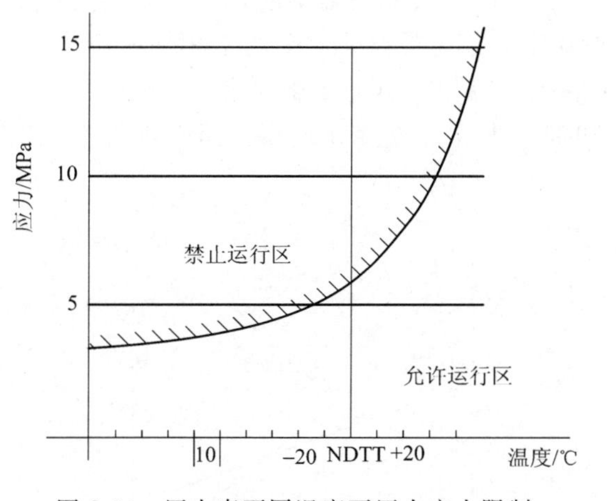

图 2-34　压力壳不同温度下压力应力限制

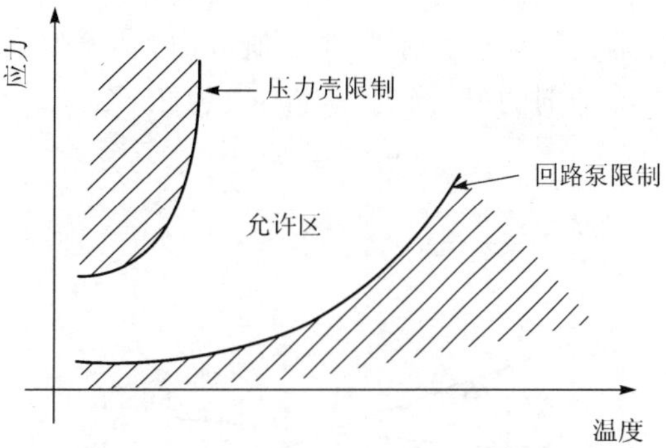

图 2-35　压力壳运行限制图

2.6.2.3　辐照对压力容器的影响

压力容器钢材在运行中，由于受到快中子的辐照，改变了钢材的晶间结构，其机械性能会发生变化。其中断裂负载、弹性极限、刚度、脆性等强度性能会增加，而塑韧性则降低，对压力容器运行不利。因为高的塑韧性是压力容器的一项最主要的性能指标，其大部分设计准则取决于钢材具有足够的塑性变形能力。另外高的塑韧性有助于防止出现脆性破坏和低周疲劳破坏，有助于各加工制造工艺。图 2-36 是压力容器脆性转变温度随辐照时间的变化曲线，由图可见脆性转变温度随辐照而上升。图 2-37 是不同辐照时间下的运行图。由图可知随着压力容器的"老化"，应力（压力容器内冷却剂压力）限制曲线会向高温区平移。这种变化意味着运行允许区的缩小。

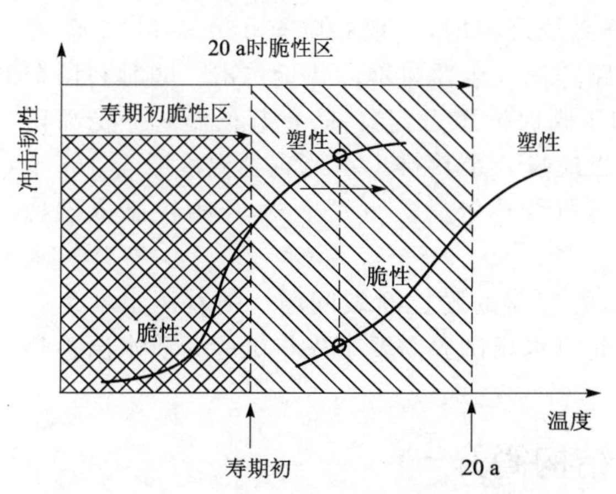

图 2-36　脆性转变温度随辐照时间的变化

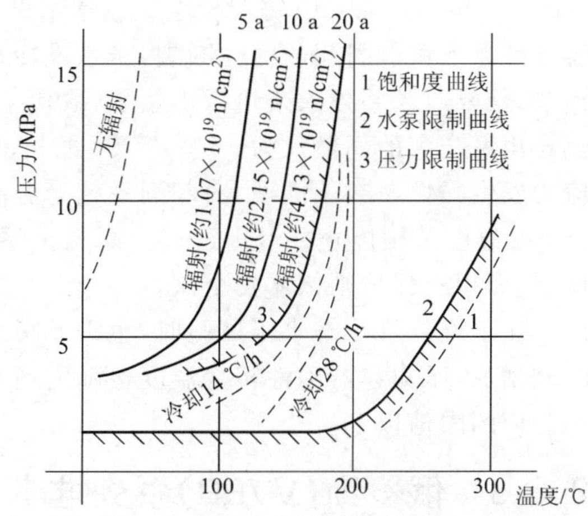

图 2-37　压力壳不同辐照时间下的运行图

2.6.2.4 压力容器温差应力的影响

压力容器壁上所受的应力是壳内冷却剂压力与压力容器温度变化产生的温差应力之和。冷却剂压力使压力容器壁承受拉应力，而压力容器温度变化时温差应力则表现为冷却剂升温时引起压力容器内壁承受压应力，外壁承受拉应力；冷却降温时引起压力容器内壁承受拉应力，外壁承受压应力(图 2-38)。这样，降温时压力容器内壁承受两个相加的拉应力，使内壁拉伸总应力达到最大。温差应力的大小取决于冷却剂温度变化的速率。为了把压力容器的最大应力限制在限值以内，必须限制冷却剂压力和温度变化速率。压水堆正常工况下冷却剂的升、降温速率限值为 28 ℃/h。

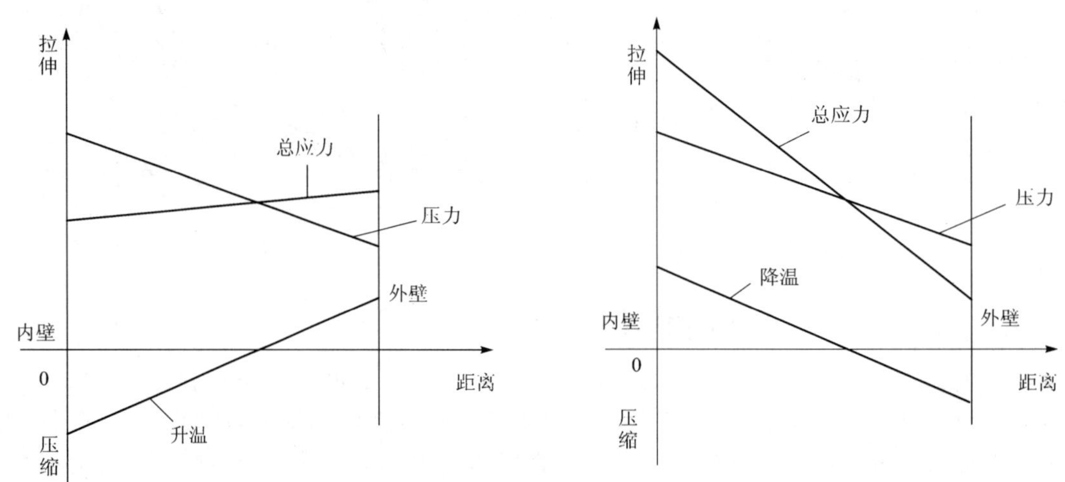

图 2-38 升、降温时压力壳应力

2.6.2.5 压力容器运行限制

根据目前典型压水堆压力容器设计计算和运行中随堆试样测试的验证，压力壳钢在受辐照前初始的脆性转变温度(NDTT)约为 −27 ℃。当快中子注量达到 10^{20} n/cm^2 时，NDTT≈50 ℃。为此，每个核电厂压水堆都会给出类似图 2-37 的运行限值图。为防止压力容器低温下可能引起的脆性断裂，压水堆冷却剂系统降温时，一般在降至 160～180 ℃温度范围，需要启动并投入余热排出系统，取代主回路蒸汽发生器将堆内热量传出。同时利用余热排出系统上的阈值仅为 45×10^5 Pa 的自动卸压阀保护压力容器，防止其低温时经受高压应力发生脆性断裂。同理，冷却剂系统升温时，也应投入余热排出系统直至温度升至 160～180 ℃温度范围停止并退出运行。高温下系统运行传热依靠蒸汽发生器，压力控制依靠稳压器，而超压保护则依靠安全阀。

压水堆停堆冷态水压试验时，也需要考虑压力容器的脆性断裂问题。随着压水堆运行时间增加，压力容器脆性转变温度也随之增加，此时水压试验需要事先将试验介质水温预热至相应的限值以上。

2.6.3 俄罗斯(VVER)系列堆本体结构简介

俄罗斯(VVER)系列压水堆堆本体结构有其独特的设计思路，在此仅对该类型堆本体结构与本章上面介绍的结构的主要不同之处作一简单介绍。

2.6.3.1　堆芯

以田湾核电厂 VVER 堆为例，燃料元件棒间距 12.75 mm，按三角形排列，组成每边为 11 根燃料棒的六边形燃料组件结构。每个燃料组件 331 个栅格中共有 311 根燃料棒，18 根控制棒导向管，1 根中心管和 1 根温度、中子测量导管。组件全长约 4.6 m，共设 15 个定位栅格。该组件元件棒束及导向管通过定位格架固定成形。另外在底部增加一个不锈钢的钢性支承格架将元件棒插入，导向管与支承格架焊接，然后再与下管座连接。其上部则依靠导向管的套环与上管座形成可拆式连接(图 2-39)。定位格架与导向管之间依靠弹簧夹持摩擦力定位，而不作焊接固定。元件棒内燃料芯块中央开有直径 1.5 mm 中心通孔，以降低中心温度，改善辐照及热应力变形。包壳管材料为 Zr-1%Nb 合金。

控制棒及其相应功能组件每束由 18 根细棒组成。控制棒吸收体以振动密实的 B_4C 粉末为主体，细棒下端 300 mm 区段为 DY_2O_2-TiO_2吸收体，其目的是为了延长控制棒组件的寿命。控制棒上端贮气腔内，在上端塞上焊有不锈钢增重块，增重块下部采用镍网塞为吸收体压紧限位。可燃毒物棒吸收体为铝基 CrB_2弥散体。

反应堆堆芯由六角形燃料组件垂直排列成每边 7 个组件的六边形，另外在每边外侧布置 6 个组件，组成共有 163 个燃料组件的等效圆柱形堆芯。整个堆芯设计布置有 85 个控制棒组件和 42 个可燃毒物棒组件(首炉料时，换料后基本卸走)，俄罗斯 VVER 系列压水堆不设中子源组件，故其余燃料组件顶部插入导向管内的均为阻力塞棒组件。图 2-40 为 VVER 压水堆本体示意图。

2.6.3.2　压力容器及堆内构件

田湾核电厂 VVER-1000 压水堆压力容器(压力壳)，4 个冷却剂环路的进口、出口接管不在一个水平面上。压力壳法兰段下部为出口接管段，出口接管段下部为进口接管段。压力壳内表面进、出口接管段之间焊有隔流环。而在堆芯吊篮的相同高度位置的外表面上设计有与压力壳隔流环相对应的隔流带。这样，反应堆冷态时，两者间存在微小的环形间隙，以便装配，而在热态时，则由于热膨胀使环形间隙基本堵死，从而使压力壳与吊篮间的环形流道分成上、下两个部分。下部为冷却剂进入流道，冷却剂向下流进入堆芯燃料组件。上部则为出口流道，冷却剂从燃料组件流出，通过吊篮隔流带以上壳段上的许多圆孔，引导冷却剂流向压力壳的出口接管。在入口接管和出口接管水平面位置的压力壳上布置有堆芯应急冷却系统若干个注水接管。在出口接管位置还有一个仪表接管。共有十多个仪表脉冲管连接套管焊在该仪表接管的密封端盖上，用于硼酸浓度取样，堆芯压力、压差测量及水位测量。在出口接管段压力壳外表面上焊有 2 个测温电阻套管，用于监测压力壳外表面温度。在进口接管段下方，压力壳筒体部位，为支承壳段，其外表面上加工出一个支承凸肩，上面开有一些键槽。支承凸肩专门用于支承压力壳和整个堆本体结构重量于混凝土堆坑。压力壳利用支承凸肩固定在支承环、止动环上，凭借支承环、止动环将压力壳固定在混凝土堆坑内，安装于键槽的键与支承环配合，可防止周向转动，而支承结构则不妨碍反应堆结构的热膨胀位移，同时可防止冷却剂环路主管道断裂或地震冲击时对主结构体的影响。该系列压力壳底封头上不设任何开孔。压力壳顶盖上设有121个控制棒驱动机构管座，18个堆芯仪表接管，1个排气管和1个后备

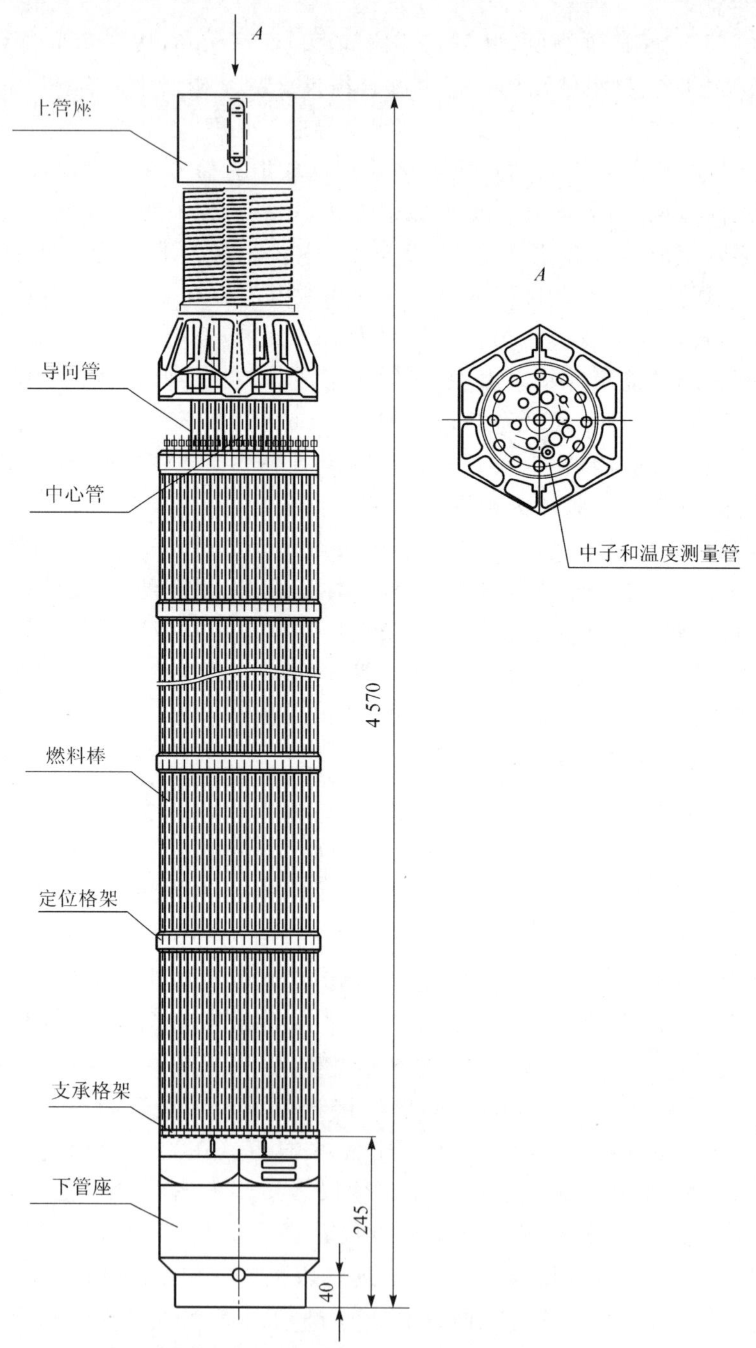

图 2-39　VVER 系列压水堆燃料组件

上部组件(压力壳顶盖组件)
保护管组件(上部堆内构件)
冷却剂出口接管
堆芯吊篮
冷却剂入口接管
堆芯围筒(围板组件)
燃料组件
反应堆容器

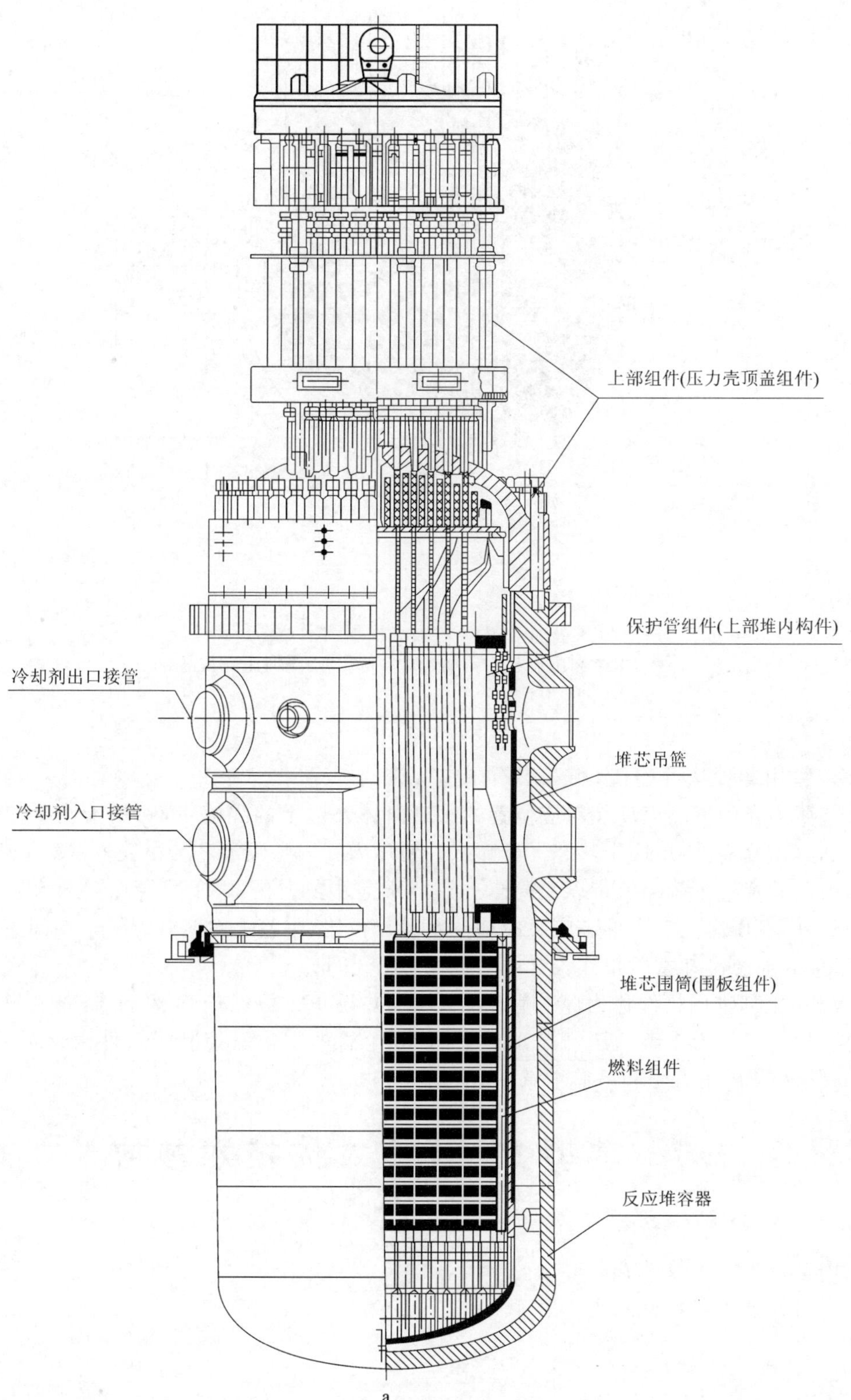

a

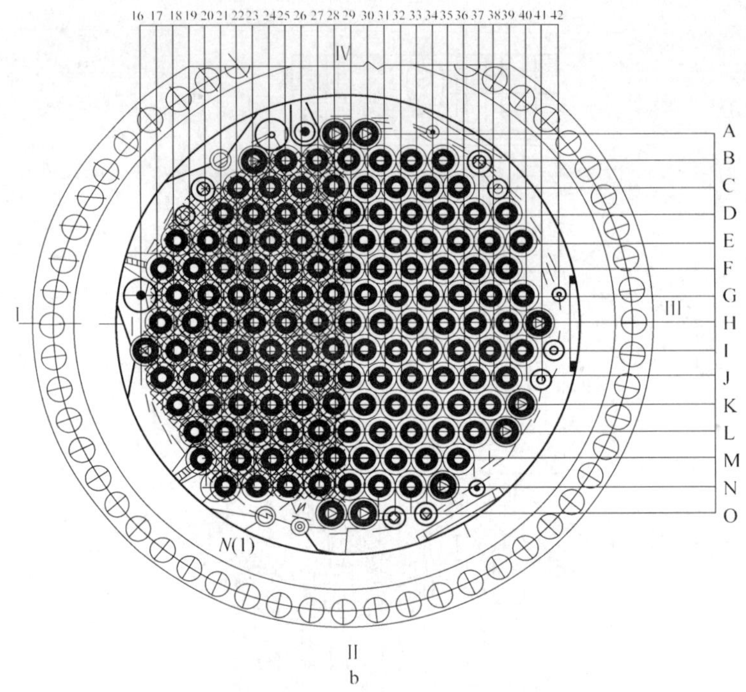

图 2-40 VVER 压水堆本体示意图

a. VVER 系列压水堆本体图；b. VVER 系列压水堆上封头视图

接管。接管用螺栓法兰连接，用双层石墨垫片密封。

在与压力壳内壁隔流环相对应位置的吊篮筒体外壁上的隔流带，除用于使冷却剂进入和冷却剂流出分隔外，还用于热态运行膨胀后使压力壳内壁隔流环与吊篮外壁隔流带紧贴，使吊篮中部固定。吊篮隔流带以上筒体上除了开有许多圆孔，用于引导冷却剂流向压力壳出口接管外，在压力壳 2 个堆芯应急冷却注水接口位置，吊篮上对应开有 2 个相同直径的通孔，用于堆芯应急冷却蓄压箱注入含硼水进入堆芯上部。

VVER 上部堆内构件称为保护管组件，其上共设 121 根保护管及 54 根堆芯测温导向管。每 3 根导向管为 1 组从压力壳顶盖上的 18 个管座引出。控制棒组件由保护管导向。图 2-41 为 VVER 压力壳和吊篮示意图。

2.7 典型 PWR 堆本体技术参数

堆芯及核燃料技术参数见表 2-2。

堆内构件技术参数见表 2-3。

压力容器技术参数见表 2-4。

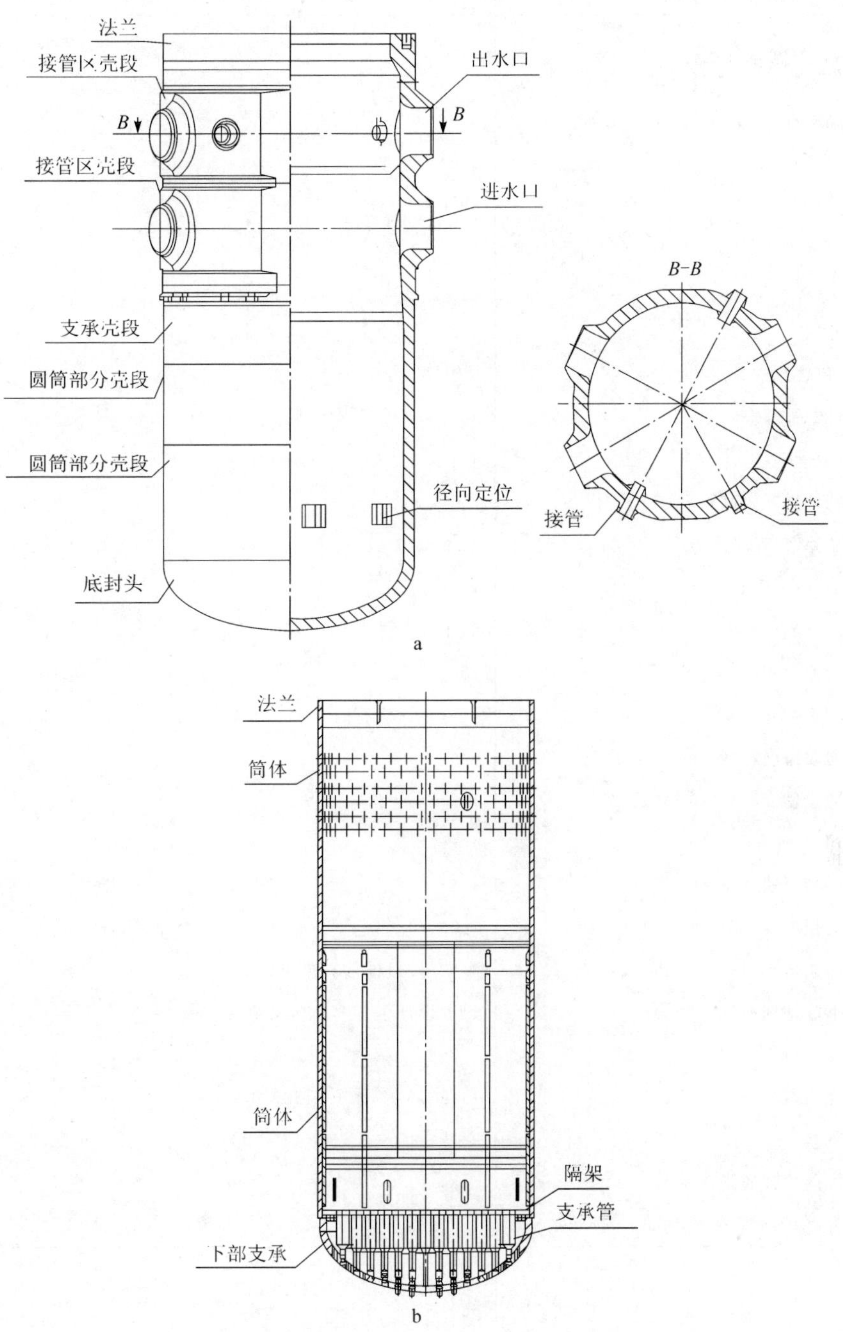

图 2-41　VVER 压力壳和吊篮示意图

a. VVER 系列压水堆压力容器；b. VVER 系列压水堆堆芯吊篮

表 2-2 堆芯及核燃料技术参数

参数名称/单位	数值	
堆芯技术参数		
燃料组件数/组	157	
活性段高度/m	3.66	
堆芯当量直径/m	3.04	
UO_2总重量/t	79.6	
铀-235 富集度/%		
首炉Ⅰ区	1.8	
首炉Ⅱ区	2.4	
首炉Ⅲ区	3.1	
平衡堆芯	3.25	
水/铀比(体积)	4.1	
换料平均铀燃耗/(MW·d/t)	约 33 000	
堆芯热功率/MW	2 895	
最大超功率/%	108	
功率密度/(W/cm)	约 105	
平均线功率/(W/cm)	186	
最大线功率/(W/cm)	415(正常运行时)	
平均热通量密度/(W/cm^2)	60	
最大热通量密度/(W/cm^2)	140	
传热面积/m^2	4 524	
冷却剂平均流速/(m/s)	4.8	
堆芯压头损失/10^5 Pa	1.56	
压力壳内总压头损失/10^5 Pa	3.07(按最佳估算流量计算)	
满负荷下冷却剂温度/℃	热工设计	名义值
压力壳入口	292.4	293.1
压力壳出口	327.5	327.0
冷却剂流量/(m^3/h)	3×22 840	3×23 790
冷却剂堆内总旁通漏流率/%	6.5	
运行压力/MPa	15.5	
核燃料技术参数		
燃料组件重/kg	650	
组件外尺寸/mm	214×214×4 058	
网格	17×17	
组件燃料元件棒数/根	264	
燃料元件棒间距/mm	12.6	
组件导向管数/根		

续表

参数名称/单位	数　值
控制棒导向管	24
核测量导向管	1(中央)
组件定位格架数/个	8
燃料元件棒直径/mm	9.5
包壳厚度/mm	0.57
燃料芯块直径/mm	8.19
燃料芯块高度/mm	13.3
燃料元件棒芯块数/块	275
UO_2芯块密度/(g/cm^3)	10.4
燃料元件棒内初始充氦压力/MPa	3.1
功能组件技术参数	
控制棒组件数/组	
功率控制组件	8(“黑”棒组件,每组 24 根吸收棒)
燃料Ⅲ区	8(“黑”棒组件)
燃料Ⅰ区	12(“灰”棒组件,每组 8 根吸收棒,其余 16 根为阻力塞棒)
温度控制组件	8(“黑”棒组件)
燃料Ⅰ区	13(“黑”棒组件)
停堆棒组件	4(“黑”棒组件,首炉料时不装)
燃料Ⅰ区	18(每组 16 根可燃毒物棒,其余 8 根为阻力塞棒)
燃料Ⅲ区	48(每组 12 根可燃毒物棒,其余 12 根为阻力塞棒)
可燃毒物棒组件数/组 (含 2 组初级中子源棒组件)	2(每组 16 根可燃毒物棒,一根初级中子源棒,一根次级中子源棒,其余 6 根为阻力塞棒) * 共计 68 组可燃毒物棒组件,其中 52 组位于燃料Ⅱ区,16 组位于燃料Ⅲ区。可燃毒物棒组件首次换料时全部卸出
次级中子源棒组件数/组	2(每组 4 根次级中子源棒,其余 20 根为阻力塞棒,位于燃料Ⅰ区)
阻力塞棒组件数/组	首炉料时　首次换料后 38　102

表 2-3　堆内构件技术参数

参数名称/单位	数　值
上部堆内构件	
重量/t	43.7
高度/m	4.2
直径/m	3.916
导向管数/个	

续表

参数名称/单位	数　值
控制棒导向管	53
备用导向管	8
支承柱数/个	36
热电偶管座数/个	4
材料	不锈钢
下部堆内构件	
重量/t	84
高度/m	9.9
直径/m	3.916
吊篮厚度/mm	51.5
吊篮高度/m	8.225
热屏厚度/mm	68
材料	不锈钢
压紧弹簧	
外径/mm	3 650
内径/mm	3 410
厚度/mm	95
材料	因科镍合金

表 2-4　压力容器技术参数

参数名称/单位	数　值
设计压力/MPa	17.23
设计温度/℃	340
水压试验	
压力/MPa	22.9
温度/℃	$RT_{NDT}+35$
冷却剂容积/m^3	(已装堆芯和堆内构件)
冷态	106
热态	107
压力壳尺寸/m	
内径	3.989
法兰外径	4.675
壁厚	0.200（管嘴段 0.230）
总高	13.2
壳高(筒体)	约 10.5
压力壳重/t	

续表

参数名称/单位	数　值
本体	约 260
顶盖	约 54
材料	16MNDS
堆焊层厚度/mm	>5
堆焊层材料	ALS1 308L，309L 不锈钢
螺栓数量/个	58
螺栓材料	40NCDV 7.03
螺栓、螺母、垫圈总重/kg	250
顶盖连接管座数/个	
控制棒管座	53
备用	8
测温管座	4
底部核测量管座数/个	50
进口接管内径/mm	698.5
出口接管内径/mm	736

复习题

1. 核电厂压水堆本体由哪些部件组成？
2. 压水堆本体部件怎样相互对中、压紧定位、密封、导向？
3. 简述典型压水堆堆芯布置。
4. 简述燃料组件及燃料元件棒结构及功能。
5. 简述堆芯各功能组件的用途、分布、结构及运行方式。
6. 什么叫临界(极限)硼浓度？为什么新堆首炉装料要设可燃毒物棒组件？
7. 简述堆内构件的结构及作用。
8. 简述二次支承组件的功能，它起什么作用？
9. 简述压力壳的作用及结构。
10. 简述堆内测量装置的结构、原理及分布位置。
11. 简述控制棒驱动机构结构及工作原理。
12. 冷却剂在压力壳及堆芯内是怎么循环的？有哪些旁路泄漏？
13. 运行中压力壳存在什么问题需要引起重视？
14. 为什么规定余热排出系统必须在冷却剂温度 160 ℃以上才能退出运行(或者说当冷却剂降温至 160 ℃之前应将余热排出系统投入与冷却剂系统连接上)？

第3章 压水堆冷却剂系统及设备

压水堆冷却剂系统是核电厂安全的关键系统，属于安全1级。它集中了电厂核岛部分除堆本体结构之外对安全运行至关重要的主要重大部件。典型压水堆核电厂，由3～4条冷却剂环路与反应堆压力容器进、出口接管相连接，对称分布。每条环路设1台蒸汽发生器、1台冷却剂泵。在1条环路堆出口至蒸汽发生器入口间管段上通过波动管设置1台稳压器。冷却剂环路系统、设备、反应堆压力壳以及与之相连的承压密封壳、第2道隔离阀前的管道组成的一回路压力边界，是核电厂防止放射性物质外泄的安全屏障。

3.1 压水堆冷却剂系统

3.1.1 系统功能和要求

冷却剂系统的主要功能是利用水泵驱使冷却剂强迫循环流动，将堆芯核燃料裂变产生的热量带出堆外，通过蒸汽发生器传给二回路给水产生蒸汽。冷却剂在导出堆芯热量的过程中冷却堆芯，防止燃料元件烧毁。压力壳内冷却剂还兼作堆芯核燃料裂变产生的快中子的慢化剂和堆芯外围的中子反射层。冷却剂水中溶有硼酸，硼是中子吸收剂，因此调节冷却剂中含硼浓度，可配合控制棒组件用以控制、补偿堆芯反应性的变化。系统内的稳压器用于控制冷却剂系统压力，以防止压力过低堆芯产生偏离泡核沸腾；压力过高损坏系统设备破坏压力边界完整性。当冷却剂系统超压时，稳压器安全阀则能实现超压排放。

为此，对冷却剂系统提出以下基本设计要求：

1. 系统应提供足够传递热量的能力，能将堆芯产生的热量带出并传给二回路介质。

2. 在正常运行及预期瞬态工况下能对堆芯提供适当的冷却，并保证足够的烧毁余量，防止发生燃料包壳损伤。在事故工况下，系统的布置要能够使冷却剂淹没堆芯并形成自然循环趋势。

3. 系统应做到冷却剂中含硼浓度均匀，能限制冷却剂温度变化的速率，以保证不出现由这些因素而引起的反应性变化失控。

4. 系统压力边界应能适应与运行瞬态工况相应的温度、压力，并留有余度。

5. 任一冷却剂环路管道断裂，不会导致其他管道的损坏，并仍能确保堆芯的冷却。

6. 冷却剂泵应能提供足够的流量以满足热量转移和堆芯冷却要求，在事故工况下应具有足够的惯性流量，即使在1台泵转子卡死时也不影响堆芯冷却。

7. 蒸汽发生器是系统中唯一与二回路存在交界面的设备，因此要求蒸汽发生器的交界面尽可能避免将堆芯产生的放射性物质泄漏到二回路系统。

8. 应能对系统进行泄漏检测。对预料的泄漏，应通过引漏系统进行收集，防止冷却剂释放到安全壳空间。

9. 稳压器应能维持系统正常运行压力，在电厂负荷变化和冷却剂温度、体积变化时，稳压器压力和水位应能被限制在规定的范围内。稳压器超压保护应能及时动作，安全阀的排放能力应能使压力波动限制在规定范围内。

10. 系统设备应按相应安全级的规范要求，在设计、选材、采购、加工、安装、调试及运行中遵循相应的质量保证要求。

3.1.2　系统组成

3.1.2.1　环路分段

典型压水堆冷却剂系统的每条环路设置 1 台蒸汽发生器、1 台主泵。稳压器及其相应的卸压箱则仅在 1 条环路上设置。运行时，主泵强迫冷却剂在压力壳及环路内循环流动。被堆芯加热的冷却剂从反应堆压力容器出口接管流出，进入蒸汽发生器，将热量传递给二回路介质，然后通过主泵将冷却剂由压力壳入口接管送入堆芯。位于压力壳出口和蒸汽发生器之间的管段称为热管段，主泵与压力壳入口之间的管段称为冷管段。蒸汽发生器与主泵间的管段则称为中间过渡段。稳压器通过其下部波动管连接在某一个环路的热段上，稳压器顶部喷淋液则一般来自于另外两条环路冷管段上的两条喷淋管线。环路分段如图 3-1 所示，图 3-1a 为典型核电厂压水堆环路的示意图，图 3-1b 为典型压水堆环路设备与反应堆压力容器间的布置及相对标高示意图。

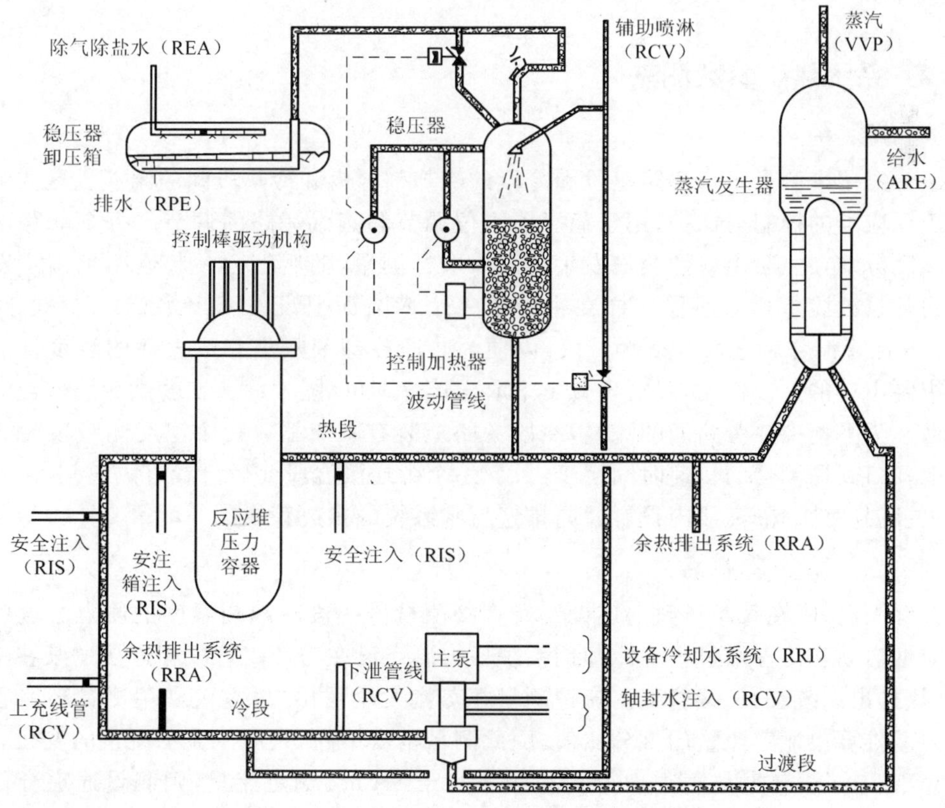

a

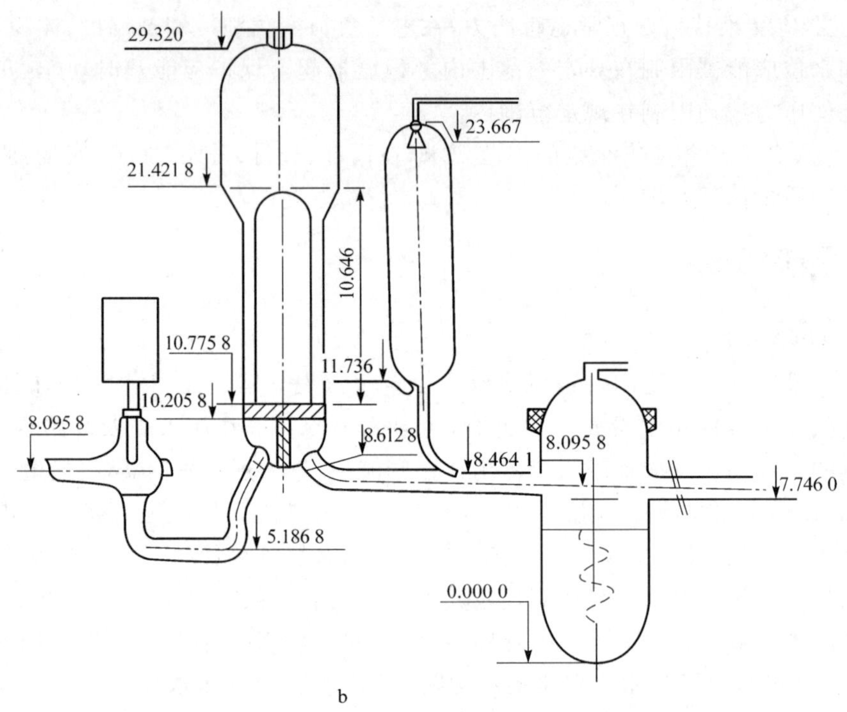

图 3-1　环路分段示意图

a. 典型压水堆环路示意图；b. 压水堆环路设备布置和相对标高

3.1.2.2　系统热工参数测点

1. 测温旁路

测温旁路用来测量每个环路热段和冷段的冷却剂温度和冷热段间的温差。这些测量信号将用于反应堆的控制与保护；用于稳压器水位调节和蒸汽旁路的调节。每个环路冷段和热段的温度分别在主泵出口和蒸汽发生器入口取样测量，随后汇合一起返回到蒸汽发生器和主泵间的过渡段管道。热段取样在主管道一个横断面上设三个出水口，呈 120°间隔布置。3 个取样管汇合后进入旁路测量段，以便为热段冷却剂收集有代表性的温度样品。冷段由于主泵出口的搅混作用，只需设置 1 个取样接管即可(图 3-2)。在公共旁路回流管上装有流量计。为平衡冷热旁路间的流量，冷段旁路上装有限流器。每个温度测量段设 3 个温度计。取样口到探测器的传递时间小于 1 s。每个旁通测温段前后设置有隔离阀，以便灵活检修或更换温度计。隔离段内设有通向排气疏水系统的排放管线。

2. 其他热工参数测点

除旁路测温外，在每条环路上还设置有直接测量冷热段冷却剂温度的测点。这些测量用在反应堆启动和冷停堆过程。冷却剂系统压力测点设在与环路管段相连接的某些辅助系统(如余热排出系统)的连接管上。流量测量在蒸汽发生器出口，它仅利用测量环路管弯头两端压力差推算出额定流量的百分比值，因此测量精度不高，只用于显示流量的变化。对于堆功率大于 10%额定功率工况，如果测量结果小于 88.8%额定流量，则测量通道会使反应堆保护动作，实现紧急停堆。

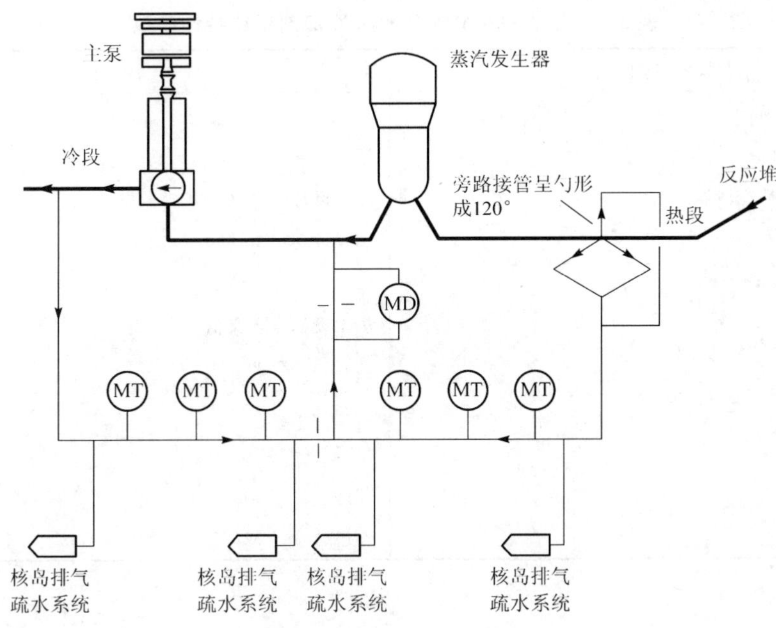

图 3-2　冷却剂测温旁路

3.1.2.3　系统与主要辅助系统的接口

化学与容积控制系统的下泄、上充管线连接于环路冷段，过剩下泄管线则与环路过渡段连接。其上充管线还通过稳压器辅助喷淋管线与稳压器相连，通过泵轴封注水管线与主泵相连。余热排出系统由环路热段引出冷却剂进入余热排出系统，排出余热后冷却剂再由环路冷段接口进入环路系统。反应堆堆芯应急冷却系统能动高、低压安全注入管线及非能动蓄压箱中压安全注入管线分别连接于环路的冷段、热段或反应堆压力容器顶部。

在环路系统、设备的不同位置，还与核岛排气疏水系统、核取样系统、硼和水补给系统、核岛氮气分配系统、设备冷却水系统、堆换料水池和乏燃料水池冷却处理系统等相连接。

3.1.3　系统特性参数

根据核电厂安全法规要求，单堆冷却剂环路必须在 1 个以上。目前世界上大型压水堆核电厂一般为双机组组合，每个机组电功率在 900～1 300 MW 范围，采用 3～4 条环路并联运行。提高单环路的输出功率，减少核电机组的环路数，将会减少系统设备，降低建造和运行维护费用，从而降低运行成本和核电价格。

从提高核电厂蒸汽参数，提高电厂热效率角度看，环路系统的运行温度和压力愈高愈有利。然而相应设备的承压能力、材料性能和加工制造技术要求也相应增高，从而反过来会影响核电厂的经济性。综合各种因素，压水堆冷却剂系统工作压力一般取在 14.7～15.8 MPa，常用 15.5 MPa。冷却剂进堆温度取 280～300 ℃，出口温度取 310～330 ℃，温差取 30～40 ℃。单环路冷却剂流量约 24 000 m^3/h，主管道冷却剂流速限制在 12 m/s 以内，回路阻力损失 0.6～0.8 MPa。电厂热效率约 32%。所有系统设备能适应 112 ℃/h 温度变化速率（实际以 28 ℃/h 作为运行限制）。表 3-1 给出了典型 900 MW 压水堆冷却剂环路系统的主要特性参数。

表 3-1 典型 900 MW 压水堆冷却剂系统特性参数

参数名称/单位	数 值		
堆芯额定功率/MW	2 895		
稳压器压力/10^5 Pa	155		
环路流量/(m^3/h)(冷段温度下)	热工设计	名义值	机械设计
	22 840	23 790	24 740
零负荷下温度/℃	291.4		
额定负荷下温度/℃	热工设计	名义值	
堆芯入口	292.4	293.1	
堆芯出口	329.8	328.3	
压力壳出口	327.6	327.0	
压力壳内平均	310.0	310.0	
堆芯平均	311.1	310.7	

3.1.4 系统设备支撑

系统设备、管道的支撑主要用来限制在事故状态如地震、管道破裂时，因突加载荷引起纵向、横向或转动力而造成过大的位移。核电厂正常运行时系统受热或冷却引起的管道、设备热胀冷缩位移则不受约束。

安全壳内以反应堆压力容器为中心，各条冷却剂环路呈对称布置。堆出口到蒸汽发生器入口热段管道和主泵出口到堆入口冷段管道均呈水平布置。而蒸汽发生器出口至主泵入口间跨接管段则布置成U形，使其在热膨胀时稍具挠性。为了确保良好的安装对中和配合，克服制造、施工中的误差，支撑构件须有足够的调整裕度。这通常在支撑构件与混凝土交界面上用调整垫片等办法来实现。

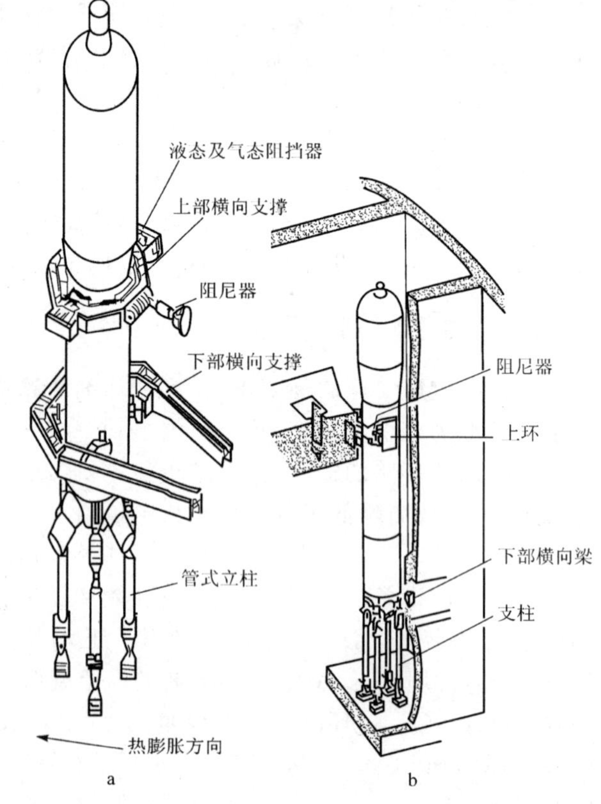

图 3-3 蒸汽发生器支撑

蒸汽发生器支撑如图 3-3，其垂直支撑由 4 根独立的管式立柱组成。支柱顶部用螺栓固定在蒸汽发生器下封头上，底部用螺栓固定于混凝土基础上。为了允许主管道及蒸汽发生器膨胀自由位移，支柱采用球形铰接或双端销接结构。下部横向支撑由蒸汽发生器下封头结构及用螺栓固定于设备墙上的梁、杆件、挡块等组成。支撑允许系统热膨胀自由位移，但在事故发生时止挡结构起限制位移的作用。上部横向支撑位于蒸汽发生器重心附近，由梁、减震框架、双向作用式液压阻尼器及拉杆等组成。对热膨胀产生的慢速位移，阻尼器不起作用，但对于地震、管道破裂而引起的突加载荷，阻尼器将会有效地限制其位移。

冷却剂泵支撑见图 3-4，其垂直支撑与蒸汽发生器相似，由 3 根独立的支柱组成。对于地震和管道破裂引起的突加载荷，由横向支撑包括 3 根横向拉杆和 3 台双向作用式液压阻尼器约束其产生的过度位移。

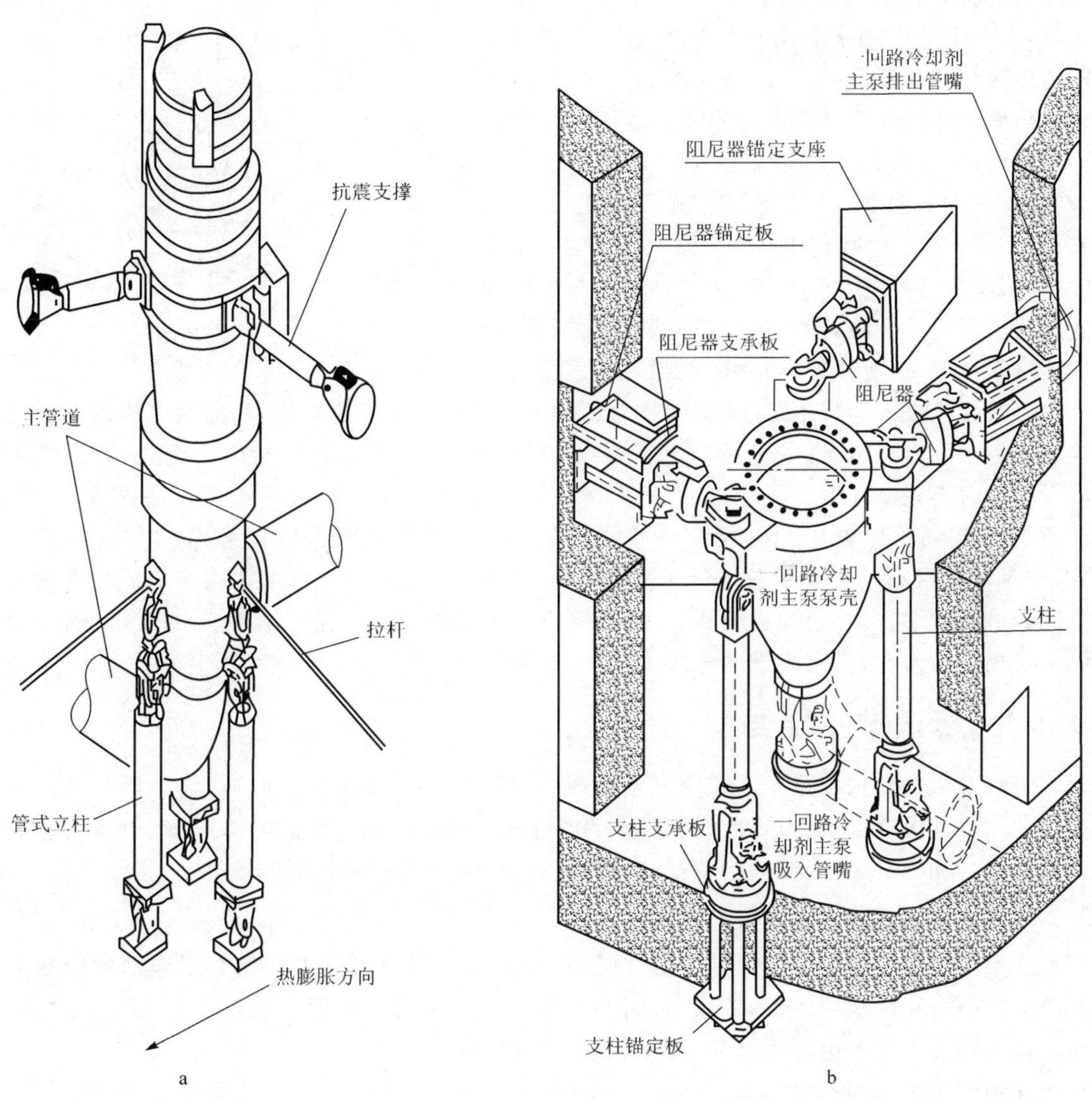

图 3-4　冷却剂泵支撑

稳压器通过波动管与主管道连接，已有相当柔性，故下部采用固定支撑。其上部仍设横向支撑，以限制地震、管道破裂突加载荷引起的过度位移(图 3-5)。

此外，在环路管道不同位置根据热胀冷缩位移、应力测量计算、震动以及事故下突加负载等技术要求，也设置有各种类型的位移约束件。

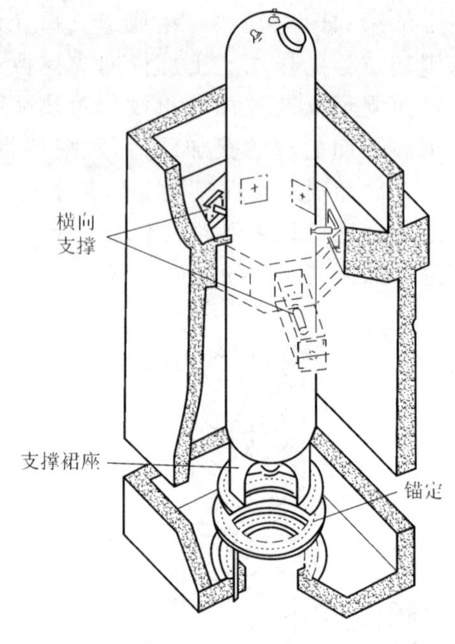

图 3-5 稳压器支撑

3.2 蒸汽发生器

蒸汽发生器是核电厂一、二回路的枢纽，它的主要作用是将一回路冷却剂中热量传递给二回路给水，使之产生蒸汽用来驱动汽轮机发电。蒸汽发生器的传热管及管板是一、二回路介质的交界面，因此它们隔离屏蔽的安全可靠十分重要。据压水堆核电厂事故统计，蒸汽发生器在事故中居重要地位。20世纪70年代末在役运行压水堆核电厂中近50%曾发生过蒸汽发生器传热管破损。美国核管会(NRC)1982年调查中指出，美国80%以上核电厂发生过蒸汽发生器事故，其中多座核电厂事故严重，个别蒸汽发生器传热管破损后堵管数达到2 187根。至少需对3座投入运行不足10年的核电厂的5台蒸汽发生器进行更换，每台造成的经济损失达1亿～3亿美元。根据近年国外核动力[1996(3)(4)]对压水堆核电厂调查，蒸汽发生器平均寿命不到设计寿命的50%。蒸汽发生器传热管堵管率改善不明显。法国现有162台压水堆蒸汽发生器中，102台900 MW机组蒸汽发生器平均运行寿命为8.5 a，60台1 300 MW机组蒸汽发生器平均寿命仅为3.5 a。蒸汽发生器传热管破损会造成放射性物质泄漏，对核电厂的安全会构成威胁。因此，蒸汽发生器的安全可靠与核电厂的经济性、安全性密切相关。为此，研究改进蒸汽发生器是完善压水堆电厂技术的重要环节。

3.2.1 蒸汽发生器类型

蒸汽发生器按二回路介质在蒸汽发生器内的流动方式分为自然循环、辅助循环和强迫循环3种。其次还可按传热管形状分为U形管式、直管式、螺旋管式等多种；按设备安装方式分为立式和卧式2种；按结构特征分为带预热器和不带预热器2种。

3.2.1.1 自然循环蒸汽发生器

这类蒸汽发生器的运行原理如图3-6。在蒸汽发生器中保证二回路介质流动的原动力是冷水柱(水)和热水柱(水和蒸汽)之间的密度差。其中集水箱用来汽水分离，分离出的饱和水在蒸汽发生器中进行再循环。产生的蒸汽是饱和蒸汽。

3.2.1.2 辅助循环蒸汽发生器

辅助循环蒸汽发生器运行原理如图3-7。这类蒸汽发生器基本与自然循环蒸汽发生器相同，只是简单地在冷水柱部位设置水泵，加速二回路介质流动，以使热水柱(传热管段)获得更好的热交换，且能保证低负荷下克服流道阻力，获得满意的循环流动。

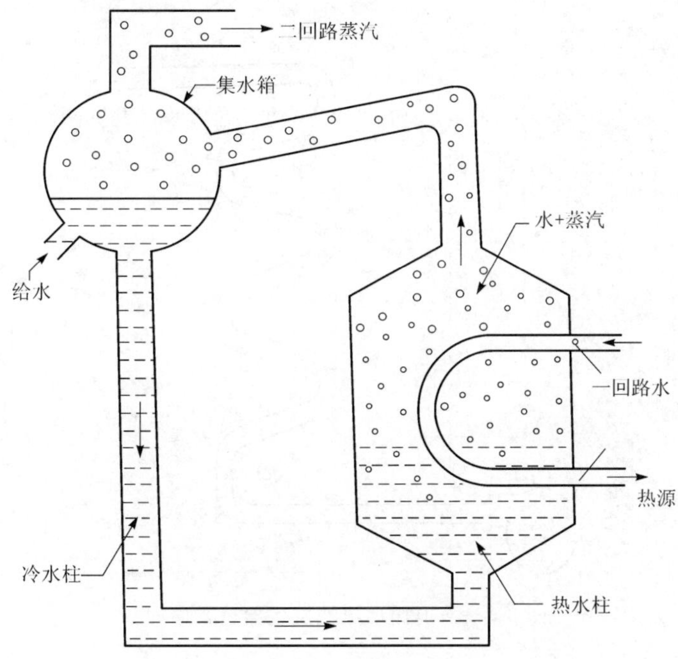

图 3-6　自然循环蒸汽发生器运行原理

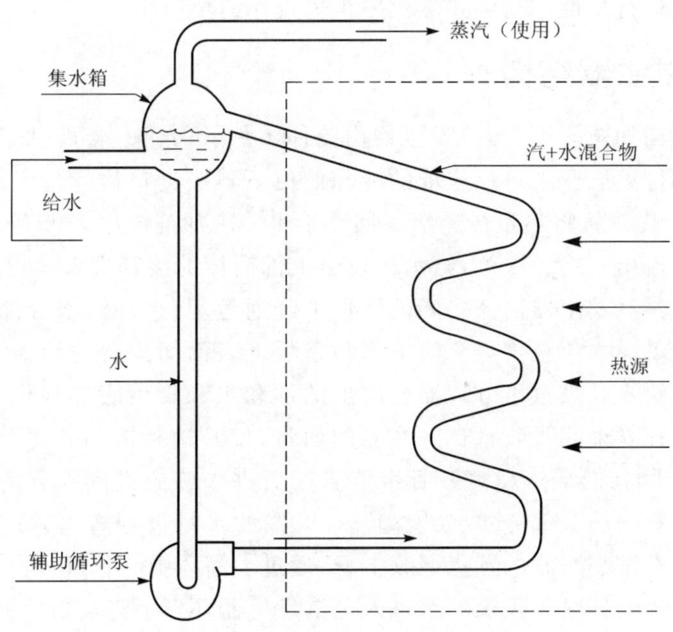

图 3-7　辅助循环蒸汽发生器运行原理

3.2.1.3　强迫循环蒸汽发生器

在这类蒸汽发生器内无水的再循环，出口处得到的通常是过热蒸汽(图 3-8)。

当前世界上大部分电厂压水堆采用典型的立式筒体倒置 U 形传热管，不带预热器自然循环式的蒸汽发生器。但俄罗斯 VVER 系列则采用卧式筒体水平设置 U 形管，不带预热

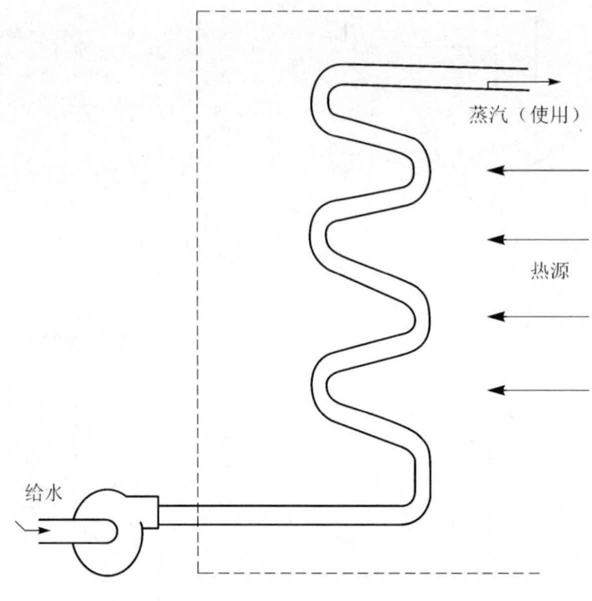

图 3-8 强迫循环蒸汽发生器运行原理

器自然循环式的蒸汽发生器。本节将重点介绍典型 900 MW 电功率压水堆电厂立式蒸汽发生器结构特点和运行特性。对卧式蒸汽发生器仅作简单介绍。

3.2.2 蒸汽发生器结构

蒸汽发生器结构如图 3-9。蒸汽发生器由筒体组件、下封头、管板、U 形管束组件、汽水分离组件等主要部件组成。来自反应堆的冷却剂由下封头进口接管进入一次侧进口水室，然后通过倒置 U 形传热管将热量传递给二回路给水。冷却剂流出 U 形管后通过出口水室，从下封头出口接管流出。在二次侧，给水由位于上部筒体的接管进入，通过给水环管上的管嘴流向管束套筒与蒸汽发生器筒体之间的环形下降通道，与来自汽水分离器被分离出的饱和水汇合后向下流动。水流至管束套筒下部与管板上表面间预留的约 30 cm 空间，横向冲向管束底部。此时给水已被汽水分离器分离出的饱和水和管束底部预热至接近饱和温度。然后给水折流向上在管束间吸收来自一次侧的热量，使其达到饱和并逐渐汽化。含汽量约为 30％的汽水混合物在向上流动离开管束弯管区后进入旋流式汽水分离器。分离器用离心法除掉汽水混合物中的大部分水。约 80％～90％的水量被分离出并进入环形下降通道参加再循环。仅带有细小水滴的蒸汽继续上升，通过上筒体中心管进入人字形干燥器，将残余的水分除去。在干燥器盘内积聚的水进入蒸汽发生器环形下降通道再循环。饱和蒸汽通过位于筒体上封头的限流器和蒸汽出口接管引出，送往汽轮发电机组。蒸汽发生器出口饱和蒸汽湿度不超过 0.25％。

1. 下封头

下封头是蒸汽发生器一回路侧承受冷却剂高压的部件，为一个半球形封头。下封头采用高强度低碳低合金铁素体钢材铸造成型。由于下封头上开有进出口接管孔和 2 个人孔，去掉了封头表面积的 40％～50％，使下封头应力状态复杂，因此需进行应力分析和模型试

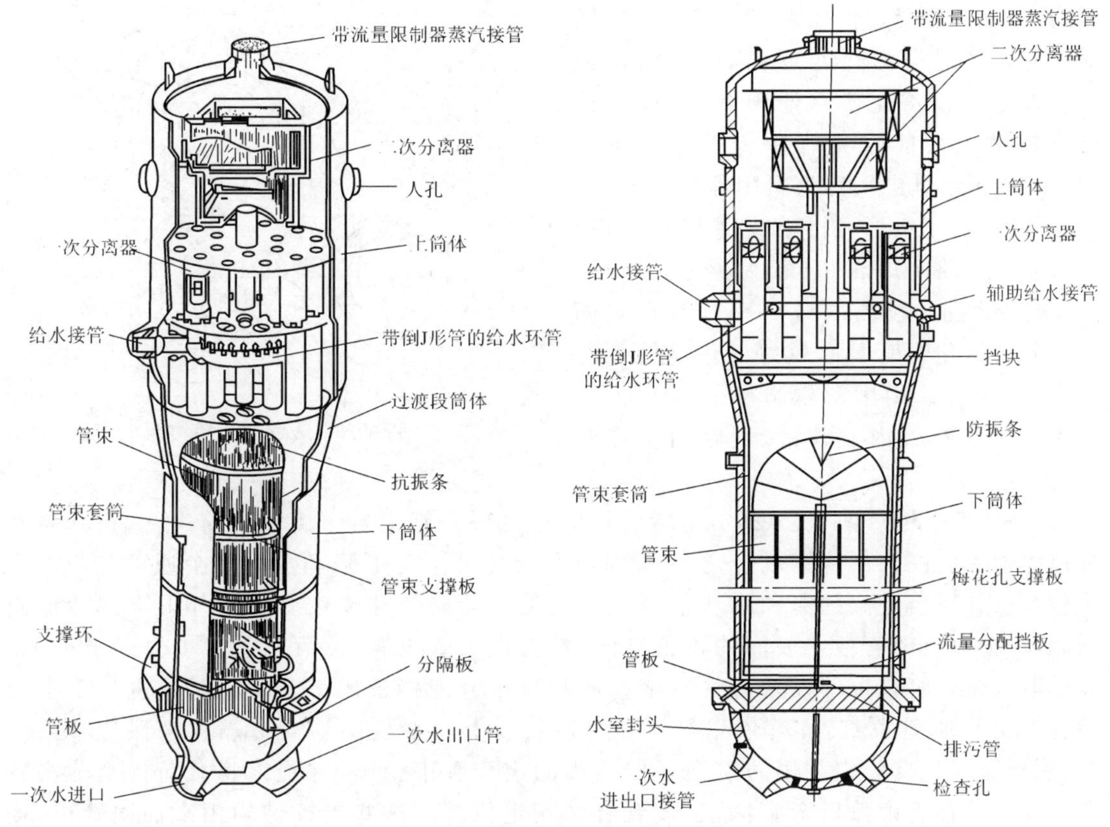

图 3-9　典型蒸汽发生器结构

验，并严格控制其制造质量。下封头内壁与冷却剂接触表面堆焊 5～6 mm 厚的不锈钢覆盖层，以降低含硼酸冷却剂对材料的冲刷和腐蚀。下封头与管板焊成一体，并由焊接在管板上的因科镍-600 合金隔板将下封头空间分隔成 2 个水室，每个水室开有 1 个进口(或出口)接管和 1 个人孔。人孔用来对蒸汽发生器管板、传热管进行在役检查和检修。检查一般采用遥控无损探伤技术。

2. 管板

管板厚 555 mm，采用高强度(Mn-Mo-Ni)低合金钢锻造而成。管板属于超厚锻件，因此要求具有优良的塑韧性和淬透性。管板上管孔多达 8 948 个，用以与 U 形传热管连接密封。管板对孔径、节距、形位公差及管孔壁光洁度都有很高的要求。因此，整个蒸汽发生器的生产周期往往取决于管板的锻造和钻孔所耗的时间。管板与一回路冷却剂接触表面堆焊有 3 层因科镍合金复覆层。传热管与管板连接采用管板全深度胀管工艺加端部密封焊接，消除管孔与传热管间隙，避免间隙内沉积、浓缩化学物质。

3. 传热管及管束组件

蒸汽发生器传热管对保障压水堆电厂运行与安全具有重要意义，为此对传热管材料性能提出很高的要求，特别是管材的耐腐蚀性能。此外，传热管的损坏与蒸汽发生器的热工水力特性和运行水质密切相关。因此，优良的管材与合理的蒸汽发生器的结构和适

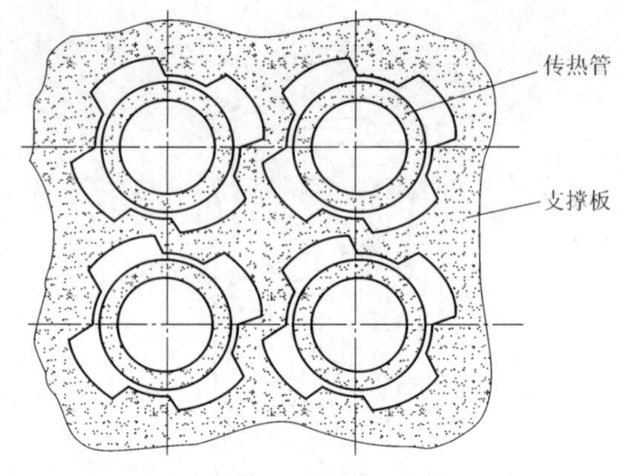

图 3-10 支撑隔板管孔形状

度的水质相结合，才能达到满意的结果。给予传热管适当的热处理和表面处理(如消应力处理和表面喷丸处理等)对提高传热管抗腐蚀性能也具有重大意义。典型900 MW压水堆电厂蒸汽发生器共有4 474根传热管，呈正方形栅格组成倒U形管束。为适应一回路冷却剂pH很大范围的变化、优良机械性能、较高的导热率以及在二回路介质含氯化物时具有较好的耐腐蚀性的要求，传热管选用因科镍690合金管。一回路冷却剂在管内流动，二回路给水在管外汽化。传热管外径19.05 mm，厚1.09 mm，管束传热面积5 429 m^2，堵管余量约10%。管束置于管束套筒内，管束套筒为一包围管束的圆柱形薄钢板包壳，从而将汽水流道分隔为下降和上升两个通道。给水会同被汽水分离器分离的饱和水从上部经蒸汽发生器筒体和管束套筒间环形下降通道向下流，在套筒下部管板上表面的预留空间，横向进入管束腔，然后沿管束上升通道向上，被逐渐汽化。管束根部设置有管廊堵塞块和流量分配挡板用来分配流量改进热工水力特性。在U形管束直管段，依靠分布于直段长度上的9块圆形支撑隔板来保持管束间距，隔板通过拉杆固定并用防震楔子使隔板固定于管束套筒，并最终将载荷传至蒸汽发生器筒体。在管束弧形弯管区，也设置有防震定位杆。这些支撑件均用来加固管束，提高自振频率，防止运行中振动导致管束损坏。支撑隔板上的管孔除了贯穿传热管外，还用来让汽水混合物通过，其管孔形状对于局部区域的传热、流体通过状态、阻力、振动以及流水孔隙化学物质可能的沉淀、浓缩等具有很大影响。支撑隔板管孔被设计成如图3-10所示的形状，这种管孔形状对防止局部缺液传热，防止汽水交界面处化学物质大量沉积浓缩，避免传热管及隔板破损、腐蚀起很大作用。

4. 筒体组件

蒸汽发生器筒体由上封头、上筒体、锥形连接段及下筒体组成。筒体用厚75～100 mm的锰-钼-镍低合金钢板加工焊接成一个整体。下筒体外径约3.5 m，锥形段以上被扩大到4.5 m。筒体组件下端与管板、下封头焊接成一个整体。蒸汽发生器总高约20.8 m。上封头为标准椭球形状，顶部蒸汽出口接管管嘴内有7个小直径文丘里管，组成流量限制器，用于主蒸汽管道破裂时限制蒸汽流量过大，从而减缓一回路冷却剂的降温速率和蒸汽发生器构件的热变应力。上筒体内主要设置有汽水分离器和蒸汽干燥器。上筒体下端设有给水接管，筒体内给水环管与给水接管相连接。环管上设有许多并非均匀布置的倒置的J形管嘴，其目的是使给水流量在管束的冷热端沿环形下降通道获得最佳分配。蒸汽发生器上部汽水分离段高度约7.4 m。上筒体通过锥形连接段与下筒体连接。蒸汽发生器上、下圆柱形筒体均由多个圆形部件焊接成。下筒体不同高度筒壁上分别开有多个检查孔和手孔，用以检查管板二次侧表面、流量分配挡板以及传热管端部的淤泥沉积情况，必要时可用高压水冲刷排除该处沉积的淤泥，以及用来检查相应高度的部件状况。位于上筒体汽水分离器与蒸汽干燥器之间高度位置的筒壁上也开有2个能进入筒体进行检修的人孔。这些检查孔、手孔和人孔均用盖板螺栓密封。

5. 汽水分离组件

汽水分离组件是自然循环式蒸汽发生器的一个重要部件。它的功能是向汽轮发电机组提供干燥、清洁的蒸汽,使机组能以预定的效率输出额定的电功率。合格的蒸汽品质是确保核电厂经济、可靠地运行的重要条件。另外,自然循环式蒸汽发生器的尺寸在很大程度上取决于汽水分离组件的结构和工作特性。高效而紧凑的汽水分离对于减小蒸汽发生器的尺寸、重量具有重要意义。

汽水分离组件分汽水分离器和蒸汽干燥器两部分。汽水分离器用于粗分离,因此也称粗分离器。蒸汽干燥器则用来进行细分离,使蒸汽发生器出口获得湿度在 0.25%以下的饱和蒸汽。

汽水分离器为旋流叶片式分离器(也称涡轮式分离器)。共有 16 个旋流分离器设置于蒸汽发生器上筒体内,对传热管束出口的汽水混合物进行粗分离。旋流分离器与其他分离器比较,它的单位面积蒸汽负荷量大,可达到 100 kg/(s·m^2)以上。这是一个决定汽水分离尺寸大小的重要指标,单位面积蒸汽负荷量大意味着蒸汽发生器上筒体的直径可以减小。旋流分离器结构紧凑,能充分利用上筒体的横截面灵活布置,使蒸汽负荷均匀分配,其汽水分离效率可达 90%以上。旋流叶片分离器的缺点是分离阻力较高(约占蒸汽发生器流体总阻力的 40%)。图 3-11 为旋流汽水分离器的结构。由图可知,分离筒内装有固定的螺旋叶片。当来自传热管束顶部的汽水混合物通过分离器导管进入并经过螺旋叶片后,由直线运动变成旋转上升运动。由于离心力的不同使汽水分离,在分离筒中心形成蒸汽柱,在筒壁形成环状水层。汽水两相上升至一定高度,达到充分分离后,大量疏水经由位于外套筒上部的 2 只方向与汽水旋转方向一致的矩形切向疏水口流出。部分疏水折返向下沿分离筒与外套筒间环形通道,经疏水孔流出。二者汇合后一起进入再循环。蒸汽则通过位于上筒体中心的管子向上进入蒸汽干燥器。这种旋流分离器分离出的饱和水中夹带的蒸汽量(称为蒸汽下携带量)仅在约 1%以下,克服了过多蒸汽夹带入下降通道,使循环水流不稳定,水位波动,阻力增加影响自然循环。汽水分离器中的螺旋叶片是使汽水混合物产生旋转运动的基础,旋转运动的强弱决定离心分离的效果。所以,叶片的型线、数目、升角、搭接角以及分离筒径、螺旋叶片出口至分离筒口的距离等都直接影响汽水流的旋转和流动阻力。另外,适当

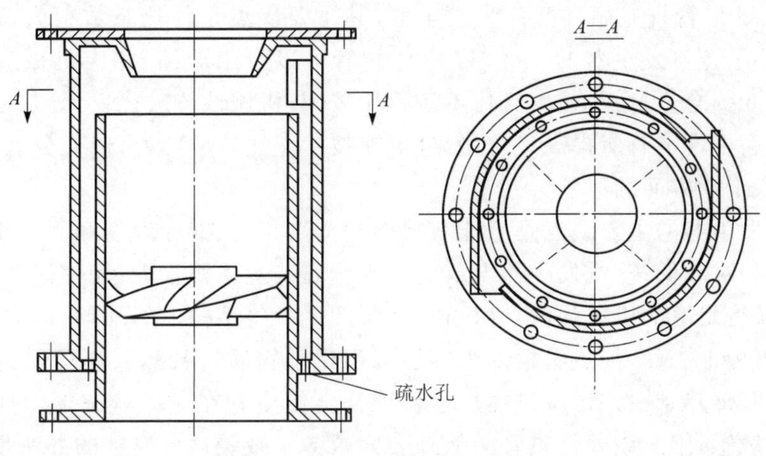

图 3-11　旋流叶片式汽水分离器

减小旋流分离器的直径，增加分离器的数量，对均匀蒸汽负荷，提高分离性能也是有益的。

运行条件对汽水分离器的工作特性也有重要影响，包括蒸汽发生器水位、压力、入口蒸汽流量和汽水混合物中含汽量等。例如，在一定汽水混合物流量和蒸汽发生器水位下，含汽量超过某个值，出口蒸汽湿度将剧增；在入口含汽量较高状态下降低水位将会使出口蒸汽湿度明显下降。但最低水位必须高于疏水通道出口一定距离，以形成对蒸汽的水封，防止蒸汽吹起大量水滴增加蒸汽湿度并强烈扰动水位。

干燥器也称细分离器，它用来把汽水分离器出口的蒸汽所携带的细水滴和雾滴作进一步分离，从而达到蒸汽发生器出口蒸汽湿度小于0.25%的要求。图3-12为人字形干燥器的结构，它是一种人字形带钩的波纹板细分离组件，由波纹板片、挡水钩、尾钩、支承架和疏水槽等组成。人字形波纹板高约1 m，竖立于筒体内。当蒸汽在波纹板构成的通道内不断改变流向作曲线运动时与板表面接触，受离心力作用蒸汽中夹带的水滴附着于板面并形成液膜。液膜依靠重力向下流动通过疏水结构离开干燥器。波纹板具有很大的接触表面可以获得良好的细分离效果。为防止蒸汽流量过大击碎附着于板壁的液膜使水滴重新进入汽流（二次润湿），波纹板上的挡水钩则迎向水膜，收集板面水膜并捕集蒸汽流中的水滴，汇集后沿凹槽流入疏水装置。这种结构即使入口蒸汽湿度较大，蒸汽流速较高，也能获得很好的分离效果，蒸汽负荷达40 kg/(s·m^2)。

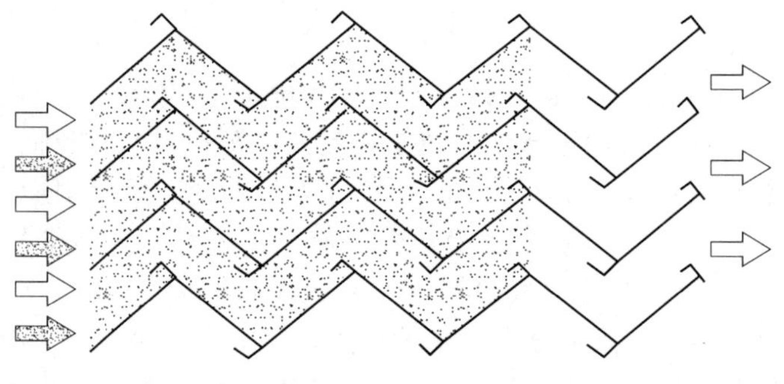

图3-12　人字形干燥器结构

此类立式U形管自然循环型蒸汽发生器，其主要优点是传热系数很大，换热面积相对较小，相应缩小了蒸汽发生器的尺寸；U形传热管可以自由伸缩，相应机械应力较小；传热管采用因科镍690合金材料，与奥氏体不锈钢比较，其机械性能较优良，导热率较高，在含氯化物介质中耐腐蚀性能有所提高；蒸汽发生器在技术上比较成熟，可以充分利用常规火电厂汽水分离、蒸汽干燥方面的经验。

这种蒸汽发生器的主要缺点是只能获得饱和蒸汽，蒸汽饱和温度和压力相应较低，因此电厂热效率也相对较低；蒸汽发生器上部的汽水分离装置体积很大；管束弧形弯管段防振固定较困难；为获得足够的机械强度，管板很厚，会产生一些结构上的问题。

另外，在管板上表面，传热管根部很容易沉积化学物质、淤泥，其厚度可达几厘米，因此导热不良会引起传热管在该部位过热。因科镍合金传热管在应力状态下，对积聚的化学物质产生的腐蚀敏感，因此该处传热管会从外表面减薄。减缓这种腐蚀的办法是，加速管板上表面介质的横向流动速度，利用设于管板上表面传热管根部的多孔排污管，将污垢冲刷排走；定期从检查孔对管板及传热管进行检查或清洁冲洗；运行中禁止对二回路介质进行某些加药，如对传热管腐蚀敏感的磷酸钠。

3.2.3 蒸汽发生器自然循环

蒸汽发生器自然循环主要依靠介质在蒸汽发生器内冷段下降通道与热段上升通道间的密度差；在上升通道因汽水分离降低了汽水混合水柱的高度，使下降段水柱高于上升段水柱。该压差克服介质在整个流道中的摩擦阻力后驱动介质在流道中流动，形成了不需要依靠水泵强制的自然循环状态。

有利于自然循环的第二个因素是汽水分离出来的饱和水。这部分饱和水在重力作用下进入下降通道，增加了下降通道压头，而此时饱和水中夹带的部分蒸汽被给水冷却液化，使下降段冷柱具有足够的密度，且不致增加流道阻力，因此有助于自然循环。

有利于自然循环的第三个因素是汽轮机高压缸进汽调节阀的开启。当时汽阀打开时，蒸汽发生器内的压力降低，上升通道介质沸腾增加，从而使上升段水的密度进一步降低，对自然循环也有帮助。

对蒸汽发生器自然循环的各种相互影响因素的研究及其定量分析非常复杂，它对于设计人员来说很重要，对于运行人员，则只要掌握蒸汽发生器二次侧水的一个定量概念，即自然循环倍率。

自然循环倍率定义为蒸汽发生器中每产生单位质量蒸汽所需的循环水质量。它是表征通过二次侧循环流量是否充分的一种粗糙的度量。自然循环中下降通道水流量称为循环水流量 G_T（指质量流量，下同），它是给水流量 G_a 和从汽水分离器分离出来的再循环饱和水流量 G_r 之和。稳态工况下，给水流量 G_a 实际上与蒸汽出口流量 G_v 相等。它们的数学表达式为：

$$G_T = G_a + G_r, G_a = G_v, G_T = G_v + G_r$$

自然循环倍率（C. R.）是循环水流量与给水流量或蒸汽流量的比值：

$$C.R. = \frac{G_T}{G_a} = \frac{G_T}{G_v}$$

$$\text{或：} C.R. = \frac{G_a + G_r}{G_a} = 1 + \frac{G_r}{G_a}$$

$$\text{或：} C.R. = \frac{G_a + G_v}{G_a} = 1 + \frac{G_v}{G_a}$$

另外，这里再引入一个含汽量（或称干度）的概念，含汽量等于蒸汽流量 G_v/上升通道汽水混合物流量 G_T。因此可见含汽量与自然循环倍率互为倒数关系。在有些地方还可见到空泡份额的说法，它是指某特定的区段蒸汽体积与汽水混合物体积的比值，是体积比值而非质量比。

自然循环倍率的大小对于传热管腐蚀、流动振荡、传热特性、汽水分离等具有重要影响。自然循环倍率一般选在 4 左右，不宜过大也不宜过小。循环倍率过大，使再循环流量相对于蒸汽流量的比例过大，当再循环流量超过汽水分离组件分离水分的能力时，水滴会随蒸汽一起进入汽轮机高压缸而因水蚀、水击危及汽轮机叶片。循环倍率过小，与蒸汽流量相比，再循环流量过小，意味着管束出口空泡份额过高，局部区域出现缺液、干涸，不能确保管壁润湿，传热效果变差；过量的蒸汽还会导致介质流动不稳定，产生剧烈的流动振荡，使传热管束部分壁面周期性露出，传热效率下降，流动振荡大到一定幅度，会引起蒸汽发生器水位和蒸汽流量的大幅度波动；在局部滞流或低流速区段，往往会导致污垢沉积浓缩，加速传热管腐蚀，因此也希望适当提高自然循环倍率，增加下降通道的水位，增加自然循环驱动压头，以便提高管板上表面等部位的冲刷流速，有效地把水中的污垢淤泥驱赶到排污管，稳定水质，保证蒸汽发生器良好的热传导。

再循环水在下降通道与给水混合，这种高温饱和水一方面被冷却，使夹带过来的少量蒸汽液化，避免流道阻力增加；另一方面反过来预热了给水，加上上升通道高温介质通过管束套筒向给水传热，使给水在进入上升通道时已接近饱和温度。这样就缩小了给水与传热管壁间的温差，使蒸汽发生器的热应力大大降低，且提高了蒸汽发生器的传热效率。

我国典型 900 MW 电功率压水堆稳态额定功率下，蒸汽工作压力为 6.71 MPa 时的自然循环倍率约为 3.7～3.8。

3.2.4 蒸汽发生器运行

3.2.4.1 蒸汽发生器的水位

1. 水位监测控制的必要性

蒸汽发生器水位是二次侧蒸汽发生器环形下降通道的水位，即冷段水柱的高度。而在管束腔热段汽水混合物上升通道内，因没有清楚的汽水两相分界面，因此也就无从谈起蒸汽发生器的水位。

核电厂运行时，必须对蒸汽发生水位进行监测、控制，使其水位处于运行限值范围，必要时给出保护动作触发信号。蒸汽发生器水位过低，蒸汽发生器二次侧水量过少，会导致 U 形传热管顶部裸露，热量传递不充分，传热管热应力过高，引起破损；蒸汽进入给水环形下降通道，有可能在给水通道内产生汽锤，损坏结构，堆芯热量无法导出。水位过高，会淹没汽水分离组件，使出口蒸汽湿度增加，含水量超标，加剧汽轮机叶片的汽蚀，影响汽轮发电机组寿命甚至损坏机组。

2. 影响蒸汽发生器水位的因素

（1）蒸汽流量变化

蒸汽流量突然增加：随着蒸汽负荷的突然增加，蒸汽发生器的蒸汽压力快速下降，在上升通道将产生更多的汽泡，使通道流动阻力增加，循环流量减小，给水积聚在下降通道的上部使水位上升。另外，蒸汽流量的突然增大会使被分离出的再循环水流量增加，也会使环形下降通道内水位上升。这种在水位调节动作之前出现的过渡阶段的水位迅速上升称为“水位膨胀”。过渡过程之后，由于蒸汽流量大于给水流量，水位将下降。

蒸汽流量突然减小：蒸汽负荷的突然减小将导致蒸汽压力上升。在上升通道中，部分蒸汽被凝结成水，使得汽泡产生的量和尺寸减小，通道流动阻力减小，循环流量增加，使下降通道的水位下降。另外，蒸汽流量突然减小，被分离出的再循环流量也会减小，也使环形下降通道内水位下降。这种在水位调节动作之前出现的过渡阶段的水位迅速下降称为“水位收缩”。过渡过程之后，由于蒸汽流量小于给水流量，水位将上升。

（2）给水流量变化

给水流量突然增加：给水流量突然增加使蒸汽发生器环形下降通道给水积聚，水位稍有上升。接着，给水流量的增加，使循环水温度降低，导致上升通道内沸腾汽化位置上移，沸腾段缩短，沸腾减弱，上升通道汽水混合流量减少，蒸汽流量及分离出的再循环水量减少；通道流动阻力减小，流速加大，使环形下降通道内水位下降。这也是过渡阶段的"水位收缩"。经过过渡阶段的水位降低之后，流动的驱动压头减小使循环流量减小，促使上升通道沸腾段又增加，蒸汽流量增大，再循环水量增加；同时通道流动阻力增加，流速减慢，最终使蒸汽发生器水位恢复上升。这个变化过程在低负荷工况，延续时间较长，需要 2～3 min。而在满负荷状态，水位变化时间仅需 40～50 s。

给水流量突然减小：给水流量突然减小，在过渡阶段也会发生"水位膨胀"，之后水位下降。其变化原理与上面叙述过程相反。

(3) 冷却剂平均温度变化

冷却剂平均温度阶跃增加，传到二回路的热量增加，使更多的水汽化，上升通道汽泡份额增加，汽水混合物出现"膨胀"现象，造成短时间内水位虚假上升。之后由于蒸汽产量增大导致给水流量与蒸汽流量不平衡而引起水位下降。冷却剂平均温度阶跃下降时蒸汽发生器水位的变化过程则相反。

(4) 给水温度变化

给水温度降低会使蒸汽发生器环形下降通道循环水温度下降，上升通道沸腾段缩短，沸腾减弱，蒸汽流量降低，介质含汽量减小。从而导致被分离出的进入再循环的水量减少；流道流动阻力下降，流速增加，使蒸汽发生器水位降低。如果给水温度上升，则水位变化与此相反。

上述因素中，蒸汽流量突然变化所引起的水位"膨胀"或"收缩"现象较为突出。

3. 蒸汽发生器水位监测

(1) 水位监测仪表

核电厂压水堆每台蒸汽发生器一般设置 1 台宽量程水位仪和多台窄量程水位仪。典型 900 MW 电功率 PWR 蒸汽发生器宽量程仪全量程 0～15.9 m，取自管板上表面以上 0.43～16.3 m处，用于监测蒸汽发生器充水、放水、湿保养以及事故工况等水位大幅度变化时的水位。窄量程水位仪全量程 0～3.6 m，取自管板上表面以上 11.27～14.87 m 处。仪表有显示和控制、保护功能，用来提供低低水位、低水位、高水位信号触发停堆保护，以对付热阱丧失事故，避免汽轮机叶片汽蚀损坏，限制蒸汽管道破裂事故的后果等；用来提供蒸汽发生器水位调节、控制；用来提供运行监视和偏离报警。

宽、窄量程水位监测仪表水位坐标如图 3-13。与蒸汽发生器水位相关的信号及动作如图 3-14。

(2) 水位测量原理

蒸汽发生器水位测量设置于下降通道环形空间，它的测量原理如图 3-15 所示。

水位测量信号参数来自差压传感器的压差值 Δp。蒸汽发生器的上引压管连接到一个冷凝罐上，以便在冷凝罐下部得到一个稳定的参考液柱，参考液柱与差压传感器左侧相连。下引压管接到差压传感器的右侧。

图中各指定点压力为：

$$p_A = p_V + \rho_R gH, p'_A = p_A + \rho_R gL = p_V + \rho_R g(H + L)$$

$$P_B = P_V + \bar{\rho}gh, p'_B = p_B + \rho_1 gL = p_V + g(\bar{\rho}h + \rho_1 L)$$

传感器压差

$$\Delta p = p'_A - p'_B = \rho_R g(H + L) - g(\bar{\rho}h + \rho_1 L)$$

被测水位

$$h = \frac{\rho_R(H + L) - \left(\rho_1 L + \frac{\Delta p}{g}\right)}{\bar{\rho}}$$

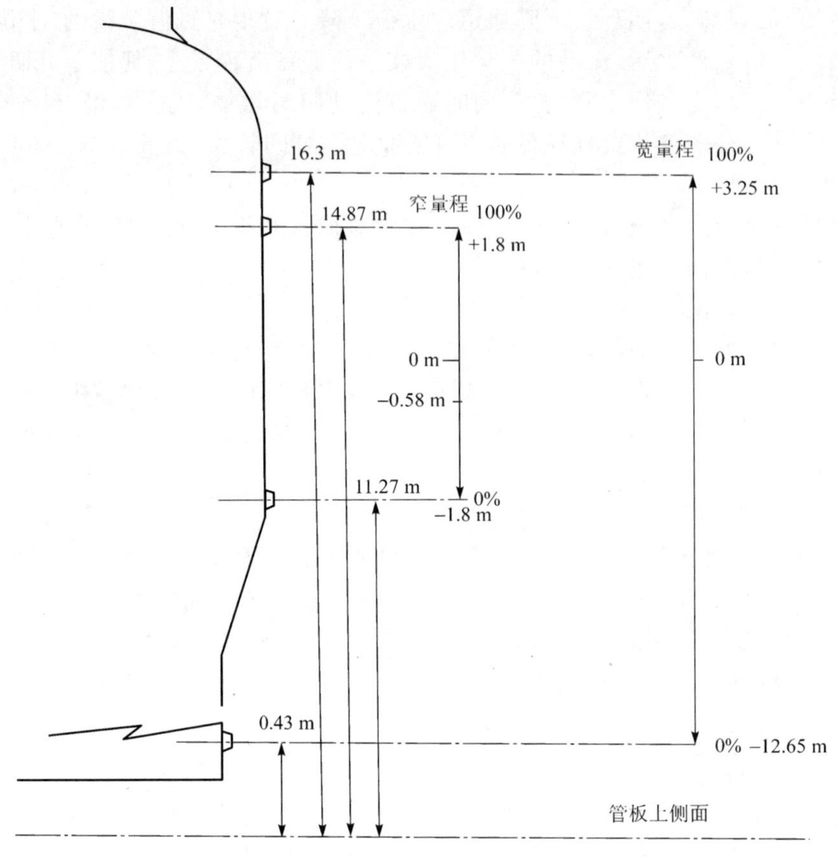

图 3-13　宽、窄量程水位测量的水位坐标

式中，$\bar{\rho}$、ρ_R、ρ_1 分别为下降通道循环水、参考管内水及下引压管内水的密度；g 为重力加速度。

由此可见，被测水位 h 与传感器压差 Δp 是线性关系，其测量精确性取决于上述三种水密度。由于下降通道循环水温度和压力是变化的，因此测量精确度也随之变化。窄量程水位仪在满功率运行状态正常水位测量范围，其测量误差<2%，但在瞬态过程初始阶段，必须参考宽量程水位仪的变化趋势。

4. 水位调节

图 3-16 为蒸汽发生器水位调节系统简图。每台蒸汽发生器有各自独立的水位调节系统。水位调节可通过改变调节阀开度，从而改变给水泵流量来实现。但是，压水堆上几台蒸汽发生器的给水母管是共用的，改变某台蒸汽发生器给水流量时将会影响母管的压力，因而影响其他蒸汽发生器的给水流量，使它们汽水流量失衡、水位波动。为此，蒸汽发生器水位调节系统还设置有给水泵转速调节环节。其水位调节的控制程序为，当某台蒸汽发生器水位出现偏差时，先依靠给水流量调节阀调节蒸汽发生器的水位。调节过程中引起水汽侧压差变化，压差调节器则将指令传输到给水泵转速调节机构（对于汽动给水泵，则为进汽调节阀），改变给水泵转速。给水泵转速变化使给水泵出口压头和流量变化，给水流量调节阀重新调整阀门开度，从而维持水汽压差等于整定值，调节系统达到

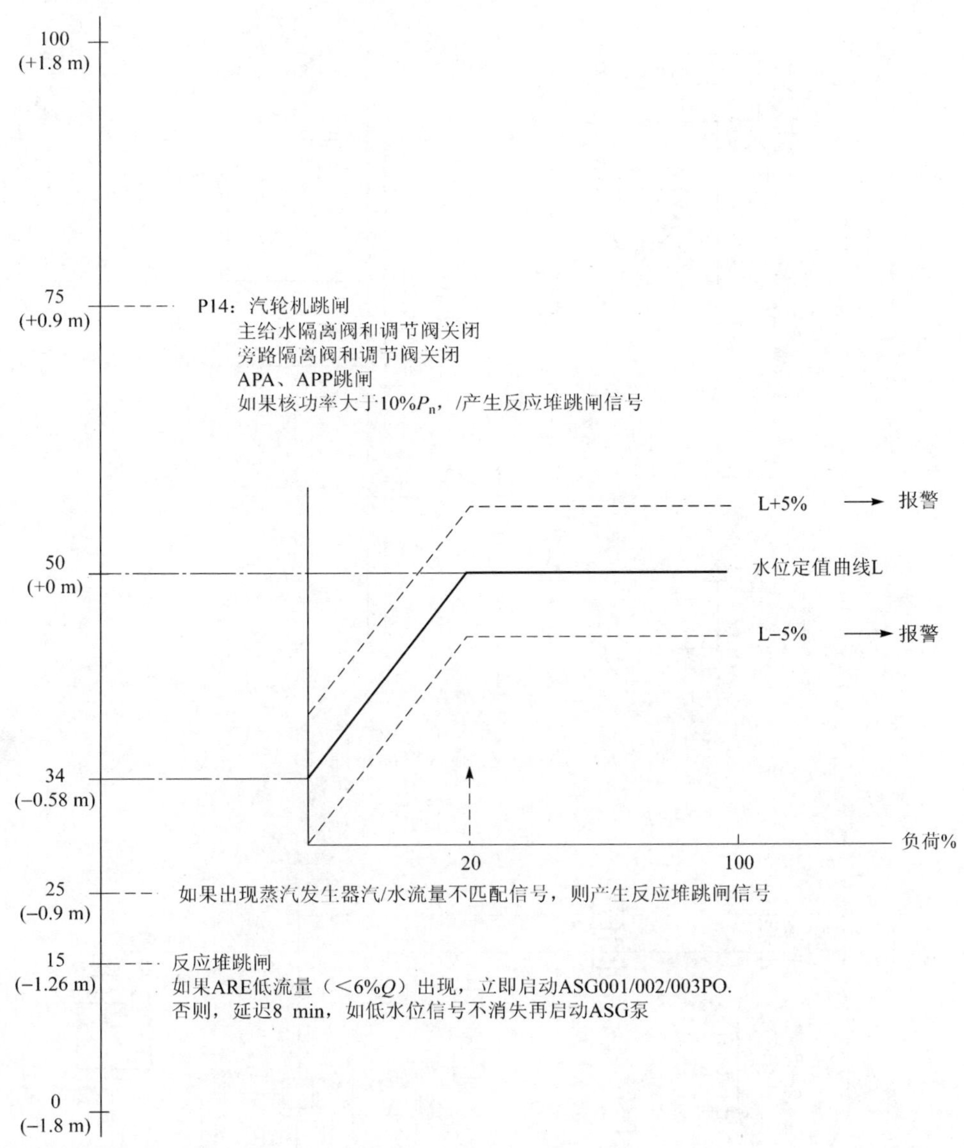

图 3-14 与蒸汽发生器水位相关的信号和动作

新的平衡。这种调节方式可以实现在对 1 台蒸汽发生器调节水位时，不对其他 2 台蒸汽发生器水位产生扰动。

3.2.4.2 蒸汽发生器的给水

正常运行时，蒸汽发生器由主给水系统提供给水。当主给水系统故障失效或事故工况主给水系统被自动切除时，或者在电厂停堆后降温、启动过程、电厂长时间热备用以及需要给蒸汽发生器检修后充水时，电厂辅助给水系统将为蒸汽发生器提供给水。辅助给水通过水泵将贮存在贮水箱中的水经流量调节阀送往蒸汽发生器。该调节阀不受蒸汽发生器水位调节系统的控制。此时蒸汽发生器产生的蒸汽，由汽轮机旁路系统送往冷凝器或排向大气。

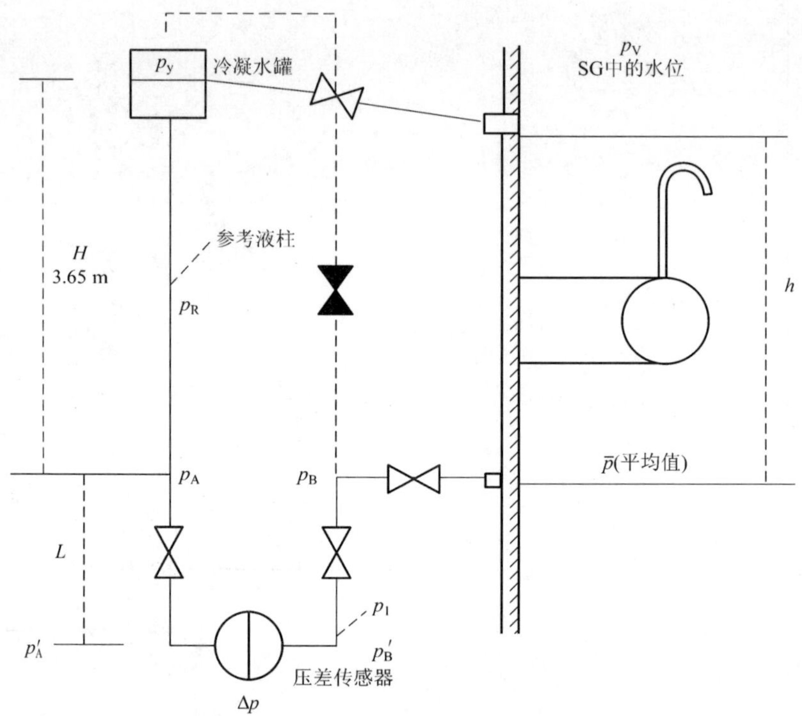

图 3-15 蒸汽发生器水位测量原理

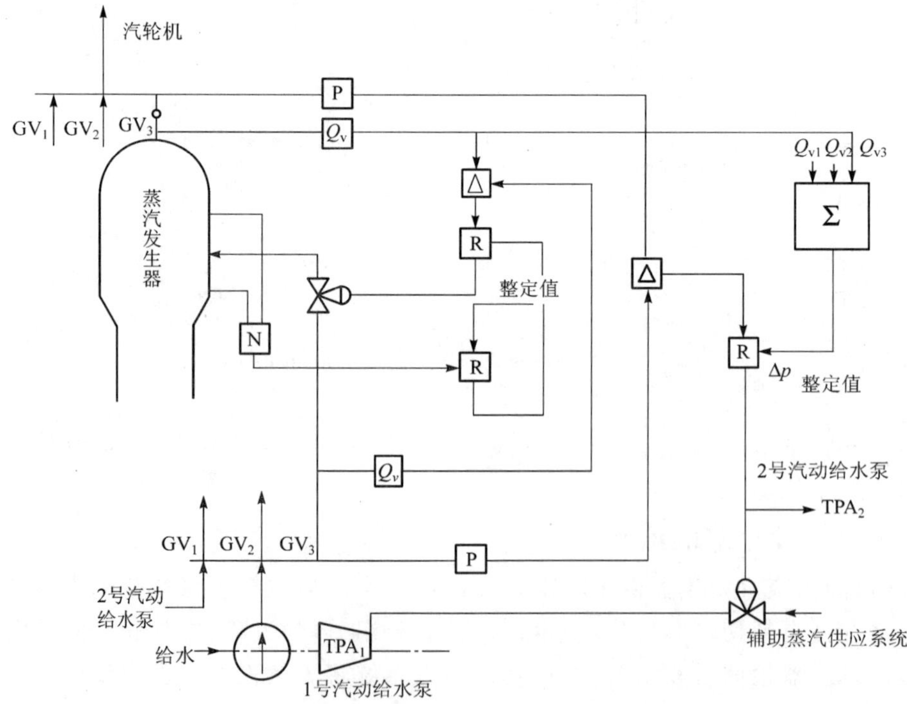

图 3-16 蒸汽发生器水位调节原理

3.2.4.3　蒸汽发生器的排污

电厂压水堆运行时，二回路介质在蒸汽发生器管板上表面传热管根部会浓缩、沉积化学物、淤泥、腐蚀产物等污物，导致管板与传热管根部经常干湿交替，引起传热恶化、结垢和腐蚀。为此，一方面在运行中应严格对介质进行水处理，控制给水的水质；在设备制造中消除管孔与传热管间隙，避免化学物质在间隙内浓缩、沉积。同时需辅以蒸汽发生器的排污。蒸汽发生器设置有 2 根水平方向的多孔排污管，排污管位于管板上表面给水从横向进入管束腔折流向上的传热管根部位置，连接到蒸汽发生器排污系统。排污系统可进行定期或连续的排污，排污流量为 10～70 t/h。被排放出的污水经冷却和净化后根据具体情况进行处理。

3.2.5　典型 PWR 蒸汽发生器主要技术参数

典型 PWR 蒸汽发生器主要技术参数见表 3-2。

表 3-2　典型 PWR 蒸汽发生器主要技术参数

参数名称/单位	数值	
	一次侧	二次侧
设计压力/MPa	17.23	8.6
设计温度/℃	343	316
运行压力/MPa	15.5	6.89
介质温度/℃		
进口	327	226(给水)
出口	293	283.6(蒸汽)
流量/(t/h)	约 23 790	约 1 938
压降/10^5 Pa	3.31	
容积/m^3	约 31	
热负荷/MW	约 2 905/3	
出口蒸汽湿度/%		0.25
换热面积/m^2	5 429	
总高度/m	20.8	
外径/mm		
上部	4 484	
下部	3 446	
管板厚/mm	555	
U 形传热管根数	4 474	
堵管余量/%	10	
传热管外径/mm	19.05	
传热管壁厚/mm	1.09	
传热管材料	因科镍 600	
总重量/t		
无水	约 329.5	
充满水	约 505.0	

3.2.6 俄罗斯 VVER 系列蒸汽发生器

俄罗斯 VVER 压水堆系列采用卧式自然循环类型蒸汽发生器(图 3-17)。蒸汽发生器由卧式容器壳体、传热管、冷却剂集流管、蒸汽母管组件、给水分配装置、汽水分离装置、水下均汽板以及蒸汽发生器支撑、水位监测传感器等部件组成。

3.2.6.1 卧式容器壳体

蒸汽发生器容器壳体采用高强度低合金铬-钼钢。容器设计压力约 7.8 MPa。容器由锻造的水平筒体、两端冲压成形的椭圆形封头及锻造的接管等部件焊接而成。卧式容器中段自下而上垂直连接有两根一次侧冷却剂进出水集流管。集流管垂直贯穿容器圆形筒体,下端进出冷却剂,上端为法兰密封的可拆式人孔,用于对一次侧进行检查和无损探伤。容器椭圆封头上开有 2 个带可折密封法兰盖的人孔,用于对二次侧内部构件进行检查。容器不同位置还设有各种用途的接管座,如蒸汽出口管,主给水及应急给水管,一、二次侧排气管,一、二次侧排污管,热工仪表监测管,密封监测管等。蒸汽发生器容器外表面覆盖有可拆卸的保温层。

3.2.6.2 冷却剂进出集流管

集流管用于为传热管分配冷却剂、收集并排出冷却剂。集流管也采用高强度低合金铬-钼钢材料。集流管下部通过大小头与容器管座相焊接,集流管上部在容器接管内部处于自由状态,容器接管与集流管之间存在约 10 mm 的间隙,容器接管、集流管上端分别通过各自的法兰进行密封(图 3-18)。为避免含硼酸冷却剂对材料表面的腐蚀及冲刷,集流管内表面同样堆焊有 2 层不锈钢。集流管在蒸汽发生器容器内轴向中部位置上,按一定的轴向、周向间距排列,开有许多通孔,用于连接处于水平状态的 U 形传热管。

3.2.6.3 传热管

蒸汽发生器传热面由 10 978 根 $\phi16\times1.5$ mm 的不锈钢传热管组成。传热管被弯曲成 U 形盘管状,按一定垂直、水平间距水平排列于蒸汽发生器容器内。传热管与集流管的连接,首先采用全深度液压胀管,随后再用机械胀管完全去除集流管孔与传热管外表面的间隙,最后传热管端部与集流管内表面相焊接密封。传热管依靠弯板定位,确保传热管束中传热管整齐排列和稳定,这些定位装置能使传热管沿轴向热胀位移。

3.2.6.4 给水

主给水分配装置和应急给水分配装置分别由母管和分配管组成,母管与蒸汽发生器封头上的接管相连,沿分配管长度上开有许多出水孔,给水从管束“热”侧上部流出。

3.2.6.5 汽水分离和蒸汽负荷平衡

该类蒸汽发生器的汽水分离仅靠安装于容器内上部的蒸汽分离孔板实现,结构相应较简单。

用于蒸汽负荷平衡的装置由数块位于二次侧液位下的水下均汽板组成。

3.2.6.6 蒸汽母管组件

卧式蒸汽发生器上部通过 10 根蒸汽出口接管,与蒸汽母管连接,引出蒸汽。母管一端与蒸汽总管相连,另一端设置 1 个封头。

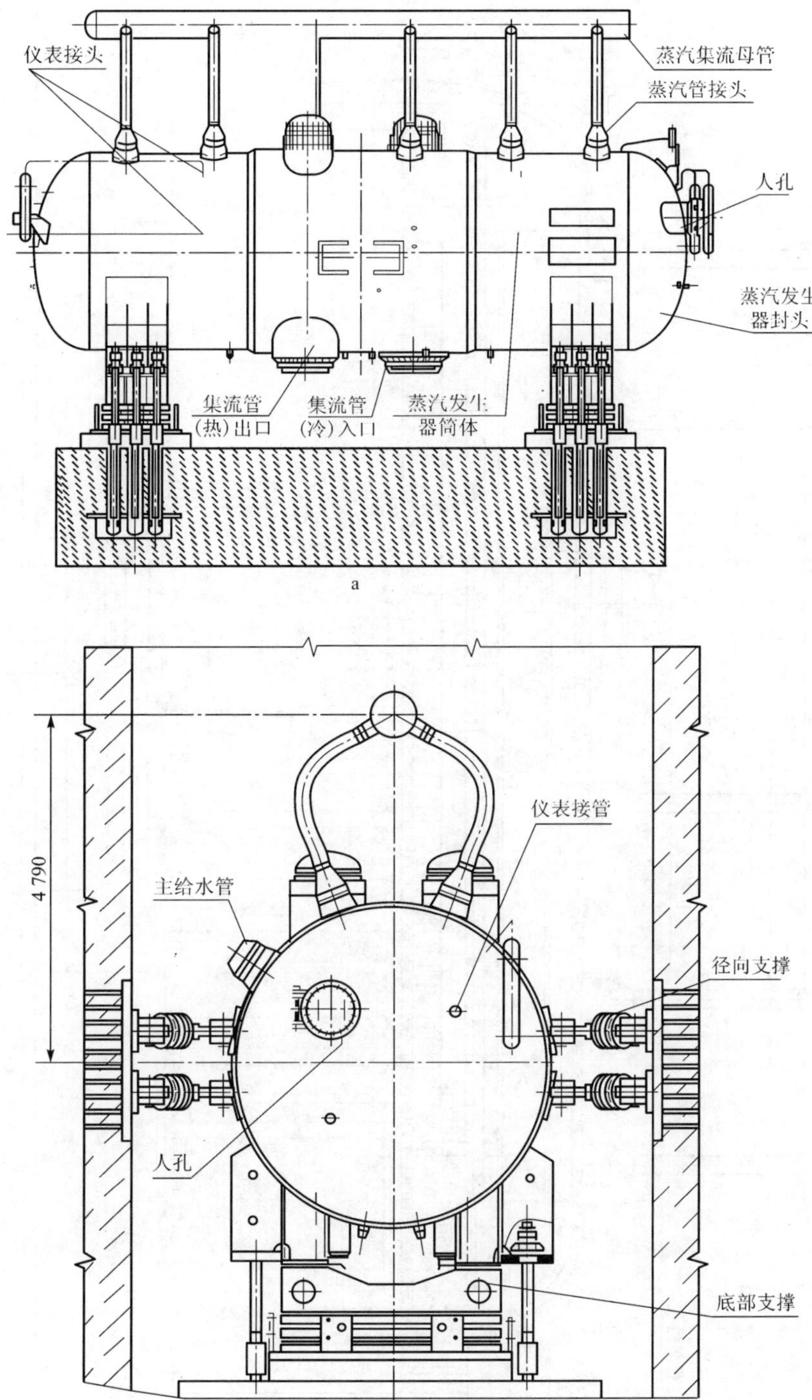

图 3-17　VVER 系列蒸汽发生器

a. 正视图；b. 侧视图

蒸汽母管
$\phi630\times76$
蒸汽出口
蒸汽分离孔板
区域Ⅱ密度检测管接头
区域Ⅱ放气管
区域Ⅰ密度检测管接头
区域Ⅰ放气管
仪表管接头
应急给水管
吹洗管
仪表管接头
人孔
仪表管接头
人孔
集流管(热)出口
集流管(冷)入口
吹洗管接头
“盐”吹洗管
“盐”室吹洗管
吹洗管接头
集流管部吹洗管接头
排水管接头
吹洗管接头

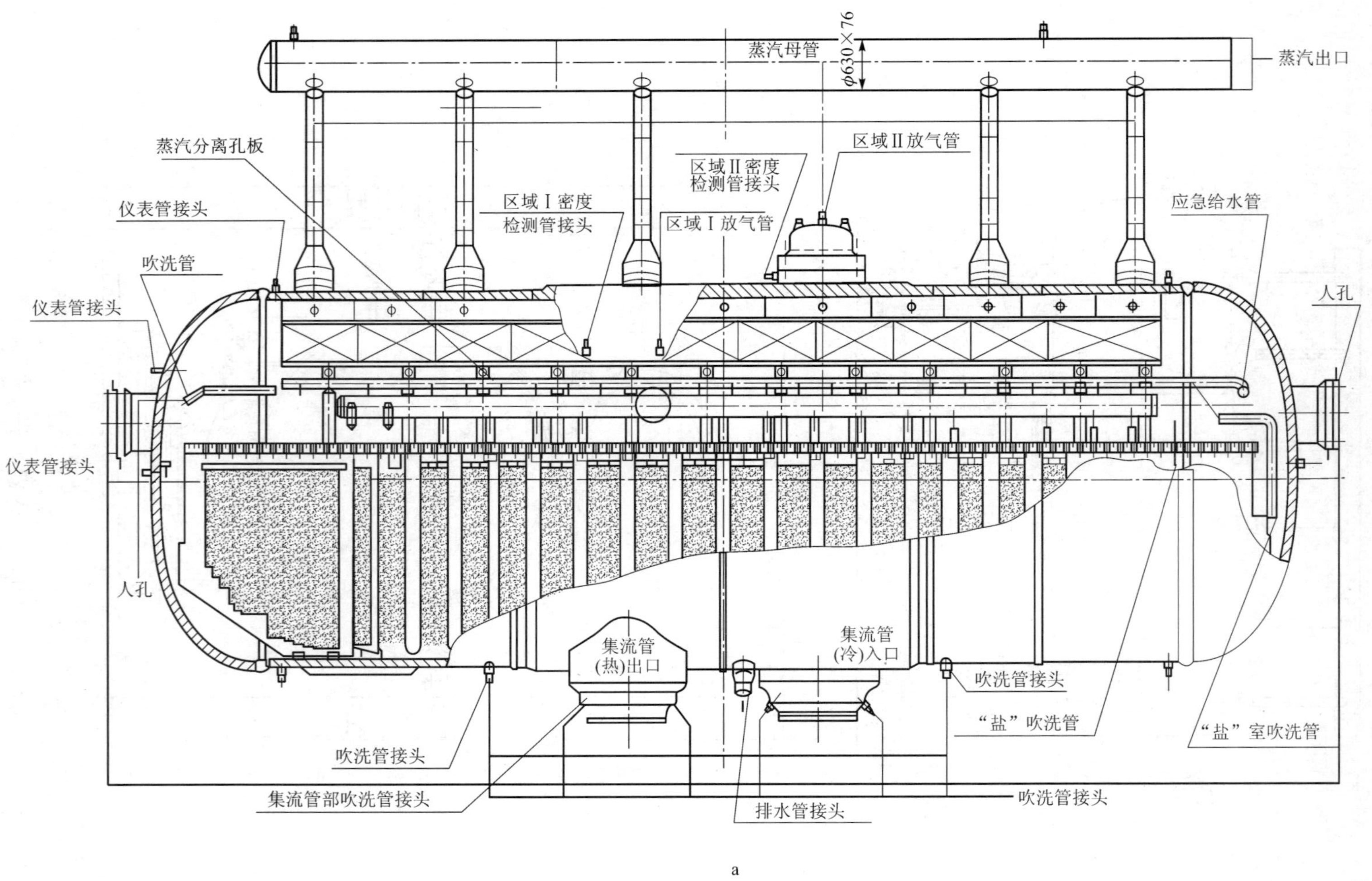

a

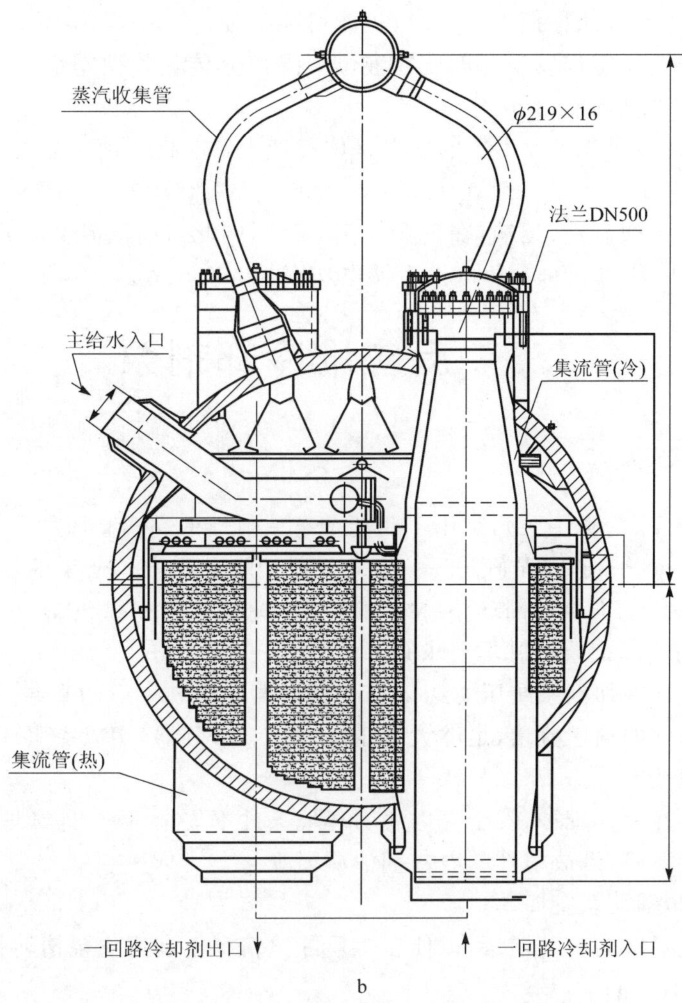

图 3-18　VVER 系列蒸汽发生器结构

a. 正视图；b. 侧视图

3.2.6.7　蒸汽发生器支撑

蒸汽发生器被安装在 2 个支撑件上，每个支撑均有 1 个双层滚动轴承，提供最大 ±80 mm的轴向和横向位移。支撑结构能承受蒸汽发生器自重、安全停堆地震载荷的垂直分量和其他突加垂直载负的组合。为了能承受水平方向的地震载荷及断管等事故引起的其他水平突加载荷，蒸汽发生器支撑设有液压阻尼器。它允许正常的管道热胀位移，但对上述地震等突加负荷进行限位。

3.2.6.8　卧式蒸汽发生器的优缺点

卧式蒸汽发生器较大的蒸发表面使得汽水混合物能够以相对较低的速度进入分离空间，因此能够采用简单的分离方式获得所要求的湿度≤0.2%的饱和蒸汽。立式圆柱形集流管能避免化学药物、腐蚀产物、淤泥等沉积物积聚、浓缩，蒸汽发生器内不存在水平管板，因此避免了发生在传热管与集流管固定部位的腐蚀、缺液过热等损坏。卧式蒸汽发生器二次侧具有较多的水装量，因此在损失给水时，仍能可靠地使冷却剂降温，较高的蓄能使反应堆运行瞬态工况更平滑。蒸汽发生器即使在液位下降部分传热管裸露烧干情况下，也能使一回路具有可靠的自然循环能力。

俄罗斯 VVER 系列蒸汽发生器的缺点是体积庞大，耗材多，由于需要整体运输，因此其容量受运输限制，其蒸汽产量一般在 1 500 t/h，相当于每台电功率为 250 MW。而立式蒸汽发生器则可采用分段制造、运输，在现场焊接、安装，因此目前世界上该类蒸汽发生器蒸汽产量已达 3 900 t/h，相当于每台蒸汽发生器电功率为 600 MW。

3.3 反应堆冷却剂泵

3.3.1 功能及要求

压水堆冷却剂泵（简称主泵），是用于驱动带有放射性的高温高压的冷却剂，使其以很大的流量（约 24 000 m^3/h）形成强迫循环。冷却剂流经堆芯把堆芯产生的热量传送至蒸汽发生器。冷却剂泵是压水堆冷却剂环路系统中唯一高速运转的机械设备，也是压水堆电厂的关键设备之一。对冷却剂泵的基本要求是：

（1）适应压水堆冷却剂系统压力约 15.5 MPa、温度约 300 ℃的高温高压运行工况；

（2）具有足够大的输送流量，足够大的压头（约 0.8 MPa），用以克服环路阻力传送出堆芯热量并冷却堆芯燃料；

（3）能够长期在无人维护，安全壳内恶劣环境条件下安全可靠、连续地运转；

（4）密封性能要好，带放射性的冷却剂泄漏要少；

（5）便于维修，辅助系统简单；

（6）能够提供足够的转动惯量，以便在全厂断电情况下利用主泵惰转提供足够的流量，使堆芯获得适当的冷却；

（7）耐磨、耐蚀，即使主泵处于正常转速的125%运转，也不会发生机械损坏。

压水堆冷却剂泵采用立式单级轴密封泵。它的主要特征是，泵轴与电机轴刚性联接；泵轴端采用三道密封；转轴三点支承，止推轴承置于顶部，与电机高位径向轴承相结合；选用常规鼠笼式三相交流感应电机；电机上装有 1 只惯性飞轮。这种泵的主要优点是电机成本低效率高；惯性飞轮提高了主泵的惰转性能，从而提高了全厂断电时堆芯的安全性；主泵结构紧凑，高度较低，检修方便。其缺点是泵轴与电机轴刚性联接，对中要求十分严格；高压下轴封要求严格，技术复杂，冷却剂通过轴封向安全壳泄漏量控制在约 200 cm^3/h。

3.3.2 冷却剂泵结构

典型 900 MW 压水堆核电厂冷却剂泵结构如图 3-19。冷却剂泵从底部到顶部可分为三个部分，即水力机械部分，包括吸入口和出水口接管、泵壳、叶轮、扩压器和导流管、泵轴、水泵轴承和热屏等部件；轴密封组件部分，包括三个轴密封等部件；电动机部分，包括电动机、止推轴承、上下径向轴承、顶轴油泵系统和惯性飞轮等部件。

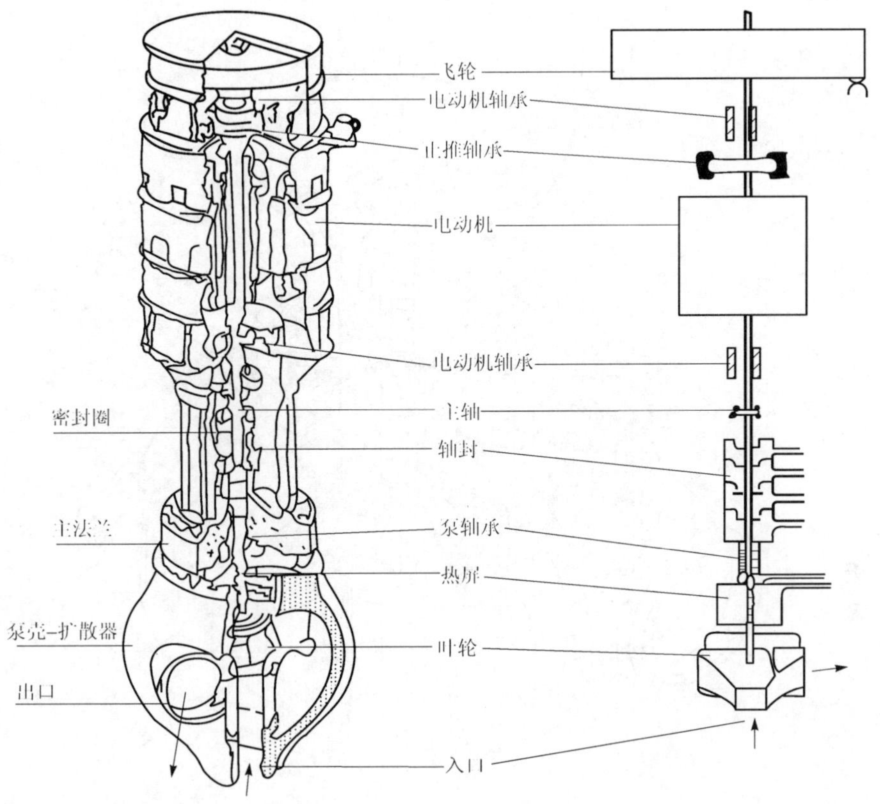

图 3-19　压水堆冷却剂泵结构

3.3.2.1　水力机械部分结构

水力机械部分主要为水泵组件(图 3-20)。水泵名义流量 23 790 m^3/h,名义流量下压头为97.2 m,吸入口水压 15.5 MPa,吸入口水温 293 ℃,最低入口压力 2.4 MPa。名义轴功率冷态约 8 MW,热态约 6 MW。

(1) 泵壳部件

泵壳是冷却剂系统压力边界的一部分。泵壳应能承受设计工况以及事故状态下的各类载荷,如最高温度、压力瞬态、地震、管道破裂引起的应力,以及寿期内的交变应力、疲劳强度。泵壳形状应兼顾水力效率、强度、加工工艺和探伤检查,泵壳用不锈钢铸件全厚度焊接而成。轴向吸入口接管位于泵底部,出水口接管置于泵壳叶轮高度唧送冷却剂的切线方向,接管与冷却剂环路管道全厚度焊接连成一体。

扩压器为固定于泵壳内,可拆卸的不锈钢部件。它位于泵叶轮水平线到水平线偏上位置的扩压段内。扩散器又称导叶,它由十几个不能旋转的螺旋状离心叶片组成。扩压段叶片分成扩压叶片和之后的回转叶片 2 种。扩压叶片用来汇集来自叶轮的冷却剂,降低这些流体在扩压叶片延伸流道中的流速,将叶轮产生的流体速度头转换成压头。回转叶片则使流体转向出口接管。

导流管为一个固定在泵壳内吸入口接管上的,位于叶轮及扩压器下面的,可拆卸的不锈钢圆筒。导流管用来将吸入的冷却剂引导到泵叶轮的吸入口,它又是一个防热罩。

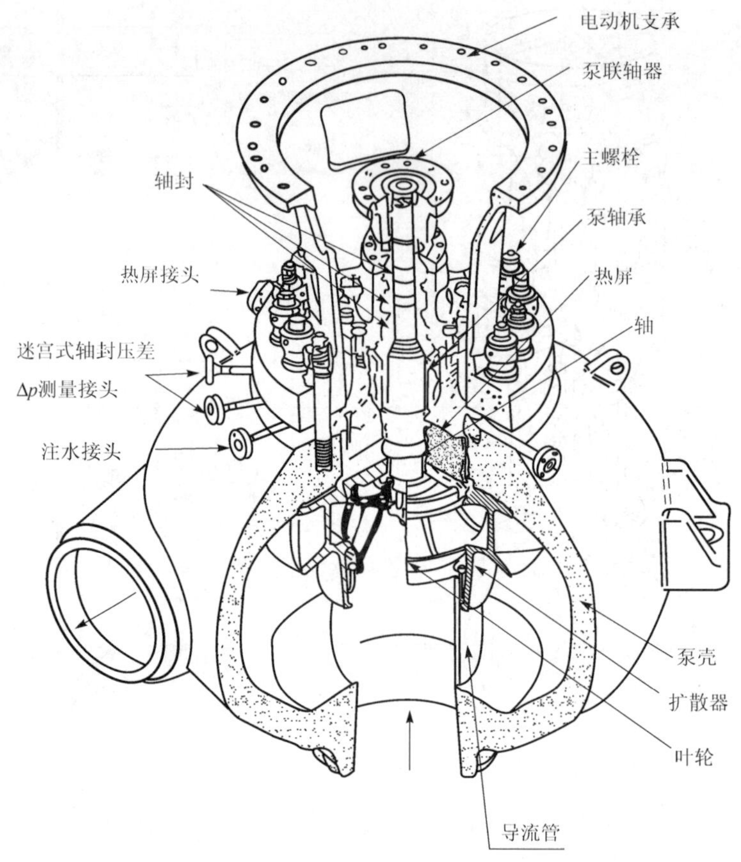

图 3-20 压水堆冷却剂泵泵体

(2) 转动部件

转动部件包括叶轮和泵轴。叶轮对泵的性能影响最大。它是一个单级螺旋叶片组成的不锈钢铸件,通过热套加键固定在泵轴的下部。轴下端拧上螺母并锁紧以防叶轮松动脱落。冷却剂由泵底吸入口进入叶轮吸入口,高速旋转的叶轮将冷却剂经扩压器及与之方向相同的切线出水口接管唧送至环路冷管段。泵轴为不锈钢锻件,它需要承受很大的扭转力矩。泵轴上端为刚性联轴器,与电动机相联接。

(3) 水泵轴承(图 3-21)

冷却剂泵整体有 3 个径向轴承支撑其转动部件,其中 2 个在上部电动机部位。为了避免安装在泵轴下部末端的叶轮因泵轴悬臂过长不稳定,在水泵部位热屏和轴密封组件之间,设有 1 个径向导轴承即水泵轴承,以加强支撑。水泵轴承浸泡在水中,依靠水润滑、冷却。它包括覆盖司太立钴铬钨耐热耐磨合金的泵轴轴颈和由几个石墨环构成的轴瓦壳体 2 部分。轴颈在石墨轴瓦壳体内旋转。轴承安装在环形箱内,环形箱能校正轴的偏心度。水泵轴承润滑冷却用水来自化学与容积控制系统高压低温的轴封注水。轴封注水从轴封与水泵轴承之间引入,其中一部分水向下流,冷却润滑水泵轴承。由于水润滑性能差,黏度随温度上升而降低,因此要求该处水温控制在 70 ℃以下。这部分水最终向下经过热屏,与泵壳内冷却剂汇合。因此,正常运行时这部分水还起到了阻止高温的可能含有放射性杂质的冷却

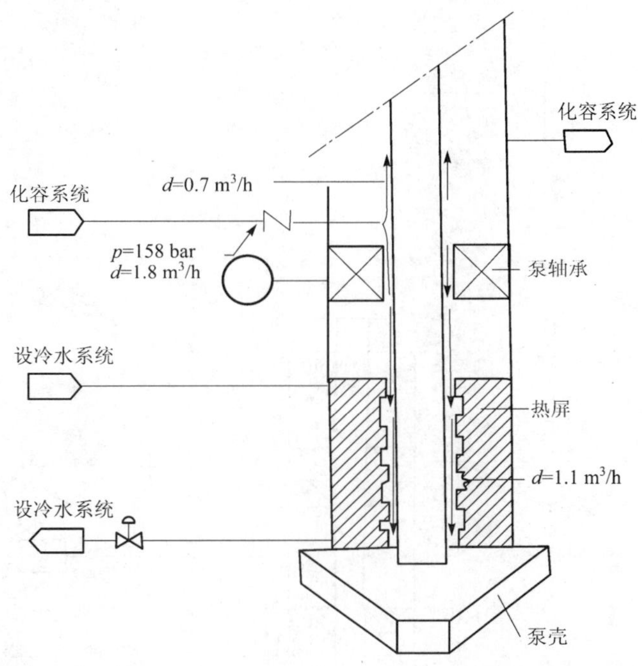

图 3-21　压水堆冷却剂泵热屏及水泵轴承

剂向上流动进入水泵轴承和高精度的轴封，避免轴承、轴封造成损坏的作用。

(4) 热屏部件

热屏位于叶轮和水泵轴承之间，它与水泵轴承一起装在泵壳上法兰内。热屏是一个由多层不锈钢扁平盘管组成的热交换器。设备冷却水在盘管内流动，其进口温度为 35 ℃，流量约为 9 m^3/h。

热屏部件的作用是，正常运行期间，使泵内冷却剂向泵轴承、轴密封的传热降到最小。当高压的轴封注水丧失或失效时，泵腔内约 293 ℃的高温冷却剂会沿泵轴向上流，流经热屏交换器盘管时被冷却至约 60 ℃，随后进入主泵轴承、轴封组件和联轴器，从而避免了这些温度限值在 90 ℃以下的部件过热损坏，使主泵在短时间内仍可运行。运行中规定，只要主泵运行或环路冷却剂温度在 70 ℃以上，热屏必须供给冷却水。

另外，在热屏的上方设有 1 个台座，当检修拆卸下上部电动机时，主泵的转动部件可以暂时坐放在这个台座上，这样可以使主泵和环路仍保持在充满水的状态而避免排水。

3.3.2.2　轴密封组件结构

冷却剂泵采用三级串联布置的密封结构，用以限制冷却剂向安全壳内泄漏(图 3-22)。三级密封结构固定在轴密封罩内，密封罩通过法兰分别与水泵法兰和电动机法兰连接。

(1) 第 1 级轴封

主泵第 1 级轴封即 1 号轴封，为可控泄漏流体动态型轴封，如图 3-23 所示。它由 2 个不锈钢覆盖氧化铝的环构成。下边为动环，与轴固定联结在一起，随泵轴旋转。上边是静环，与泵体静止部位联结在一起，不转动但可以上下移动。两个环的端面不接触，构成曲面型液膜密封件。在正常运行时，压力高于冷却剂的轴封注水以 15.8 MPa 压力、1.8 m^3/h 流量进入水泵轴承与轴封之间的水腔，其中约 0.7 m^3/h 的轴封水进入 1 号轴封。轴封水在两

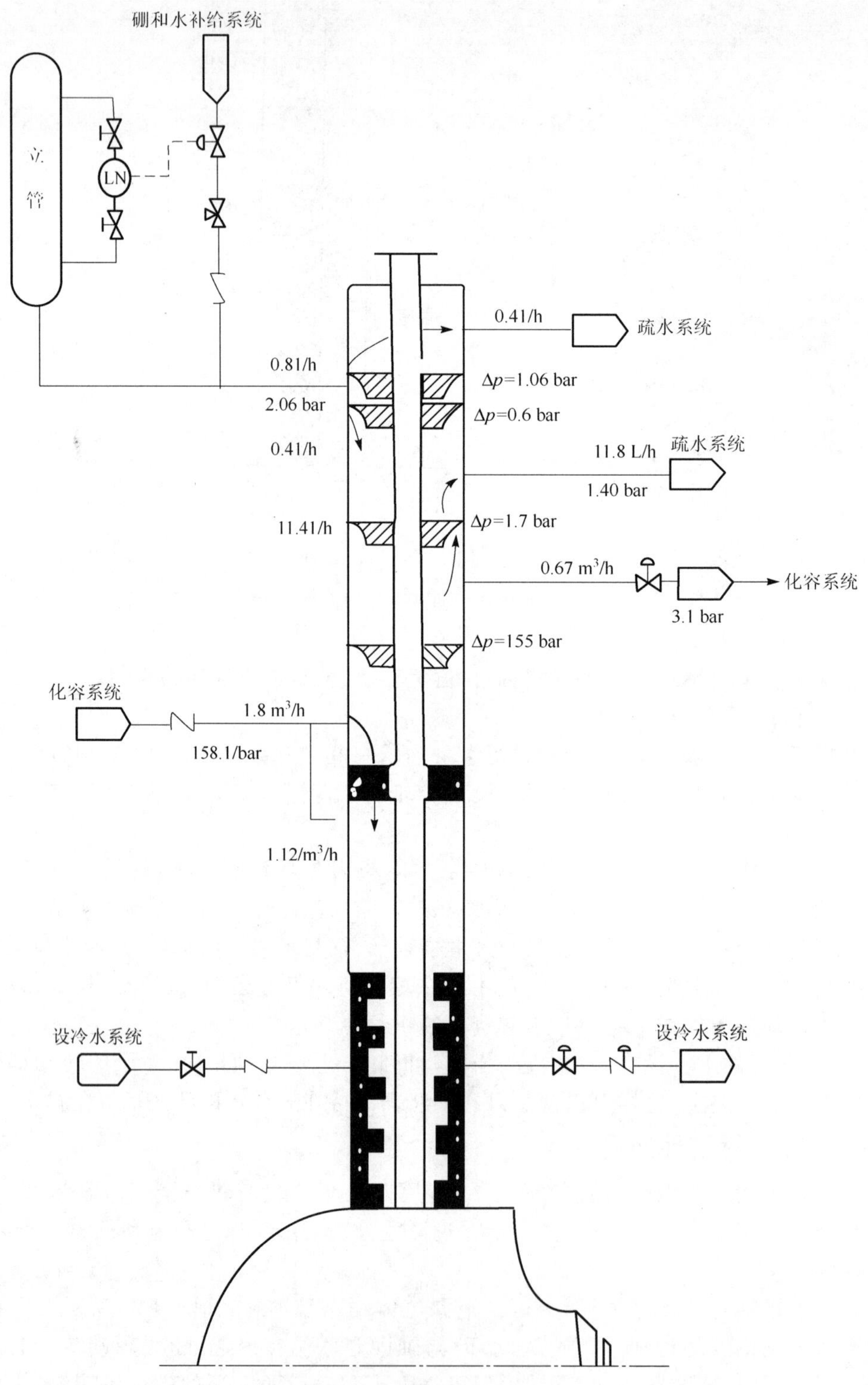

图 3-22 冷却剂泵轴封系统

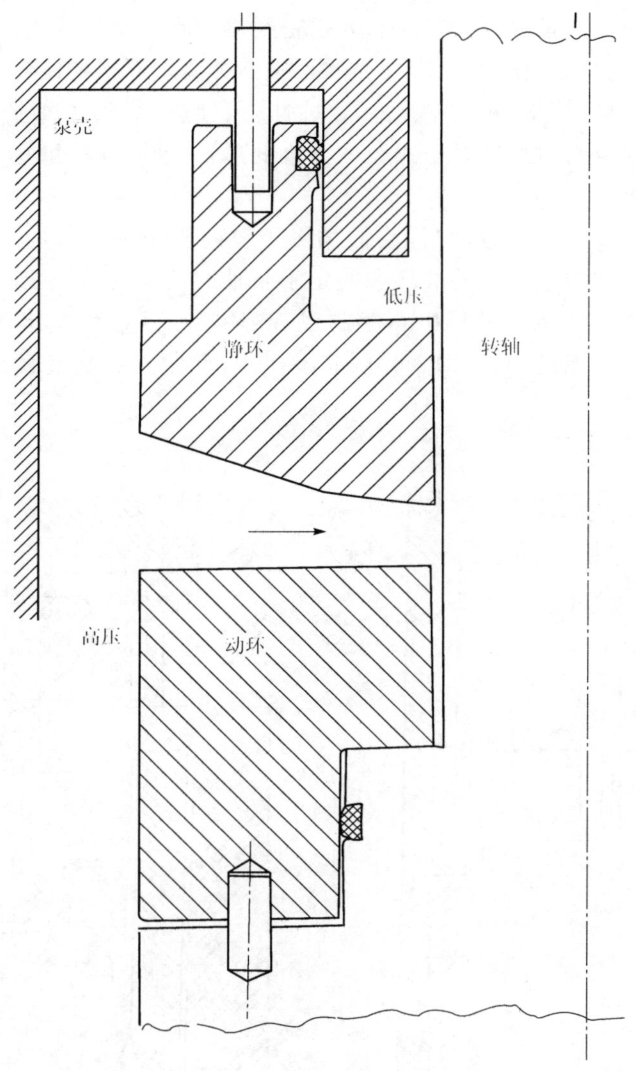

图 3-23 1 号轴封示意图

环之间形成液膜，动环和静环的两个端面在液膜两侧相对滑动，不会产生磨损。轴封水由外侧流向内侧，由于静环下表面采用了特定的不同角度的两个斜面，由水压引起的力能自动调整静环上下位置，使其处于平衡状态，保持静环动环之间的间隙在 0.11 mm 左右。1 号轴封两端的压差为 15.5 MPa，通过的轴封水流量为 680 L/h，入口温度为 55 ℃。1 号轴封泄漏流出的水大部分（约 0.67 m^3/h）返回化学与容积控制系统。仅有 11.4 L/h 流量，0.31 MPa压力的水进入 2 号轴封。为保证 1 号轴封的正常工作，在启动主泵时必须供给轴封水，而且要求冷却剂系统压力不得低于 2.4 MPa，以保证抬起静环，使动环与静环之间的间隙进入可调节状态。

这种可控泄漏流体动态型轴封结构，其性能要优越于普通机械轴密封结构。它是靠动静环两个相对运动的端面间引入密封介质，使两个端面分离，中间形成液膜，变固体摩擦为液体摩擦。因此摩擦系数低，发热和磨损小，适用于高压差、高转速下长期可靠运行。但是，这种轴封的密封介质泄漏量大；结构复杂；要求密封端面具有严格的制造形位公差和很高的光洁度；要求水泵运行稳定、振动小；密封介质不中断并要求严格控制其水质；对密封环及端面材料要求摩擦系数低、耐磨、耐热、耐腐蚀、抗冲击、导热性好、热膨胀系数小、尺寸稳定。轴密封结构还应能吸收密封部件难于避免的微小变形，使液膜保持稳定。

(2) 第 2、3 级轴封

第 2、3 级轴封即 2 号和 3 号轴封，它们均属于普通机械轴密封件，如图 3-24 所示。这种轴封同样也是依靠联结于泵体的静环和固定于泵轴的动环的两个端面来进行密封。不锈钢动环的端面上覆盖氧化铝。静环由石墨制成，静环端面通过弹簧组压紧在动环端面上。少量轴封水从端面之间流过，起冷却、润滑、润湿作用，但建立不起液膜，因此相对运动的两端面仍为固体摩擦。

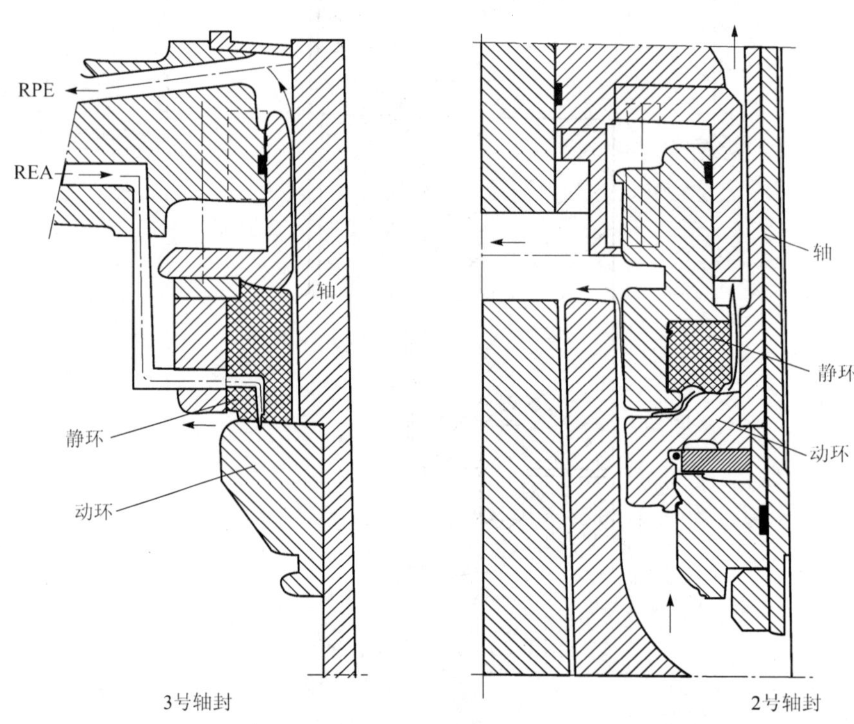

图 3-24 2、3 号轴封示意图

2 号轴封的作用是阻挡 1 号轴封的泄漏。在 1 号轴封发生故障失效时，用来在短时间内保持一回路的压力，以便实施停堆停运而不致发生大量冷却剂泄漏。正常运行时 2 号轴封水泄漏流量为 11.4 L/h，两端压差 0.17 MPa。轴封泄漏水与 3 号轴封下行泄漏水（约 0.4 L/h）汇合并送往排汽疏水系统。

3 号轴封的作用是阻挡 2 号轴封的泄漏，它由双密封组成。轴封注水来自硼和水补给系统不含硼的除盐除氧水，其最大压力为 0.23 MPa，正常流量为 0.8 L/h。它只是满足对密封端面的润湿，以很小的流量冲刷轴封，避免硼在密封处结晶。为了使 3 号轴封有恰当的注水流量，在 3 号密封注水管上安装有一根平衡立管。轴封水由该立管提供。立管正常水位提供压头约 0.2 MPa，0.8 L/h 流量的轴封注水。注水从 3 号轴封静环端面中间进入，分成两个流程。一个下行(约 0.4 L/h)经轴封后与 2 号轴封泄漏(约 11.4 L/h)汇合排往排气疏水系统,轴封两端压差约 0.06 MPa;一个上行(约 0.4 L/h)经轴封后排往排气疏水系统,两端压差约 0.1 MPa。立管水位由水位信号控制 3 号轴封供水阀打开、关闭维持。运行中 2 号轴封损坏,泄漏量增加会使立管内水位上升并向外溢流,给出“高水位”报警信号;3 号轴封损坏,则会使立管内水位下降,给出“低水位”报警信号。

普通机械轴密封结构具有较低的泄漏量,但它建立不起中间液膜,所以磨损较大,需要定期更换磨损的密封件,拆卸更换一次全部密封件约需要 20 h。这种固体接触式密封只限在压差低于 1 MPa 条件下可靠运行,因此当 1 号轴封失效时,只能在短时间内承受系统高压(约 30 min),此时将使机械密封件使用寿命缩短或损坏。对于普通机械轴封动静环及端面,同样也有制造加工、安装要求,材料性能要求,水质要求和运行稳定性要求。

3.3.2.3　电动机部分结构(图 3-25)

(1) 电动机

冷却剂泵驱动电动机是三相异步直接启动鼠笼感应电动机,其额定功率为 6.5 MW,由 6.6 kV 母线供电,在 50 Hz 周波下转速为 1 500 r/min。与普通电动机相比,压水堆主泵电动机在安全壳内运行,条件恶劣,环境温度、湿度及放射性水平均相对较高。因此对电机绝缘有特殊的要求,并需做必要的条件试验。电动机采用空气开式冷却,为防止安全壳内温度过高,在热空气出口处装有 2 台冷却器,由设备冷却水系统供水冷却。电动机还设有电加热器,在主泵停运时加热使线圈保持一定温度,防止产生凝结水。为了便于维修,在电机轴与

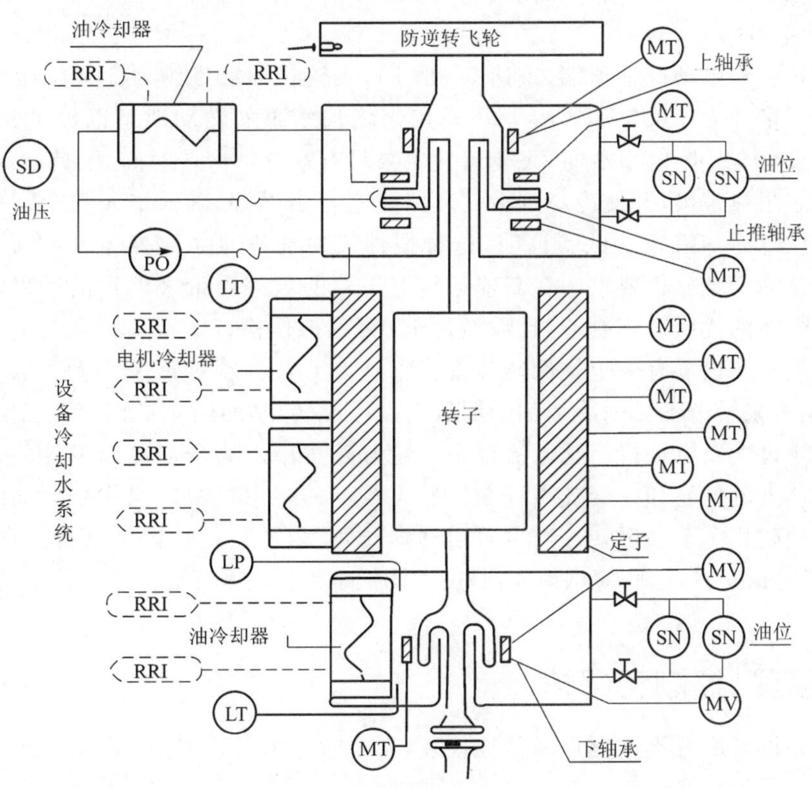

图 3-25　冷却剂泵电动机

泵轴间有 400 mm 长的刚性联接短轴。

(2) 电动机下轴承

电动机下轴承浸泡在轴承油箱内用油润滑，轴承油箱内贮存的润滑油通过装在油箱上的一个盘管冷却器冷却，冷却水来自设备冷却水系统。

(3) 电动机止推轴承和上部轴承

止推轴承和上部轴承均位于电动机上部，上部轴承联接在止推轴承上。止推轴承和上部轴承一起浸泡在上部润滑油箱内用油润滑。所不同的是，止推轴承专设有一个油增压系统，可以利用小型辅助高压润滑油泵使止推轴承用压力油润滑。润滑油箱内润滑油用一个外置盘管冷却器冷却，冷却水同样来自设备冷却水系统。

电动机上、下径向导轴承的轴颈及轴瓦，双向止推轴承的推力盘及上、下止推瓦片均采用具有硬质合金表面涂层的不锈钢材料。止推轴承瓦片被安装在平衡垫上，平衡垫能使各轴承瓦片承受的推力负载均衡分配。主泵高速旋转时，径向和止推轴承能自润滑，不需要外加油泵。推力盘运转时起离心泵的作用，它能使润滑油流向外置的冷却器冷却。

主泵正常运转时，冷却剂压力和泵动态升力克服泵转动部件本身重量，使上部止推瓦片受到几十吨的向上贴紧力。主泵转速降到一定程度或停止运转时，泵转动部件本身几十吨重量使下部止推瓦片承载。因此主泵在启动或停止前，应事先启动辅助高压润滑油泵，把推力盘顶起离开下部止推瓦片，以减小下部推力轴承的磨损，并减小泵启动时的启动电流。辅助高压油泵额定运行油压为 9 MPa，油压超过 4.2 MPa 才能启动主泵。这种止推轴承在主泵高转速下推力负荷很大，轴承功耗可达约 200 kW。

(4) 惯性飞轮

惯性飞轮装于电动机轴顶端，重达 5～6.5 t，飞轮转动惯量约为 2 500 kg·m^2，转动部件总的转动惯量约为 3 800 kg·m^2。飞轮用来增加水泵的转动惯量以提供充分的惯性转动时间。当发生全厂断电事故时，飞轮可使主泵具有数分钟惰转时间，维持冷却剂必要的惯性流量将堆芯余热带出，并使冷却剂沿其环路建立自然循环，确保堆芯安全，争取到时间采取其他堆芯应急冷却措施。试验证明，这种惯性飞轮能满足主泵断电 30 s 后转速不小于 30%额定转速的安全分析要求。在高速运转下飞轮的破碎会带来严重的后果，因此惯性飞轮必须用高性能的优质锻钢制造，且需经过 100%的探伤检查。

电动机上部还设置有一个抗倒转装置。它是为了当一台主泵不运行而其他主泵仍在运行时，使停运主泵转子不会因冷却剂的回流而发生倒转，从而防止了该台泵在倒转状态下启动时泵轴扭矩过大及电动机启动电流过大。装置是按单向离合器原理设计的，它由一个固定于电机壳体上的棘轮和一套支点设在惯性飞轮上的棘爪构成。当主泵制动时，棘爪嵌入棘轮齿中从而防止了泵轴倒转。当主泵启动顺转时，棘爪在棘轮齿上滑行。在主泵转速达到并超过 60 r/min 时，这些棘爪由于离心力作用而完全脱开棘轮。容纳棘爪的环内配有阻尼装置。

3.3.3 监测、控制和保护

冷却剂泵设置有各类监测点和监控仪表，必要时给出报警和保护信号。

3.3.3.1 温度测量

（1）轴封水温探测器 2 个，1 号轴封水正常温度为 55 ℃，达到 85 ℃和 95 ℃时分别由计算机报警。

（2）电动机轴承温度探测器 8 个，其中上、下止推轴瓦，上、下轴承各 2 个。正常温度为 60～65 ℃，在 72 ℃时计算机预报警，达到 80 ℃时采取 2 取 2 逻辑自动停止主泵并报警。

（3）电动机绕组温度探测器 6 个，正常温度在 60～80 ℃，冷却剂系统冷态运行温度限值为 130 ℃，热态为 120 ℃，超过限值计算机报警。

（4）主泵轴封注水公用母管水温探测器 1 个，正常水温为 15～54 ℃，水温达到 57 ℃时报警。

（5）供给热屏和电动机端诸冷却器的设冷水温探测器 1 个，仅作监视用，正常水温不超过 35 ℃。

3.3.3.2 压力、压差测量

（1）电动机辅助高压润滑油泵出口压力探测器 1 个，油压小于 4.2 MPa 时闭锁主泵启动。另设就地压力表 1 块。

（2）1 号轴封压差探测器 1 个，以监督确认动静环两端面分离并形成液膜。压差低于 1.9 MPa 时闭锁主泵启动。运行中主泵 1 号轴封压差低于 1.5 MPa 时报警。另设就地压差表以便检修后试运行时使用。

3.3.3.3 液位测量

（1）电动机上轴承和止推轴承油箱液位表 1 个，液位高于定值中心线 30 mm 或低于定值中心线 40 mm 时报警。另设就地液位表供调试用。

（2）电动机下轴承油箱液位表 1 个，液位低于或高于定值中心线 30 mm 时报警。

（3）轴封立管液位表 1 个，液位低于或高于定值中心线 60 cm 时控制硼和水补给系统立管补水阀门的开和关。液位高于定值中心线 66 cm 或低于定值中心线 68 cm 时报警。

3.3.3.4 振动和轴偏移测量

（1）电动机振动传感器 2 个，置于电动机壳体下法兰，一个与主泵出水管嘴方向平行，一个垂直。振动幅值达到 50 μm 时预报警，达到 75 μm 时再次报警。若振动幅值达到 50 μm且以 10 μm/h 增长时或振幅达到 75 μm 时，手动停泵。

（2）轴偏移传感器 2 个，置于电动机驱动轴联轴节高度上，安装方向与振动传感器相同。轴偏移振幅达到 250 μm 时报警，需尽量找出轴偏移增大的原因并采取纠正措施。振幅大于 250 μm 且增率大于 25 μm/h 或轴偏移达到 380 μm 时，手动停泵。

3.3.3.5 转速测量

转速可变磁阻传感器两个，装于泵体上用来检测主泵短轴部位销钉的运动，轴每转一圈发出一个脉冲信号，两个脉冲间时间差值由电子转速表处理，给出转速信号。主泵转速低于各设定值时分别报警，电厂降到厂内负荷（孤岛运行），或者停运反应堆。

3.3.3.6 流量测量

（1）轴封注水流量探测器 1 个，注水流量低于 1.5 m^3/h 时报警。

（2）1 号轴封泄漏流量窄量程传感器 1 个，泄漏流量低于 250 L/h 时报警，低于 50 L/h

时闭锁主泵启动。宽量程传感器 1 个，泄漏流量高于 1.2 m^3/h 时报警，高于 1.4 m^3/h 且冷却剂系统压力不高于 13.9 MPa（无 P11 信号）时停泵并关闭 1 号轴封泄漏管线隔离阀，表明此时 1 号轴封已损坏失效。

（3）2 号轴封泄漏流量窄量程传感器 1 个，泄漏流量大于 110 L/h 时报警。宽量程传感器 1 个，仅用来监测。

3.3.4 运行（参数仅供参考）

3.3.4.1 运行限值和条件

（1）电动机

不能同时启动主泵；每台主泵每天启动次数不得超过 6 次；同一台主泵第一次启动与第二次启动之间时间间隔为：母线电压在 94%～106%额定电压时 20 min，在 80%～94%额定电压时 30 min；之后的启动时间间隔为：母线电压在 94%～106%额定电压时 45 min，在 80%～94%额定电压时 60 min。

（2）1 号轴封

1）压力壳开盖后充水时，冷却剂水位达到主泵叶轮中平面，必须向轴封注水，以免冷却剂中微粒沉积在轴封入口。注水时轴封应排气，以防空气阻碍轴封水到达密封面，导致运转时轴封无液膜而过热。

2）冷却剂系统升压期间，轴封泄漏流量和压差必须保持在规定的范围，以形成稳定的液膜。轴封压差必须大于 1.5 MPa，且在主泵停运后保持 15 min，以避免轴封水流量不足，甚至造成倒流。

3）特殊情况轴封水温可增高至 65 ℃，但此类工况每次不超过 4 h，每个运行循环不超过 5 次，且须控制主泵入口冷却剂温度不超过 204 ℃，压力不超过 3 MPa。

4）一台主泵已投入运行，冷却剂温度已高于 70 ℃时，应急柴油发电机组必须完好可用，以便全厂断电时利用应急电源为轴封提供注水，为热屏和电动机诸冷却器提供冷却水。

（3）热屏和电动机冷却器冷却水

冷却水来自设备冷却水系统，冷却水温应在 35 ℃以下，特殊情况短时间内允许升至 54 ℃。热屏冷却水流量不小于 9 m^3/h。

（4）防止意外硼稀释

与化容系统上充管线相连接的环路主泵在停运前应事先停止硼稀释，在启动前必须核对该泵停运以来确实未曾进行过硼稀释，以避免启动该泵时环路内冷却剂对堆芯造成硼稀释，确保反应堆临界安全。

（5）在冷却剂系统升温升压过程中，当稳压器汽腔形成后，至少一个喷淋管线所在的环路主泵应在运行。冷却剂硼化时至少有一台主泵在运行。

（6）只要有一台主泵故障不能投运，反应堆不允许达临界（低功率物理试验时可以予以例外）。

3.3.4.2 主泵启动和停止

（1）主泵启动条件

1）冷却剂系统压力应确保主泵有足够的净吸入压头，以防止泵叶轮入水部位汽蚀。在不同冷却剂温度下冷却剂系统应有不同的压力，具体数值应为冷却剂留有50 ℃余量（减去50 ℃）温度值下的水蒸气饱和压力值。

2）1号轴封两端压差大于1.9 MPa，冷却剂系统压力大于2.4 MPa，以保证有足够的力抬起1号轴封静环，从而确保动、静环两端面间隙进入可调节状态。轴封注水应有足够的流量和压力，以防主泵中冷却剂沿泵轴向上逆流。1号轴封泄漏流量应大于50 L/h，轴封水温应正常无高报警。3号轴封水立管水位正常无报警。

3）电动机绕组温度，止推轴承及上、下轴承温度正常，无报警。电动机上下油箱液位正常无报警。电动机绕组加热器已通电加热。辅助高压润滑油泵已启动2.5 min并建立4.2 MPa油压。

（2）主泵启动运行

主泵启动时应检查主泵在2 s已开始转动，否则应停止该泵。在主泵至少已运转50 s后停止电动机辅助高压润滑油泵，并检查电动机绕组加热器确已断开。主泵启动后应检查1号轴封压差大于1.5 MPa；电动机从启动电流约4 700 A在约19 s后恢复至额定电流约666 A；轴承温度在60～65 ℃；1、2号轴封泄漏流量符合要求；3号轴封立管水位在正常范围；热屏冷却水流量、温度在正常值。

主泵应在冷却剂温度70 ℃以下启动。特殊情况堆芯、蒸汽发生器两侧、冷却剂环路系统处于热态下启动主泵，尤其是启动第一台主泵，泵体中被连续注入的轴封冷水进入系统会造成众多安全隐患，如系统压力瞬态升高、蒸汽发生器水位瞬态变化，堆内温度瞬态下降使结构产生热应力、引入正反应性影响堆的安全等。因此在启动主泵前应采取各种相应的措施，以减缓其影响。

（3）主泵停运

主泵停运前先启动电动机辅助高压润滑油泵，并使其建立4.2 MPa油压，主泵完全停止运转后油泵至少继续运行50 s才能停止。主泵停运后1号轴封两端压差仍须大于1.5 MPa，且保持15 min；冷却剂温度只要在95 ℃以上必须保持热屏冷却水；电动机止推轴承及上、下轴承油箱冷却至少持续30 min；冷却剂系统仍处于压力下时，必须保持1号轴封注水流量，使轴封下游压力大于0.2 MPa。若停运最后一台主泵，此时冷却剂温度大于70 ℃，应减小各轴封注水流量。主泵停运后还应检查电动机绕组加热器是否已通电。主泵检修则应合上接地开关。

（4）主泵启动和运行闭锁

主泵启动由主控室控制，同时还被多个闭锁信号联锁，如1号轴封泄漏流量大于50 L/h；1号轴封压差大于1.9 MPa；电动机辅助高压油泵油压大于4.2 MPa等。

主泵运行中出现运行闭锁信号，主泵则自动停运，如1号轴封泄漏流量大于1.4 m^3/h且无P11信号（系统压力大于13.9 MPa）；电动机止推轴承及上、下轴承温度高；主泵出现转速低低信号且存在P7信号（核功率大于10%额定功率）等。

运行中主泵停运，同时核功率达到一定限值，则反应堆保护系统根据逻辑发出紧急停堆信号。

3.3.5 技术参数

技术参数见表 3-3。

表 3-3 典型压水堆冷却剂泵主要技术参数

参数名称/单位	数　值
水泵	
设计压力/MPa	17.23
设计温度/℃	343.0
名义流量/(m^3/h)	23 790
名义流量下压头/m	97.2(±1.5%)
轴吸收功率/kW	
(名义流量和压头下)	
冷水运行	8 042
热水运行	5 932
吸入水压力/MPa	15.5
吸入水温度/℃	293
最低入口压力/MPa	2.4
电动机	
电压/V	6 600
额定功率/kW	6 500
吸收功率/kW	
冷水运行	8 685
热水运行	6 490
同步转速/(r/min)	1 500
泵电动机组	
转动惯量/(kg·m^2)	
机组(总)	3 800
飞轮	2 500
电流/A	
额定	666
启动峰值	4 700
启动时间/s	约 19
额定转速/(r/min)	1 483
环境温度/℃	50～153
总重量/t	
净重	约 75
充满水	约 80

3.3.6 俄罗斯 VVER 系列冷却剂泵

VVER 系列主泵同样为立式单级离心泵。主要结构与前述冷却剂泵基本相同。所不同之处在于水泵部分结构相对较复杂，它包括泵壳、可抽出泵内构件、上下支座和支承件、生物屏蔽组件等各种组件(图 3-26)。其中可抽出泵内构件实际上又包含了泵主轴、工作叶轮、支承壳、水泵轴承、热屏组件、多级泵轴端面机械密封组件，以及独特的径向轴向组合止推轴承、防逆转装置、卸载电磁铁、辅助小叶轮等(图 3-27)。

由图可知主泵上带有支架的下支座是主要承重部件。下支座的下法兰与泵壳体上法兰密封连接。支座 3 个悬臂将主泵的重量传递给支承件。支承件支承在装置于楼层板上的球支座上，支座可随环路管道温度变化而位移。下支座下部泵壳位置处设置有多层生物屏蔽环，用于屏蔽 γ 射线由水泵体向上辐射。在下支座上法兰上安装有上支座，水泵电动机固定于上支座上。泵壳上设有 3 根向下直至地面的垂直拉杆和 3 根水平方向带液压减震阻尼的拉杆，在电机外壳上同样设有 3 根带阻尼拉杆，它们均用来承受径向、轴向的地震载荷和管道断裂甩管载荷。主泵电动机与前述主泵电动机相似，同样设置有 1 个止推轴承和 2 个径向轴承，飞轮设于电机轴上。

可抽出泵内构件利用锻钢外壳下部法兰也与泵壳上法兰密封连接。外壳内装有泵轴多级端面机械密封组件，密封组件下部为热屏和水泵径向轴承。水泵轴下端套装有主叶轮，热屏和水泵轴承之间位置处泵轴上套装有辅助小叶轮。泵轴上部套装有径、轴向组合止推轴

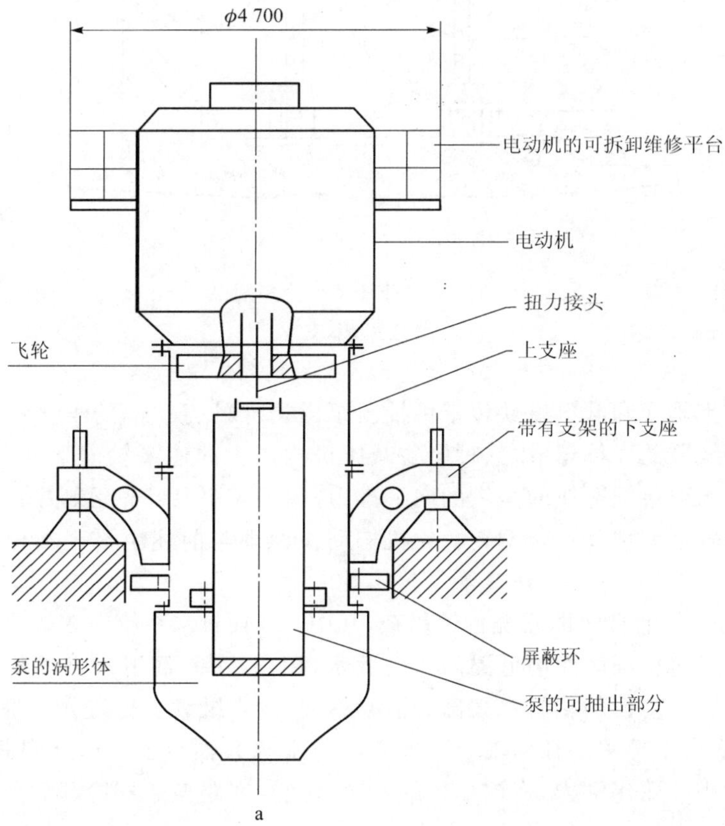

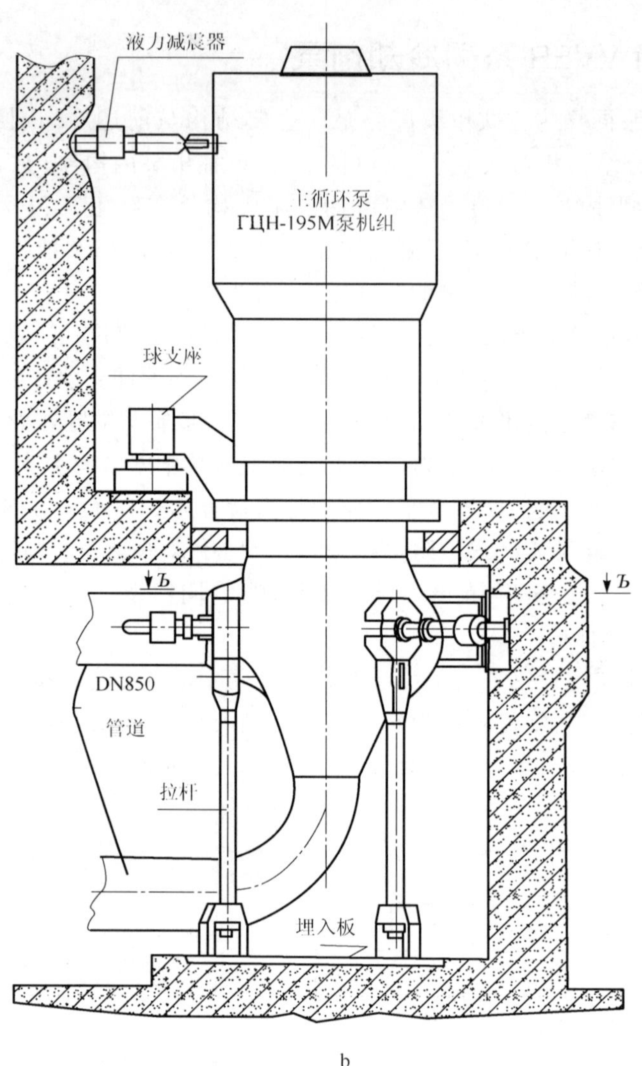

b

图 3-26 VVER 系列冷却剂泵
a. 示意图；b. 支撑

承的推力盘。止推轴承卸载电磁铁位于可抽出泵内构件外壳顶部的组合止推轴承上，由电磁减压盘和带有线圈的壳体组成，这种电磁减压机构产生的使泵轴向下的力用来克服泵即将启动时轴封注水对泵轴造成的很大的向上推力；用来克服泵叶轮运转中产生的向上浮力，以减轻上部止推轴承的载荷。防倒转棘轮机构动作原理与前述主泵基本相同，但其位置却设在卸载电磁铁的上部。

VVER 系列冷却剂泵辅助系统也较复杂，其中：① 轴封水系统对多级泵轴机械密封动、静环端面间供给经过精细净化的低温高压含硼水，用以冷却、润滑。进入轴封组件的注水，少量下行进入泵腔。上行的轴封水大部分泄漏返回，少量继续上行进入末级轴封。② 独立回路用来冷却、润滑下部水泵径向轴承。独立回路水源为轴封水。独立回路中低温水进入轴承后依靠辅助小叶轮作动力，将被加热的水送入独立回路换热器冷却后再进入泵轴承，如

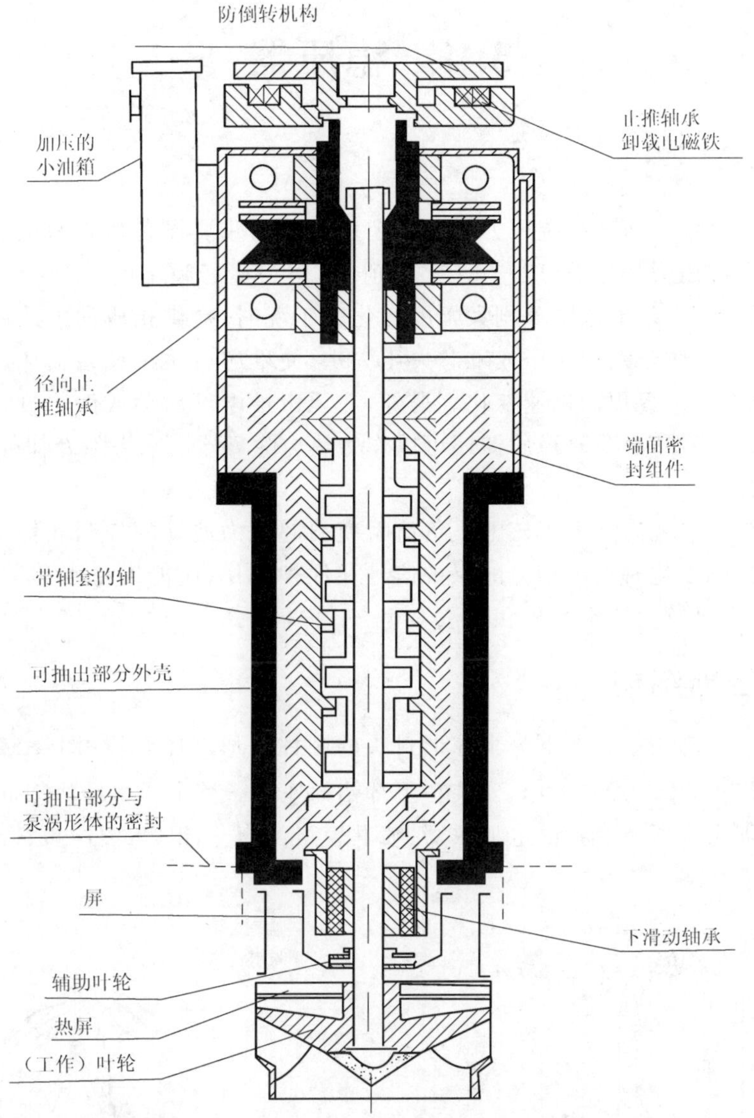

图 3-27　VVER 系列冷却剂泵可抽出泵内构件

此反复循环。换热器由中间回路水对其冷却。主泵停运处于热备用状态时，需启动设于独立回路上的辅助电动水泵实现循环。中间回路断流或独立回路水温过高时，水泵轴承可改由轴封水对其冷却。③ 主泵油系统利用透平油除了供给电动机径、轴向轴承冷却、润滑外，还对可抽出泵内构件上的径、轴向组合止推轴承提供冷却、润滑。其循环、冷却方式与前述冷却剂泵相同。④ 中间回路即为典型压水堆的设备冷却水系统，主要为轴封水、独立回路水、泵止推轴承卸载电磁铁、泵轴端面机械密封组件、热屏组件的冷却提供冷却水。⑤ 主泵工业水系统为主泵电动机空气冷却器、油系统等不是特别重要的用户提供冷却水。⑥ 主泵蒸馏水系统用于冲洗排除末级轴封上的结晶硼。末级轴封部件上由于水分蒸发，会沉积硼酸结晶，为此需要向末级轴封引入蒸馏水，结晶硼将随蒸馏水一起排走。

3.4 稳压器

3.4.1 概述

稳压器是压水堆冷却剂系统压力控制和超压保护的重要设备。它的主要功能是，在正常运行时保持系统压力稳定在 15.5 MPa 定值上，压力运行瞬变时，控制其在规定的范围内；当出现某种使压力超出范围急剧大幅度变化的工况时，提供相应的事故停堆、安全阀超压开启等保护，从而防止系统超压或堆芯失压失水，使堆芯或系统设备损坏，放射性物质外泄；吸收冷却剂系统水容积的迅速变化。另外，在压水堆电厂启动或停止过程中，稳压器则用来升压、升温或降压；必要时稳压器还可以作为热力除氧器用来去除冷却剂中的裂变气体或其他有害气体。

稳压器的设计应能满足由于核电厂负荷瞬变引起压力波动的控制和保护要求；应能在事故工况压力急剧变化时给出相应的保护信号和保护动作；应能维持水和蒸汽在饱和状态下的平衡，并具有足够大的水容积和蒸汽容积。

3.4.2 稳压器结构

压水堆稳压器为一立式上下为半球形封头的圆柱筒形高压容器(图 3-28)，高 13 m，直径 2.5 m，容积 39.7 m^3，净重 80 t，安装在下部裙筒座上。整个压水堆冷却剂系统共用 1 台稳压器。稳压器由容器、波动管、电加热器、喷淋管路、安全阀组等部件组成。

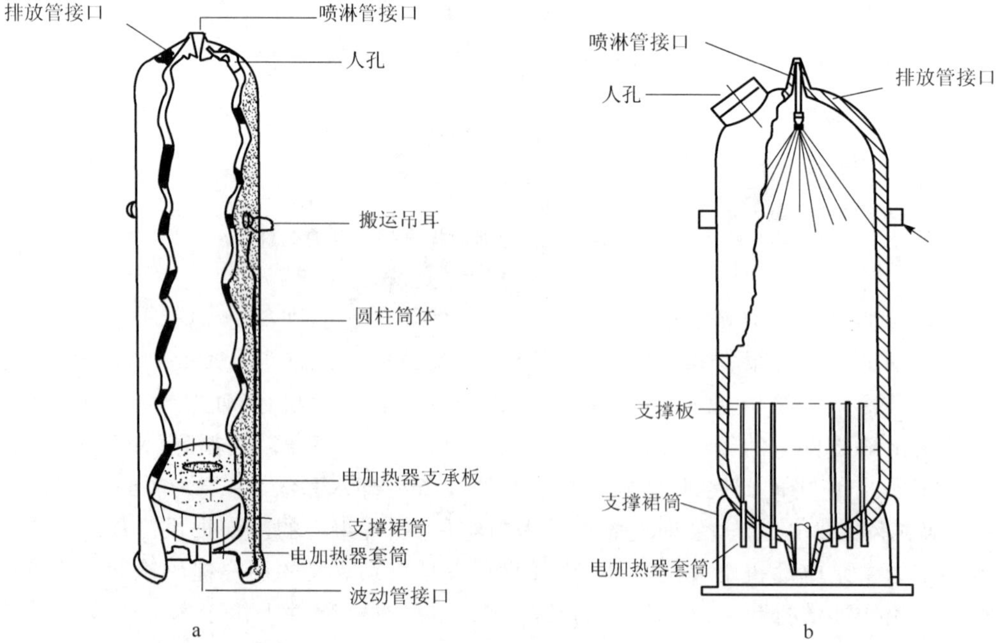

图 3-28 压水堆稳压器

3.4.2.1　容器

稳压器容器为一个两端为半球形封头，中间为圆柱形的直立高压筒体。底部裙筒座用来支撑稳压器并保护电加热器棒的端子。裙筒四周开有通风口，用以通风冷却电加热棒电源接头。整个稳压器通过裙筒座用螺栓固定在基座上。容器底部封头上焊接有 60 根电加热器棒的套筒，以容器封头中心轴线为圆心呈同心圆布置。在容器内底部有 2 层水平支撑板用来支撑电加热器棒套筒，防止横向振动。波动管接在底封头中心。容器底部还设置有核取样管接口。在顶部封头上设有喷淋管接口以及能够提供超压保护的安全阀组排放管接口。容器顶部设计有人孔，以便人员进入，人孔用封盖通过螺栓密封。吊耳为吊装运输而设置。容器材料为低合金锻钢，容器内壁堆焊一层奥氏体不锈钢。额定工况下运行时容器内约 60%容积为水，约 40%为饱和蒸汽。

3.4.2.2　波动管

波动管一端接在稳压器容器底封头中心，另一端接在一个环路热段。在容器内波动管进口的正上方设有一个带有多孔滤屏的阻滞节，用以阻止异物进入冷却剂系统，防止环路冷却剂回流直接上升到汽水交界面，并使进入稳压器的冷却剂与稳压器内的介质均匀混合。

3.4.2.3　电加热器

电加热器由 60 根直管护套型电加热器棒组成，共分为 6 组，通过稳压器下封头电加热器棒套筒从底部插入稳压器中。然后于套筒根部与每根电加热棒焊接密封。加热棒可单根更换，但需专用的切割、焊接工具。加热棒护套管上端用端塞焊接密封，下端为一密封连接插塞，用以引出电源线。这样即使护套管破裂，稳压器仍处于密封状态。镍铬合金电热丝放在不锈钢护套中心，用氧化镁粉末压紧绝缘。6 组电加热器，4 组为通断式固定输出电加热器组，主要用于反应堆启动和瞬态过程(其中 2 组每组功率 216 kW，另 2 组功率 288 kW)，2 组为可调式比例输出电加热器组，用于系统压力小幅度波动。在稳态工况运行时它可以补偿稳压器的热量损失，补偿连续喷淋导致的蒸汽冷凝(每组功率为 216 kW)。

3.4.2.4　喷淋管路

稳压器喷淋管一端接在稳压器容器顶部封头中央喷淋管接口，接头上设热套，稳压器内顶部设有喷淋头。另一端通过两个管线分别接到冷却剂系统两个环路的冷管段，且伸入到冷段管道内呈勺形正对介质流向开口，以便利用环路中流动的冷却剂速度头增加喷淋的驱动力。每个管线上有一个自动控制阀门。阀门带有供连续喷淋的下档块，可保持一个小流量连续喷淋。喷淋管公共管段最高位置处对稳压器形成一个水封，用来防止蒸汽积聚返回到喷淋阀。连续小流量喷淋的目的是保持稳压器内的水温和化学成分的均匀性；防止在大流量喷淋启动时对喷淋管的热冲击；使可调式比例输出电加热器组以一个基值进行自动调节。另外，稳压器还设有辅助喷淋管线，辅助喷淋阀下游与喷淋管连接，喷淋水来自化容系统。辅助喷淋用于主泵停运失去喷淋或冷停堆时的压力控制或冷却稳压器。

3.4.2.5　安全阀组

稳压器由三个设于稳压器顶部的安全阀组提供超压保护。每个阀组由两台串联的阀门组成，即一台提供卸压功能的上游保护阀，另一台提供隔离功能的下游隔离阀。安全阀组的管道是不保温的，形似曲颈，使之在安全阀上游形成一个水封，避免阀门升温，并在阀门密封泄漏时防止放射性气体向外泄漏。

稳压器压力超过安全阀定值时，阀门开启，将稳压器内蒸汽迅速排放至卸压箱，使稳压器卸压，起到超压保护作用。三个安全阀组的三个隔离阀门的开启整定压力为 14.6 MPa，回座关闭整定压力为 13.9 MPa。三个保护阀门的开启/关闭压力整定值分别为 16.6/16.0、17.0/16.4、17.2/16.6 MPa。三个保护阀的开启整定值体现了安全阀起跳的安全冗余。三个隔离阀的关闭整定值则解决了一旦保护阀起跳超压排放，系统压力下降后阀门回座失效时，能及时通过隔离阀关闭隔离，防止系统及堆芯失压。

(1) 安全阀组结构

稳压器安全阀组的保护阀及隔离阀采用自启动先导式阀门。每个自启动先导式阀门由主阀部分和先导部分组成。图 3-29 为单个自启动先导式阀门的结构图。

自启动先导式阀门的主阀部分包括一个插入喷嘴的下阀体主阀盘和一个包含活塞的上阀体。活塞的表面积大于主阀盘的表面积，加上主阀盘上面的压紧弹簧力，因此在上下两面压力相等时，主阀盘就座压紧在下阀体喷嘴上。阀门的先导部分起压力敏感和控制元件的作用。阀门先导部分、主阀部分、稳压器三者实体隔离，用脉冲管连接。稳压器与阀门先导部分连接脉冲管间装有一个冷凝罐，保护先导结构阀盘、活塞不受高温蒸汽的影响。在先导部分结构底部装有一个电磁线圈，电磁线圈中心铁芯的动作直接作用在传动杆凸轮盘上，启动先导阀 R1 和 R2。电磁线圈提供了一种使稳压器直接远距离手动强制开启安全阀卸压的方法。

(2) 安全阀运行原理

由图可知，稳压器蒸汽腔与先导活塞上腔室连通，压力相等。当系统和稳压器压力在额定运行压力或以下时，预设的先导弹簧力使先导活塞及传动杆位于上部，先导阀 R1 开启，使主阀活塞上腔室与稳压器蒸汽腔连通，主阀处在关闭位置。当系统和稳压器压力升高，使先导活塞克服预设的先导弹簧力时，活塞带动传动杆向下移动，推动先导凸轮盘关闭先导阀 R1，打开 R2，致使主阀活塞上腔室卸压通大气，作用在主阀盘下部的稳压器压力使主阀快速打开，稳压器卸压。反之，稳压器卸压后系统和稳压器压力下降至一定值时，先导弹簧力克服先导活塞上腔室压力，使先导活塞带动传动杆上移，先导凸轮盘随之上移改变两个先导阀(R1 和 R2)的位置，使主阀活塞上腔室压力与系统压力一致，主阀随即回座关闭。

通过使电磁线圈通电，也可以强迫阀门开启进行卸压。电磁线圈断电，阀门回座关闭。

3.4.2.6 温度监测

在稳压器内汽相和液相各设置有温度探测器 1 个，当温度高于 352 ℃时给出汽相、水相高温报警信号。在稳压器波动管上装有温度探测器 1 个，当温度低于 300 ℃时，给出波动管低温报警信号。在每条喷淋管上设温度探测器 1 个，温度过低表示连续喷淋流量不足。另外在安全阀组下游设 1 个温度探测器，当温度高于 70 ℃时发出稳压器卸压管路高温报警信号，用以检测安全阀组泄漏。

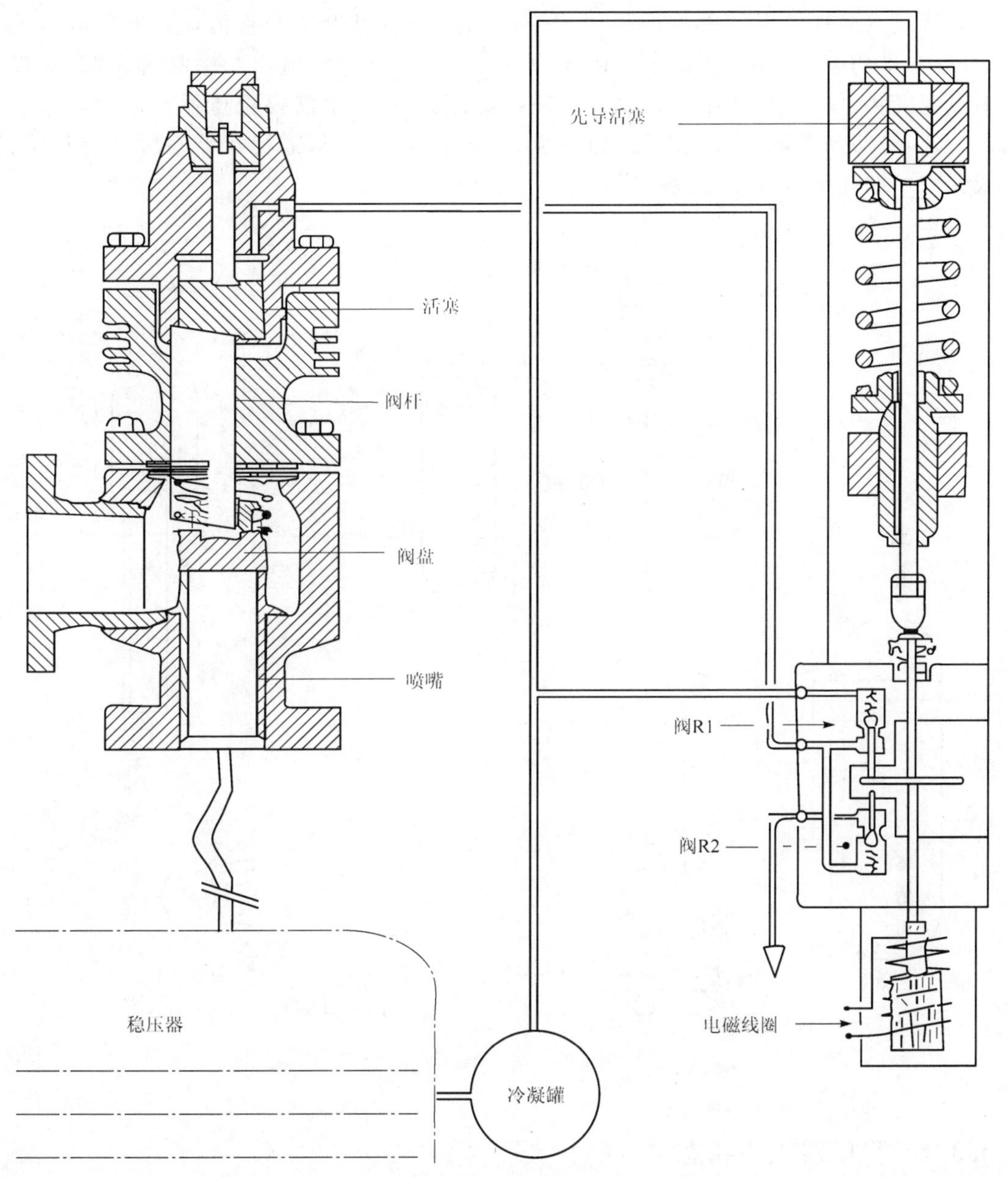

图 3-29　自启动先导式安全阀结构

3.4.3　稳压器工作原理

压水堆冷却剂系统是一个充满水的高温高压密闭回路。根据水的物理特性，系统内温度的任何变化都会导致密度变化，体积的膨胀或收缩会造成系统压力的巨大变化。对于一个 900～1 000 MW 电功率的压水堆，冷却剂系统水的总装量可达约 300 m^3 甚至更多。冷却剂平均温度变化以 1 ℃计，其体积变化将超过 1 m^3。可见，如果没有稳压器和相应的系统用来补偿吸收这种体积的波动，进行控制和保护，由此导致的系统巨大的压力变化将足以使堆芯失压失水而烧毁或一回路压力边界设备严重损坏。电厂电网负荷变化,反应堆功率跟踪调节滞后,致使堆功率与二回路汽轮机输出功率瞬态失配,造成冷却剂温度变化、体积变化、压力变化。这种超调、振荡过程也需要稳压器补偿吸收这些波动。另外,冷却剂系统的某些事故,如系统、设备泄漏,也需依靠稳压器系统进行补偿、控制或保护。图 3-30 为稳压器系统图。

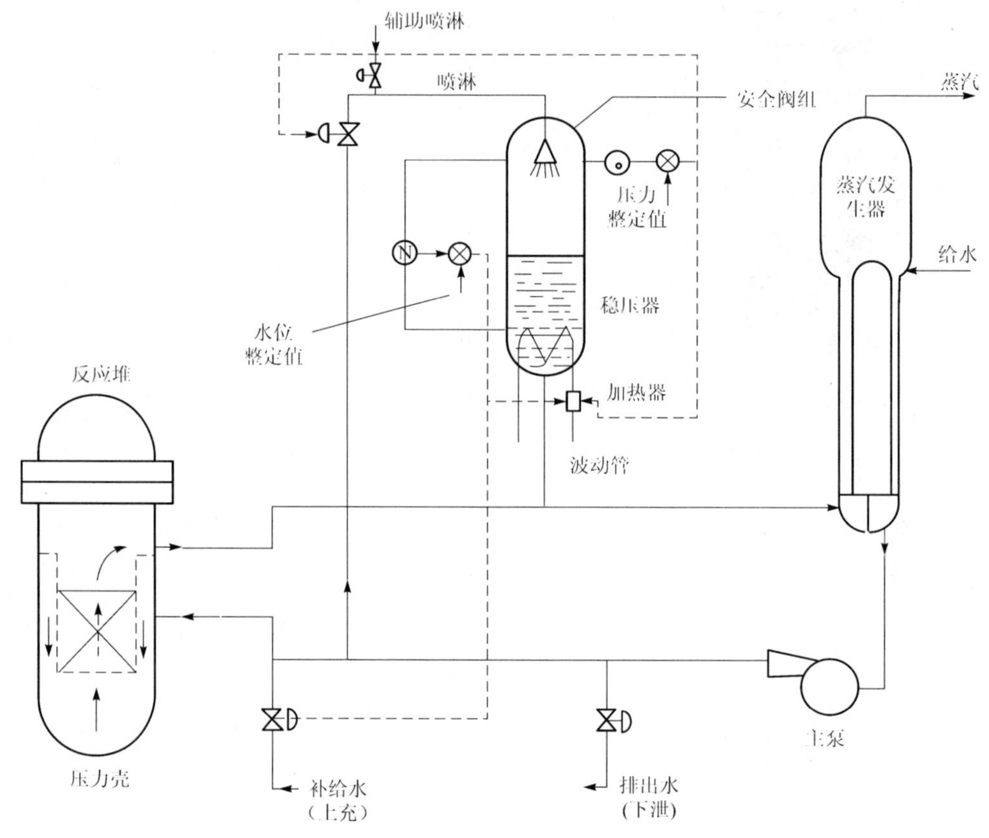

图 3-30　稳压器系统图

3.4.3.1　稳压器工作状态

在正常运行状态,稳压器内介质的工作点总是在水的饱和曲线上,汽、液两相处于平衡状态。稳压器水位处在设定的水位定值范围内运行。稳压器压力运行在 15.5 MPa 压力定值上。稳压器内介质温度为相应的饱和温度 345 ℃。由于稳压器通过波动管与冷却剂环路相连,故堆和冷却剂系统压力也处在 15.5 MPa 压力定值点上运行。然而反应堆在额定功率下运行时,冷却剂最高温度在 330 ℃,因此运行时冷却剂是不会沸腾的。

3.4.3.2　控制的必要性

稳压器需要对其压力和水位进行控制,这是因为:

(1) 稳压器压力过低,环路系统压力随之下降。压力降至环路系统及堆内冷却剂运行温度点的饱和蒸汽压力时,会引起冷却剂沸腾、汽化,造成堆芯燃料传热恶化,甚至冷却剂断流、堆芯失水使燃料失去冷却，温度升高，燃料包壳破损，燃料芯块熔化。稳压器压力过高，环路系统压力随之增加，一回路压力边界管道、设备承受的应力达到极限时，会导致损坏、破裂，同样会造成系统泄漏、失水等严重后果。

(2) 稳压器水位过高，致使稳压器汽腔过小，就有可能导致稳压器压力控制系统失效或安全阀组进水的危险，影响堆和系统的安全。反之，稳压器水位过低，致使电加热元件棒裸露在蒸汽空间，就会造成电加热元件烧毁，影响稳压器的正常运行。

3.4.3.3 稳压器压力、水位控制方法

稳压器的压力过低，采用加热法，增加电加热元件功率以加热稳压器下部空间的饱和水，水温增高汽化增加，使稳压器上部蒸汽腔饱和压力上升。稳压器压力过高，采用降温法，增加稳压器喷淋管线的喷淋流量。喷淋水来自温度较低的环路冷管段，利用压力壳进出口压差从稳压器顶部喷嘴进入蒸汽腔。增加喷淋流量意味着突然增加的雾化低温水滴使饱和蒸汽急骤放热，部分蒸汽冷凝，温度降低，致使稳压器蒸汽饱和压力下降。

稳压器水位控制则采用调节化容系统的上充流量来实现。正常运行时化容系统从冷却剂环路下泄部分冷却剂至化容系统，同时又从化容系统上充相应容量的冷却剂返回至冷却剂环路，使冷却剂系统水量不变，稳压器水位保持稳定。当稳压器水位过高或过低时则在保持下泄流量不变的情况下，利用上充阀调小或调大上充流量，使稳压器水位恢复。

正常运行中稳压器压力整定值为 15.5 MPa，冷却剂系统压力保持在 15.5 MPa 上下允许的运行限值范围之内。正常运行中稳压器水位整定值与冷却剂系统冷却剂平均温度成线性关系，即冷却剂平均温度从 291.4 ℃时的 20%水位定值到 310 ℃时的 64.3%(水位百分数为实际水位占水位总高的百分数)。这个数值是由热态工况下堆功率从 0 升至 100%额定功率条件下计算冷却剂系统水容积变化而确定。

3.4.4 压力控制系统

3.4.4.1 控制通道

压力控制系统信号来自于多个压力测量通道，用于压力低报警，指令关闭喷淋阀停止极化喷淋，以防止稳压器压力过低；用于压力高报警、指令关闭稳压器释放管扫气阀，以避免大量蒸汽排放至疏水排气系统。测量通道信号经 15.5 MPa 压力整定值比较后给出压差信号输出，用来对两组比例电加热器 0～100%电功率实施连续的线性控制(其压差信号从 +0.1～−0.1 MPa)；用来使四组通断式电加热器在压差信号降至 −0.17 MPa 时接通，回升到 −0.1 MPa 时断开；用来根据压差信号 +0.17～+0.52 MPa 范围，对喷淋阀 0～100%开度实施连续线性的控制。图 3-31 为稳压器压力控制运行图。其中，当喷淋受指令处于极化喷淋运行状态时，喷淋阀开到预定开度 22%，以确保该状态具有恒定的喷淋流量，不受压差变小、变负的限制。此时当压差信号对应的喷淋阀开度大于 22%时，则仍服从于线性调节规则。

3.4.4.2 执行机构

(1) 比例电加热器控制

比例电加热器接受上述压差信号控制，按比例线性调节电加热器功率，但需由主控室事

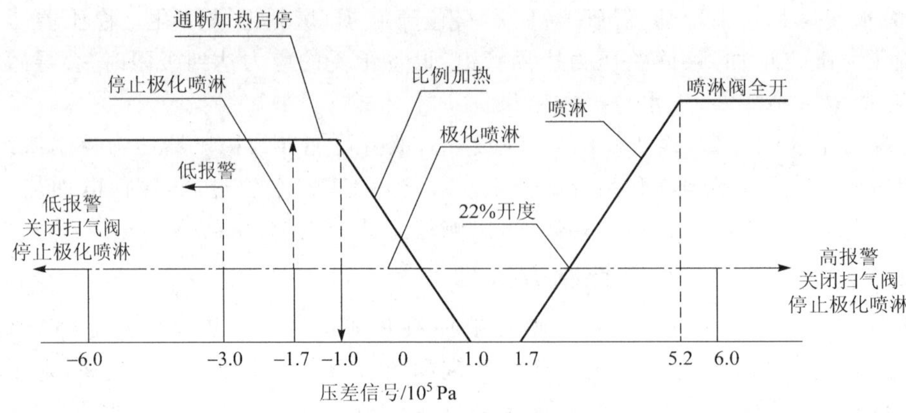

图 3-31 稳压器压力控制运行图

先给出启动比例电加热器的信号，且稳压器水位不低于－4.63 m，才能正常运行。－4.63 m稳压器水位信号来自稳压器的水位传感器，用以防止电加热器裸露在蒸汽空间而烧毁。

(2) 通断电加热器控制

通断电加热器在主控室可手动控制其通断，也可置于自动控制状态。自动控制状态下，稳压器根据上面阐述的压差信号进行控制，使通断式电加热器接通或断开。当稳压器水位降低到－4.63 m时切断全部通断电加热器。当喷淋阀极化运行时，自动投入两组功率较低的通断电加热器运行。

(3) 喷淋阀控制

喷淋阀接受来自喷淋阀极化运行信号或正常运行压差信号，用以调节喷淋阀的开度。另外，在喷淋管线上还设置有电磁截止阀，用来控制喷淋管线开通或截止。当主控室将其置于自动位置时，一旦稳压器压力低于14.9 MPa，电磁阀将通电关闭喷淋。但在压水堆启、停时，需要稳压器压力低于上述阈值喷淋，此时可在主控室将电磁阀置于手动状态，切断电磁阀电源开通喷淋。

(4) 极化喷淋控制

极化喷淋是指喷淋阀开大到一个预定的开度22%，用以保持稳压器有一个恒定的小流量喷淋。极化运行有助于稳压器内外冷却剂硼浓度均匀一致，避免环路中冷却剂通过波动管倒流到稳压器，减少变负荷时对波动管和稳压器底部的热冲击。极化运行时如果来自正常运行压差信号要求相应的喷淋阀的开度比22%开度大时，喷淋阀则自动选择后者将开度加大。

极化运行方式由主控室控制，并受稳压器压力、压差、水位、电加热器等条件限制。

3.4.4.3 保护通道

稳压器压力保护通道全部采用3取2逻辑，压力参数用于高压、低压保护紧急停堆；低压保护堆芯安全注水。同时用来计算冷却剂堆进出口温差保护定值，用来计算堆芯冷却剂温度保护定值。

3.4.5　水位控制系统

稳压器水位控制系统使稳压器水位维持在由冷却剂平均温度计算设定的水位整定值上，以保证稳压器良好的压力调节特性(图3-32)。稳压器水位整定值随冷却剂平均温度而变化的这种特定的设定方法，可以使系统热态工况下反应堆功率在零功率(冷却剂平均温度291.4 ℃)至100％额定功率(冷却剂平均温度为310 ℃)变化范围内，最大限度地减少冷却剂向系统外排放或向系统内补充水，从而减少硼回收系统和废液处理系统的负担。

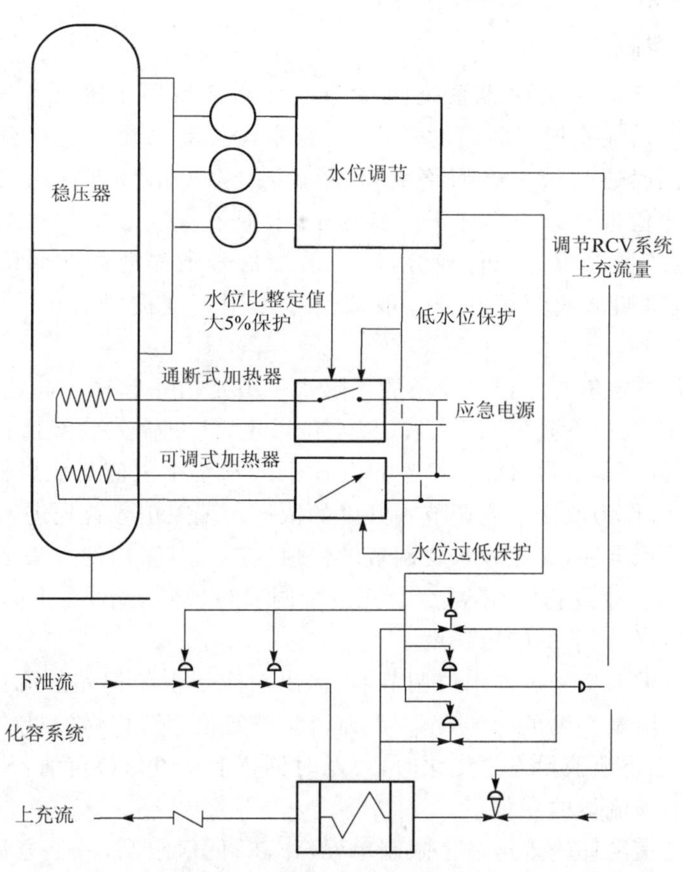

图3-32　稳压器水位控制系统

稳压器水位变化的因素很多，如冷却剂系统升、降温；反应堆启、停或功率变化；主泵启、停操作；电厂负荷变化；堆功率与二回路输出功率失配等都能使冷却剂温度变化导致体积变化、稳压器水位变化。另外，如上充流量与下泄流量不平衡；系统冷却剂泄漏等原因还可直接使稳压器水位发生变化。

3.4.5.1　水位监测、控制及保护

稳压器水位测量原理与蒸汽发生器类似。稳压器水位测量范围在－6～3.8 m，全量程水位从0～100％，为9.8 m。核电厂零负荷至100％额定负荷相对应的冷却剂平均温度分

别为 291.4～310 ℃，相当稳压器水位从 20.4%～64.3%。

稳压器监测、控制、保护系统信号来自多个测量通道。其中一个宽量程测量通道用于冷却剂系统升温升压、降温降压及冷态工况下的全量程水位测量。多个窄量程测量通道信号按 3 取 2 逻辑提供反应堆紧急停堆保护。这些测量通道信号还用来提供水位高、低报警；低水位时切断电加热器电源、闭锁极化喷淋以及关断环路系统冷却剂向化容系统下泄。通道还将稳压器水位测量信号值与水位控制系统水位整定值进行比较后的差值用于稳压器水位自动控制；差值超出水位整定值的±5%时给出水位高、低报警。+5%高报警时同时自动投入通断式加热器，同时当大量欠热水进入冷却剂系统和稳压器时，尽快利用电加热使冷却剂温度回到饱和工作点，恢复系统压力到额定值。

3.4.5.2 水位控制

水位控制的执行机构是化容系统向冷却剂环路冷管段上充的上充流量调节阀（图 3-33）。首先，来自系统冷却剂的温度平均值，经水位控制系统运算得到相应的水位整定值。该平均温度同时还与根据二回路负荷而确定的温度信号进行比较。其差值作为前馈信号对水位整定值进行修正。修正的目的是，及时发现反应堆功率与二回路输出功率失配，预先掌握稳压器水位的变化趋势，利用前馈信号预先调高或调低运算出的水位整定值，避免上充流量调节阀频繁动作。前馈信号预调幅度被限制在一个较小的范围内，以保证调节的稳定性。

修正后的水位整定值与主控室设定的下限水位整定值一起输入高选单元，以选取高值输出。其目的是，把水位下限控制在 17.6%水位以上，防止输入的经修正的水位整定值过低，致使稳压器水位被调节得过低。高选单元输出的水位整定值与稳压器水位实际测量值比较，其偏差信号将作为改变上充调节阀开度的依据。偏差信号首先进入非线性增益环节，用来既保证调节的稳定性，又兼顾水位调节的快速响应。其采用的方法是，在正负水位偏差小于 2%时，降低增益提高稳定性，减少上充流量调节阀频繁动作；在正负水位偏差大于 2%时，增大增益加快水位调节的响应速度。

增益后的水位偏差信号进入水位调节器，输出对应于水位偏差的流量补偿量。输出的流量补偿量与下泄流量实测值相加，作为上充流量整定值。这样做的目的是，让上充流量与下泄流量相匹配，当下泄流量发生变化时，可及时调整上充流量整定值，及时改变上充流量，使上充流量适应下泄流量的变化。

上充流量整定值随即输入至一个限制单元，作高、低值限制，使上充流量整定值输出限制在 6～25.6 m^3/h 范围内。这是为了避免流经再生式热交换器的上充流量太小，使得需该热交换器冷却的下泄流水温仍很高，导致下泄水在下泄孔板下游降压后汽化；上充流量太大时造成环路系统接管处热冲击，同时使主泵轴封水压头下降，轴封注水量达不到规定的要求。经限制的上充流量整定值与上充流量实测值比较，其偏差输入流量调节器。流量调节器给出上充流量调节信号，控制上充阀调节上充流量。

另外，通过主控室手动/自动转换开关，也可手动控制上充流量调节阀的开度。

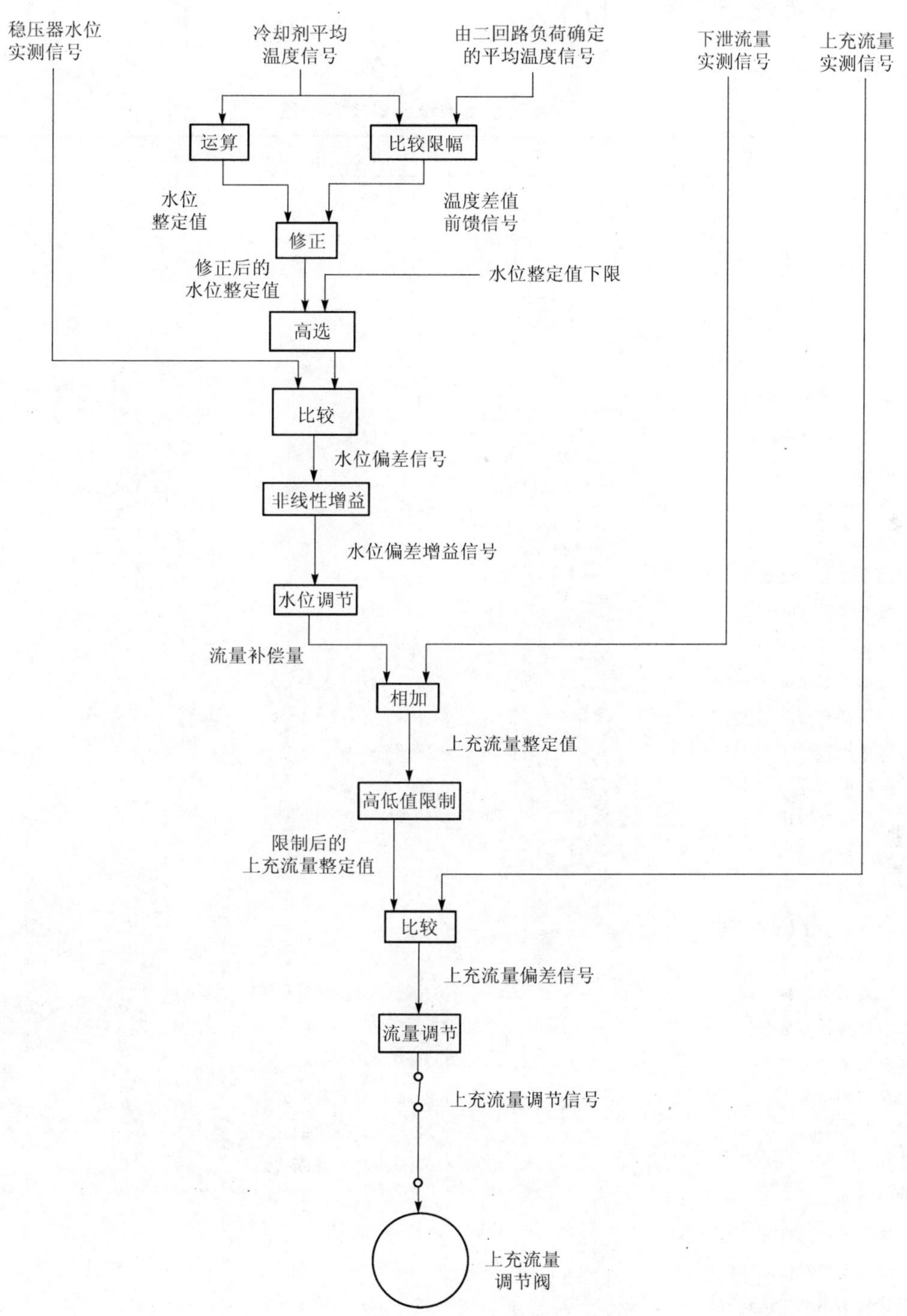

图 3-33　稳压器水位控制原理

3.4.6 技术参数(表 3-4)

表 3-4 典型压水堆稳压器技术参数

参数名称/单位	数 值
稳压器设计压力/MPa	17.23
设计温度/℃	360
额定运行压力/MPa	15.5
额定运行温度/℃	345
高度/m	约 13
内径/m	2.5
冷态最小内容积/m^3	约 39.7
满功率水容积/m^3	约 25.18
满功率汽容积/m^3	约 15.15
淹没加热器需要的水容积/m^3	约 5.32
净重/t	约 80
每条管路连续喷淋流量/(L/h)	约 230
喷淋流量/(m^3/h)	151～200
波动流量/(m^3/h)	3 010
辅助喷淋流量/(m^3/h)	约 9.5
稳压器喷淋控制阀	
设计压力/MPa	17.23
设计温度/℃	360
运行压力/MPa	15.8
运行温度/℃	292
单阀名义流量/(m^3/h)	约 72
名义流量下压降/MPa	0.07
启动时间/s	<3
失效安全位置	关闭(在连续喷淋的下档块上)
稳压器电加热器总数/根	60
总功率/kW	1 440
单组功率/kW	No1、2 216(通断式)
	No3、4 216(比例式)
	No5、6 288(通断式)
稳压器安全阀组	
设计压力/MPa	17.23
设计温度/℃	360
单组设计压力下名义流量/(t/h)	170
压力整定值/10^5Pa	开启　关闭
隔离阀	146^{+1}_{-2}　139 ± 2
保护阀(1)	166^{+1}_{-2}　160^{+3}_{-1}
保护阀(2)	170 ± 1　164^{+3}_{-1}
保护阀(3)	172 ± 1　166^{+3}_{-1}

3.5　卸压箱

3.5.1　功能和设计要求

卸压箱与稳压器配套使用，当稳压器超压时，卸压箱接收通过安全阀组排放的蒸汽，使之冷凝和降温。卸压箱使稳压器的蒸汽免于向安全壳内排放，避免带有放射性的冷却剂可能对安全壳的污染。

稳压器排放的蒸汽，排放到卸压箱的冷水中冷凝。在蒸汽排放之前，卸压箱内水温被维持在 40 ℃。在蒸汽排放之后，水温增加，但不会超过 93 ℃。卸压箱内冷凝水通过水面上卸压箱顶部的喷淋冷水和水面下的蛇形冷却管冷却。喷淋冷水来自硼和水补给系统经过处理的除盐水。蛇形管内不间断的冷却水由设冷水系统提供。

卸压箱按照满功率运行工况下接收 110％的稳压器蒸汽空间的蒸汽设计。稳压器安全阀组开启 30 s 时间内，卸压箱约可冷凝和冷却 1.7 t 蒸汽量。但是，卸压箱容积有限，不能连续不断地接收稳压器大流量的蒸汽排放。

卸压箱上部空间覆盖氮气，充氮气腔容积按稳压器安全阀组一次排放蒸汽后最大压力限值为 0.452 MPa 设计。卸压箱上的爆破膜盘具有与稳压器安全阀组排放蒸汽量相当的释放能力。卸压箱设计压力选定为氮气设计压力的 2 倍。卸压箱的设计使其能承受没有氮气补充的排空情况下的负压。

3.5.2　卸压箱结构

卸压箱是一个卧式低压容器(图 3-34)，总容积约 37 m^3。容器上部约 11.5 m^3 为氮气空间，并装有一组喷淋器。下部约 25.5 m^3 为水空间，容器底部沿轴线方向装有 1 根鼓泡管，它与稳压器卸压管线相连。爆破膜盘 2 个，设于卸压箱顶部，爆破膜爆破压力为 0.8 MPa，爆破压力下每个盘的蒸汽释放能力约为 280 t/h。

卸压箱除了与稳压器卸压管线、硼和水补给系统冷水喷淋管线和该冷水系统蛇形冷却管线连接外，还与疏水排气系统排水、排气管线、核取样系统管线以及氮气系统补气管线相连接。另外，在稳压器卸压管线上还并联有来自余热排出系统和化容系统安全阀的卸压管线，以及专门用来收集与冷却剂系统相连接的阀门、阀杆泄漏水的回收管线。

3.5.3　卸压箱监测、控制和运行

3.5.3.1　温度测量

卸压箱设水温测量通道，稳压器卸压排放蒸汽时，水温升高报警，同时利用硼和水补给系统冷水进行喷淋降温，此时向疏水排气系统的排水阀被闭锁，以防损坏设备。正常运行时则利用设冷水盘管使水温维持在约 40 ℃。

3.5.3.2　压力测量

卸压箱设压力测量通道，稳压器卸压排放蒸汽时，压力升高报警，向疏水排气系统的排气阀被闭锁，以防稳压器排放的蒸汽直接向疏水排气系统排放。正常运行工况，卸压

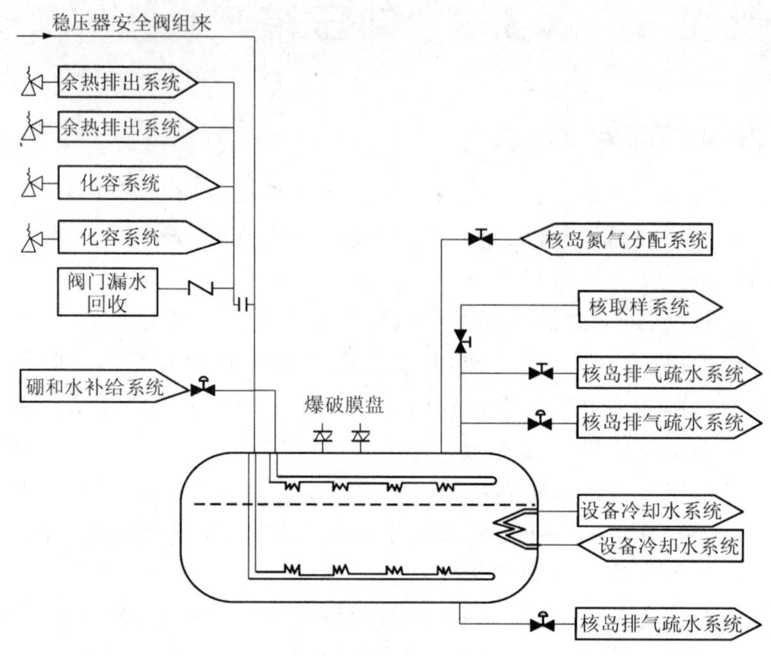

图 3-34 卸压箱示意图

箱充氮保持适当正压,以防止负压状态空气进入,空气中氧与稳压器卸压进入卸压箱的蒸汽中的氢复合爆炸。压力偏低时由氮气系统向卸压箱补氮,压力偏离时可通过排气阀向疏水排气系统排放。

3.5.3.3 水位测量

卸压箱设水位测量通道,水位偏高、偏低时报警,同时通过硼和水补给系统进行喷淋补水或向疏水排气系统排水。

3.5.3.4 运行

正常运行,卸压箱水位约 65%,上部氮气压 0.12 MPa,水温约 40 ℃。稳压器安全阀开启卸压时,蒸汽进入卸压箱,水温升高不超过 93 ℃,水位增高不超过 90%,压力不超过 0.8 MPa,冷水喷淋流量约 34 m^3/h。压力继续升高超过 0.8 MPa 时卸压箱上部爆破膜爆破,蒸汽直接向安全壳内排放。特殊情况下,蒸汽冷凝且排水过度时,卸压箱可能会造成负压,此时如果安全壳超压,卸压箱爆破膜也可能爆破,以保护卸压箱免遭压坏。卸压箱冷停堆工况可退出运行,冷态启动则应投入运行。卸压箱氮气中氢、氧浓度超限时,必须进行排气。

3.5.4　技术参数(表 3-5)

表 3-5　典型压水堆卸压箱技术参数

参数名称/单位	数　值
设计压力/MPa	0.8
负压	真空
设计温度/℃	170
运行压力/MPa	0.12
蒸汽排放后压力/MPa	0.45
运行温度/℃	40
蒸汽排放后温度/℃	93
总容积/m^3	37
水腔容积/m^3	约 25.5
气腔容积/m^3	约 11.5
喷淋流量/(m^3/h)	13.6
最大喷淋流量/(m^3/h)	约 34
鼓泡管压降/10^5 Pa	约 4.75
设冷水流量/(m^3/h)	约 1.0
温度/℃	入口 35　出口 45
爆破盘数量/个	2
爆破压力/MPa	0.8
单个爆破盘蒸汽排放流量/(t/h)	约 280

3.6　冷却剂系统运行工况

典型核电厂压水堆运行工况一般分为冷停堆、中间停堆、热停堆、热备用和功率运行 5 种。其中冷停堆又可分为换料冷停堆、维修冷停堆和正常冷停堆 3 种;中间停堆可分为单相中间停堆、两相中间停堆和正常中间停堆 3 种。因此也可以认为其运行工况共有 9 种。各种运行工况主要受反应堆临界状态、冷却剂环路系统运行方式、堆及环路内冷却剂温度、压力等条件制约。

3.6.1　换料冷停堆

换料冷停堆是指反应堆更换核燃料操作时的停堆运行方式,部分一回路压力边界设备维修也可在此时进行。此工况反应堆处于次临界,停堆深度大于 $5\times10^{-2}\ \Delta K/K$,冷却剂硼的质量浓度不小于 2 100 mg/L,所有控制棒插入堆芯。压力壳顶盖打开,堆内上部构件移出。冷却剂平均温度在 10～60 ℃。设置温度低限是为了避免冷却剂内硼酸结晶;高限是为了便于堆顶装卸料操作。冷却剂温度控制及硼浓度均匀化由余热排出系统进行，换料水系统作备用。此时堆顶换料水池已充满水，且与堆及环路系统中冷却剂溶为一体，堆顶换料水池水位高于压力壳法兰面 8.5 m，以保证换料过程有足够的生物屏蔽。堆及环路系统内冷却剂的净化、加药，硼酸浓度调节，以及堆顶换料水池的充排水等由化容系统、硼和水补给系统及换料水系统承担。此工况必须采取防硼酸稀释隔离措施。此状态中子注量率报警系统投入，其报警定值为停堆测量值的 2～3 倍。

3.6.2 维修冷停堆

维修冷停堆是指允许对冷却剂环路系统设备进行维修的停堆运行方式。此工况环路系统开口(稳压器人孔打开作为标志)。冷却剂平均温度在 10～70 ℃。维修部位根据需要冷却剂被排空，但环路中冷却剂水位不能低于余热排出系统泵正常运行所要求的低限值。其余要求条件与换料冷停堆工况相同。

3.6.3 正常冷停堆

此工况要求反应堆处于次临界状态，停堆深度大于 $1\times10^{-2}\ \Delta K/K$。冷却剂系统封闭，压力在 3 MPa 以下。冷却剂平均温度在 10～90 ℃。冷却剂平均温度大于 70 ℃时必须有 1 台主泵运行。系统压力由化容系统系统控制，余热排出系统安全阀提供超压保护，稳压器安全阀作备用。蒸汽发生器准备就绪可投用。其余条件与换料冷停堆工况相同。

3.6.4 单相中间停堆

单相中间停堆是指冷却剂系统充水排气后稳压器充满水(单相)的运行方式。此工况要求系统冷却剂温度控制在 90～180 ℃，压力控制在 2.4～3.0 MPa 之间，至少有 1 台主泵投运。其余要求条件与正常冷停堆工况相同。

3.6.5 两相中间停堆

两相中间停堆是指稳压器由单相向两相过渡，系统压力由化容系统控制向冷却剂系统压力控制过渡的运行方式(或者反方向过渡)。此工况反应堆处于次临界，停堆深度大于 $1\times10^{-2}\Delta\mathrm{K/K}$。冷却剂系统压力在 2.4～3.0 MPa，冷却剂温度在 120～180 ℃。120 ℃为稳压器建立汽腔的最低温度。当较为稳定的稳压器汽腔形成后，应尽快转入稳压器压力控制系统。稳压器水位由水位调节系统控制。至少有 1 台主泵投运，有 2 台蒸汽发生器可以投用。化容系统、硼和水补给系统正常运行，运行的余热排出系统准备退出运行(如反向操作则停运的余热排出系统已准备好，准备投入运行)。冷却剂温度 180 ℃是余热排出系统运行的最高温度极限，应退出运行。

3.6.6 正常中间停堆

此工况反应堆处于次临界，停堆深度大于 $1\times10^{-2}\Delta K/K$，系统压力由稳压器控制在 2.4～15.5 MPa，冷却剂温度在 160～291.4 ℃。稳压器水位维持在零负荷整定值上。冷却剂温度至少由 2 台蒸汽发生器控制，至少 2 台主泵投运。应急安全设施已准备好，其他所有系统均已进入电厂正常运行状态。

3.6.7　热停堆

此工况反应堆处于次临界，要求停堆深度在(1～1.77)×10^{-2} $\Delta K/K$(相对应于冷却剂硼浓度 690～0 mg/L，大于 690 mg/L 时，停堆深度在 1×10^{-2} $\Delta K/K$)。此工况系统压力由稳压器控制在 15.5 MPa。冷却剂平均温度约在 291.4 ℃，由蒸汽发生器控制(蒸汽排向大气或冷凝器)。稳压器水位维持在零负荷整定值上。至少有 2 台主泵 2 台蒸汽发生器运行。

3.6.8　热备用

此工况反应堆处于临界状态，堆功率≤2%额定功率，全部环路的主泵和蒸汽发生器均投入运行。其余运行条件要求同热停堆运行工况。

3.6.9　功率运行

此工况反应堆处于临界状态，堆功率在 2%～100%额定功率(其中堆功率在 2%～15%额定功率，也可称为低功率运行工况)。此时冷却剂冷段温度、热段温度、平均温度及蒸汽温度与负荷之间的关系如图 3-35。稳压器维持冷却剂系统压力 15.5 MPa，稳压器水位在 20.4%～64.3%。此时主给水系统和主蒸汽系统处于正常发电运行状态。

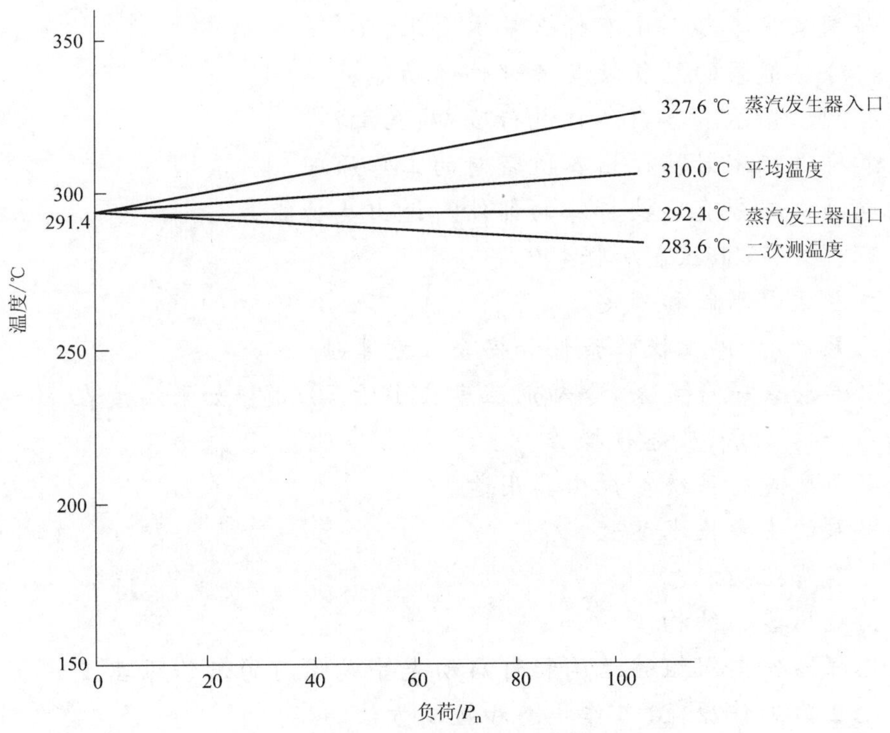

图 3-35　冷却剂系统温度与负荷的关系图

复习题

1. 说出冷却剂系统的功能，对冷却剂系统安全功能和设计的要求。
2. 阐述核电厂冷却剂系统及其测温旁路。
3. 说出冷却剂系统压力调节的基本原理。
4. 写出冷却剂系统主要的特性参数。
5. 冷却剂系统及其设备为什么要设置支撑?
6. 说出蒸汽发生器的工作原理。
7. 描述核电厂典型蒸汽发生器的结构。
8. 简述蒸汽发生器汽水分离组件的工作原理。
9. 为什么要对蒸汽发生器进行水位调节？影响水位变化的因素有哪些？怎样进行水位调节?
10. 蒸汽发生器怎样进行水位监测控制?
11. 蒸汽发生器为什么要进行排污?
12. 写出蒸汽发生器主要的技术参数。
13. 对冷却剂系统冷却剂泵有什么基本要求?
14. 描述出冷却剂泵的结构及其各部件的功能。
15. 主泵有几组轴承？各自怎样进行冷却、润滑?
16. 主泵怎样进行密封？说出各道密封的工作原理。
17. 主泵电动机部分有哪些特殊的部件？说出其功能。
18. 主泵有哪些监测、控制和保护?
19. 说出主泵运行限制和规定。
20. 说出主泵启动、停止操作条件和安全注意事项。
21. 为什么启动第一台主泵，冷却剂温度应小于 70 ℃？如果温度在 70～130 ℃启动第一台主泵，应怎样操作?
22. 主泵有哪些支持系统？说出其用途。
23. 写出主泵的主要技术参数。
24. 稳压器有哪些功能?
25. 描述出稳压器的结构。
26. 简述稳压器安全阀组的结构和自启动先导式阀门的工作原理。
27. 说出稳压器工作原理、工作状态和控制方法。
28. 简述稳压器压力控制系统，监测控制通道及控制程序，执行机构的控制逻辑。
29. 简述稳压器水位控制系统，监测控制通道及控制原理。
30. 什么叫喷淋阀极化运行？它的作用是什么?

31. 为什么稳压器的水位整定值需随系统冷却剂平均温度而变化?
32. 写出稳压器的主要技术参数。
33. 说出卸压箱的作用和设计要求。
34. 简述卸压箱结构,监测、控制和保护原理。
35. 简述卸压箱的主要技术参数。
36. 压水堆核电厂有几种标准运行工况?分别阐述各种运行工况反应堆及系统状态,运行方式和主要运行参数,并比较它们的差别。

第4章　一回路辅助系统

一回路辅助系统包括化学和容积控制系统、硼和水补给系统、反应堆余热排出系统。这里把反应堆换料水池和乏燃料水池冷却和处理系统、设备冷却水系统和重要厂用水系统也放入本章中一并讲解。

一回路辅助系统是核辅助系统的一个重要组成部分。按电站的一般分类,除一回路辅助系统外,核辅助系统还包括有辅助系统、三废处理系统、核岛通风空调系统及核燃料装卸贮存和工艺运输系统。

化学和容积控制系统在正常运行工况下执行对一回路冷却剂的三大控制:容积控制、化学控制和反应性控制。化学与容积控制系统是与核安全有关的系统之一,属于安全3级。其中上充泵在正常运行工况下作为上充泵用;在一回路破口失水事故及主蒸汽管道破裂的事故情况下,它又作为高压安注泵使用。因此,上充泵的压力边界范围内属于安全2级。

硼和水补给系统为化学和容积控制系统贮存并供给其容积控制、化学控制和反应性控制所需的各种流体,因此硼和水补给系统是化容系统的支持系统。其中调硼和加硼部分与核安全有关,属于安全3级;其余水部分与安全无关。

反应堆换料水池和乏燃料水池冷却和处理系统主要是对安全壳内反应堆换料水池(包括换料腔隔室和堆内构件贮存隔室)、乏燃料厂房内乏燃料贮存水池、燃料输送水池、乏燃料装罐水池进行充、排水、冷却和净化,使存放在水池内的核燃料保持在次临界状态。该系统主要设备和部件为安全3级。

余热排出系统的主要功能是执行反应堆三项基本安全功能(反应性控制、余热排出、放射性物质包容)之一的余热排出,因此,该系统的主要部件为核安全2级。

设备冷却水系统是核岛设备与重要厂用水系统之间的一个中间回路。由于设备冷却水系统许多用户与专设安全设施直接相关,所以系统为核安全3级,系统应按专设安全设施的要求来设计。

重要厂用水系统同设备冷却水系统一样,是与核安全相关的系统,属于核安全3级,这是因为无论核电站在正常运行工况或事故运行工况下,该系统都将导出设备冷却水系统所传输的热量至最终热阱——海水。

本章描述的系统和主要设备的运行参数均以国内某电功率为900 MW压水堆核电站为例。文中未注明压力均指绝对压力。

4.1　化学和容积控制系统

化学和容积控制系统是反应堆冷却剂系统的主要辅助系统,它是一个封闭的加压的系统。

4.1.1　系统功能

4.1.1.1　主要功能

（1）容积控制，通过上充下泄功能维持稳压器水位，保持一回路水容积；

（2）反应性控制，与反应堆硼和水补给系统相配合，通过调节冷却剂硼浓度来跟踪反应性的缓慢变化；

（3）化学控制，通过净化处理，去除冷却剂中裂变产物和腐蚀产物，从而控制一回路的放射性水平，提高冷却剂水质。与硼和水补给系统配合，通过给冷却剂加药，用以给冷却剂除氧、调整 pH 值。

4.1.1.2　辅助功能

（1）为主泵提供经过滤、冷却的轴封水和主泵轴承冷却、润滑水；

（2）为稳压器提供辅助喷淋冷水；

（3）对一回路进行充水、排气和水压试验；

（4）在稳压器充满水单相运行时，控制一回路的压力；

（5）接收一回路运行中冷却剂的过剩下泄；

（6）在余热排放系统准备投入前，通过向化容系统下泄，以加热余热排出系统介质。

4.1.1.3　安全功能

（1）在一回路发生小破口事故时，化容系统能维持一回路的水装量；

（2）在正常停堆或发生卡棒、弹棒等反应性事故时，与硼和水补给系统配合，共同确保反应堆处于次临界状态；

（3）在安全注入系统投入向堆芯注水时，化容系统上充泵作为高压安注泵投入运行。

4.1.2　系统组成及流程

化学和容积控制系统由下泄回路、净化回路、上充回路、轴封注水及过剩下泄回路四部分组成。系统流程图如图 4-1 所示。

4.1.2.1　下泄回路

压水堆稳态正常运行时，冷却剂从一回路的一条环路的冷段引出，下泄流正常流量约为 13.6 m^3/h，经两个气动隔离阀进入再生热交换器壳侧，被管侧上充流冷却，温度由 292 ℃降至 140 ℃。由再生热交换器引出的下泄流经三组并联的下泄孔板减压（正常时一组运行），使压力由 15.5 MPa 降到约 2.4 MPa。然后流出反应堆厂房（安全壳），进入设在核辅助厂房内的非再生下泄热交换器管侧，被壳侧设备冷却水冷却，下泄流冷却剂温度由 140 ℃降至 46 ℃。由下泄热交换器引出的下泄冷却剂流经压力控制阀进行再次减压。压力由 2.4 MPa降至 0.22 MPa 后，进入过滤器去除冷却剂中胶状悬浮物和尺寸大于 5 μm 的固体颗粒杂质。随后经三通阀 V02 进入容积控制箱或净化回路。

从反应堆冷却剂系统引出的下泄流冷却剂必须要降温降压，这是因为净化回路中离子交换树脂不能承受 60 ℃以上的高温，所以必须要降温至约 46 ℃。当下泄流水温超过 57 ℃时，为防止树脂因高温失效，三通阀可以控制下泄流经旁路管线直泄容控箱，而不流经净化系统。除了温度问题外，由于与化容系统相联系的一回路以外的其他系统都处于低压，所以

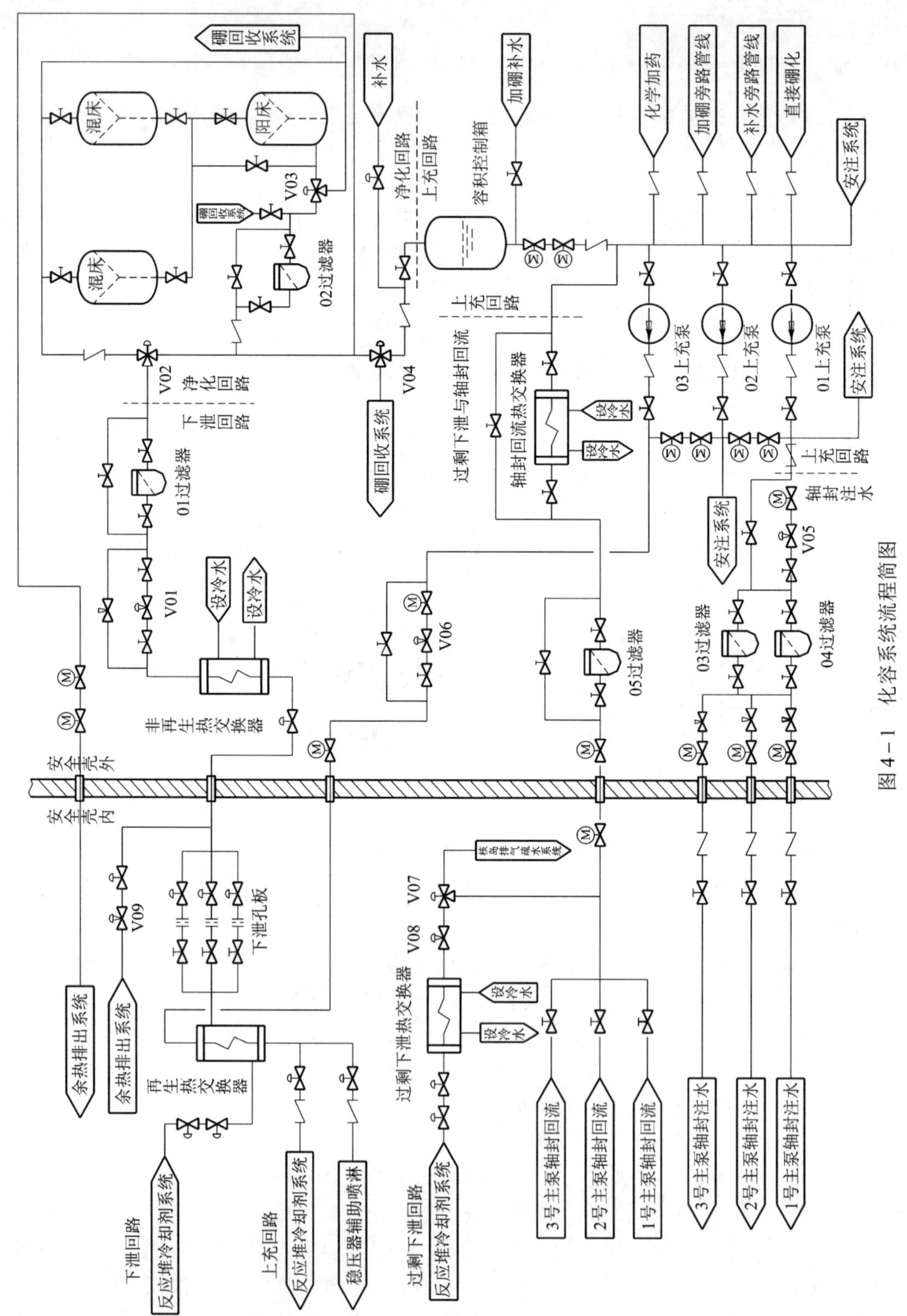

图 4-1 化容系统流程简图

必须将下泄流的压力从15.5 MPa降至0.2～0.5 MPa。为避免冷却剂汽化，降压只能在冷却剂降温后进行，如同降温冷却分两级进行一样，降压也分两级，即在每个冷却段后进行一次降压。下泄流的降温降压过程可用图4-2来表示。

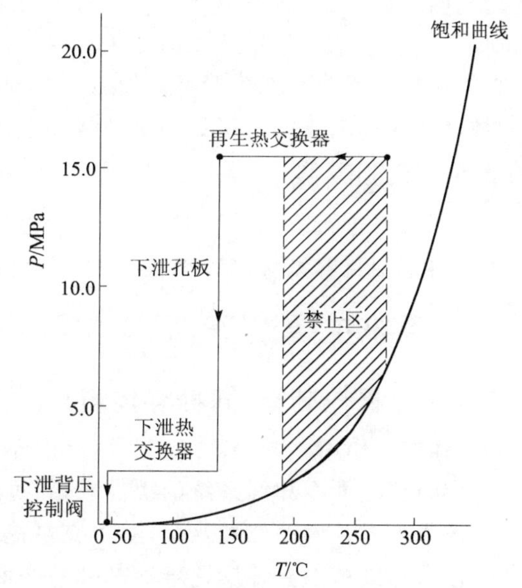

图4-2 化容系统的冷却和降压

4.1.2.2 净化回路

冷却剂经三通阀V02进入两台并联的混床中的一台，除去大多数离子状态的裂变产物和腐蚀产物，然后进入到间断运行的阳床离子交换器进行除铯(Cs)和锂(Li)。净化后的冷却剂经过滤器滤去可能破碎的树脂后进入容积控制箱。

当下泄流温度高于57 ℃时，三通阀V02便将下泄流导向旁路管线，经三通阀V04进入容控箱或被导入硼回收系统，以避免离子交换树脂受到高温而破坏。

4.1.2.3 上充回路

下泄流冷却剂经净化过滤后首先进入容积控制箱喷淋管，经喷头喷出、雾化，释放出一部分裂变气体，裂变气体可由氢气或氮气携带排往核岛疏排水系统处理。容积控制箱下部空间内存放经过净化和清除裂变气体的冷却剂。上充泵把水压提高至17.7 MPa后，一路经上充流量调节阀V06，穿过安全壳经由再生热交换器管侧，进入反应堆冷却剂系统冷管段和稳压器辅助喷淋管线；另一路则由主泵轴封水流量调节阀V05进入轴封水回路。

反应堆稳态正常运行时，上充流量与下泄流量(包括轴封注水回路)相等约为13.6 m^3/h。最大上充流量限值为25.6 m^3/h，该限制为保证不降低上充泵输送压力，保证主泵轴封水的注入。最小上充流量为5.5 m^3/h，该值为保证经过再生热交换器的下泄流有足够的冷却，避免下泄流在下泄孔板下游汽化。

4.1.2.4 主泵轴封注水及过剩下泄回路

(1) 主泵轴封注水

轴封水流经两台并联运行的过滤器中的一台，除去尺寸大于5 μm的固体颗粒杂质后穿过安全壳进入主泵轴封注水接管。轴封水一部分顺泵轴向下冷却、润滑主泵轴承后进入反应堆冷却剂系统。另一部分则沿泵轴向上冷却、润滑1号轴封。轴封水经过1号轴封动、静环密封端面后，流出主泵作为轴封回流。3台主泵的轴封回流汇合后穿出安全壳，在核辅助厂房进入轴封回流过滤器，除去固体颗粒杂质后进入轴封回流热交换器，经冷却后返回上充泵入口。

(2) 过剩下泄管线

过剩下泄流管线是一条备用的下泄流道。当正常下泄流道不能运行时，使主泵轴封注水得以排出，维持反应堆冷却剂系统的总水量不变。一回路加热过程，特别是在加热过程的最后阶段需要大量冷却剂从一回路系统下泄时，可以利用过剩下泄加大下泄流量。

4.1.2.5 低压下泄管线

当一回路压力较低时，从三组降压孔板下泄的流量很小。此时将从余热排出泵引出一股下泄流，从化容系统降压孔板的下游进入下泄回路，此管线称为低压下泄管线。

在反应堆处于换料或维修冷却停堆时，下泄流经净化回路处理后，不经过容控箱和上充泵，而通过净化回水管线直接返回余热排出系统。

4.1.2.6 除硼管线

若一回路需进行除硼操作时，则只需通过三通阀将下泄流引向硼回收系统的除硼单元，经处理后再返回化容系统的容控箱。

4.1.3 系统主要设备

4.1.3.1 容积控制箱(简称容控箱)

(1) 容控箱作用

- 作为反应堆冷却剂系统的缓冲水箱，可以容纳稳压器吸收不了的冷却剂容积。
- 作为上充泵的高位贮水箱，给上充泵提供水源，保证上充泵净吸入压头。
- 作为除气箱。打开反应堆冷却剂系统前应先用来自核岛氮气分配系统的氮气清扫，排除积聚在容积控制箱内的有害气体和裂变气体；在反应堆冷却剂系统加热预操作时，用氢气清除冷却剂中排出的有害气体；在运行中定期向核岛排气疏水系统排放容积控制箱气腔内逐渐积累的裂变气体。
- 为抑制冷却剂在堆芯的辐照分解，控制分解氧的含量，需要由容积控制箱向冷却剂中注入氢，使冷却剂中氢含量在25～35 mg/g范围内。容积控制箱氢气压力依靠氢气生产和分配系统维持在0.2～0.5 MPa，下泄流由容积控制箱顶部喷淋进入，保证了冷却剂和氢的有效混合。
- 氮清扫：打开一回路前，加入中性氮，以避免氢气和空气混合产生爆炸的危险。

(2) 容控箱工作原理

容控箱工作原理如图4-3。当容控箱水位增高时，容控箱前三通阀V01(即图4-1中的V04)使冷却剂流向硼回收系统，水位恢复后则使其流向容控箱。当容控箱水位降低时，则由硼和水补给系统给予补水。补水可以手动操作，在容控箱上游将水补入，与下泄流冷却剂混合后一起喷淋入容积控制箱，以使冷却剂和氢有效混合；也可在容控箱后由硼和水补给系统，根据容控箱水位信号自动补给。

容控箱的水位控制如下：

① 容控箱前三通阀V01的控制

容控箱水位在49%时，V01阀向硼回收系统的开度为零，而向容控箱的开度为100%。当容控箱水位高达63%时，V01阀向硼回收系统的开度为100%，而向容控箱的开度为零。水位在49%～63%之间时，V01三通阀按比例向两边分配下泄流量。

② 硼和水补给系统的自动补给

当容控箱水位降低到24%时，自动补给投入。水位升高到37%时，自动补给停止。

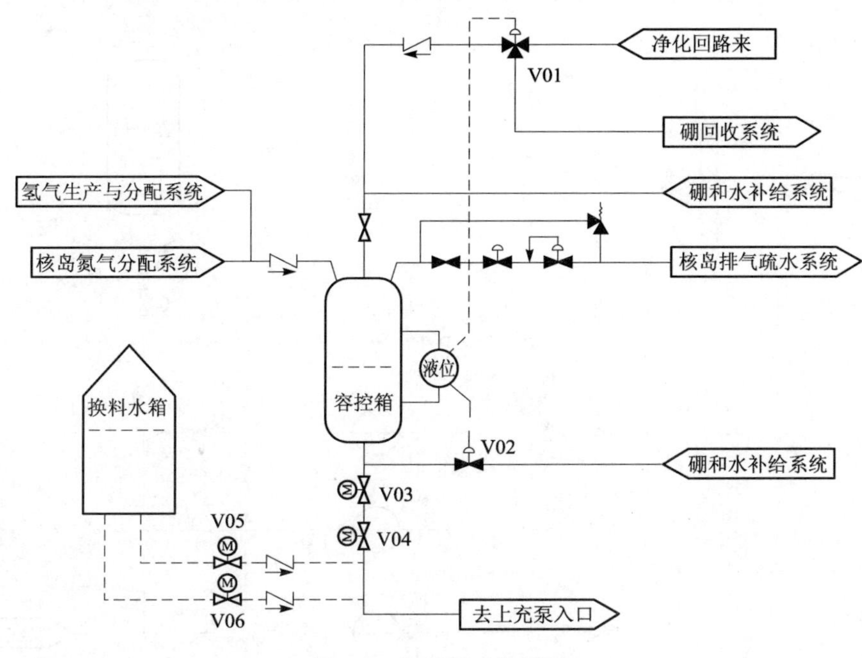

图 4-3　容控箱工作原理

③ 容控箱水位低至 5%时的动作

当容控箱水位低至 5%时，与安注系统相连的 V05、V06 阀自动打开，容控箱后的 V03、V04 阀自动关闭，上充泵从换料水箱取水补入化容系统。水位回升到 10%时，操纵员可打开 V03、V04 阀，关闭安注系统 V05、V06 阀。

(3) 容控箱运行参数见表 4-1。

表 4-1　容积控制箱运行参数

参数名称/单位	数　值
设计压力/MPa	0.62
设计温度/℃	110
箱总容积/m^3	8.9
水容积/m^3	3.6
正常压力/MPa	0.22
正常温度/℃	46
喷嘴最大喷淋流量/(m^3/h)	27.2
最大流量时压头损失/kPa	20

4.1.3.2　上充泵

(1) 上充泵作用

3 台并联的上充泵是卧式多级离心泵，从容积控制箱汲水，使上充流升压到17.7 MPa。然后通过再生热交换器管侧，使经过净化的下泄流冷却剂重新返回到反应堆冷却剂系统冷管段。正常运行时 1 台上充泵投入运行。每台上充泵均配有再循环管线，运行时可调节旁通流量使上充流量处在适当的流量、压力范围之内。3 台泵的再循环管线应处于开启状态。上充泵及管线如图 4-4 所示。

(2) 上充泵的控制

上充泵在反应堆冷却剂系统稳压器单相运行工况时，维持系统压力；在启动阶段用于向反应堆冷却剂系统充水并升压；在正常运行稳压器双相运行工况时，通过化容系统上充流量调节阀调节稳压器水位，并提供主泵轴封水；出现安注信号后，上充泵则成为高压安注泵运行。由于安注泵重要，核安全等级较高，故 3 台上充泵由两列柴油发电机组应急电源供电。

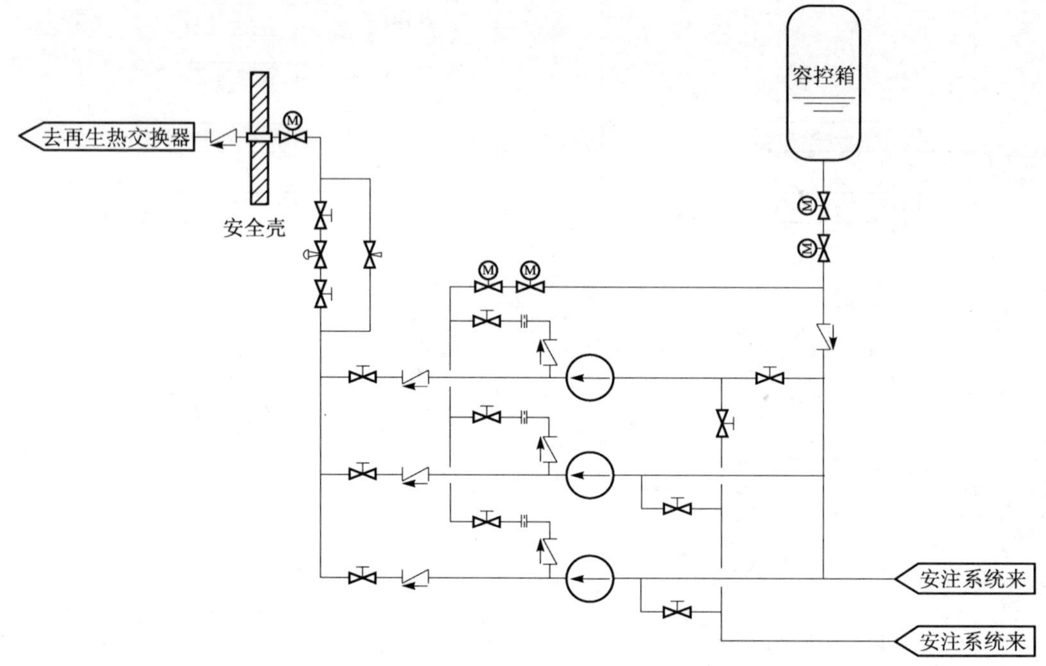

图 4-4 上充泵及再循环管线简图

其中 01 泵在一列，02、03 泵在另一列应急电源上。考虑到全厂断电时，同一应急机组上不能承受 2 台上充泵同时运行，故实际操作中对 02、03 泵采用闭锁管理，限制该两台泵同时启动运行。正常情况下，02、03 泵中的 1 台电机电源开关被闭锁在“断开拉出”位置，只有在另一台处于“断开拉出”位置后，该台泵电源开关才能解除隔离，推至工作位置。正常运行时，3 台泵 1 台工作，1 台热备用，1 台冷备用，3 台泵必须都处于可用状态。

(3) 上充泵运行参数见表 4-2。

表 4-2 上充泵运行参数

参数名称/单位	数 值
设计压力/MPa	21.2
设计温度/℃	120
额定流量/(m^3/h)	34
额定压头/m	1 767
最大/最小流量/(m^3/h)	148/13.6
关闭扬程/m	1 830
最大流量时扬程/m	500
最大流量时所需净吸水压头/m	11.8
最大入口压力/MPa	0.22
吸水温度/℃	46

4.1.3.3 热交换器

化容系统共有 4 台热交换器，分别是再生热交换器、非再生热交换器、轴封回流热交换器和过剩下泄热交换器，它们都是管壳式热交换器，除再生热交换器外，其余均由设备冷却水来冷却。

(1) 再生热交换器

再生热交换器用于下泄流降压前首次冷却降温。其热量由上充流冷却剂回收利用。再生热交换器运行参数如表 4-3。

(2) 非再生热交换器

非再生热交换器用于对下泄降压孔板出口冷却剂的再降温冷却，直到达到净化回路离子交换树脂所允许的温度限值，防止在第二级降压时冷

表 4-3　再生热交换器运行参数

参数名称/单位	数　值			
	下泄(壳侧)		上充(管侧)	
设计压力/MPa	17.2		19.0	
设计温度/ ℃	343		284	
	额定	最大	额定	最大
运行压力/MPa	16.6	16.6	16.7	16.7
流量/(m^3/h)	13.53	27.06	10.15	23.76
入口温度/℃	292	292	54	54
出口温度/℃	140	145	266	233
压降/kPa	75	205	25	120
传热量/kW	2 610	5 070	2 610	5 070

却剂汽化。

热交换器出口冷却剂温度由设备冷却水流量调节阀控制。温度信号取自热交换器冷却剂出口。非再生热交换器运行参数见表 4-4。

表 4-4　非再生热交换器运行参数

参数名称/单位	数　值			
	下泄(管侧)		冷却水(壳侧)	
设计压力/MPa	5.0		1.13	
设计温度/ ℃	204		93	
	额定	最大	额定	最大
运行压力/MPa	2.8	2.8	0.8	0.8
流量/(m^3/h)	13.53	27.06	28	135
入口温度/℃	140	145	<35	<35
出口温度/℃	46	46	78.5	55.0
压降/kPa	100	100	110	110
传热量/kW	1 490	3 140	1 490	3 140

(3) 轴封回流热交换器运行参数见表 4-5。

表 4-5　轴封回流热交换器运行参数

参数名称/单位	数　值	
轴封注水流量(3 台泵)/(m^3/h)	5.4	
轴封水注入反应堆冷却剂系统流量/(m^3/h)	3.3	
回流热交换器	回流(管侧)	冷却水(壳侧)

续表

参数名称/单位	数 值	
设计压力/MPa	1.13	1.13
设计温度/℃	110	93
运行流量/(m^3/h)	约 1.9	约 2.49
进口温度/℃	61.5	35
出口温度/℃	47	46
工作压力/MPa	0.4～0.5	约 0.8
压头损失/kPa	68	108
传热量/kW	约 32	约 32

（4）过剩下泄热交换器运行参数见表 4-6。

表 4-6 过剩下泄热交换器运行参数

参数名称/单位	数 值	
过剩下泄流热交换器	下泄（管侧）	冷却水（壳侧）
设计压力/MPa	17.2	1.13
设计温度/℃	343	93
运行流量/(m^3/h)	3.38	约 50
进口温度/℃	292	35
出口温度/℃	54	52
工作压力/MPa	16.0	0.8
压头损失/kPa	350	116
传热量/kW	约 933	约 933
降压阀 V07 降压后压力/MPa	约 0.5	

4.1.3.4 除盐床

化容系统净化回路设置了 2 台并联的混合离子交换器（又称混床）和 1 台阳离子交换器（又称阳床）。

（1）混床

混床为其内装满阴、阳离子交换树脂的净化柱，用来吸附下泄冷却剂中各种离子状杂质。

（2）阳床

阳床安装在混床之后，用来去除混床吸附不了的放射性（^{137}Cs），使其在冷却剂中的放射性比活度在 1 Ci/m^3 之下。同时还去除冷却剂中$^{10}B(n,\alpha)^{7}Li$ 核反应产生的过量锂，以调整 pH 值。阳床以间断方式运行，不投入运行期间用旁通阀将其旁路。阳床仅 1 台，要求其吸附容量能满足一个堆芯循环使用期。

离子交换器内的树脂饱和后，其饱和树脂将被冲排至固体废物处理系统，并由树脂充填箱装入新树脂。

4.1.3.5　下泄降压孔板

降压孔板使下泄流的压力降至下泄热交换器的工作压力以下。3 个并联的孔板通常只需 1 个投运。每个孔板额定流量为 13.6 m^3/h,额定流量下降压 13.1 MPa。

4.1.3.6　过滤器

化容系统共设置了 5 台过滤器,分别用于净化回路前后各 1 台,主泵轴封注水回路并联设置 2 台,主泵轴封流热交换器前设置 1 台。过滤器用来吸附尺寸大于 5 μm 的固体颗粒。

4.1.3.7　重要阀门

(1) 控制阀

化容系统共设有 5 台控制阀,分别是:

- 下泄控制阀 V01。该阀有两种调节模式:一是正常调节模式,正常运行工况下,稳压器两相运行,该阀用以调节下泄孔板下游的压力,维持一定的下泄流量和防止孔板降压后冷却剂汽化。其控制信号来自下泄孔板后的压力测量传感器。二是特殊调节模式,在稳压器单相满水运行工况时,该阀用来调节反应堆冷却剂系统压力,防止压力过低(主泵要求)和过高(余热排出系统安全阀要求)。其控制信号来自余热排出泵上游反应堆冷却剂系统的压力测量传感器。两种模式转换靠控制系统选择开关切换来实现。
- 轴封水流量控制阀 V05:用于调节主泵轴封注水流量。
- 上充流量控制阀 V06:利用上充流量控制阀 V06 可自动调节上充流量,使稳压器水位维持程控液位。上充流量被限制在 5.5～25.6 m^3/h 范围内以防止:流量过大,上充泵出口水压偏低,不足以给主泵轴封注水提供足够大的压力;流量过小,不能冷却再生热交换器壳侧的下泄流。
- 过剩下泄控制阀 V08:控制过剩下流压力。
- 低压下泄控制阀 V09:余热排出系统与化容系统净化回路联合运行时,由该阀控制下泄流压力。在机组启动过程中,当冷却剂温度升至 180 ℃时,逐步减少余热排出系统的低压下泄流量,增大正常下泄管线的流量,直至关闭低压下泄阀 V09。

(2) 三通阀

这里介绍化容系统 4 台三通阀,即:

- 净化回路前旁路三通阀 V02:离子交换树脂的工作温度是 46～62.5 ℃。当下泄流温度高于 57 ℃时,该阀自动切换,使下泄流通过旁路管线经三通阀 V04 进入容控箱或被导入硼回收系统,以避免离子交换树脂受到高温而破坏。
- 净化回路三通阀 V03:当需要减少一回路水中硼的含量时,用此阀将水导向硼回收系统,用该系统除硼床除去水中的硼。
- 容控箱前三通阀 V04:当容积控制箱水位增高时,三通阀 V04 使冷却剂流向硼回收系统,水位恢复后则使其流向容积控制箱。
- 过剩下泄热交换器后三通阀 V07:过剩下泄流经过剩下泄热交换器冷却和 V08 阀降压后由三通阀 V07 分配,或导入核岛排气疏水系统,或与轴封水回流管汇合,穿出安全壳,通过轴封水热交换器到达上充泵入口。

(3) 卸压阀

化容系统共设置了 7 台卸压阀，其安装管线及作用分别是：

- 1 台安装在从下泄降压孔板到下泄控制阀 V01 之间的下泄管段，为该管段提供超压保护。压力整定值为 4.4 MPa，额定流量 52 m^3/h（略大于三组下泄孔板全开流量），释放流体排向稳压器卸压箱。
- 1 台安装在从下泄控制阀 V01 到容积控制箱之间的下泄管段，为该管段提供超压保护。压力整定值等于净化回路设计压力 1.48 MPa，额定流量 41.4 m^3/h，释放流体排向容控箱。
- 2 台卸压阀用于保护容积控制箱。其中 1 台压力整定值为 0.438 MPa，额定流量 27.8 m^3/h。另 1 台压力整定值 0.502 MPa，额定流量 27.8 m^3/h。它们的释放流体排向硼回收系统的前置贮存箱。
- 1 台位于核辅助厂房内反应堆冷却剂系统到余热排出系统回水管段。该台卸压阀压力整定值 1.1 MPa，额定流量 3 m^3/h。释放流体排向核岛排气和疏水系统。
- 1 台用于保护轴封回水管线及过剩下泄管线安全壳内部分。其压力整定值 1.03 MPa，额定流量 17.15 m^3/h，释放流体排向稳压器卸压箱。
- 1 台用于保护轴封回水管线安全壳外部分。压力整定值 1.13 MPa，额定流量 27.2 m^3/h。释放流体排向容积控制箱。如果该卸压阀打开引起容积控制箱保护卸压阀打开，那么释放流体还会排向硼回收系统。

4.1.4 系统控制原理

4.1.4.1 容积控制

(1) 容积控制的目的

吸收稳压器不能全部吸收的一回路水容积的变化，从而将稳压器的液位维持在整定值。

(2) 冷却剂容积变化的原因

- 水的比容随温度变化。当一回路水温变化时，由于水的比容的改变，回路中水的容积也在随之变化，水的比容随温度变化的关系如图 4-5 所示。图中可看出，当一回路的水从冷态（60 ℃）升到热态（291.4 ℃）时，水的容积约增加 40%，在正常运行时，一回路的平均温度也随功率的变化而改变。冷却剂容积的变化必将导致稳压器水位的波动。

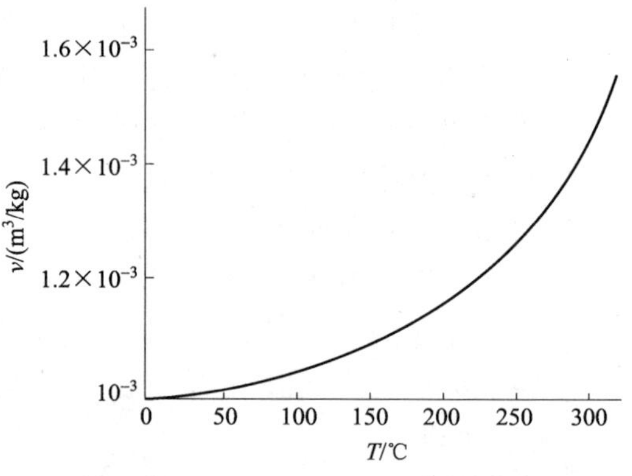

图 4-5 水的比容随温度变化的曲线

- 一回路冷却剂向外泄漏。在正常运行时，一回路处在 15.5 MPa 的压力下，边界内会不可避免地向外产生泄漏。这里主要是指主泵 1 号轴封的泄漏、主泵 2 号轴封的泄漏和一些大的阀门、阀杆的泄漏。这些泄漏也会引起稳压器水位的波动。
- 由于上充流量（包括主泵轴封注水）和下泄流量（包括主泵 1 号轴封回流）不平衡，从而造成一回路冷却剂容积的变化。

(3) 容积控制原理

容积控制原理如图 4-6。化学和容积控制系统从反应堆冷却剂系统冷段引出下泄流经容积控制箱，再由上充泵把上充流打回反应堆冷却剂系统。

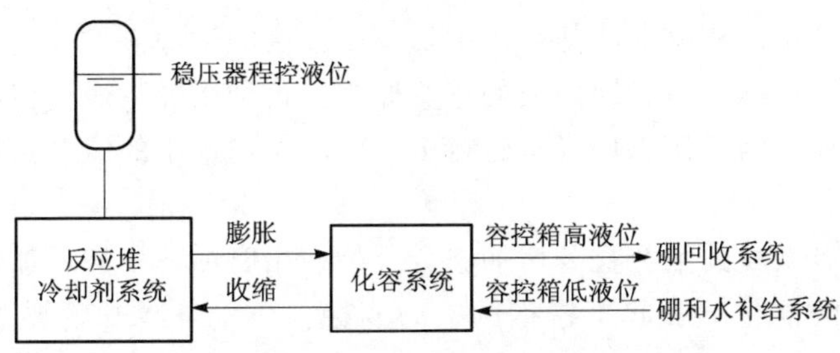

图 4-6 容积控制原理图

反应堆稳定运行时，上充流量(包括主泵轴封注水)与下泄流量相等(包括主泵 1 号轴封回流)，当一回路内冷却剂体积发生变化时，稳压器水位发生变化，水位偏离整定值，调节上充流量，使稳压器水位恢复在整定水位上。但是，容积控制箱的容量是有限的。在一回路升温、降温，或其他瞬态冷却剂体积有很大变化时，可由其他系统相配合，当容积控制箱水位高时，可把水排放到硼回收系统；当容积控制箱水位低时，由硼和水补给系统按需要进行补给。

一回路水容积收缩或产生泄漏时，则由反应堆硼和水补给系统供水，通过上充泵给一回路补充与一回路当前硼浓度相同的硼水，使稳压器水位稳定在程控液位。

4.1.4.2 化学控制

(1) 化学控制的目的

化学控制的目的是为了将一回路所有部件的腐蚀控制在最低限度：

- 清除水中悬浮杂质，避免杂质沉积在系统内，特别是在燃料元件表面而导致包壳传热恶化过热损坏；
- 避免一回路冷却剂中被活化的腐蚀产物和裂变产物的积累，放射性水平增加，需要通过化学控制，维持冷却剂水化学性质在规定的限值之内。

(2) 一回路水化学变化的原因

一回路水化学变化的原因：一是物理腐蚀，二是化学腐蚀。冷却剂中引起腐蚀的主要因素是：

① pH

pH 随温度而变化，高温下中性溶液纯水的 pH 向 7 以下偏移。在压水堆中，冷却剂略偏碱性能提高不锈钢和镍基合金的耐腐蚀性。但对锆合金，水质偏碱 pH 达到 12 时会导致腐蚀加快，因此压水堆冷却剂 pH 以 9.5～10.5 为最佳。反应堆冷却剂系统中，用于反应性控制的硼酸会使冷却剂呈弱酸性，所以要用添加 pH 控制剂来提高冷却剂的 pH。

② 水中氧

氧是活泼的腐蚀元素，它与多种元素结合生成氧化物。它还是其他元素侵蚀钢材的催化剂。因此冷却剂中游离氧的存在是造成金属结构材料腐蚀的重要原因。压水堆运行中氧含量的限值要求小于 0.1 ml/m^3。

氧在冷却剂中的主要来源：是来自硼和水补给系统经热力除氧后的补给水中仍残留的溶解氧；冷却剂在检修、换料中与空气中的氧直接接触而溶入的氧；以及冷却剂在堆芯辐照分解生成的氧。

③ 水中氯

奥氏体不锈钢破坏的概率随冷却剂水中氯离子浓度的增加而增大。冷却剂中溶解氧和氯离子共同作用是不锈钢应力腐蚀破裂的重要原因。这种腐蚀造成了核电站蒸汽发生器等主要设备的严重损坏。因此压水堆正常运行中规定冷却剂水中的氯含量应小于0.15 μg/g。

④ 水中氟

冷却剂水中含有微量的氟会显著增加锆合金的初始腐蚀速率和增加锆吸氢而造成锆的氢脆。氟又能在氧的催化下引起不锈钢的应力腐蚀。压水堆冷却剂要求氟含量限值小于0.15 μg/g。

引起冷却剂放射性增加的因素是：

① 裂变产物

裂变产物对一回路冷却剂污染的主要途径是包壳破损放射性产物释放。其次是包壳表面不可避免的微量铀污染，造成运行中铀裂变释放裂变产物；冷却剂氢核吸收中子活化生成氚或约有1%的裂变产物氚穿过锆包壳扩散到冷却剂中。

② 活化产物

冷却剂中杂质、化学添加剂及腐蚀产物在堆芯内吸收中子后活化产生放射性。如果堆芯燃料包壳不破损，则活化产物将是一回路冷却剂放射性的主要来源。

(3) 化学控制原理

化学控制的基本原理是净化和加药，化学控制原理如图 4-7 所示。

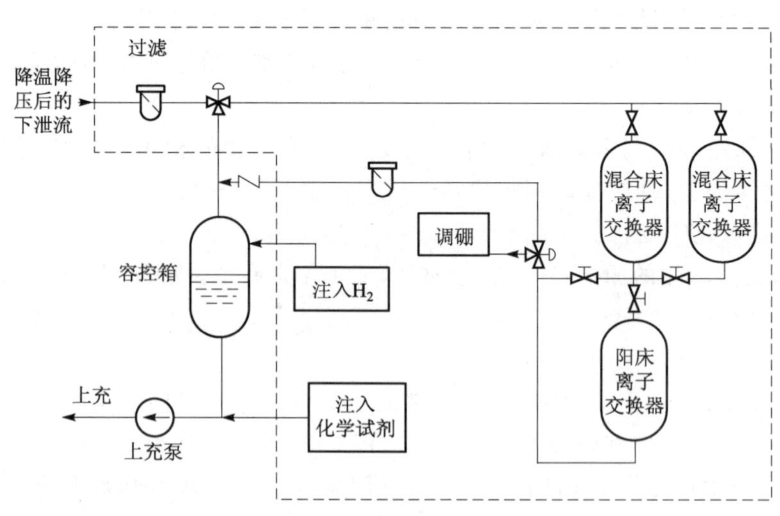

图 4-7 化容系统化学控制原理

① 反应堆冷却剂系统启动升温升压过程中，通过硼和水补给系统化学添加箱，经由化容系统向反应堆冷却剂系统注入一定数量的联氨(N_2H_4)，以去除冷却剂中的残余氧。联氨除氧化学方程式为：

$$N_2H_4 + O_2 \rightarrow 2H_2O + N_2 \uparrow$$

用联氨除氧的最佳温度在 90～120 ℃之间，此时反应速率最快。温度太高联氨会分解，达不到除氧目的。因此要求冷却剂温度在接近 90 ℃时添加联氨，在 90～120 ℃间停留数小时，待冷却剂中含氧量合格后继续升温。

② 压水堆正常运行时，通过容积控制箱加入过量的氢气，使冷却剂中的氢达到一定浓度，以减少冷却剂在堆芯辐照分解产生的游离氧，同时还有利于辐照合成氨（NH_3），而除去冷却剂中的氮气，避免氮在水中遇氧辐照下合成为硝酸（HNO_3）引起冷却剂 pH 下降。一回路冷却剂中氢含量应维持在 25～35 mg/g。

③ 利用化容系统化学添加箱向一回路注入 pH 控制剂 LiOH 用以控制冷却剂的 pH 呈偏碱性（9.5～10.5）。

pH 控制剂应具有良好的 pH 控制能力；良好的核性能，尽量少产生感生放射性；良好的物理、化学稳定性；以及低廉的价格。

氢氧化锂（LiOH）是一种较理想的 pH 控制剂。由于天然锂中含有 7.52％的^{6}Li，而^{6}Li 的热中子吸收截面很大，^{6}Li(n,T)^{4}He 反应会生成大量的氚，故用天然的 LiOH 作为 pH 控制剂将会给反应堆运行、维修和三废处理带来不利因素。

用高纯度^{7}Li(99.99％)氢氧化物作 pH 控制剂避免了上述缺陷，可使冷却剂氚浓度由 280 μCi/L 降至 2 μCi/L 以下。采用高纯^{7}Li 氢氧化物作 pH 控制剂，其 pH 控制能力强，中子吸收截面小，腐蚀性较小。其缺点是高纯^{7}Li 氢氧化物是一种非挥发性碱，会在一回路局部，特别是在堆芯结构缝隙局部浓集，造成苛性腐蚀；价格昂贵不易得到。

④ 净化回路设有 2 台并联的混合离子交换器，平时 1 台运行（1 台备用），用以去除离子状杂质和大部分裂变产物，控制一回路冷却剂的水质指标。

净化回路设置有前后过滤器，前过滤器用于去除胶状悬浮物和大于 5 μm 的固体颗料杂质。后过滤器用于捕集可能破碎的树脂。

4.1.4.3　反应性控制

这里讲的反应性控制是指硼浓度的控制。化容系统调节一回路水的硼浓度，以补偿堆芯反应性的缓慢变化。

（1）反应性控制的目的

通过调整一回路冷却剂的硼浓度来补偿由于燃耗和毒物（^{135}Xe 和^{149}Sm）带来的负反应性，并且控制轴向功率偏差 ΔI，控制 R 棒（温度调节棒）棒位在调节带内及保证停堆深度。

（2）反应性变化的原因

- 反应堆从冷停堆到热态零功率的过程中，燃料的多普勒效应和慢化剂的温度效应将导致反应性的变化：温度上升时，^{238}U 共振吸收增加以及水的密度降低，因此反应性减少；反之，温度下降时，则反应性增加；
- 带功率运行时，由于毒物的产生（^{135}Xe，^{149}Sm 等）、裂变产物的积累和燃耗等物理因素导致的反应性减少；
- 工况改变导致的过渡中的反应性变化。

（3）反应性控制措施

反应性控制措施包括加硼、稀释和除硼。

① 加硼：加硼操作为手动操作，需要时由硼和水补给系统经由上充泵吸入口，向化容系

统注入预先确定体积的高浓度硼水，上充给反应堆冷却剂系统。同时在下泄回路容积控制箱上部入口处向硼回收系统排掉等量的冷却剂，从而提高系统冷却剂的含硼量使之达到预定值。

加硼操作一般用在反应堆因^{135}Xe消失，冷却剂温度下降等原因造成的反应性增加时。操作中容积控制箱水位基本保持不变。加硼操作也可用于核电站停堆换料前，向反应堆冷却剂系统大量加硼，使硼浓度达到 2 100 mg/L。

② 稀释：稀释操作也为手动操作，流程同加硼过程。

稀释操作通常用在补偿压水堆因燃耗、^{135}Xe浓度增加或冷却剂温度上升等原因造成的反应性减少时。操作中容积控制箱水位基本不变。

③ 除硼：除硼操作也为手动操作，需要时将下泄流流经硼回收系统中的除硼离子交换器，用以降低或除掉冷却剂中的含硼量。除硼后的冷却剂再返回至化容系统容积控制箱入口。

除硼操作的目的、用途与稀释操作相同，但除硼一般使用在压水堆堆芯循环周期末，此时因冷却剂中含硼量较低(在 300 mg/L 以下)，若使用稀释方法，排出的废水量会很大。通过除硼操作降低硼浓度，就基本上不产生废水。

4.1.5 系统运行

化容系统的运行状态与反应堆冷却剂系统的运行状态直接相关，化容系统的操作将随反应堆冷却剂系统运行状态而改变。

4.1.5.1 正常运行工况

(1) 稳态运行时，化容系统通过上充下泄保证稳压器水位处于程控液位，完成反应堆冷却剂系统的容积控制、化学控制和轴封水的供应。此时过剩下泄、低压下泄和辅助喷淋等管线均被隔离。只有低压下泄的回水管线处于开通状态，以使余热排出系统充满水。

运行中根据反应堆冷却剂系统水中氢浓度的分析结果调节注氢管线减压阀，用以调节容积控制箱内氢气压力。根据容积控制箱内裂变气体浓度分析结果，决定容积控制箱向核岛热气和疏水系统排放气体的频率和数量。

(2) 负荷变化时，引起的水量变化大部分由稳压器吸收，容积控制箱提供一小部分补偿能力。当容积控制箱水位上升时，容控箱前三通阀 V04 按控制要求分流一部分下泄冷却剂至硼回收系统。容积控制箱高水位时，下泄流全部进入硼回收系统。容积控制箱水位下降到低水位时，自动启动硼和水补给系统，使容积控制箱水位恢复正常。

(3) 如果反应堆在一个新的功率水平下运行较长时间，则必须对反应堆冷却剂系统冷却剂硼浓度作相应的调整，以补偿由于温度、氙毒变化引起的反应性变化。

4.1.5.2 热停堆和冷停堆工况

(1) 热停堆

热停堆时，化容系统的运行和反应堆运行时相同，应根据停堆时间长短来调整硼浓度。

(2) 正常冷停堆时，一回路水通过低压下泄管线实现净化。为避免一回路系统超压，正常下泄管线仍旧开启。只要一回路水超过主管道中心线，就应保证轴封水的供应。

(3) 换料或维修冷停堆时，净化后的水从低压下泄回水管线返回一回路。当一回路完全卸压后，轴封水由容控箱靠重力提供，轴封回流管线隔离。

4.1.5.3　机组启动

在机组启动过程中，化容系统的运行主要包括：

(1) 对一回路进行充水、静排气、升压和动排气，使机组进行正常冷停堆工况。

(2) 对一回路进行升温、净化和加药。

加热过程中必须控制一回路升温速度在≤28 ℃/h；一回路水的净化是利用化容系统和余热排出系统连接的回水管线以化容系统的净化单元来完成的；当一回路温度至 80 ℃时，开始注入氢氧化锂和联氨，用联氨除氧必须在一回路温度达到 120 ℃之前完成。达到 120 ℃后，将容控箱上部供气由氮气切换为氢气，以抑制一回路水的辐照分解生成氧。

(3) 继续升温和稳压器建立汽腔。

一回路平均温度大于 120 ℃时，稳压器就可以开始建立汽腔。汽腔形成以后，一回路的压力即由稳压器来控制。

(4) 余热排出系统的隔离，继续升温升压至热停堆。

在此期间，冷却剂由化容系统净化单元来进行净化。反应堆升功率之前，必须对冷却剂进行稀释，以补偿氙毒的积累。

当稳压器内温度达到相应压力下的饱和温度时(2.6 MPa，226 ℃)，稳压器内开始产生汽泡，此时下泄控制阀 V01 投入自动，上充流量调节阀处于手动，逐步减少上充流量。当稳压器达到零功率液位时，稳压器投入自动控制。

一回路冷却剂温度升至 180 ℃时，逐步减少余热排出系统的低压下泄流量，增大正常下泄管线的流量，直至关闭低压下泄阀 V09。手动调节稳压器压力使之升高，当反应堆冷却剂系统压力达到 8.5 MPa 时，隔离一组下泄降压孔板。当反应堆冷却剂系统达到热停堆状态(15.5 MPa，292 ℃)时，隔离另一条下泄降压孔板，使下泄流量达到正常值。

在反应堆冷却剂系统升温过程中，冷却剂体积膨胀依靠化容系统下泄吸收。反应堆升功率前，则必须对冷却剂进行硼稀释，以补偿氙毒的积累。

4.1.5.4　机组停堆

一回路降温降压之前必须使一回路冷却剂达到所需要的冷停堆硼浓度。在机组停堆过程中，化容系统的运行主要包括：

(1) 降温、降压和除气

在硼浓度达到冷停堆的要求之后，一回路水开始降温降压。降温速率可以由汽轮机旁路系统控制，不允许超过 28 ℃/h；

对一回路的除气，实际上在停堆前对容控箱的氮气吹扫就已开始。对换料大修，则在降温过程中可利用硼回收系统给一回路除气，以降低一回路的氢浓度和放射性水平；在降温降压过程中，要保证压力与温度在一回路标准工况(P-T)图限制线内。

(2) 余热排出系统投入运行

当一回路温度下降到 180 ℃，压力降至 2.8 MPa 时，即可投入余热排出系统，只有余热排出系统的温度、压力和硼浓度与一回路一致时，该系统才可以与一回路接通。

(3) 稳压器汽腔淹没

减小下泄流量，增加上充流量，使稳压器淹没汽腔。汽腔淹没后，即用 V01 阀控制一回路压力。

(4) 一回路氧化

在一回路水温降到80 ℃时，通过反应堆硼和水补给系统向一回路注入双氧水，同时对容控箱进行空气吹扫，使一回路冷却剂快速氧化，可阻止大修时一回路放射性水平的增加。

(5) 由余热排出系统冷却至冷停堆

当一回路压力(表压)为0.3 MPa时，停运上充泵。上充泵停运后，主泵的轴封水将由容控箱继续供给。开通化容系统和余热排出系统的联管，净化回路继续净化一回路水质。

4.1.5.5 事故工况

(1) 下泄管道破裂

下泄降压孔板上游管道破裂，泄漏量非常大，稳压器水位迅速下降导致自动隔离下泄管线。

下泄降压孔板下游管道破裂，由于孔板节流，泄漏较小，需手动隔离下泄管线。

管道破裂泄漏会使厂房内放射性辐射水平大大提高。上充泵继续运行，容积控制箱水位下降会导致硼和水补给系统连续向化容系统补水。

隔离下泄管线后，需隔离上充管线，开通过剩下泄管线，上充泵继续运行给主泵提供轴封水。反应堆进入热停堆状态，如果泄漏过大，引起上充泵汽蚀或影响主泵轴封供水时，反应堆进入冷停堆状态。

(2) 上充管道破裂

上充管道破裂，上充泵出口压力下降，下泄管线自动隔离；上充流量不正常；容积控制箱水位下降引起连续补水。

此时应隔离管道破裂部分，投入过剩下泄，维持轴封水供应，根据情况决定反应堆进入热停堆或冷停堆状态。

(3) 轴封注水管破裂

轴封注水管破裂时，轴封水流量下降，轴封注水过滤器压差升高，并报警。此时应隔离相应管线，反应堆进入冷停堆状态。

(4) 轴封回流管破裂

轴封回流管破裂，容积控制箱水位下降导致连续补水，水位继续下降最终导致上充泵自动从容积控制箱切换到换料水箱吸水。此时应隔离轴封回流和上充泵旁通小流量管线，反应堆进入冷停堆状态。

4.2 硼和水补给系统

反应堆硼和水补给系统是化学和容积控制系统的支持系统，为化学和容积控制系统主要功能的实现起辅助作用。同时，反应堆硼和水补给系统还有多项附加功能。

4.2.1 系统功能

4.2.1.1 系统主要功能

反应堆硼和水补给系统为化容系统制备贮存并供给其容积控制、化学控制和反应性控制所需的各种流体。即：

(1) 提供除盐除氧硼水,以保证化容系统的容积控制功能;

(2) 注入联氨和氢氧化锂等化学药品,以保证化容系统的化学控制功能;

(3) 提供硼酸溶液和除盐除氧水,以保证化容系统的反应性控制功能。

4.2.1.2　系统辅助功能

(1) 向稳压器卸压箱提供喷淋冷却水。

(2) 为主泵的 3 号轴封平衡立管供水。

(3) 向安全注入系统硼缓冲箱提供硼的质量浓度(下称硼浓度)为 7 000 mg/L 的硼酸溶液,为其初始充水和补水。

(4) 向反应堆换料水池和乏燃料水池的冷却和处理系统的换料水箱提供硼浓度为(2 100±100) mg/L的硼酸溶液,为其初始充水和补水;若反应堆实施 18 个月换料循环方式后,换料水箱硼浓度调整为(2 400±100) mg/L。

(5) 向容积控制箱提供与一回路当前硼浓度一致的硼酸溶液,为其进行排气操作。

(6) 为稳压器和余热排出系统的先导式卸压阀充水。

4.2.2　系统组成和流程

系统由水部分和硼酸溶液部分组成,硼酸溶液部分与安全相关。系统流程见图 4-8。它要向化容系统提供纯水、硼酸溶液和化学药物。为便于理解掌握硼和水补给系统原理,系统可分解为补水、硼补充、硼酸配制和化学添加剂制备四个回路。

4.2.2.1　补水回路

补水回路包括 2 个纯水贮存箱,供 2 个机组共用;4 台纯水输送泵,每个机组各 2 台。

电站正常运行时,1 个贮存箱对 2 个机组供水,另 1 个贮存箱则处于充水或备用状态。水源主要来自硼回收系统回收的经过净化除氧和蒸发冷凝的一回路冷却剂。

每个机组配备 2 台 2×100%纯水输送泵,每台泵均设有最小流量管线。纯水泵用以提供化容系统容积控制、反应性控制所需的纯水;提供一回路卸压箱喷淋所需的冷水;提供主泵 3 号轴封清洗及其平衡立管的供水;提供添加化学药物所需的供水。

4.2.2.2　硼补充回路

7 000 mg/L 硼浓度的硼酸溶液贮存在 3 个箱内。其中 1 个贮存箱为 2 个机组共用,另外 2 个贮存箱则每个机组各使用 1 个。

每个机组配备 2 台 2×100%硼酸泵,硼酸泵与相应硼酸贮存箱互为联通,且均设有旁通循环管线,这样可以使贮存箱内硼酸浓度均匀,保持管线内溶液的温度,并可互为备用,必要时可对系统各部分进行清洗。

硼酸溶液注入化容系统上充泵吸入口(直接硼化或应急硼化),然后进入反应堆冷却剂系统。

4.2.2.3　硼酸配制回路

7 000 mg/L 硼浓度的硼酸溶液是在 2 个机组共用的硼酸溶液配制箱中配制的。配制的方法是将结晶状的硼酸(H_3BO_3)同来自核岛除盐水分配系统的经除盐而未除氧的水相混(用搅拌器搅拌)。配制好的硼酸溶液靠硼酸泵或重力送往硼酸贮存箱和安全注入系统的硼缓冲箱。

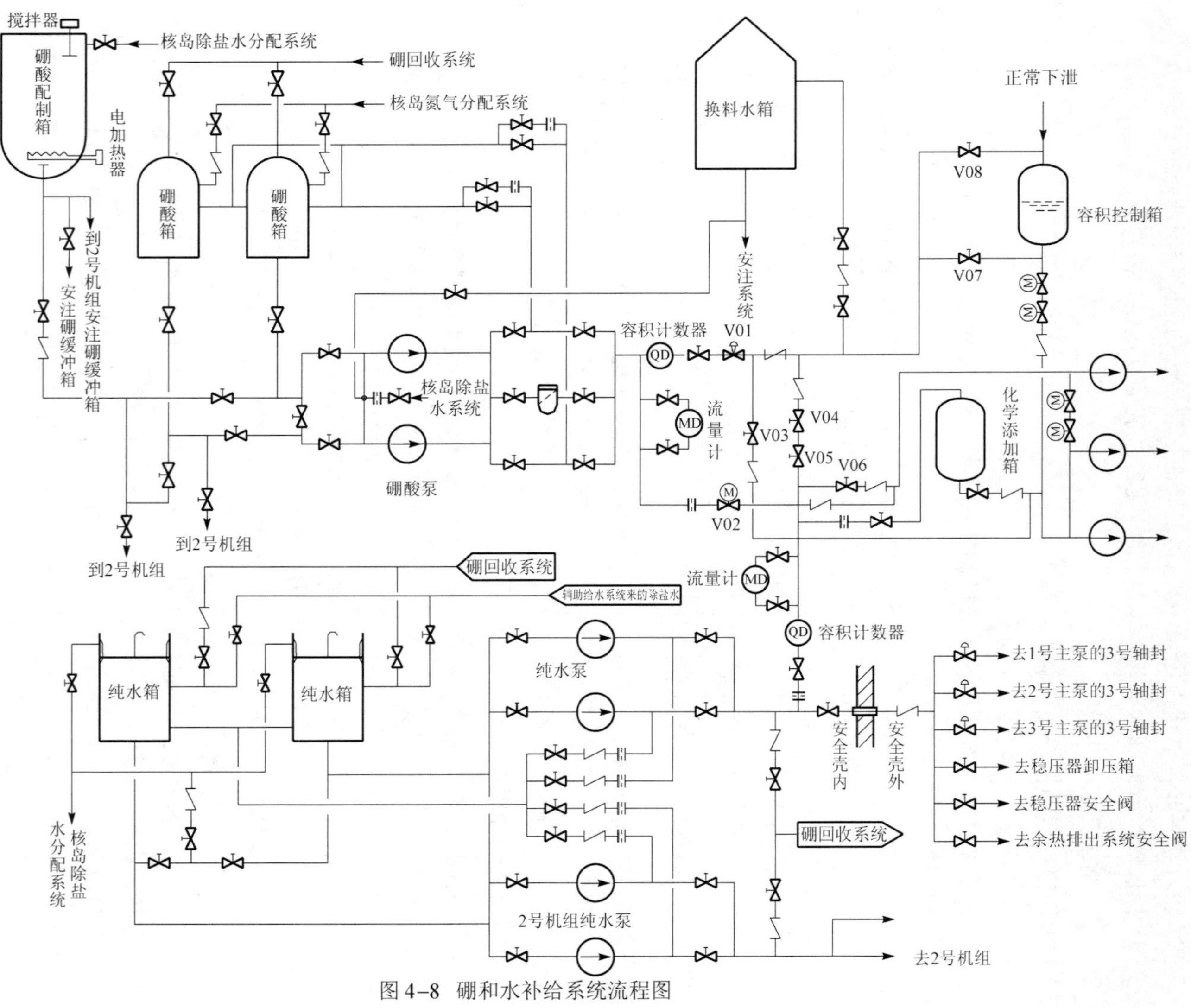

图 4-8 硼和水补给系统流程图

4.2.2.4　化学添加剂制备回路

在反应堆一回路启动和运行过程中需要通过化容系统输入联氨以除氧，输入氢氧化锂以调节一回路冷却剂的 pH。为此，硼和水补给系统中每个机组各配制有 1 个化学物添加箱。

需添加化学药物时，将化学药物手动倒入添加箱内，然后用硼和水补给系统的除盐除氧纯水从箱上部将化学药物冲到化容系统上充泵的吸入口，由上充泵将化学药物注入一回路。

4.2.2.5　各系统对水和硼酸溶液需求

典型 900 MW 压水堆核电站各系统对水和硼酸溶液需求情况的参考值见表 4-7。

表 4-7　水和硼酸的需求量

系统	最终用户	功能	流体/(mg/L)	流量/(m^3/h)	频率/(次/a)	要求/(m^3/次)
反应堆冷却剂系统	反应堆冷却剂系统	首次充入	2 000 硼酸溶液	27		285
	稳压器卸压箱	首次充入	水			40
		喷　雾		约 13	15	约 10
	反应堆冷却剂泵轴封	补　给		约 0.3	600	<0.1
硼和水补给系统	硼　酸储　罐	首次充入	7 000 硼酸溶液			2 个机组 210
		补　给			例外	不用硼回收系统时
	化学物添加箱	启　动	水＋LiOH＋联氨		3	<0.3
反应堆水池和乏燃料水池冷却系统	换料水箱	首次充入	2 200 硼酸溶液	约 27.2		1 700
		补　给			例外	约 30
安全注入系统	硼注入箱与循环回路	首次充入	7 000 硼酸溶液			4.5
		补　给			3	4.5
	安注罐	首次充入	2 200 硼酸溶液	6.0		100
		补　给			例外	约 1.5
化容系统	容控箱与到反应堆冷却剂系统的上充泵吸入口	负荷跟踪	水	27.2	每年	<150
			7 000 硼酸溶液	<10		约 4
		换料	水	27.2	每年	250
			7 000 硼酸溶液	<10		92

4.2.3 系统主要设备

(1) 纯水贮存箱

2个贮水箱的容积各为300 m^3，水源主要来自硼回收系统回收的经过净化除氧和蒸发冷凝的反应堆冷却剂系统冷却剂。箱内最高温度50 ℃，最高工作压力为0.105 MPa。水质要求氧含量小于0.1 ml/m^3，硼浓度小于5 mg/L。氧含量或硼浓度超标则将水送回硼回收系统再处理。

1个贮存箱的水容积足以保证机组在运行寿期末(冷却剂硼浓度约50 mg/L)，从冷停堆状态启动至额定功率时稀释所需的水量。当贮存箱初次充水或硼回收系统供水不足时，可由核岛除盐水分配系统经辅助给水系统的除氧器除气后供水。

为避免箱内纯水与空气接触含氧量增加，水箱顶盖采用浮顶式结构。浮动顶盖上设有1根与大气连通的细管，用于充水时排除顶盖下的空气，以避免超压和排水时出现真空。2个水箱均配有监测水位、温度的测量仪表。

(2) 硼酸溶液贮存箱

每个贮存箱的有效容量为81 m^3。2个贮存箱的总水容量足以同时保证一个机组在运行寿期初冷停堆要求的硼酸溶液量(32.64 m^3)和另一个机组在运行寿期末的换料冷停堆所要求的硼酸溶液量(91.79 m^3)。

7 000 mg/L的硼酸溶液来自硼回收系统，硼酸溶液供应不足时由硼酸溶液配制箱中制备的7 000 mg/L硼酸新溶液来作为补充。为防止贮存箱内硼酸溶液与空气接触，混入溶解气体，增加含氧量，贮存箱内都充以氮气，氮气压力保持在0.12～0.17 MPa之间。

(3) 硼酸溶液配制箱

硼酸溶液配制箱用来配制7 000 mg/L硼浓度的硼酸溶液，可用容积为3 m^3，箱内最高工作温度80 ℃，压力为大气压。

硼酸在水中的溶解是随温度的增加而增大的。所以为了配制和贮存4%的硼酸溶液(7 000 mg/L)，必须将水和溶液加热到对应的溶解温度以上。硼酸配制箱装有电加热器，在容纳4%硼酸溶液的容器和管线，需进行热跟踪和保温。全部硼酸制备、贮存回路所在区域的室温应在25 ℃以上，以防硼酸在低温下结晶析出。

这里所说的硼酸浓度4%是指硼酸(H_3BO_3)在溶液中所占的质量分数。而相对应的7 000 mg/L则是指该硼酸浓度下硼(包括B-10和B-11两种同位素)在溶液中所占的质量分数。

(4) 泵

硼和水补给系统为每个机组配备2台离心式纯水泵(01、02)和2台硼酸泵(03、04)。纯水泵和硼酸泵除配正常电源外，还均配有应急发电机提供备用电源。

- 纯水泵

每台泵的额定流量为27.2 m^3/h，最大流量31 m^3/h，额定扬程129 m。

- 硼酸泵

每台泵的额定流量为16.6 m^3/h，额定扬程85 m。

(5) 化学添加箱

每个机组有一个化学添加箱，用于配制联氨和氢氧化锂溶液。箱的可用容积为20 L，箱内最高工作温度 45 ℃，最高工作压力为 1.1 MPa。配制时从投料孔倒入箱内，与除盐除氧水混合。

(6) 硼酸溶液过滤器

每个机组设有一个过滤器，安装在 2 台硼酸泵的出口管线上，用来过滤硼酸溶液中的直径大于 5 μm 的颗粒，额定流量为 27.2 m^3/h，过滤效率大于 98%。

4.2.4 硼和水的补给

(1) 正常补给

稀释、硼化、自动补给和手动补给等正常补给操作时，硼酸溶液经硼补给阀 V01，除盐除氧水经纯水补给阀 V04 单流或合流进入混合流道，最后经 V07 从容控箱下游补充管线送到上充泵入口，这是正常补给管线。

硼补给阀 V01 和纯水补给阀 V04 都是调节阀。为防止由于除盐除氧水泵运行引进的意外稀释，一般在 V04 前串联安装气动隔离阀 V05，以补充隔离。

稀释操作时，将硼补充回路隔离，纯水经补水调节阀 V04 单流进入混合流道；硼化操作时，将补水回路隔离，开启硼补充调节阀 V01，7 000 mg/L 硼酸溶液单流进入混合流道；自动补给和手动补给操作时，硼补给阀 V01 和纯水补给阀 V04 均开启，硼酸和除盐除氧水按计算的流量比合流进入混合流道。

(2) 补水旁路

在正常补水管线不可用(如补水阀 V05 打不开)时，可以利用补水旁路管线(打开 V06 阀门)将除盐除氧水送到上充泵入口。

(3) 直接硼化

在下列情况下，可以使用由电动隔离阀 V02 控制的直接硼化管线，以增加硼水的流量，将硼酸溶液直接送到上充泵入口。直接硼化用于以下情况：

- 发生紧急停堆信号，但控制棒没有落下；
- 控制棒插入过深，引起严重的轴向通量畸变；
- 反应性失控地增加；
- 紧急停堆后发生失控的冷却，使停堆安全裕度减小；
- 正常硼化管线失效；
- 在安全注入时，硼量不够；
- 厂外电源丧失和汽轮机跳闸后停堆；
- 给水丧失后停堆。

直接硼化电动隔离阀 V02 由主控室遥控操作，由柴油发电机提供应急备用电源。

(4) 应急硼化

在正常硼化管线和直接硼化管线都不可用的事故情况(如正常硼化和直接硼化阀门打不开)，可以就地打开阀门 V03，利用应急硼化管线将硼酸溶液送到上充泵入口。

4.2.5 硼化和稀释中对硼和水的容积计算

硼化和稀释都是通过向一回路注入浓硼酸或纯水的方法来调节冷却剂的硼浓度，同时从一回路排出等量的反应堆冷却剂。由于经化容系统加入的浓硼酸或水与一回路冷却剂循环流量相比很小，可以简化为注入的浓硼酸或水迅速地与整个回路的冷却剂混合，排出的已是均匀混合的冷却剂，由此充排过程可以得到：

$$V = V_0 \ln \frac{C_0 - C_i}{C_0 - C_f}$$

式中：

V—— 需要加入的浓硼酸或水量，m^3；

V_0—— 热态时一回路冷却剂总量，m^3；

C_0—— 注入水或浓硼酸的硼浓度，mg/L；

C_i—— 冷却剂的初始硼浓度，mg/L；

C_f—— 调整后冷却剂的硼浓度，mg/L。

硼化和稀释中对硼和水的容积计算实际操作中采用公式计算绘制的图解法，下面举例说明硼化和稀释两个过程公式和图解法的应用。

4.2.5.1 硼化

（1）硼化目的

提高一回路硼浓度，提供反应堆负反应性。

（2）硼化计算

操纵员根据一回路冷却剂初始硼浓度和硼化后预期达到的硼浓度（硼酸贮存箱中溶液的硼浓度为 7 000 mg/L），计算出需要注入到一回路的硼酸溶液量；根据硼化速率要求计算出硼酸溶液注入流量，进行整定值设定。然后用按钮发出“硼化”指令。

例 1：

已知：$V_0 = 200\ m^3$，$C_i = 1\ 000$ mg/L，$C_f = 1\ 100$ mg/L，$C_0 = 7\ 000$ mg/L

计算：注入硼酸总体积

公式解：$V = V_0 \ln \frac{C_0 - C_i}{C_0 - C_f} = 200 \ln \frac{7\ 000 - 1\ 000}{7\ 000 - 1\ 100} = 3.4\ m^3$

图解：在图 4-9 中的 C_i 刻度线上找到 $C_i = 1\ 000$ mg/L 的 A 点，一回路硼浓度增加的量 $\Delta C = C_f - C_i = 100$ mg/L，在 ΔC 刻度线上找到 B 点，则由 A、B 两点连线与 V 刻度线的交点 C 的读数即为所求水容积 3.4 m^3。

4.2.5.2 稀释

（1）稀释目的

降低一回路硼浓度，提供反应堆正反应性，补偿慢的反应性变化。

（2）稀释计算

操纵员根据一回路冷却剂初始硼浓度和需要降低的量，计算出需要注入的除盐除氧水总量。根据稀释速率要求计算出注入水的流量。设定好注水流量及总水量整定值。然后用按钮发出“稀释”指令。水表经过复零后开始进行注水量计数。当注水量达到设定值时，纯水泵自动停止，相应阀门自动关闭。操纵员也可用“停止”按钮提前结束该过程。

例 2：

已知：$V_0 = 200\ m^3$，$C_i = 2\ 000$ mg/L，$C_f = 1\ 800$ mg/L，$C_0 = 0$ mg/L

计算：注入水总体积 V

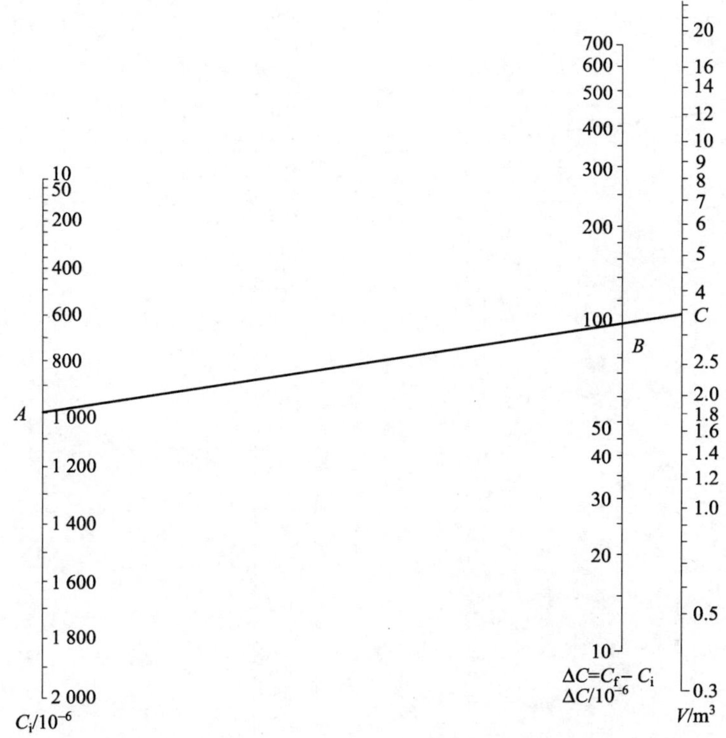

图 4-9　硼化过程中的硼酸体积计算

公式解：$V = V_0 \ln \dfrac{C_0 - C_i}{C_0 - C_f} = 200 \ \ln \dfrac{2\ 000}{1\ 800} = 21 \ m^3$

图解：在图 4-10 中的 C_i 刻度线上找到 $C_i = 2\ 000$ mg/L 的 A 点，一回路硼浓度减少的量 $\Delta C = C_i - C_f = 200$ mg/L，在 ΔC 刻度线上找到 B 点，则由 A、B 两点连线与 V 刻度线的交点 C 的读数即为所求水容积 21 m^3。应指出的是，上述公式和图表只能适用于热停堆到满功率阶段，其他工况下的计算结果要乘以表 4-8 所列的修正因子。

表 4-8　反应堆冷却剂系统和化容系统水质量的修正因子

电厂工况		稳压器水位	修正因子 k
一回路压力/MPa	平均温度/℃		
15.4	290.8～310	正常功率运行	1
11.0	260	零负荷	1.05
2.6	180	零负荷	1.18
2.6	150	零负荷	1.20
2.6	150	满水	1.33
2.6	93	满水	1.43
2.6	38	满水	1.48

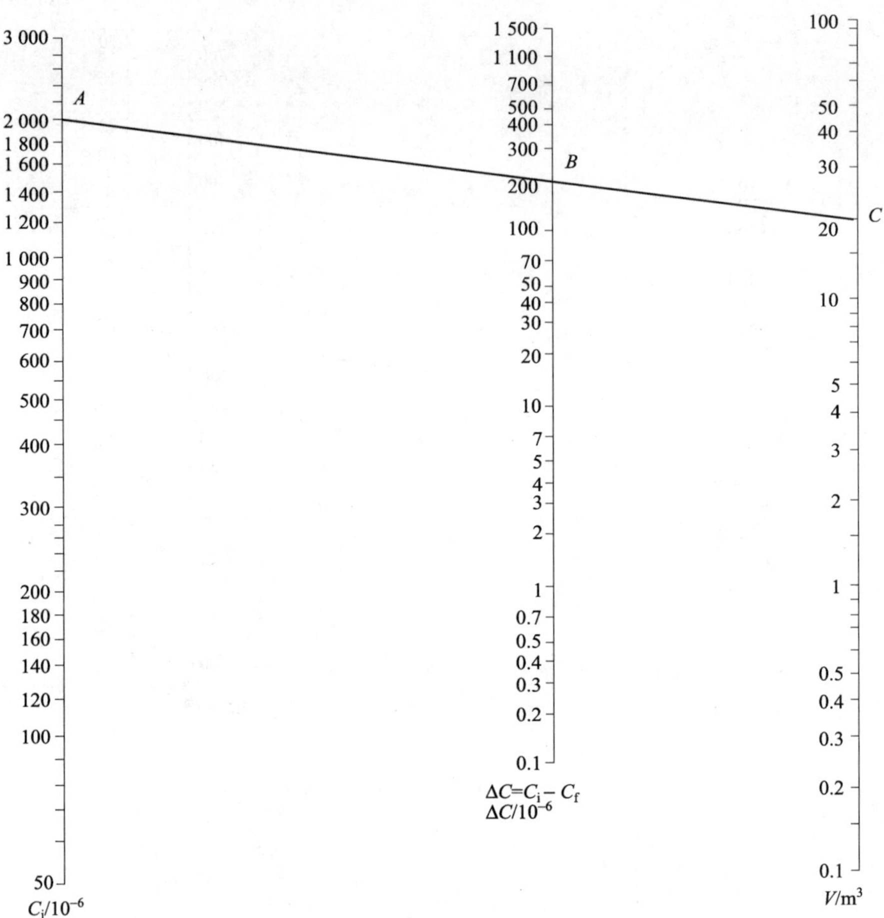

图 4-10　稀释过程中水体积计算

4.2.6　自动补给和手动补给方式时硼酸流量的计算

4.2.6.1　自动补给

自动补给主要用于容积控制，不改变一回路的硼浓度。自动补给时，硼酸流量按下式计算：

$$C_i = C_0 \frac{X}{X+Y}$$

式中：

C_0—— 注入水或浓硼酸的硼浓度，mg/L；

C_i—— 冷却剂的初始硼浓度，mg/L；

X—— 所需注入的硼酸流量，m^3/h；

Y—— 纯水流量，m^3/h。

选择自动补给方式时，经纯水补给流量是恒定的，当一回路硼浓度大于 500 mg/L 时，水的流量整定值是 20 m^3/h，硼浓度小于 500 mg/L 时，水的流量整定值是 27.2 m^3/h。

当进行过稀释和硼化操作后再投入自动补给方式时，应按改变后的一回路硼浓度按上式重新设定硼酸流量。

例 3:

已知:$C_i=1\ 500$ mg/L,$C_0=7\ 000$ mg/L,注水流量整定值调整到 27.2 m^3/h

计算:7 000 的硼酸流量和补给总流量

$$\textbf{解:}\text{硼酸流量}\ X=\frac{C_iY}{C_0-C_i}=\frac{1\ 500\times 27.2}{7\ 000-1\ 500}=7.4\ m^3$$

$$\text{补给总流量}=\text{注水流量}+\text{硼酸流量}=27.2+7.4=34.6\ m^3/h$$

4.2.6.2　手动补给

手动补给用于:

- 给换料贮存水箱充水或补水;
- 提高容积控制箱的水位,以进行排气操作。

操纵员根据需要的补给量和浓度要求以及硼酸贮存箱中硼浓度,计算出所需注入的水和硼酸的总量以及各自的流量,手动给定除盐除氧水和硼酸溶液的流量及容量整定值,然后发出启动指令,开始补给。补给达到预先设定的容积时自动停止,或者由操纵员手动停止。这就是手动补给。

手动和自动两种补给时硼酸和水的流量计算均可由公式或图解来求得。这里不一一举例。

4.2.7　系统运行

4.2.7.1　系统备用状态和泵的启动

(1) 系统备用状态

反应堆启动前,硼和水系统处于如下备用状态:

1 台纯水泵和 1 台硼酸泵选择在自动状态,在接到补给信号后即可投运。另 1 台纯水泵和另 1 台硼酸泵处在手动状态。

硼和水补给系统补水回路出口调节阀,硼酸补充回路出口调节阀,以及与容积控制箱下游连接管线调节阀均处于自动状态。而硼和水补给系统与化容系统容控箱上游连接管线调节阀 V08 被永久性隔离。隔离的目的是为了防止管道中残存的除盐除氧水引起意外稀释。

与正常补给相关的手动阀门均打开,而补给旁路管线和与换料水箱之间的连接管线则被隔离;

打开去一回路和余热排出系统管线的手动隔离阀,以便给主泵 3 号轴封、稳压器卸压箱、稳压器安全阀及余热排出系统安全阀充水。

(2) 泵的自动启动

选择在自动状态的纯水泵在以下信号作用下自动启动:① “稀释”信号;② 由容控箱低水位触发的“自动补给”信号;③“手动补给”信号;④“主泵 3 号轴封平衡立管低水位”信号。

选择在自动状态的硼酸泵在以下信号作用下自动启动:① 由容控箱低水位触发的“自动补给”信号;②“手动补给”信号;③“硼化”信号。

4.2.7.2　正常补给的操作方式

正常补给的操作方式是指慢稀释、快稀释、硼化、自动补给和手动补给。

(1) 为了降低一回路硼浓度,以增加压水堆反应性,可将硼补充回路隔离,开启补水阀门，除盐除氧水通过化容系统充入一回路，这就是“稀释”。如果将水由容控箱上游充入，使水进入容控箱，则为“慢稀释”；如果将水同时从容控箱上、下游充入化容系统，获得尽可能快的响应，则为“快稀释”。大亚湾核电站则将容控箱上游补给的调节阀永久性隔离，因此慢稀释的操作已被取消，其他几种操作方式也作了相应的修改。

(2) 为了增加一回路硼浓度，以降低压水堆的反应性，则可将补水回路隔离，开启硼补充回路隔离阀，让 7 000 mg/L 的硼酸溶液注入到上充泵入口，这就是“硼化”。

(3) 若容积控制箱水位低，要求补给与一回路相同浓度的硼水，而且补给的启动和停止都由容控箱水位控制，这就是“自动补给”。

(4) 为了给换料贮存水箱充水或补水，或者为了提高容积控制箱的水位，以便排放箱内的气体。操纵员手动给定经除盐除氧水和硼酸溶液的流量及容量整定值，然后发出启动指令，开始补给。补给达到预先设定的容积时自动停止，或者由操纵员手动停止。这就是“手动补给”。

主控制室控制盘上设有“慢稀释”(已停用)、“快稀释”、“自动补给”、“硼化”、“手动补给”以及“启动”、“停止”、“灯光试验”的按钮。前 5 个按钮用来选择补给模式，当按下“启动”按钮后，即进行该模式下的补给。但“自动补给”模式还需获得容积控制箱的低水位信号。需要手动停止补给或更换补给模式，则按“停止”按钮。“灯光试验”按钮用来试验 5 种补给模式的信号指示灯。

4.2.7.3 其他操作

(1) 稳压器卸压箱的喷淋冷却

压水堆带功率运行时，如果稳压器卸压箱的水温超过 60 ℃时，要用硼和水补给系统的经除盐除氧对其进行喷淋冷却。相应阀门的开启过程由操纵员执行，没有自动启停信号。

(2) 主泵 3 号轴封水平衡立管补水

当所有主泵轴封水平衡立管中的一个达到低水位阈值时，1 台纯水泵自动启动，相应的阀门也自动打开，开始向平衡立管供水。当所有主泵轴封水平衡立管都达到高水位阈值时，水泵才自动停止，相应阀门自动关闭。

对一回路水的直接硼化及给稳压器卸压阀和余热排出系统卸压阀充水等操作应参见各电站相应规程。

4.3 余热排出系统

国家核安全法规 HAF102《核电厂设计安全规定》为保证核电厂的安全提出了三项总的设计要求：“① 必须提供安全停堆手段，使在运行状态中和事故工况期间及事故工况后的反应堆安全停堆，并使之保持在安全停堆状态。② 必须提供排出余热的手段，使停堆后(包括事故停堆后)从堆芯排出余热。③ 必须提供减少放射性物质释放的可能性的手段，并保证任何释放在运行状态期间低于限值，在事故工况期间低于可接受限值。”这三项要求所确保的三项基本安全功能(反应性控制、余热排出、放射性物质包容)是安全分级的基本依据。而余热排出系统的主要功能是执行三项基本安全功能之一的余热排出，因此，该系统的主要部件被划分为核安全 2 级。

反应堆余热排出系统又称反应堆停堆冷却系统。反应堆运行时，核反应产生的能量由反应堆冷却剂系统通过蒸汽发生器的二回路传热导出。反应堆停堆时，虽然以裂变为机制的核功率很快就消失了，但由裂变而生成的裂变碎片及它们的衰变物，和堆内其他材料俘获中子或受辐照活化后在放射性衰变过程中释放的热量还存在，这就是剩余功率（见图 4-11），剩余功率发热在很长一段时间内仍需要带出。为此，反应堆停堆初期几个小时内堆芯余热仍由蒸汽发生器通过二回路以蒸汽形式排放。之后则由余热排出系统来承担，将堆芯热量带出传给设备冷却水系统。

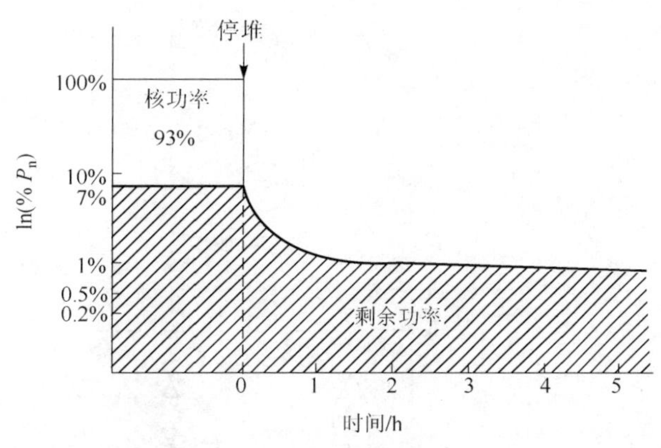

图 4-11　反应堆停堆后的剩余功率

考虑到余热排出系统应能及时地进行停堆冷却，并尽量结构紧凑，余热排出系统被设置在安全壳内。

4.3.1　系统功能

4.3.1.1　主要功能

在反应堆停堆冷却过程中，一回路温度降至≤180 ℃，压力< 3.0 MPa 时，投入余热排出系统将堆芯余热、一回路冷却剂和设备的显热及主泵运转发出的热量导出，传给设备冷却水系统。

除失水事故引起安全注入系统投入运行的情况以外，在其他事故引起的停堆事故中，余热排出系统也被用来排出上述三部分热量。

4.3.1.2　辅助功能

（1）在余热排出系统投入运行时，一回路压力< 3.0 MPa。由于降压孔板两端压差太小，妨碍了正常下泄管线的使用。余热排出系统和化容系统的接管提供了一条低压下泄管线。利用这条管线，使得一回路处于单相状态时的压力调节和水质净化成为可能，此时一回路的超压保护也由余热排出系统的卸压阀来实现。

（2）在一回路主泵停运后，或主泵不可用时，余热排出泵还可以在一定程度上保证一回路水的循环，在一定程度上可使一回路冷却剂硼浓度和温度均匀化。

（3）在换料操作后，余热排出泵还参与换料水传输，使反应堆换料腔中的水送回换料水箱。

4.3.2　系统组成及流程

反应堆余热排出系统由 2 台热交换器、2 台余热排出泵及相关管道、阀门和运行控制所必需的仪器仪表组成。

余热排出系统流程图如图 4-12。

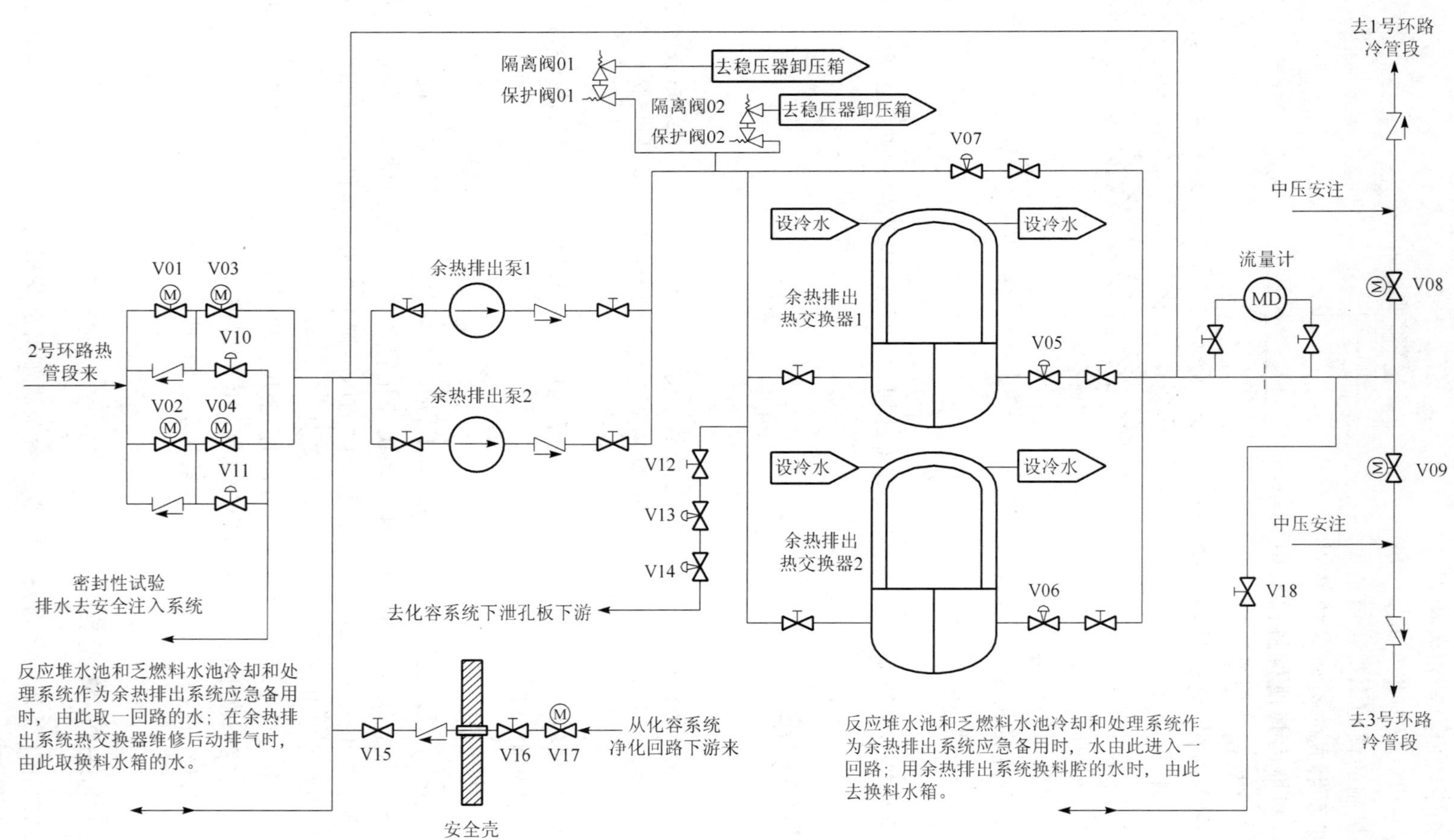

图 4-12 余热排出系统流程图

余热排出系统的进水管连接到主回路一条环路的热段，回水管连接到反应堆冷却剂系统另一条(或两条)的冷段。回水管也是安全注入系统中压安全注入管线。余热排出泵与环路热段接管间并列布置有双管线，每条管线上设有两个隔离阀(V01、V02、V03、V04，其中两条管线的第一道隔离阀属于反应堆冷却剂系统，安全级别为安全 1 级，较余热排出系统安全级别高一级)。每条管线两串联的隔离阀之间引一条管线经止回阀与一回路热段相连，作用是为了避免两隔离阀之间的管段产生“锅炉效应”。

余热排出泵(01、02)从反应堆冷却剂系统一条环路热段吸入冷却剂，并将冷却剂打入泵出口母管。母管上设置有 2 个卸压阀组，用以避免反应堆冷却剂系统单相运行时系统超压。卸压阀组卸压时排向稳压器卸压箱。余热排出泵出口冷却剂经母管进入 2 台热交换器(01、02)，热交换器进出口两端设有 1 条旁路管线。冷却剂经热交换器后汇总，然后与另 1 条(或 2 条)反应堆冷却剂系统环路冷段的安全注入系统的中压安注管相接，一起进入一回路。每条通向环路冷段的回水管上，各设置 1 个电动隔离阀和 1 个止回阀。

在热交换器出口总管上引出 1 条泵的最小流量循环管线，管线上无任何阀门，用于保护余热排出泵，防止泵体过热和丧失吸入流量。热交换器所在管线调节阀(V05、V06)用于调节通过热交换器的冷却剂流量，以达到一回路冷却剂升、降温速率和控制冷却剂温度的目的。而旁路管线调节阀(V07)则用来调节总流量并使其保持流量恒定。

另外，在余热排出泵出口总管上还引出 1 条到化容系统下泄孔板下游的低压下泄管线和 1 条到反应堆换料水池和乏燃料水池冷却和处理系统的连接管线。在泵吸入口母管上同样有 1 条来自化容系统净化回路下游的回水管线和 1 条来自反应堆换料水池和乏燃料水池冷却和处理系统的连接管线。

由于余热排出系统为安全 2 级，系统应满足单一故障准则和冗余性。因此单台余热排出泵和热交换器应有足够的能力将带出的热量传给设备冷却水。余热排出系统还应能在反应堆冷却剂系统发生小破口以及主蒸汽管道破裂时正常运行，将堆芯热量带出。

4.3.3　系统主要设备

(1) 余热排出泵(01、02)

余热排出泵为单级卧式离心水泵，备有 1 个用一回路冷却剂润滑的机械密封。水泵由异步电动机带动。每台泵配备有与设备冷却水连接的 2 个冷却系统，即 1 个热屏水室和 1 个机械轴密封冷却系统。水泵的主要特性见表 4-9。

(2) 余热排出热交换器(01、02)

余热排出热交换器为立式 U 形管壳式热交换器。U 形管束焊接在管板上，管板被夹在壳体和流道封头法兰之间。流道封头内有隔板将进出口流体分开。冷却剂从 U 形管内流过，设备冷却水从壳体流过。热交换器主要特性见表 4-10。

(3) 阀门

- 电动阀隔离

V01、V02、V03 和 V04 四个电动阀以“全开或全关”方式运行，其正常位置为“关闭”，传动部分由柴油发电机组应急电源供电。V01 和 V03，V02 和 V04 两两串联后并联。这样保证了反应堆冷却剂系统和余热排出泵吸入管线之间的隔离。

表 4-9 余热排出泵主要特性

参数名称/单位	数 值
数量/台	2
设计压力/MPa	4.75
设计温度/℃	180
运行温度/℃	75～180
最大运行压力/MPa	3.0
名义流量/(m^3/h)	910
名义流量下总压头/MPa	0.77
关闭流量/(m^3/h)	120
转速/(r/min)	1 480
最大流量轴吸收功率/kW	320

表 4-10 余热排出热交换器主要特性

参数名称/单位	数 值	
数量/台	2	
	管侧	壳侧
设计压力/MPa	4.75	1.15
设计温度/℃	180	93
最高入口温度/℃	180	40
最大运行压力/MPa	3.75	0.8
名义流量/(m^3/h)	910	1 000
名义入口温度/℃	60	35
名义出口温度/℃	50	44
名义热负荷/kW	10 600	

· 调节阀 V05、V06、V07

阀门 V05、V06 用于控制通过相应热交换器的余热排出系统冷却剂流量。操纵员可根据一回路冷却剂升、降温速率或冷却剂温度的需要,设定阀门开度整定值。而阀门 V07 则可以自动或手动控制。自动时,根据出口总管流量实测信号,调节阀门开度,使余热排出系统总流量维持在预定值,以保证泵的输出流量恒定。旁路调节阀 V07 即使在“故障全开”时,仍有相应流量流经热交换器,从而保证堆芯余热排出。阀门的主要特性见表 4-11。

表 4-11 调节阀 V05、V06、V07 主要特性

参数名称/单位	数 值	
	V07	V05/V06
额定流量/(m^3/h)	1 520	910
额定流量下压降/MPa	0.2	0.07
最高入口温度/℃	180	180
最大运行入口压力/MPa	3.75	3.75
自动时间/s	<20	<20
失去动力时的安全位置	维持原状	维持原状

· 卸压阀组

卸压阀组由保护阀和隔离阀串联而成。系统设有 2 组并联的卸压阀组,用以避免反应堆冷却剂系统和余热排出系统超压。在余热排出系统正常运行时,“保护阀”关闭,“隔离阀”打开。若“保护阀”动作卸压后不能回座关闭,此时相应的“隔离阀”在压力降到其阈值时自动关闭,以免反应堆冷却剂系统过度减压。卸压阀组的主要特性见表 4-12。

表 4-12 卸压阀组的主要特性

参数名称/单位	数 值		
	保护阀 01	保护阀 02	隔离阀 01/02
开启压力/MPa	4.5±1	4.0±1	3.8±1
关闭压力/MPa	4.2±1	3.7±1	2.5±1
额定流量/(m^3/h)	300	248	300

4.3.4　系统运行

4.3.4.1　系统备用状态和运行范围

(1) 系统备用状态

核电站正常运行时，余热排出系统处于隔离、备用状态。此时主要配置如下：

① 4 个系统入口阀(V01～V04)，2 个系统出口阀(V08、V09)，2 个密封试验阀(V10、V11)及与反应堆换料水池和乏燃料水池冷却和处理系统连接管线隔离阀 V18 阀关闭；

② 余热排出泵停运；

③ V05、V06 阀被调定在 30%开度，V07 阀全开；

④ 低压下泄管线被隔离，即 V13、V14 阀关闭；

⑤ 低压下泄回水管线开通，即 V15、V16、V17 阀打开，使余热排出系统始终充满水；

⑥ 设备冷却水系统处于备用状态，但与余热排出系统隔离。

(2) 系统的运行范围

余热排出系统的运行范围为一回路的压力从 1 个大气压到 3.0 MPa，一回路的平均温度从 10 ℃到 180 ℃。从一回路标准状态方面来描述，余热排出系统的运行区域包括：换料停堆模式(RCS)，维修停堆模式(MCS)，余热排出系统冷却正常停堆模式(NS/RRA)。参见图 4-13。

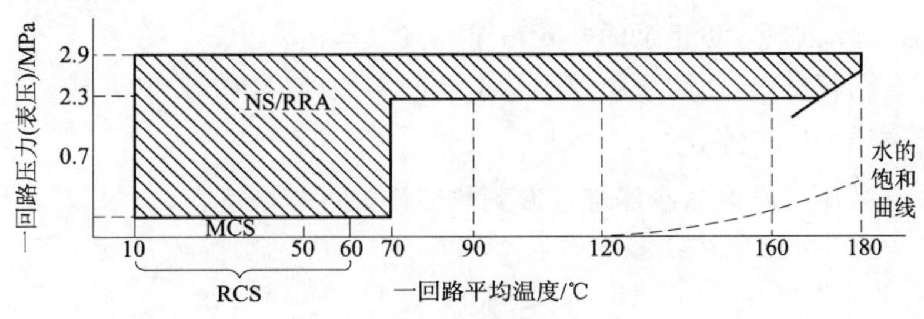

图 4-13　余热排出系统的运行范围

4.3.4.2　系统的正常启动

余热排出系统的正常启动在反应堆从热停堆过渡到冷停堆的过程中进行的。

(1) 系统投入运行之前一回路应具备的主要条件包括：

① 冷却剂平均温度在 160～180 ℃之间；

② 反应堆冷却剂系统压力在 2.4～2.8 MPa 之间；

③ 系统压力若仍在 2.8 MPa 以上，则 4 个系统入口阀(即 V01～V04)均被闭锁不能打开；

④ 反应堆冷却剂系统压力控制仍由稳压器承担，1 台主泵仍在运行。

(2) 系统正常启动的主要操作

为了避免压力和热冲击及冷却剂意外稀释，只有当余热排出系统的温度、压力与一回路基本一致时，才可以打开出口阀，实现两个系统的完全连接。余热排出系统正常启动主要包括硼浓度调整和升温升压两项大的操作。

为使余热排出系统均匀升温，同时为避免泵壳、叶轮间因热膨胀引起摩擦、卡死，2 台余热排出泵须交替运行，即启动一台泵，使温度升高至 60 ℃时，停运该泵，30 s 后再启动另一台泵。

4.3.4.3 一回路冷却过程中余热排出系统的运行

余热排出系统投入运行后，仍存在着由余热排出系统冷却返回到蒸汽发生器冷却的可能性。因此，3 台蒸汽发生器中至少要有 2 台的水位仍在窄量程范围内，以便必要时在 1 h 内从余热排出系统冷却返回到蒸汽发生器冷却。

在冷却开始时，稳压器尚处于两相，一回路的压力由稳压器来调节；在稳压器满水后，一回路的压力控制即切换到下泄控制阀来调节，此时一回路的超压保护由余热排出系统卸压阀来实现。一回路压力超过 3.0 MPa 时出报警信号。

余热排出系统投入后，2 台余热排出泵和 2 台余热排出热交换器都在运行。在稳压器淹没汽腔后，操纵员将根据降温速率小于 28 ℃/h 的要求，来调节余热排出系统 2 台余热排出热交换器后的调节阀的开度，将反应堆冷却到冷停堆。此时停运 1 台余热排出泵。

4.3.4.4 一回路加热过程中余热排出系统的运行

在反应堆从冷停堆状态开始加热启动时，余热排出系统主要用来控制一回路冷却剂升温速率在 28 ℃/h 范围之内。

在一回路冷却剂加热过程中，余热排出泵处于停运备用状态，设备冷却水系统始终供水。当一回路冷却剂平均温度达到 120 ℃，如果尚未完成加药除氧操作，需要启动余热排出泵阻止冷却剂温度升高，继续进行加药除氧。

余热排出泵停泵期间通过控制化容系统上充流量来调节余热排出系统管线的流量，以保证余热排出泵逐渐加热，防止泵的叶轮与泵壳接触卡住。

稳压器建立汽腔后，一回路压力控制从上充阀切换到稳压器控制方式。

4.3.4.5 系统的正常停运

系统正常停运在反应堆从冷停堆过渡到热停堆的过程中进行。

(1) 系统停运时外部的先决条件是：

① 冷却剂平均温度在 160～180 ℃之间；

② 反应堆冷却剂压力在 2.4～2.8 MPa 范围内；

③ 稳压器已可以控制反应堆冷却剂系统压力，安全阀可用；

④ 至少有 2 台主泵在运行；

⑤ 蒸汽发生器可用；

⑥ 柴油机应急电源系统、安全注入系统和安全壳喷淋系统可用。

(2) 系统停运的主要操作

余热排出系统停运过程中主要包括系统的降温、降压和压力监测等操作。

为避免泵的卡死现象，2 台余热排出泵交替运行，即当热交换器上游的温度比原来降低了 60 ℃时便停下运行中的泵，30 s 后启动另一台泵。

4.3.4.6 其他运行

(1) 用余热排出泵排反应堆顶换料水池的水

反应堆换料操作结束后，余热排出泵可从两条并列进水管吸水，经过余热交换器后将水送回换料水箱。此时余热排出系统排水阀是关闭的。

(2) 余热排出系统维修后的充水

余热排出系统维修后，可以有两条途径为其充水：

· 当反应堆压力容器封头移开和冷却剂水位在环路管道中心面以上时，余热排出系统可以靠重力通过余热排出系统进水口和出水口充水；

· 余热排出系统还用于与反应堆水池和乏燃料水池冷却和处理系统连接的两条管线充水。水源来自换料水箱，但此操作只能在一回路已打开，一回路压力等于大气压时才能进行。

(3) 余热排出泵或热交换器维修后的动态排气

余热排出系统水泵或热交换器管侧排水维修后进行充水时，需要进行动态排气，以便排出泵壳内或热交换器 U 型管(特别是倒 U 型管顶部)内的气体。

应该注意的是，余热排出泵体和热交换器管侧的维修一般只在卸料后的安全工况下进行。

① 余热排出泵的动态排气只需打开 V01～V04，及 V12、V13、V14 阀，打开所维修泵的前后隔离阀，进行充水和静态排气后，启动该泵，很快即可完成。

② 余热交换器倒置 U 形管的动态排气有两种方式：

· 开通余热排出系统的进水、排水管线，启动余热排出泵，将气体排入一回路；

· 开通余热排出系统与反应堆水池和乏燃料水池冷却和处理系统的连接管线，启动余热排出泵，将气体排入换料水箱。

4.4　压水堆换料及池水冷却和处理系统

压水堆核电站反应堆属于一次性装载核燃料，定期停堆换料类型的反应堆。堆芯燃料组件的合理管理，停堆后的换料操作，及其工艺系统的正常运行直接关系到核电站的经济效益和安全。本节将简单介绍堆芯换料原则、装卸料操作及反应堆换料水池和乏燃料水池的冷却和处理系统的功能、流程和运行。

4.4.1　堆芯富集度分区

典型电功率为 900 MW 和 600 MW 压水堆核电站堆芯燃料组件分别有 157 组和 121 组。组件在堆芯按 ^{235}U 富集度的不同分三个区装载，如图 2-2 所示。同一个区燃料组件内核燃料 ^{235}U 的富集度相同。一般来说三个区内的燃料组件数基本相等。新堆首次装料，即第一炉料时，分布于堆芯边缘的第三区，富集度最高，为 3.1%。第二区与第一区燃料组件呈棋盘状交替装载，富集度分别为 2.4%和 1.8%。第一区仅比第二区多 1 个燃料组件，位于堆芯中心栅格位置。核反应堆运行之后的换料，所有再装入的燃料，其 ^{235}U 的富集度则均为 3.25%(采用 12 个月换料周期)。

4.4.2　换料原则

核反应堆两次更换核燃料之间的间隔时间，一般称为“换料周期”。核燃料换料周期取决于核燃料装载量和核燃料燃耗。

对于富集度以三区划分的典型电功率为 900 MW 或 600 MW 压水堆核电站而言，每次换料更换 1/3 堆芯核燃料，换料后堆芯将重新布置。采用 12 个月燃料循环模式时，换料基本遵循以下原则：

(1) 卸出一区燃料组件；

(2) 将二区燃料组件装入一区栅格位置;

(3) 将三区燃料组件装入二区栅格位置;

(4) 将富集度为3.25%的新燃料组件装入三区栅格位置。

由上可见,对于新堆首次装入的第一炉燃料而言,一区1.8%富集度的燃料组件在堆芯内只停留了1个循环。二区2.4%富集度的燃料组件则在堆芯经过了2个循环。三区3.1%富集度的燃料组件在堆芯内需经过3个循环后才能卸出。由此也可看出,之后换料,所有入堆的燃料组件在堆芯均需停留3个循环。这种堆芯称为平衡堆芯。换料入堆的新燃料^{235}U的富集度(3.25%)为选定的平衡富集度。

4.4.3 换料操作

4.4.3.1 换料状态

核反应堆在决定进行换料操作前,必须进行换料前的各种准备,使反应堆及相关系统、设备进入换料状态。只有具备下述状态,才能进行换料。

(1) 反应堆处于换料冷停堆状态。冷却剂中硼酸浓度在(2 100±100) mg/L。冷却剂温度在60 ℃以下,堆芯余热靠余热排出系统导出。

(2) 乏燃料贮存水池冷却系统正常运行,以保证能够顺利导出即将放入水池的乏燃料组件放出的余热。

(3) 换料期间使用的设备均事先经过检验,并处于备用状态。

(4) 换料水池充水前,冷却剂回路水已得到净化,尤其是铯和氚不能超过浓度限度。

(5) 专用装置安装就绪并已处于备用状态。

① 换料水池内尤其在堆芯部位的水下照明良好;

② 换料水池水已经过过滤与去渣;

③ 换料水池水位探测器和意外排水低水位报警装置可以正常工作;

④ 换料水池和乏燃料水池池面附近的放射性探测器工作正常,能对诸如燃料组件跌落造成的放射性裂变气体的意外释放进行监测报警。

4.4.3.2 换料设备

图4-14为核电站压水堆主要的换料设备和所在厂房的位置。

(1) 反应堆换料水池

核燃料组件装卸时,换料水池可以确保生物防护。换料操作由可以在X、Y坐标方向移动的装卸料机实现。该装卸料机借助2个位于燃料组件上方的指示器的指示进行定位,找到堆芯相应的燃料组件栅格位置。

(2) 乏燃料贮存水池

乏燃料贮存水池位于核电站安全壳旁边的辅助厂房内。乏燃料贮存水池一直处于充满水的状态。它用于放置从堆卸出的乏燃料组件。水池中设有许多贮存架,可以存放10年加一个堆芯的乏燃料组件。乏燃料贮存水池厂房内的乏燃料装卸操作,在装卸料操作台上实现。它可以在X、Y坐标方向移动,通过指示器定位找到相应的贮存架位置。

(3) 输送系统

反应堆换料水池与乏燃料水池通过输送系统连接并传送核燃料组件。该系统包括1个

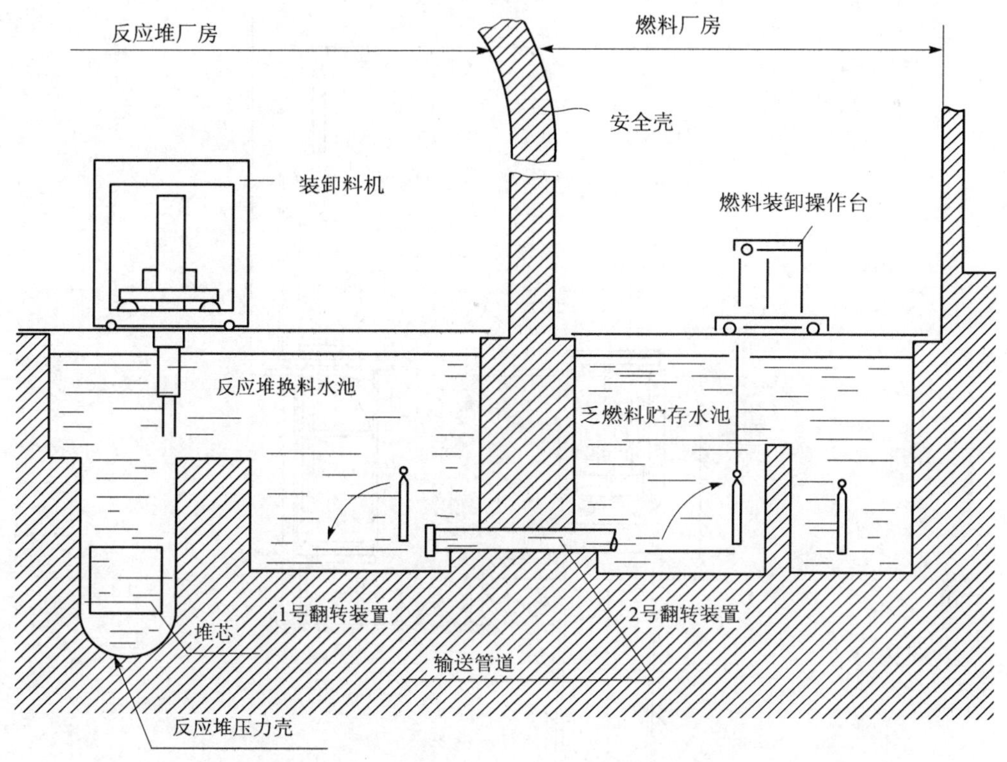

图 4-14　压水堆换料水池、乏燃料水池和输送系统

输送管道和管道内的机械传送装置，2 个分别置于换料水池和乏燃料水池内的翻转装置。装卸料机在堆芯抓取 1 个乏燃料组件后，将它垂直放入位于换料水池的 1 号翻转装置内。翻转机将乏燃料组件转到水平位置并送入输送管道。机械传送装置将乏燃料组件送至乏燃料水池并放入置于水池内已在水平位置的 2 号翻转装置内。2 号翻转机将乏燃料组件转到垂直位置。装卸料操作台取出乏燃料组件，将其放入相应的贮存架内。位于乏燃料水池的新燃料组件同样利用输送系统装入堆芯，操作程序相反。

4.4.3.3　装卸料操作

(1) 拆除堆顶附件

拆除附件前堆顶附件如图 4-15。拆除堆顶附件的目的是为了进一步进行堆顶开盖等操作，为装卸料创造条件。这些附件是：

a. 防飞射物板；

b. 控制棒驱动机构通风管道；

c. 控制棒驱动机构电缆接头；

d. 热电偶套管装置；

e. 压力壳顶盖保温层。

(2) 拆除压力壳顶盖螺栓(图 4-16)

a. 在压力壳和换料水池底部之间放置一个密封环(如果必要)；

b. 用螺栓张力器松开螺母；

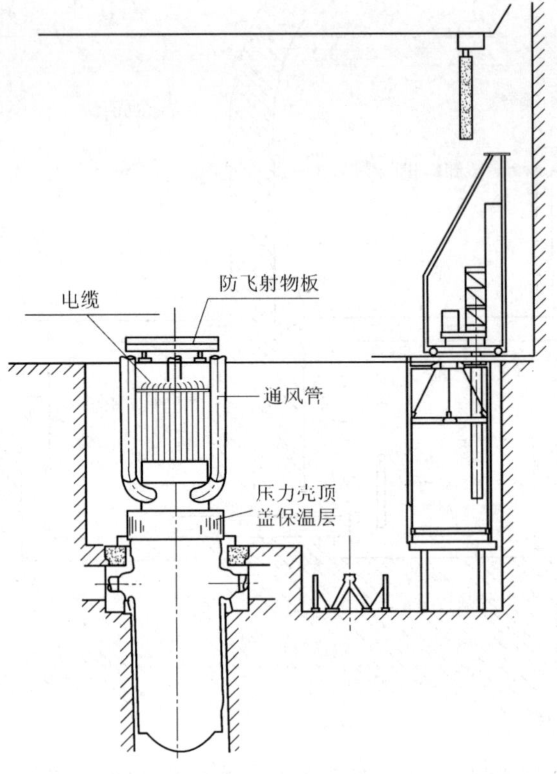

图 4-15 拆除堆顶附件

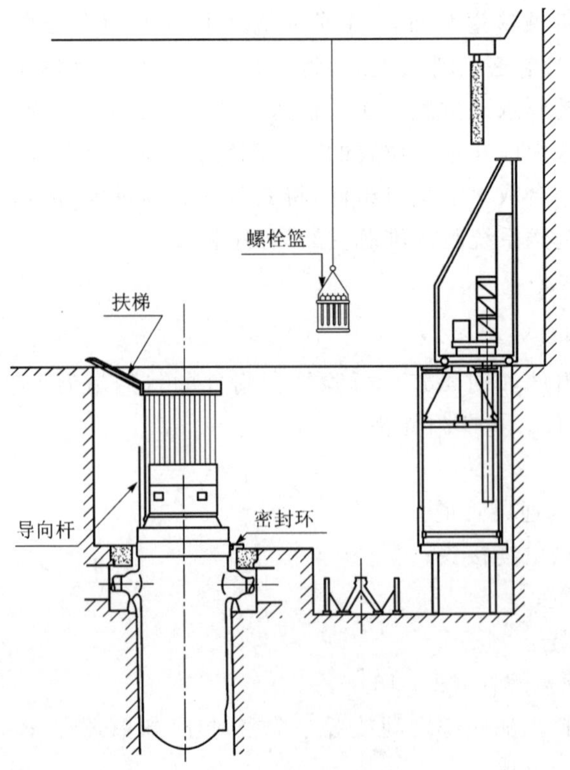

图 4-16 拆除压力壳顶盖螺栓

c. 将螺母、螺栓、垫圈卸下放入螺栓篮内；

d. 在螺栓孔内装上塞子及3根导向杆；

e. 顶部装搭上扶梯，以便挂上吊具。

(3) 起吊顶盖(图4-17)

a. 使用安全壳顶部环形吊车，挂上带有测力计的起吊装置；

b. 边观察测力计，边缓慢将顶盖吊起。同时向换料水池注水，使池水位一直低于顶盖法兰的下表面。池水硼浓度应与冷却剂回路硼浓度相同[(2 100±100) mg/L]；

c. 将顶盖放于换料水池外的支承架上或专用房间内；

d. 操作过程中要对放射性进行监测。

(4) 脱开控制棒驱动杆(图4-18)

控制棒驱动机构的解锁和拆开，由一个装在装卸料机上的专用工具完成。

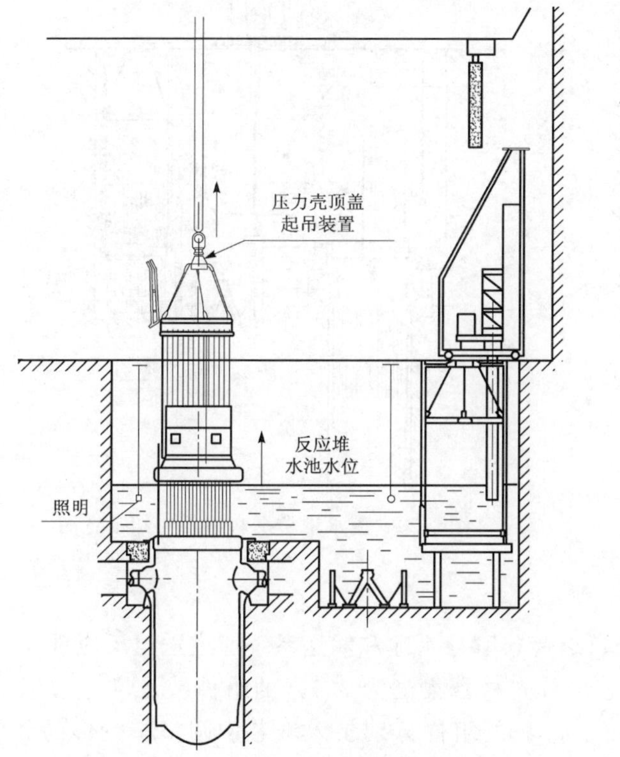

图4-17 起吊压力壳顶盖示意图

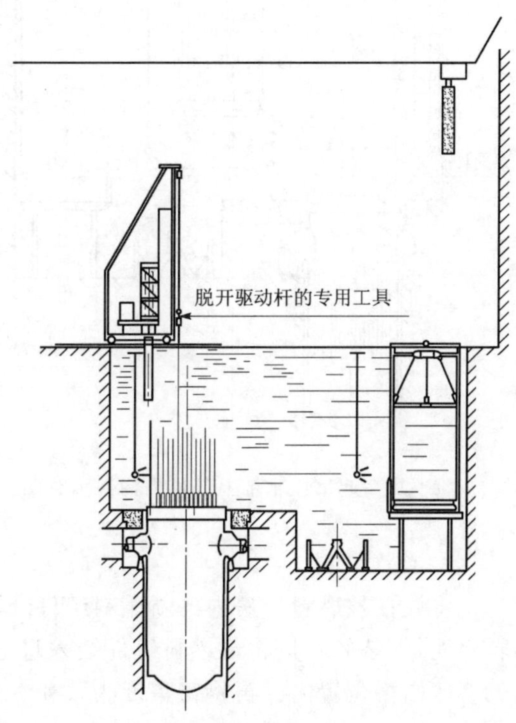

图4-18 脱开压力壳顶部控制棒驱动杆示意图

(5) 起吊上部堆内构件(图4-19)

a. 操作装有测力计和专用装卸工具的环形吊车；

b. 借助3根导向杆将专用装卸工具置于压力壳上方；

c. 挂上挂钩，边观察测力计边缓慢吊起上部堆内构件；

d. 将上部堆内构件放置在反应堆换料水池内的支承台上。

(6) 燃料组件装卸(图4-20)

操作装卸料机，进行堆芯核燃料组件的装卸。燃料组件在反应堆换料水池与乏燃料贮存水池间的传送，则由输送系统完成。

在燃料组件装卸中，可分三种情况，即新堆首次第一炉装料；首次循环后的第一次换料；第二个循环后及以后的换料三种。

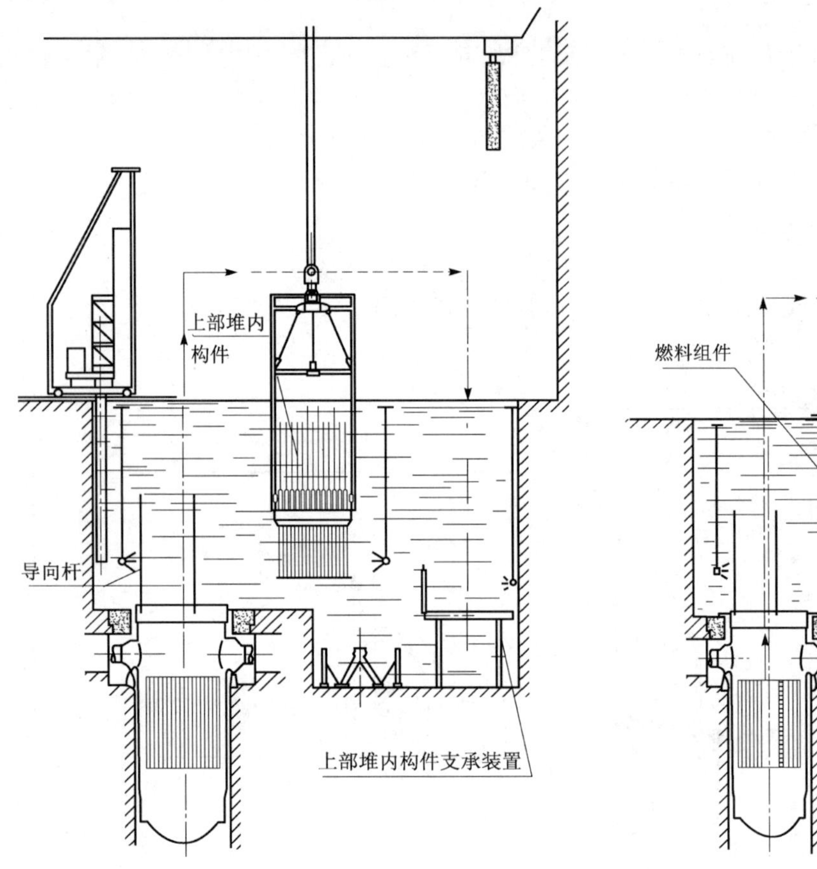

图 4-19 起吊压水堆上部堆内构件示意图

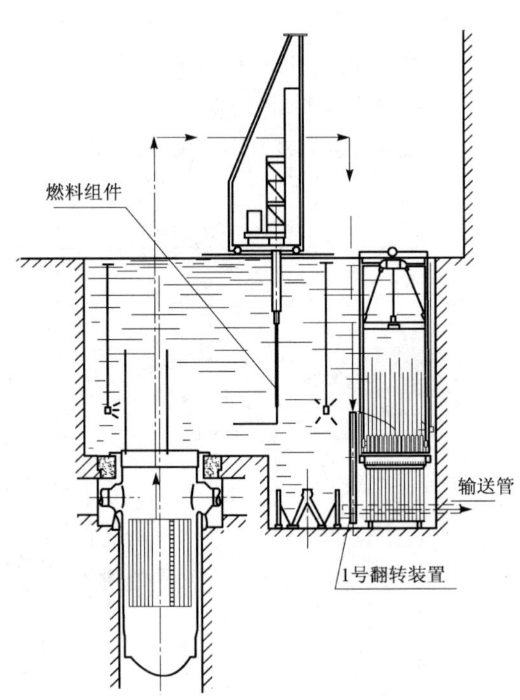

图 4-20 压水堆核燃料组件装卸示意图

a. 首次装料

将放在核燃料厂房内的新燃料组件经过乏燃料贮存水池和输送系统通道送至反应堆换料水池，由装卸料机将新燃料组件装入堆芯。首先将富集度为 3.1%的组件装入堆芯边缘的 3 区栅格位置内。再将富集度为 2.4%和 1.8%的组件分别装入堆芯中间呈棋盘形的 2 区和 1 区栅格位置内。燃料组件内根据第一炉料配置要求配备了以下功能组件：控制棒组件、可燃毒物棒组件、初级中子源棒组件、次级中子源棒组件和阻力塞棒组件。典型电功率为 900 MW 和 600 MW 压水堆核电站第一炉料功能组件数量见表 4-13。

b. 首次换料

- 将新燃料组件集中存放于乏燃料水池的某个区域；
- 将堆芯燃料组件全部卸出，放在乏燃料贮存水池贮存架内，以便检查堆内构件；
- 进行功能组件的倒换，将从燃料组件中取出的全部可燃毒物棒组件和初级中子源棒组件存放于乏燃料贮存水池贮存架上；

表 4-13　典型电功率为 900 MW 和 600 MW 压水堆第一炉料堆芯功能组件数量

	控制棒组件	可燃毒物棒组件	初级中子源棒组件	次级中子源棒组件	阻力塞棒组件	组件合计
900 MW 压水堆核电站	49 组	66 组	2 组	2 组	38 组	157 组
600 MW 压水堆核电站	33 组	52 组	2 组	2 组	32 组	121 组

· 将富集度为 3.25％的新燃料组件装入堆芯边缘的 3 区栅格位置内。将第一次循环中用过的原 2 区和 3 区的燃料组件分别重新装入堆芯 1 区和 2 区栅格位置内。

第一次循环后的首次换料结束后堆芯应有功能组件见表 4-14。

表 4-14　典型电功率为 900 MW 和 600 MW 压水堆第二炉料及以后的堆芯功能组件数量

	控制棒组件	可燃毒物棒组件	初级中子源棒组件	次级中子源棒组件	阻力塞棒组件	组件合计
900 MW 压水堆核电站	53 组[1]			2 组	102 组	157 组
600 MW 压水堆核电站	33 组			2 组	86 组	121 组

注：1）若换料周期为 18 个月，则控制棒组件为 61 组。

c. 第二次及以后的换料

· 将新燃料组件集中存放于乏燃料水池的某个区域；

· 将堆内燃料组件卸至乏燃料水池，进行燃料组件检查；

· 进行功能组件的倒换；

· 向堆内装料。

应该指出，上述装卸料操作和功能组件的倒换仅是简单描述。实际操作需要制订出详细计划和程序。换料中燃料组件区间倒换需根据实际情况经堆芯换料计算决定。

4.4.4　辐照样品的装卸

为了在反应堆整个寿期内监督压力壳的材料性能，压水堆在首次装料时将与压力壳相同材料的辐照样品装入下部堆内构件热屏外侧的辐照样品导管内，以随堆辐照考验。以后每次换料将分批卸出部分该辐照样品送往实验室进行分析。

卸出辐照样品，首先利用连接在环形吊车上的工具打开样品导管上部的端塞，随后利用一个专用装置抓取样品，将辐照样品卸出放于专用运输容器（图 4-21、图 4-22）。

4.4.5　装卸料后恢复

装卸料结束后，反应堆上部堆内构件、控制棒驱动杆、压力壳顶盖以及顶部诸多附件都必须重新连接、装配好，以便进行下一个循环的运行。这些工作应按装卸料前所有操作的相反方向重新进行。其中在压力壳顶盖就位时应将反应堆换料水池的水逐渐全部排出，以避免含硼水长期与压力壳铁素体钢外表面接触。

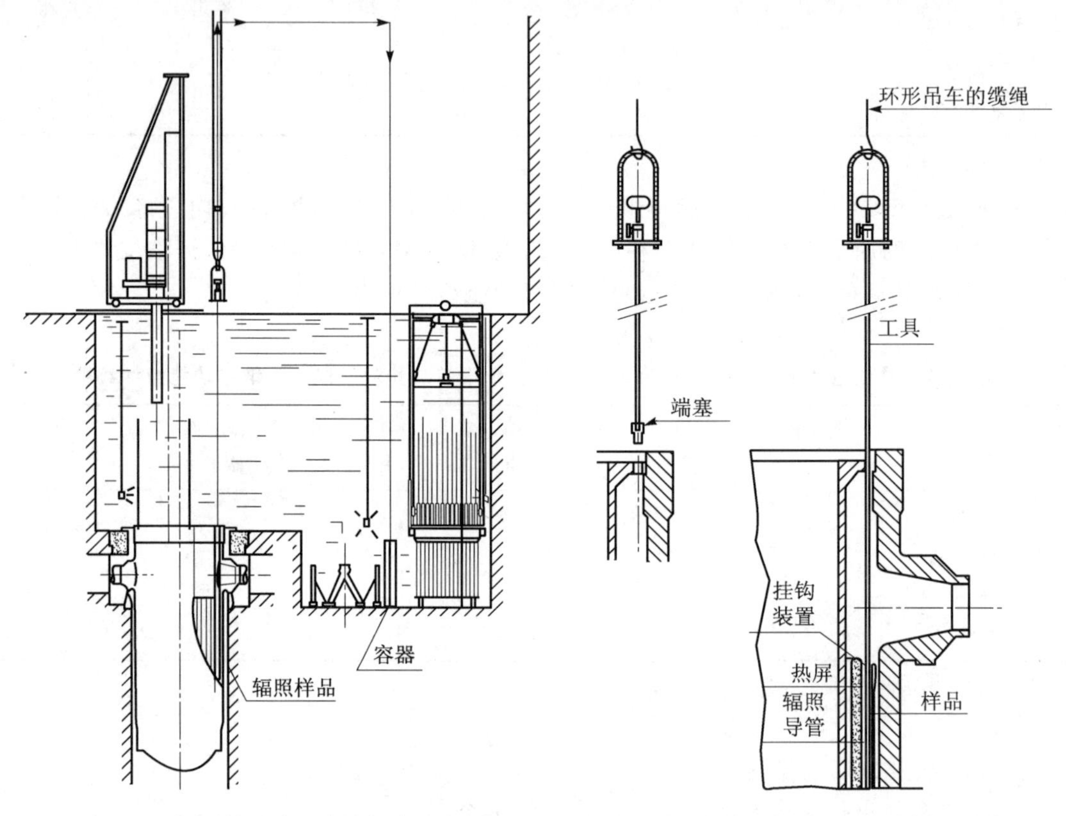

图 4-21 辐照样品从压水堆卸出流程图　　图 4-22 利用专用工具抓取样品示意图

4.4.6 反应堆换料水池和乏燃料水池的冷却和处理系统

4.4.6.1 系统功能

(1) 冷却功能

冷却乏燃料水池中的燃料元件，导出其剩余发热。

(2) 净化功能

① 去除乏燃料水池中的裂变产物和腐蚀产物，限制乏燃料水池的放射性水平；

② 过滤清除反应堆换料水池和乏燃料水池中的悬浮物，以保持水中良好的能见度。

(3) 充排水功能

① 在机组换料或停堆检修时，对反应堆换料水池(包括换料腔隔室和堆内构件贮存隔室)进行充水和排水；

② 向乏燃料水池充以硼浓度为 2 200 mg/L 的含硼水，使水池有足够的水层，为操作人员提供足够的生物防护。当水池中贮存有乏燃料组件时，不能把水池的水排空；

③ 向燃料输送水池和乏燃料装罐水池充水和排水。

(4) 安全功能

① 保持乏燃料处于次临界状态;

② 为安全壳喷淋系统及安全注入系统提供必要的含硼水;

③ 机组换料或停堆检修时,在一回路已经开启后,余热排出系统不能投入时,该系统作为余热排出系统的应急备用投入运行,导出余热。

4.4.6.2 系统组成及流程

系统由反应堆水池、乏燃料水池、换料水箱和它们所连接的冷却、净化、充水、排水等回路组成。系统流程如图4-23。

系统所涉及的水池有5个,它们是反应堆换料水池(包括堆压力壳顶部的换料腔隔室和堆内构件贮存隔室)、燃料输送水池、乏燃料贮存水池、乏燃料装罐水池及乏燃料屏蔽运输容器罐冲洗水池。整个系统有2个水箱、5台泵、2台热交换器、1台除盐床和5台过滤器,其中有2台过滤器为同一电站2座核反应堆水池和乏燃料水池冷却和处理系统共用,位于核辅助厂房。

(1) 反应堆水池的充、排水,冷却和净化回路

① 充、排水回路

反应堆水池充水,用换料水箱的含硼水,利用01、02水泵充入换料水池的两个隔室。在反应堆压力容器打开以后,也可利用安全注入系统低压安注泵通过环路向反应堆水池充水。

反应堆水池排水时,则通过两个隔室池底部出水管,利用02、05水泵将池水送回换料水箱。大修卸料后,可利用2台余热排出泵和该系统02、05水泵排水。最后通过地漏将水排尽(排入核岛排气疏水系统)。

② 冷却回路

反应堆余热排出系统保持堆腔冷却剂及压力壳顶部隔室水池温度不超过60 ℃。当余热排出系统失效时则用乏燃料水池偶数冷却系列替代余热排出系统执行冷却任务。

③ 净化回路

在整个压力壳顶盖开启和向堆换料水池充水过程中,要用余热排出系统、化学与容积控制系统和硼回收系统来去除冷却剂中的污杂物。水中裂变气体和溶解氢则通过化容系统的容控箱和硼回收系统的脱气器来去除。

压力壳开盖及换料水池充水后,过滤回路则通过05水泵和03、04过滤器处于继续运行状态。过滤流量为100 m^3/h,2台过滤器各分担50%,相当于在14 h内处理反应堆换料水池池水一次。

④ 水池表面撇沫回路

反应堆换料水池水面去除浮渣、泡沫等杂质采用可移动漂浮式撇沫器吸入口。撇沫经水箱进入04水泵将水送到05水泵的吸入口,增压后通过2台并联的03、04过滤器后返回换料水池。撇沫流量控制在5 m^3/h。撇沫操作不需连续运行,只有在需要提高池水纯度和透明度时才启动运行。04水泵运行一段时间,撇沫管路充满水并到达05水泵后,04水泵即可停止,可仅靠05水泵运行。

(2) 乏燃料水池的充水、排水、冷却和净化回路

① 充水回路

乏燃料贮存水池、燃料输送水池及乏燃料装罐水池充水,利用换料水箱内的含硼水经

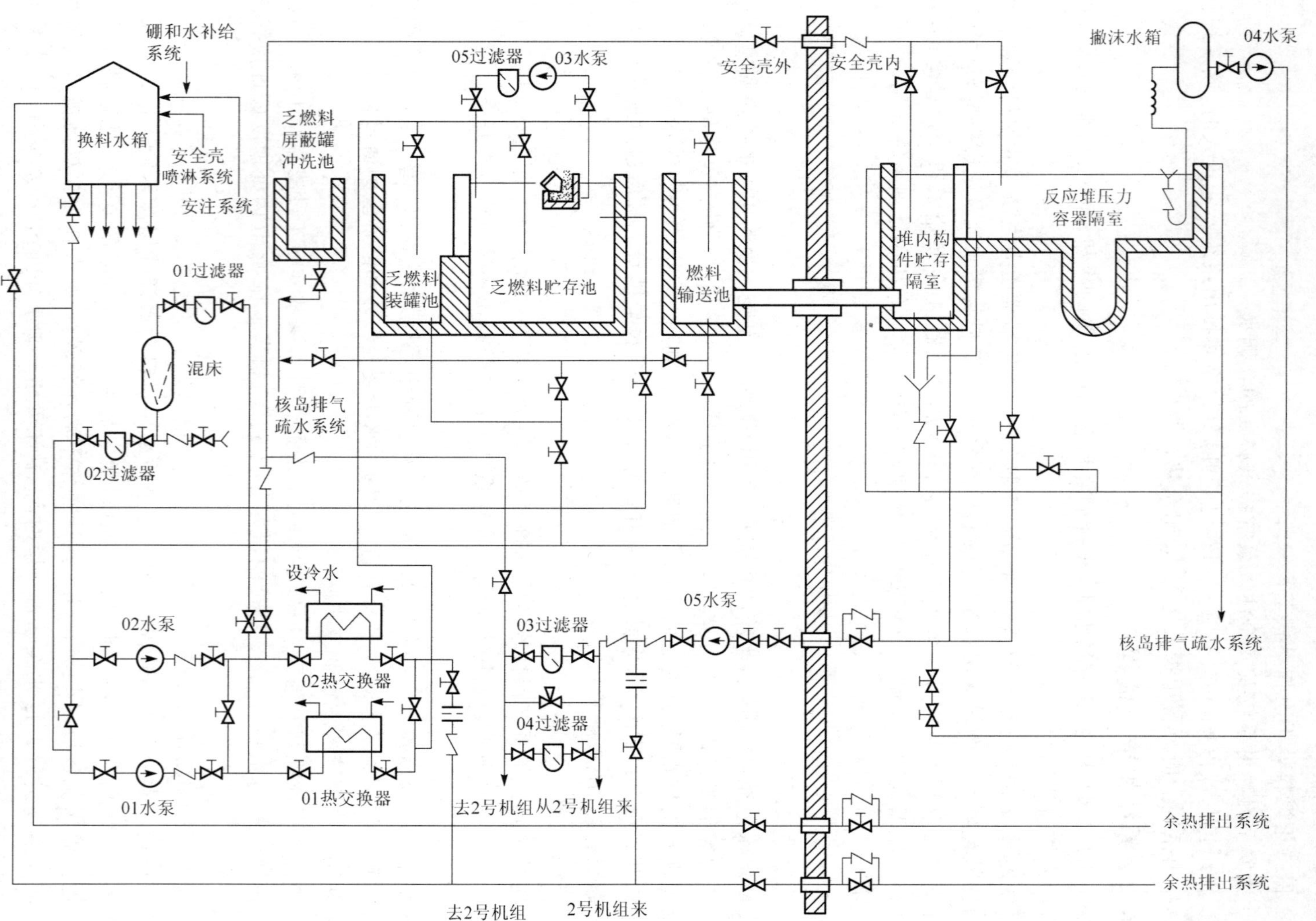

图 4-23 反应堆换料水池及乏燃料水池冷却和处理系统流程

01、02 水泵和 01、02 热交换器充入。

② 排水回路

乏燃料贮存水池的水，为了屏蔽安全，一般不能被排掉。必要时(如乏燃料外运后的检修)，可使用临时接管用潜水泵进行特殊情况下的排空。燃料输送水池及乏燃料装罐水池 2 个水池，可通过 01 或 02 水泵向换料水箱排水，也可直接排往排气疏水系统。

③ 冷却回路

回路由 2 台 90 kW、360 m^3/h、50 m 的水泵(01、02)和 2 台冷却能力 100%的热交换器构成 2 套非对称布置的管线。每套都能独立保证对反应堆水池和乏燃料水池冷却和处理系统的冷却或作为余热排出系统的应急备用。循环冷却流量 300 m^3/h。但两项任务同时进行时，只有偶数管线能够作余热排出系统的应急备用。热交换器二次侧由设备冷却水系统供水。回路水泵入口、热交换器出口均与乏燃料贮存水池、燃料输送水池和乏燃料装罐水池相连接。同时与余热排出系统并联。

④ 净化回路

净化回路是利用跨接在 01、02 水泵进出口两端的旁通管线实现。由进出口过滤器和中间的除盐床组成。进口过滤器去除水中的颗粒状杂质(＞5 μm)，出口过滤器防止碎树脂进入系统。除盐床去除离子状态的腐蚀杂质和裂变产物。净化流量用净化回路入口阀门调节在 60 m^3/h，温度控制在 60 ℃以下，以免离子交换树脂失效。必要时可以用核岛除盐水分配系统的除盐水清洗除盐床。

⑤ 水面撇沫

水面撇沫回路用来去除水池水面的泡沫、浮渣，以提高水的纯度和透明度。回路由撇沫器、03 水泵和 05 过滤器组成。为了防止水表面扰动而影响能见度，撇沫器不采用漂浮式可移动撇沫，而采用固定于水池壁水下吸入的撇沫器。回路流量通过阀门控制在 5 m^3/h。过滤器去除水中大于 5 μm 的颗粒状杂质。

(3) 乏燃料屏蔽罐冲洗池充排水

乏燃料在装入屏蔽罐运输出厂房之前，为了确保屏蔽运输罐表面清洁，基本不污染，必须在乏燃料屏蔽罐冲洗水池进行冲洗，合格后方允许运出厂外。冲洗用水来自核岛除盐水分配系统。冲洗使用过的水则排向核岛排气和疏水系统。

4.4.6.3　系统主要设备

这里以典型 900 MW 压水堆的一个机组为例对该系统的设备作简要说明。

(1) 反应堆水池

反应堆水池位于反应堆厂房内，池面高为 20 m，总水容积为 1 310 m^3。它分为两个部分：

① 换料腔(或称为堆腔)，该水池位于反应堆压力容器的正上方，池底标高为10.862 m，容积为 520 m^3；

② 堆内构件贮存池，该水池与换料腔相连，池底标高为 7.5 m，容积为 790 m^3。

这两个水池之间用气密封挡板隔开，可单独进行充排水。机组正常运行时，反应堆水池是不充水的。

只有在换料、反应堆压力容器封头需要打开的情况下，反应堆水池才予充水。水池满水的水位标高为 19.5 m。

(2) 乏燃料水池

乏燃料水池位于燃料厂房内,池面标高也是 20 m,总水容积为 1 800 m^3,它分为四个部分:

① 燃料输送池:容积为 235 m^3,池底标高为 7.5 m,池底有一个连接燃料厂房核反应堆厂房堆内构件贮存池的传递通道,乏燃料由换料机从反应堆内吊出后,由运输小车将其穿过传递通道,送入燃料输送池。

通道在燃料输送池侧设有一个闸阀,可将通道隔离,在堆内构件贮存池侧由盲板法兰将其隔离。正常运行时,通道是隔离的,换料时才打开。

② 乏燃料贮存池:水容积为 1 326 m^3,池底标高为 7.5 m。它可以存放 13/3 个堆芯的燃料组件,这些燃料组件被分放在 20 个格架内。其中,在 5 个格架各存放 30 个燃料组件,有 15 个格架各存放 36 个燃料组件,总共可存放 690 个燃料组件。另外还备有一个可存放 5 个破损燃料组件的格架。该池只要有乏燃料就必须充满水,且维持正常水位。

③ 乏燃料运输罐装罐池:水容积为 230 m^3,池底标高为 7.26 m,乏燃料在该池被装入运输用的铅罐内。

以上三个水池彼此相通,并用气密闸门隔离,闸门由仪用压缩空气分配系统供气胀封,手动操作。三水池满水的水位标高亦为 19.5 m。

④ 燃料运输罐冲洗池:与乏燃料运输罐装罐池相邻,但不相通,池底标高为 14.25 m,燃料运输罐在该池内进行冲洗。

(3) 水箱

· 换料水箱

换料水箱被安装在反应堆厂房外面,四周设有钢筋混凝土围墙,围墙可在事故情况下包容水箱的水容量。水箱底标高为 1.02 m。

换料水箱在反应堆冷却剂系统出现失水事故下为反应堆提供应急水源。反应堆换料时,换料水箱可实现反应堆水池的充水和排水。失水事故时,换料水箱可提供 2 台高压安注泵、2 台低压安注泵和 2 台安全壳喷淋泵同时运行 20 min 的水容量。换料水箱有效容积不小于 1 600 m^3,硼水的硼浓度为(2 100±100) mg/L。水箱内硼水温度为 7~40 ℃(最大工作温度 60 ℃),由电加热器和安全壳喷淋系统保证。水箱内电加热器共有 6 个,每个 12 kW。水箱水温不得低于 7 ℃,以防止水中硼结晶。水箱含硼水由硼水补给系统补给。水箱顶部设有排气、溢流管。

· 撇沫水箱

撇沫水箱容积仅为 7 L,主要用来保持换料水池撇沫回路 04 水泵吸入端有足够的压头;启动时为该水泵灌水,通过水箱排除撇沫器吸入的气体。

(4) 水泵

· 冷却循环泵

2 台冷却循环泵不是对称排列的,而是前后排列。其最小吸入压力(表压)为 0.08 MPa,正常流量为 360 m^3/h(冷却乏燃料水池时)或 300 m^3/h(作为余热排出系统备用时),泵电压为 380 V。

· 乏燃料水池撇沫泵

卧式离心泵,其最高吸入压头为 0.1 MPa,额定流量为 5 m^3/h,总扬程为 32 m,电机电压为 380 V。

· 反应堆水池撇沫泵

卧式离心泵，额定流量为 6 m^3/h，最小吸入压力为 0.01 MPa，总扬程为 20 m，最高工作温度为 60 ℃。

· 反应堆水池净化泵

卧式离心泵，额定流量为 100 m^3/h，最高吸入压头为 0.15 MPa(表压)，总扬程为 42 m 水柱，电压为 380 V。

(5) 热交换器

2 台卧式列管热交换器运行参数见表 4-15。

表 4-15　反应堆换料水池和乏燃料水池冷却和处理系统热交换器运行参数

	管外(冷侧)	管内(热侧)
流量/(m^3/h)	450	300
进口温度/℃	35	50
出口温度/℃	42	39.5
热负荷/MW	3.58	
进口压力(表压)/ MPa	0.70	0.75
最大压降/ MPa	0.15	0.05

(6) 过滤器

过滤器用于去除水中大于 5 μm 的颗粒。该系统共设置了 5 台过滤器：乏燃料水池净化用过滤器 2 台(01、02)、反应堆水池用过滤器 2 台(03、04)以及乏燃料水池撇沫用过滤器 1 台(05)。其中 03、04 过滤器安装在核辅助厂房内，为电站 2 座反应堆共用，可各自隔离维修，流量可通过旁通阀调整。

(7) 除盐床

反应堆水池和乏燃料水池冷却和处理系统中除盐床为混床，混床中阴离子交换树脂(强碱，季铵 1 型)和阳离子交换树脂(强酸，氢型磺酸)交换容量大致相等。其最大工作压力为 0.9 MPa，最高工作温度为 60 ℃。

4.4.6.4　系统运行

(1) 系统正常运行

对于反应堆水池，在反应堆维修或换料的情况下，反应堆堆芯的剩余释热由余热排出系统的正常运行带出。

对于乏燃料水池，正常运行时按贮存 10/3 个堆芯考虑。只要贮存水池中存有乏燃料组件，水池必须充满水，以起生物屏蔽作用。且必须投入 1 台冷却循环泵和 1 台热交换器进行冷却。同时分流一部分冷却流量用于净化。冷却和净化的操作都是连续进行的。需要提高池水纯度和透明度时，则启动水面撇沫回路。

(2) 特殊稳态运行

对于反应堆水池，当一回路处于打开状态(压力容器封头、蒸汽发生器或稳压器人孔打开)且一回路水温低于 70 ℃时，如果余热排出系统不可用，反应堆换料水池和乏燃料水池的冷却和处理系统的偶数系列将作为余热排出系统的应急备用，冷却堆芯。此时冷却流量为 300 m^3/h，可带出 3.58 MW 的热负荷。

对于乏燃料水池，在反应堆压力容器要进行检查时，将按贮存 13/3 个堆芯燃料组件来考虑，须带出的剩余释热量可达 7.22 MW。此时须投入 2 台冷却循环泵和 2 台热交换器。冷却流量限制在 600 m^3/h，为保证乏燃料水池的温度不超过 60 ℃，设备冷却水流量将达到

450 m^3/h。

(3) 事故工况下的运行

① 设备冷却水系统失效

在这种情况下，为了保证热交换器的冷源，可及时将设备冷却水系统管线切换至另一条管线。时间较短，不会对系统热交换器运行造成后果。

在失水事故时，设备冷却水系统通向本系统的配水管线将自动隔离。此时就要切换至另一机组的一条设备冷却水系统管线。

② 冷却循环泵失效

冷却循环泵失效后，乏燃料水池的水温将逐渐上升。在贮存 10/3 堆芯燃料组件的最高释热情况下，池水约在 13 h 内从 50 ℃升至 80 ℃，21.5 h 内由 50 ℃升至 100 ℃。达到水的沸点；在贮存 13/3 堆芯燃料组件的最高释热情况下，则约在 3 h 内从 65 ℃升至 80 ℃，约在 7.5 h 内由 65 ℃升至 100 ℃。因此要求冷却循环泵必须备有足够量的备品备件，并能在7 h 内恢复功能。

当水池中的水温超过 70 ℃时，将出现报警信号。

③ 冷却循环泵失去电源

在此情况下，须切换电源或改换冷却回路管线。

④ 热交换器失效

如果热交换器下游通向水池的输水管路上的温度检测装置报警($T>45$ ℃)，说明热交换器失效。此时亦须将冷却回路切换至备用管线，并将事故热交换器隔离。

⑤ 失水事故(LOCA)

发生 LOCA 30 s 后，相应安全注入系统和安全壳喷淋系统的水泵吸入侧隔离阀打开，3 台高压安注泵中的 2 台和 2 台低压安注泵开始向堆冷却剂系统输送水，安全壳喷淋泵开始向喷淋管供水。水源来自换料水箱，水量能保持 2 个系统同时运行 20 min。这个阶段称直接安注和喷淋阶段。

当换料水箱水位降到 Low3 水位阈值时，低压安注泵和安全壳喷淋泵切换到安全壳集水坑吸水，这一阶段称为再循环阶段。事故下所有操作都是自动的。换料水箱水位监测及整定值报警为操纵员留有足够时间，以便在自动控制失效时能进行正确操作。换料水箱正常水位：15.6 m；几个报警水位依次为：Low1＝15.3 m，Low2＝5.9 m，Low3＝2.1 m。

4.5 设备冷却水系统

设备冷却水系统是核岛设备与重要厂用水系统之间的一个中间回路。在核电站所有运行工况下，设备冷却水系统对核岛所有需要冷却的设备提供设备冷却水，并通过设备冷却水系统热交换器，将热量传递给最终热阱——海水。

在机组正常运行工况下，设备冷却水压力一般都低于反应堆冷却剂系统及与其相连通的系统的压力，以防止设备冷却水系统的除盐水在热交换界面出现泄漏时进入反应堆冷却剂系统而引起冷却剂硼稀释(在维修或换料冷停堆时，设备冷却水系统压力将高于反应堆冷却剂系统压力)。

4.5.1 系统功能

(1) 冷却功能

系统向核岛内各热交换器提供冷却水,并将其导出的热量通过重要厂用水系统传到海水中。

(2) 隔离功能

该系统是核岛各热交换器与海水之间的一道屏障。它既可以避免放射性流体不可控地释放到海水中而污染环境,又可以防止海水对核岛各热交换器的腐蚀。

(3) 安全功能

设备冷却水系统所冷却的设备中,有一部分是与核安全有关的,如安全壳喷淋系统热交换器等。因此在事故工况下该系统作为专设安全设施的支持系统,将热量经重要厂用水系统排入海水。

4.5.2 系统组成及流程

设备冷却水系统是采用除盐水作循环介质的封闭回路。对核电厂的每一个机组而言,设备冷却水系统包含有2个与核安全有关的独立管线(A、B两个系列)、1个公共管线,2个机组之间还有1个机组共用管线,系统流程见图4-24。

4.5.2.1 两条独立的管线

设备冷却水系统是由A、B两个容量各为100%的独立管线组成。每个管线并联布置2台容量各为100%的冷却水泵和2台容量各为50%的设备冷却水/重要厂用水板式热交换器,泵的吸入口设置有1个有效容积为8.5~10 m^3的高位波动水箱,波动水箱布置在比水泵入口高约10 m处,用以提供泵的吸入压头和补偿由于温度变化或系统泄漏而引起的水体积的变化。当波动箱水位因泄漏损耗下降时,由核岛除盐水系统对设备冷却水系统补充除盐水。如果因水温升高体积膨胀或过分充水而造成水位上升太高时,多余的水将溢流到核岛排气疏水系统。

系统两条独立管线的4台水泵,其传动电源分别由两路相互独立的用柴油发电机组作备用的应急电源供电。

两条独立管线上的用户为第一类用户。第一类用户是指反应堆安全设施中的设备和冷却停堆期间必须冷却的设备,如安全壳喷淋系统中的热交换器和泵、余热排出系统中的泵和热交换器等。这部分设备的冷却由于其安全上的重要性,需要有100%的冗余度,因此由设备冷却水系统的两条独立管线各供应一半设备的冷却。表4-16为两路独立管线上的用户。

4.5.2.2 公共管线

表4-17为设备冷却水系统公共管线用户。其中前6个用户每个设冷水管各自独立互不干扰;后4个用户共用1根母管供水,其进出口母管用电动阀V12/V13隔离。

公共管线上的用户是第二类用户。第二类用户是指在事故工况下不需投入运行的设备,其冷却水可由设备冷却水系统中两条管线的任一条管线供应(或两条管线同时供应),必要时可通过电动阀V01、V07和V02、V06使其隔离。

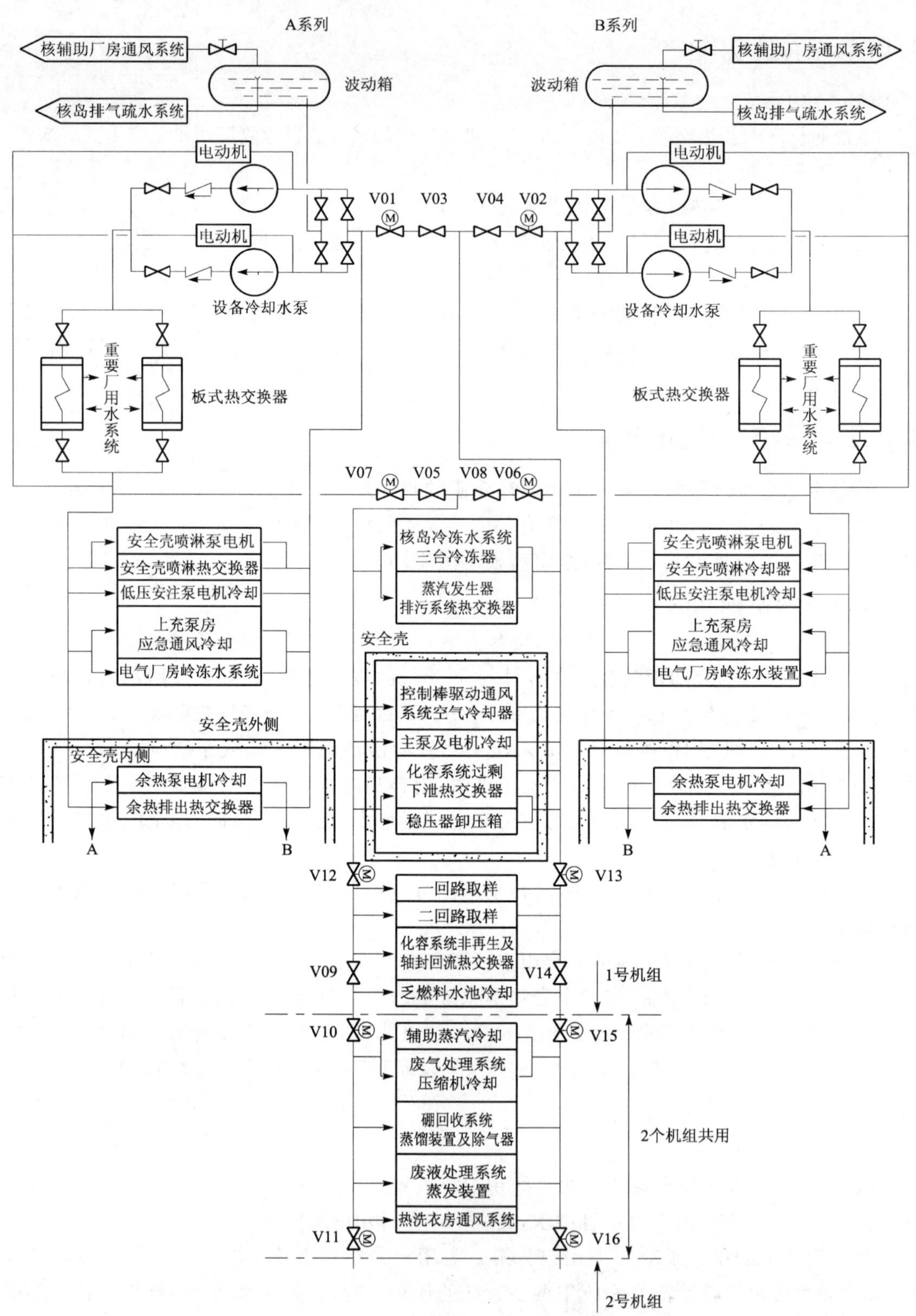

图 4-24 设备冷却水系统流程图

表 4-16　两条独立管线上的用户　流量(m^3/h)/热负荷(MW)

管线 A/B	启　动	运　行	冷停堆[1]	保持冷停堆[2]	失水事故	次临界停堆
安全壳喷淋系统 01/02 2 台热交换器 01/02 2 台喷淋泵	 0/0 3.8/0	 0/0 3.8/0	 0/0 3.8/0	 0/0 3.8/0	 1 920/52.9 3.8/0.02	 0/0 0/0
电气厂房冷冻水系统 01、03/02、04 冷凝器	130/1.06	130/1.06	130/1.06	130/1.06	130/1.06	130/1.06
上充泵房应急通风系统 01/02　冷却器	33.8/0.18	33.8/0.18	33.8/0.18	33.8/0.18	33.8/0.18	33.8/0.18
安全注入系统 01/02　低压安注泵	3.8/0	3.8/0	3.8/0	3.8/0	3.8/0.02	3.8/0
余热排出系统 01/02 2 台余热交换器 01/02 2 台余热排出泵	 0/0 0/0	 0/0 0/0	 1 000/33.2 3/0.02	 1 000/9.75 3/0.02	 0/0 0/0	 1 000/37.2 3/0.02
设备冷却水系统 01、03/02、04 4 台冷却水泵	3.7/0.1	3.7/0.1	3.7/0.1	3.7/0.1	3.7/0.1	3.7/0.1

注：1) 停堆后 4～20 h；2) 停堆后 20 h 以上。

表 4-17　设备冷却水系统公共管线用户　流量(m^3/h)/热负荷(MW)

	启　动	运　行	冷停堆	保持冷停堆	失水事故	次临界停堆
反应堆冷却剂系统 3 台主泵	350.4/2.5	350.4/2.5	350.4/1.09	350.4/0	0/0	350.4/1.09
反应堆冷却剂系统 卸压箱	1/0.03	1/0.03	1/0.01	0/0	0/0	1/0.01
化学和容积控制系统过剩下泄热交换器	75/1.46	0/0	0/0	0/0	0/0	0/0
控制棒驱动机构通风系统 01、02、03、04 冷却器	101/0.63	101/0.63	101/0.1	0/0	0/0	101/0.1
蒸汽发生器排污系统 01 冷却器	193/10.9	0/0	0/0	0/0	0/0	0/0
核岛冷冻水系统 3 台冷凝器	752/5.24	752/5.24	752/5.24	752/5.24	0/0	752/5.24
化学和容积控制系统非再生下泄热交换器	244.2/4.8	(135/1.49)[1]	28/1.49	28/0.5	0/0	28/1.49
主泵轴封水回流热交换器	25/0.4	25/0.4	25/0.23	25/0.23	0/0	25/0.23
换料水池、乏燃料水池冷却系统 01、02 热交换器	450/3.58	450/3.58	450/3.58	450/3.58	0/0	450/3.58
核取样系统冷却器	39.8/0.8	39.8/0.8	39.8/0.6	39.8/0	0/0	39.8/0.6

注：1) 为偶然值。

4.5.2.3 机组共用管线

机组共用管线上共有5种用户，它们通过V10、V11和V15、V16阀与2个机组的公共管线连接，可由核电站2个机组中任一台机组的设备冷却水系统供给设备冷却水。表4-18为设备冷却水系统机组共用管线用户。

表4-18 设备冷却水系统机组共用管线用户 流量(m^3/h)/热负荷(MW)

	启 动	运 行	冷停堆	保持冷停堆	失水事故	次临界停堆
硼回收系统和废液处理系统冷却器	563/10.85	563/10.85	563/10.85	563/10.85	0/0	563/10.85
废气处理系统压缩机	0.8/0.01	0.8/0.01	0.8/0.01	0.8/0.01	0/0	0.8/0.01
辅助蒸汽分配系统KRT分析冷却器	0.92/0.03	0.92/0.03	0.92/0.03	0.92/0.03	0/0	0.92/0.03
热洗衣房通风系统2台冷凝器	62/0.43	62/0.43	62/0.43	62/0.43	0/0	62/0.43

4.5.3 系统主要设备

(1) 设备冷却水泵

4台设备冷却水泵均为单级离心泵，轴的密封采用机械密封装置。泵的额定流量2 670 m^3/h，额定扬程63 m。泵的驱动电机为异步电动机，电机功率630 kW，电机同步转速1 500 r/min。

(2) 设冷水/重要厂用水热交换器

4台设冷水/重要厂用水热交换器为板式热交换器。在污垢条件下(假定污垢因子的设冷侧为1×10^{-5}℃·m^2/W，厂用水侧为4×10^{-5}℃·m^2/W)，每台热交换器的热工水力设计参数见表4-19。对热交换器两侧进口压力和设冷水侧出口温度要进行监测。另外，在设冷水泵出口还设置了放射性连续监测系统，对设备冷却水系统中的水进行放射性水平监测，用以及时发现传热交界面有否泄漏。

注意：热交换器启动时，应先启动低压侧(重要厂用水侧)，后启动高压侧(设冷水侧)；停运时，应先停设冷水侧，后停重要厂用水侧。

表4-19 热交换器热工水力设计参数

设计参数	启 动	正常运行工况	冷停堆(4～20 h)	保持冷停堆(在20 h后)	失水事故	次临界停堆(4～20 h)一条系列可用
热负荷/MW	22.51	15.06	30.04	22.51	28.20	32.46
冷侧(海水)						
热工设计流量/(m^3/h)	2 205	1 666	2 205	2 205	1 666	2 205

续表

设计参数	启　动	正常运行工况	冷停堆（4～20 h）	保持冷停堆（在 20 h 后）	失水事故	次临界停堆（4～20 h）一条系列可用
水力设计流量/(m^3/h)	2 295	1 734	2 295	2 295	1 734	2 295
入口温度/℃	30	33	30	30	33	30
名义入口表压/MPa	0.41	0.41	0.41	0.41	0.41	0.41
扰动入口表压/MPa	0.90	0.90	0.90	0.90	0.90	0.90
容许的压降/MPa			≦0.15(结垢)			
热侧(除盐水)						
热工设计流量/(m^3/h)	1 486	1 301	1 743	1 693	1 027	1 743
水力设计流量/(m^3/h)	1 547	1 354	1 814	1 761	1 070	1 814
最大出口温度/℃	35	35	40	35	45	40
名义入口表压/MPa	0.78	0.78	0.78	0.78	0.78	0.78
在名义流量下容许的压降/MPa			≦0.08(结垢)			

4.5.4　系统热负荷及水质要求

4.5.4.1　系统热负荷

设备冷却水系统是核电站运行时间最长的一个系统。无论是在核电站启动、停止过程中，还是在正常运行或停堆期间，设备冷却水系统至少有一台水泵在运行。一条管线停运，可使另一条管线自动投入运行。

设备冷却水系统运行水泵台数和热交换管线数目，取决于用户的多少和排出热量的多少，而用户的多少和排出热量的多少又取决于核电站不同状态的运行工况。表 4-20 为典型电功率为 900 MW 核电站不同运行工况下设备冷却水系统所需的冷却水流量和带出热量的汇总。

表 4-20　核电站设备冷却水系统流量及热负荷

	启　动	运　行	冷停堆	保持冷停堆	失水事故	次临界停堆
A 管线流量/热负荷/(m^3/h)/MW	3 033.22/42.8	2 656.02/27.33	3 552.02/58.22	3 450.02/31.98	2 095.1/54.28	3 552.02/62.22
A 管线水泵数/导出的热负荷　台/MW	2/0.8	1/0.4	2/0.8	2/0.8	1/0.4	2/0.8
A 管线总热荷/MW	43.6	27.73	59.02	32.78	54.68	63.02
B 管线流量/热负荷/(m^3/h)/MW			1 178.1/34.56	1 178.1/11.11		

续表

	启　动	运　行	冷停堆	保持冷停堆	失水事故	次临界停堆
B管线水泵数/导出的热负荷　台/MW			1/0.4	1/0.4		
B管线总热荷/MW			34.96	11.51		
必须的总流量/(m^3/h)	3 033.22	2 656.02	4 730.12	4 628.12	2 095.10	3 552.02
导出的总热负荷/MW	43.6	27.73	93.98	44.29	54.68	63.02

4.5.4.2　系统水质要求

设备冷却水系统除了板式热交换器的换热板用钛板制造，以耐海水腐蚀外，系统管道、设备均采用碳钢制造。为了减缓碳钢的腐蚀，在设备冷却系统除盐水内由化学试剂注入系统注入磷酸钠(Na_3PO_4)作缓蚀剂，并使 pH 保持在 11.5～12.5 的范围。

设备冷却水系统经过核岛除盐水冲洗及用化学药品调配后，最终水质特性见表 4-21。

表 4-21　设备冷却水水质及补给水水质要求

	设备冷却水	核岛除盐水系统补给水
25 ℃时电导率(在注入化学添加剂前)/(μs/cm)		0.02
25 ℃时的 pH		7
滤网尺寸(在试车期间)/μm	11.5～12.5	
二氧化硅含量/(mg/L)	500 和 100 两种	
钠含量/(mg/L)		0.02
氯化物含量/(mg/L)	0.15	<0.10
氟化物含量/(mg/L)	0.15	
溶解盐总量/(mg/L)	0.5	
缓蚀剂和 pH 控制添加剂 Na_3PO_4		
—含量(以 PO_4^{-3} 计)/ (g/L)	最小值 0.5	无
	最大值 0.6	
悬浮物含量/(mg/L)		
— 正常运行	最小值 1	<0.01
— 扰动运行	最大值 5	

4.5.5　系统运行

4.5.5.1　系统启动和停运

在整个设备冷却水系统充满水后，如供电、供水正常，即可启动水泵。在水泵启动之后，切换阀门可以打开向公共管线用户供水。停止设备冷却水系统运行，只需停止水泵的运行。切换阀门在泵停运后可以关闭。

4.5.5.2　正常运行

反应堆带功率正常运行，每台机组只需 1 台水泵和 1 台热交换器运行，因为此时余热排出系统、安全壳喷淋系统不工作而不需要设冷水。如果运行泵由于排放端低压或电源故障而不能使用时，该管线第 2 台水泵自启动。水泵能连续运行几个月。如果一条管线上 2 台泵都不能使用，则该管线故障失效。

通常，投运的独立管线中，有 1 台泵和 1 台热交换器处于备用状态。但有时，特别在夏季，三废处理系统用水量增加时，该处于备用的泵和热交换器，也可能需要启动运行。公共管线用户也由投运的独立管线来承担。机组共用管线用户可由 1 号机组，也可由 2 号机组承担供设冷水。每台水泵出口处另外还引出一水流用来冷却驱动马达，管线上设置有流量开关，以报警方式告诉操纵员水泵电机的冷却状态。

4.5.5.3　特殊稳态运行

(1) 反应堆启动时的设备冷却水系统运行

反应堆启动时，由于蒸汽发生器排污系统 1 台冷却器和化容系统过剩下泄热交换器投入运行，热负荷增大，一般需一条管线的 2 台水泵都投入运行。其中包括对机组共用管线设备的冷却。如果机组共用管线设备由另一个机组承担冷却，那么只用 1 台泵也能满足启动要求。

(2) 停堆 4～20 h 设备冷却水系统的运行

由于此时余热排出系统热交换器投运，热负荷急剧增加，设备冷却水的流量也需增加。一般需由一条管线带 2 台水泵运行，向 1 个余热排出系统热交换器及公共管线提供冷却；而另一条管线也带 1 台泵向另一个余热排出系统热交换器提供冷却。

(3) 一回路降温过程中设备冷却水系统的运行

在停堆过程中，余热排出系统投运后，依靠设备冷却水系统两条独立的管线将堆芯余热有效地导出。此时若设备冷却水系统有 1 条管线失效，不能投入，将会导致堆芯热量不能有效地导出，一回路冷却剂温度下降不快，或只能维持在一定温度水平。因此在设备冷却水系统仅有 1 条管线可运行时，很难使反应堆降温过渡到冷停堆工况。

(4) 停堆 20 h 后的冷停堆

停堆 20 h 后，根据当时运行状态(堆芯余热和海水温度等)确定设备冷却水系统的运行模式。一般情况，两条独立的管线仍然投入运行。48 h 后，1 条管线运行。

(5) 事故运行

① 安注时设备冷却水系统的运行：接到安注信号，备用管线中一台水泵自启动，运行管线运行状态不变。

② 安全壳隔离：接到第一阶段安全壳隔离信号，对安全壳内过剩下泄热交换器和卸压箱供水的管线的安全壳隔离阀关闭。接到第二阶段安全壳隔离信号，对反应堆冷却剂系统主泵和控制棒驱动机构风冷系统热交换器供水的管线的安全壳贯穿段隔离阀关闭，对余热排出系统供水的安全壳内的两个电动阀也同时关闭。

③ 安全壳喷淋时设备冷却水系统的运行

设备冷却水系统接到安全壳喷淋信号后，2 只安全壳喷淋热交换器气动隔离阀自动开启；运行的独立管线通过电动隔离阀将公共管线隔离，公共管线用户此时不需要冷却；

备用管线经 5 s 延时后启动 1 台水泵，并独立运行，与公共管线的联系也由 2 只电动阀隔离。

在选定一个安全壳喷淋系统管线后，另一个管线退出运行，处于备用状态，对应地设备冷却水系统两条独立管线也作相应处理。由于公共管线已隔离，机组共用管线用户可切换到另一个机组，以提供必要的冷却。

在事故工况下，设备冷却水系统的运行过程是自动的。

4.5.5.4 特殊瞬态运行

（1）两条独立管线的切换

正常运行工况，一条管线运行，提供对公共管线用户的冷却，另一条管线处于备用状态，它通向公共管线的两个隔离阀处于关闭位置。这两个管线可以通过手动或自动实现切换。手动切换应注意在运行管线水泵停运前，先将备用管线水泵启动并切换过来，以避免短时间内流量不足。自动切换由压力开关执行，切换阀门的开启与管线启动同时进行。但停用管线的阀门需由操纵员关闭。任何情况设备冷却水系统两个独立管线的切换都会导致重要厂用系统对应管线的切换。

（2）运行中水泵的突然停止

正常运行中，运行水泵由于电机失电等故障停运时，由设在泵出口的压力开关监测到的低压信号启动同一管线上的备用水泵。如备用水泵启动失败，则备用的另一条管线被自动启动。

4.6 重要厂用水系统

重要厂用水系统同设备冷却水系统一样，是与核安全相关的系统，这是因为无论核电站在正常运行工况或事故运行工况下，该系统都将导出设备冷却水系统所传输的热量至最终热阱。

4.6.1 系统功能

（1）冷却功能

冷却设备冷却水系统，并将收集之热量输送到最终热阱——海水。

（2）安全功能

在事故工况下能导出安全有关构筑物、系统和部件的热量输送到最终热阱。

（3）限制设冷水/厂用水板式热交换器内有机污垢的生成（如注入缓蚀剂和装设水生捕集器）。

4.6.2 系统组成及流程

重要厂用水系统是一个开式循环系统，流动介质为海水。

重要厂用水系统由两条独立的经实体隔离的相互独立的管线组成。每条管线并联有 2 台容量各为 100% 的水泵，2 个系统的设备和流程基本相同，重要厂用水系统流程见图 4-25。

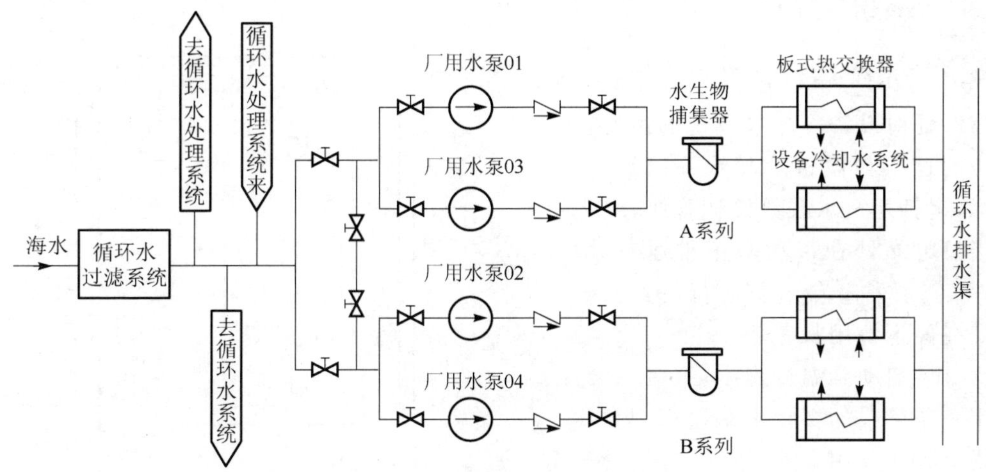

图 4-25　重要厂用水系统流程

系统流程：水泵从海水入水口经循环水过滤系统，于循环水系统水泵上游主管吸入海水，使其通过 SEC——设备冷却水热交换器吸收热量后输送排放到循环水排水渠。

两条管线进水母管之间有一根跨接的联通管和一组阀门，可以使一条管线的进水由另一条管线供给。正常运行时，此跨接管保持隔离关闭状态。

4.6.3　系统主要设备

(1) 厂用水泵

每个机组有 4 台厂用水泵，每个系列有并联的 2 台。厂用水泵为立式离心泵，其电机装在泵的上部，电机分别由应急电源的 2 个序列供电。泵的特性参数见表 4-22。

表 4-22　厂用水泵特性参数

	1 台水泵运行	2 台水泵运行
设计流量/(m^3/h)	3 400	4 500
相应总扬程/mH_2O	25.5±8	35
转速/(r/min)	985	985
最大机械功率/kW	300	

(2) 水生物捕集器

为了防止水草、水母、贝类等海水生物的侵入，除了使用循环水过滤系统过滤和吸入口的海水进行加氯外，重要厂用水每个系列在板式换热器的上游都有 1 台或 2 台并联的水生物捕集器，用来过滤海水中直径大于 4 mm 的水生物。

水生物捕集器的结构简图如图 4-26 所示，它的主部件是一网孔为 2 mm×2 mm 的柱形过滤芯。海水从下部进入捕集器，过滤水从侧面流出。滤网冲洗管从捕集器上方引出。

(3) 板式热交换器

重要厂用水系统的压力在所有工况下都低于设备冷却水系统的压力，主要目的是在板式热交换器出现泄漏的情况下防止海水进入设备冷却水系统，从而防止由此而引起设备冷却水系统冷却的核级设备的结垢和腐蚀。

4.6.4 系统运行

4.6.4.1 系统运行特性

为保证对设备冷却水系统的冷却，该系统的运行与设备冷却水系统运行相匹配，包括运行水泵数目和管线。

当核电站处在带功率正常运行状态时，一个系列1台水泵运行，另一条管线处在停运备用状态。

反应堆启动升温过程中，最多只要求使用一条管线的2台水泵运行，另一条管线仍处于备用。

在反应堆停堆冷却降温阶段，一条管线2台水泵和另一条管线的1台水泵同时投入运行。

在停堆后48 h保持冷停堆状态下，只需一条管线2台水泵运行已足够。

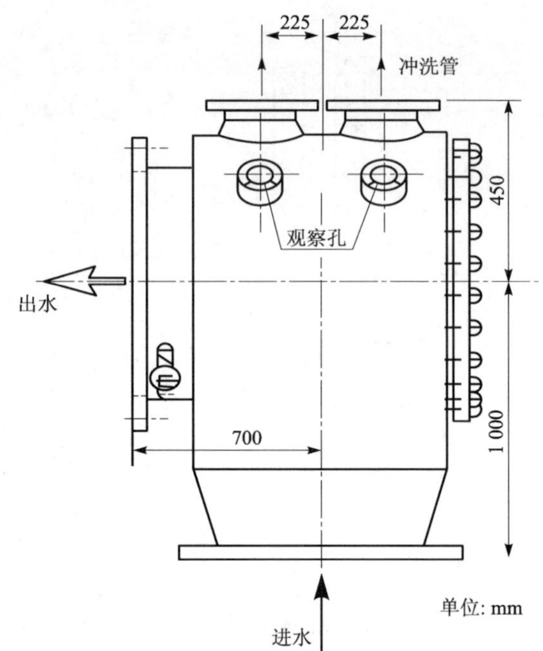

图4-26 水生物捕集器的结构简图

失水事故工况，1台水泵就能把热量从安全壳导出。

重要厂用水系统运行状态和参数见表4-23。

表4-23 重要厂用水系统运行状态及参数

核电站运行方式	运行水泵数/台		设计流量/(m^3/h)	最高入口温度/℃	最大温升/℃
	管线1	管线2			
启　动	2	0	4 410	30	9
正常运行	1	0	3 332	30	8
冷停堆4～20 h					
管线1	2		4 410	30	12
管线2		1	3 332	30	9
冷停堆20 h以后					
管线1	2		4 410	30	7
管线2		1	3 332	30	3
失水事故	1	0	3 332	33	15

4.6.4.2 厂用水泵的自动启动条件

(1) 正在运行中的一台泵跳闸，则该系列的另一台备用泵将自动启动；

(2) 正在运行的系列不可用时，另一备用系列的一台泵将自动启动(A系列03泵和B系列04泵优先)；

(3) 设备冷却水系统切换时，重要厂用水系统相应备用系列的一台泵将自动启动(重要厂用系统03泵和04泵优先)，同样，当重要厂用水系统系列切换时，设备冷却水系统相应备用系列的一台将自动启动(设备冷却水系统03泵和04泵优先)；

(4) A系列柴油机启动供电时，设备冷却水系统和重要厂用水系统A系列的一台泵将自动启动(03泵和04泵优先)，同样B系列柴油机启动供电时，设备冷却水系统和重要厂用水系统B系列的一台泵将自动启动；

(5) 出现安注信号或安全壳喷淋信号时，设备冷却水系统和重要厂用水系统备用系列的一台泵将自动启动(03泵和04泵优先)。

复习题

1. 化学和容积控制系统有哪些功能？
2. 化学和容积系统包括哪四部分回路？简述这些回路的流程和工作原理。
3. 容积控制箱的作用是什么？
4. 下泄流以何种方式进入容积控制箱？为什么？
5. 容积控制箱的水位是如何控制的？
6. 上充流量是如何控制的？上充流量值是否有限制？若有为多少，为什么？
7. 反应堆正常运行工况下，主泵轴封注水流量是多少？如何调节此流量？
8. 下泄流控制阀V01的功能是什么？有几种调节模式？信号各来自何处？
9. 化学和容积控制系统内共设几个卸压阀？它们分别保护什么设备或管线？各自的压力整定值是多少？额定流量是多少？释放的液体排向何处？
10. 何时投入过剩下泄？
11. 一回路冷却剂体积变化的原因有哪些？
12. 化学和容积控制系统化学控制包括哪些内容？
13. 化学和容积控制系统反应性控制措施有哪些？
14. 简述化学和容积控制系统正常运行、停止、启动、事故工况的运行操作。
15. 下泄管线断裂可能发生在下泄孔板前或下泄孔板后，试问这两种事故情况下，事故现象及操纵员操作有什么相同点？有什么不同点？
16. 硼和水补给系统的功能是什么？
17. 简述硼和水补给系统四个回路的主要流程。
18. 简述硼和水补给系统的主要设备的特性。
19. 何谓稀释、硼化、自动补给和手动补给？
20. 试述硼和水补给系统的备用状态。
21. 在“自动”方式下的纯水泵和硼酸泵在什么信号下将自动启动？
22. 在硼和水补给系统的流程图上指出正常补给管线、补水旁路管线、直接硼化管线和应急硼化管线。

23. 反应堆启动时，为除去一回路中的氧，在冷却剂温度为 80 ℃<T<120 ℃范围内加入联氨(N_2H_4)，为什么选择这一温度范围？请问联氨是如何加入到一回路的？
24. 余热排出系统有什么功能？
25. 余热排出系统导出的余热由哪几部分组成？
26. 描述余热排出系统流程和主要设备。
27. 余热排出系统如何调节一回路的冷却流量？余热排出热交换器的旁路管线和该管线上的调节阀 V07 起什么作用？
28. 余热排出系统与反应堆换料水池和乏燃料水池冷却和处理系统的连接起什么作用？
29. 余热排出系统投入运行前一回路所应具备的主要条件是什么？
30. 描述余热排出系统正常运行、冷却、加热过程、停运等的操作程序。
31. 压水堆电站换料原则是什么？
32. 简述压水堆装卸料操作程序及应注意的事项。
33. 描述反应堆换料水池和乏燃料水池冷却和处理系统的功能。
34. 反应堆换料水池和乏燃料水池冷却和处理系统涉及的水池有哪些？
35. 乏燃料水池的贮存燃料的容量是多少？乏燃料水池的最大热负荷是如何确定的？
36. 简述换料水箱的作用和主要技术参数。
37. 简述在失水事故时反应堆换料水池和乏燃料水池冷却和处理系统的操作。
38. 乏燃料水池中存有燃料，而余热排出系统又不可用时，是否可用反应堆换料水池和乏燃料水池冷却和处理系统代替余热排出系统？如何分配反应堆换料水池和乏燃料水池冷却和处理系统的设备？
39. 设备冷却水系统有哪些功能？
40. 描述设备冷却水系统结构流程及用户分配情况。
41. 描述设备冷却水系统不同工况的运行方式。
42. 重要厂用水系统的功能是什么？
43. 描述重要厂用水系统的工作原理。
44. 描述重要厂用水系统的运行方式。
45. 简要说明本章讲解的 6 个系统所循环的介质各有什么不同。

第5章　专设安全设施

5.1　概　述

5.1.1　专设安全设施的定义

为了实现核安全基本目标，核电站的设计必须满足下列总的安全要求：

(1)确保核反应堆在任何情况下均能实现安全停闭，并维持安全停堆状态；

(2)确保核反应堆停堆后能从堆芯排出余热；

(3)减少可能的放射性物质释放，确保核电站工作人员、公众和环境的安全。

为实现这些安全要求，核电站设计中确定了一系列的安全功能。专设安全设施是指在核电站发生事故后能依靠其功能将事故后果减到最小的一些系统。专设安全设施一般包括堆芯安全注入系统、安全壳喷淋系统、辅助给水系统、安全壳氢控制系统、安全壳隔离系统等。

5.1.2　专设安全设施的功能

5.1.2.1　专设安全设施的功能

当核电站发生事故时，确保安全停闭，确保堆芯余热的排出，并尽可能地限制裂变产物包容设备和系统的损坏；防止放射性物质扩散，保护核电站工作人员，保护公众和环境的安全。

5.1.2.2　专设安全设施在几种典型事故中的作用

(1) 一回路小破口

当一回路泄漏量很小时，通过增加化学和容积控制系统上充流量就可以补偿泄漏。但是，当破口增大，泄漏量增加到一定程度，就需要投入其他系统以补偿泄漏，限制稳压器水位和压力的下降，这时就必须投入堆芯安全注入系统。

(2) 一回路大破口

一回路主管道突然发生脆性断裂是典型的大破口失水事故，这是专设安全设施的设计基准事故。这时专设安全设施的作用体现在以下几个方面：

- 投入堆芯安全注入系统向堆芯注水，防止或限制堆芯裸露，防止燃料元件熔化，保证燃料元件的完整性；
- 进行安全壳隔离，以防止放射性物质通过安全壳的贯穿件泄漏到安全壳外；
- 投入安全壳喷淋系统，用以安全壳内大气降温降压，确保安全壳的完整性；排出一回路和反应堆堆芯释放到安全壳内的热量；降低安全壳内大气中放射性碘的含量。

(3) 二回路大破口

- 主给水管道大破口

主给水管断裂(或主给水系统设备失效断流),则必须及时投入蒸汽发生器辅助给水系统以排出堆芯热量。

· 主蒸汽管道断裂

主蒸汽管道断裂时,为限制事故扩大,需要采取以下措施:①进行主蒸汽管道隔离,以避免 3 台蒸汽发生器排空;②启动安全注入系统向堆芯注入高浓硼酸溶液,以防止由于蒸汽流量突然增大使一回路冷却剂温度下降而引入正反应性,使反应堆重返临界;③启动蒸汽发生器辅助给水系统,以确保蒸汽发生器给水,导出堆芯余热,直到反应堆余热排出系统投入;④如果断裂发生在安全壳内,当安全壳温度和压力达到限值时,则需启动安全壳喷淋系统,使安全壳温度、压力在允许限值以内,以确保安全壳的完整性。

5.1.3 专设安全设施的设计准则

(1) 设备必须高度可靠,以便在需要投入时能够按设计要求充分发挥其功能。即使在发生假想的最严重地震时,专设安全设施仍能发挥其应有的功能。

(2) 系统要有多重性和多样性。一般应设置 2 套以上执行同一功能的系统,并且最好要按不同的原理设计以体现其多样性,这样即使出现单个系统设备故障也不至于影响系统安全功能的发挥,同时也避免了共因故障使系统安全功能失效。

(3) 系统必须各自独立。原则上不共用其他系统设备或设施,对重要的能动设备还必须进行实体隔离。

(4) 系统要有可检查性。在核电站寿期内,即使在反应堆正常运行的情况下,也要能对系统及其设备的性能进行检验,使其始终保持应有的功能。

(5) 系统必须备有应急电源。在发生断电事故时,应急电源应在规定的时间内达到额定的输出功率。作为应急电源的柴油发电机组也应具有独立性、多重性和可检查性等特点。执行安全功能的仪器设备断电时应处在安全状态。

(6) 系统必须具有充足的水源(及其他动力源)。要在发生失水事故的情况下,自始至终都能满足使堆芯冷却和安全壳降压所必需的水量。

5.2 堆芯安全注入系统

堆芯安全注入系统简称安注系统,又称应急堆芯冷却系统,它由高压安注、中压安注和低压安注 3 个分系统组成。

高压安注和低压安注为能动安注系统,具有足够的设备和流道冗余度,即使发生单一能动或非能动设备或流道故障使安注失效,仍能可靠地实现堆芯注水并连续冷却堆芯。中压安注为非能动安注系统,它包括几条单独的安注箱排放管线,每条管线接到一个冷却剂环路的冷段上。

5.2.1 系统功能

堆芯安全注入系统在两种情况下执行其向堆芯注水的安全功能:

(1) 一回路冷却剂泄漏。泄漏可能是一回路系统管道、设备出现不同程度的破口,甚至管道断裂;控制棒弹棒事故引起驱动机构密封壳断裂;稳压器安全阀误开或动作后不能回座;蒸汽发生器传热管断裂。当冷却剂泄漏发展到化学与容积控制系统已不能维持稳压器水位和压力时,堆芯安全注入系统动作,向一回路系统注入含硼水,用以维持一回路系统压力和稳压器水位,使反应堆得到连续的冷却,并确保反应堆具有足够的停堆深度。在大破口失水事故情况下,堆芯安全注入系统向堆芯注水,以淹没并冷却堆芯,防止燃料元件温度升高引起包壳损坏,确保堆芯几何形状和结构的完整性。

(2) 二回路蒸汽大量泄漏。这种泄漏主要由蒸汽系统管道断裂引起,也可能是卸压阀、安全阀故障引起大量蒸汽排放。此时,蒸汽发生器由于不可控地产生大量蒸汽,致使反应堆冷却剂连续降温,导致冷却剂体积收缩,反应堆引入正反应性。堆芯安全注入系统此时投入,向一回路系统注入高浓度硼酸溶液,以补偿冷却剂降温引入的正反应性,防止反应堆在停闭后又重返临界,同时用以维持一回路系统压力和稳压器的水位。

堆芯安全注入系统除了上述主要安全功能外,其在大破口失水事故后的再循环阶段,处于安全壳外的部分还起到密封屏蔽作用;低压安注泵可用于向换料水箱充水;利用安注系统试验泵可从换料水箱吸水,向中压安注箱进行初始充水和定期补水,或对一回路系统进行水压试验;在全厂电源故障时,安注系统试验泵可作为后备,确保主泵轴封的注水。

安注系统的设计依据:

(1) 在压水堆一回路系统发生各种破口失水事故时能及时向堆芯注入含硼水,提供持续的堆芯冷却和持续的停堆负反应性。限制燃料元件包壳产生锆—水反应,烧毁燃料元件损坏堆芯,使释放至安全壳的放射性物质减至最少。具体要求还有:

- 燃料元件锆包壳温度应低于材料性能剧变温度 1 204 ℃;
- 锆包壳与水或水蒸气产生氧化膜厚度应小于包壳厚度的 17%,避免由此引起包壳脆化,与水或水蒸气反应的包壳重量应低于包壳总重量的 1%;
- 安全壳内氢浓度低于限值,压力低于设计值;
- 堆芯几何形状变化限制在可对堆芯实现安注,维持堆芯冷却的限度之内;
- 至少有 1 台高压安注泵、1 台低压安注泵、2 个中压安注水箱起作用,并达到 100% 容量;
- 安注系统接收信号后投入安注的响应时间应小于 30 s;
- 在设计基准地震情况下安注系统能正常启动、正常运行;
- 外电源中断 15 s 内,柴油发电机组启动,应急电源及时替代外电源对安注设备供电;
- 在安全壳内的安注设备要能承受 10 s 内压力从大气压到 0.25 MPa 的压力冲击,并能在压力 0.25 MPa 及温度 140 ℃、充满水蒸气和含氢氧化钠的硼水喷淋的恶劣环境下可靠地工作。

(2) 当发生主蒸汽系统大量蒸汽泄漏或不可控排放事故,同时堆芯最大当量控制棒组件卡在顶部且外电源断电仅有少量安全设备运行时,安注系统能及时启动,迅速向堆芯注入高浓度的硼酸溶液,向堆芯引入一个足够大的负反应性,确保反应堆达到并持续处于次临界状态,使堆芯燃料元件不致烧毁,结构不受损伤,几何形状不变。

5.2.2　系统组成与流程

5.2.2.1　高压安注系统

高压安注系统由 3 台高压安注泵、硼注入箱及其再循环系统、换料水箱和通向一回路系统的注入管线及阀门等组成，如图 5-1 所示。

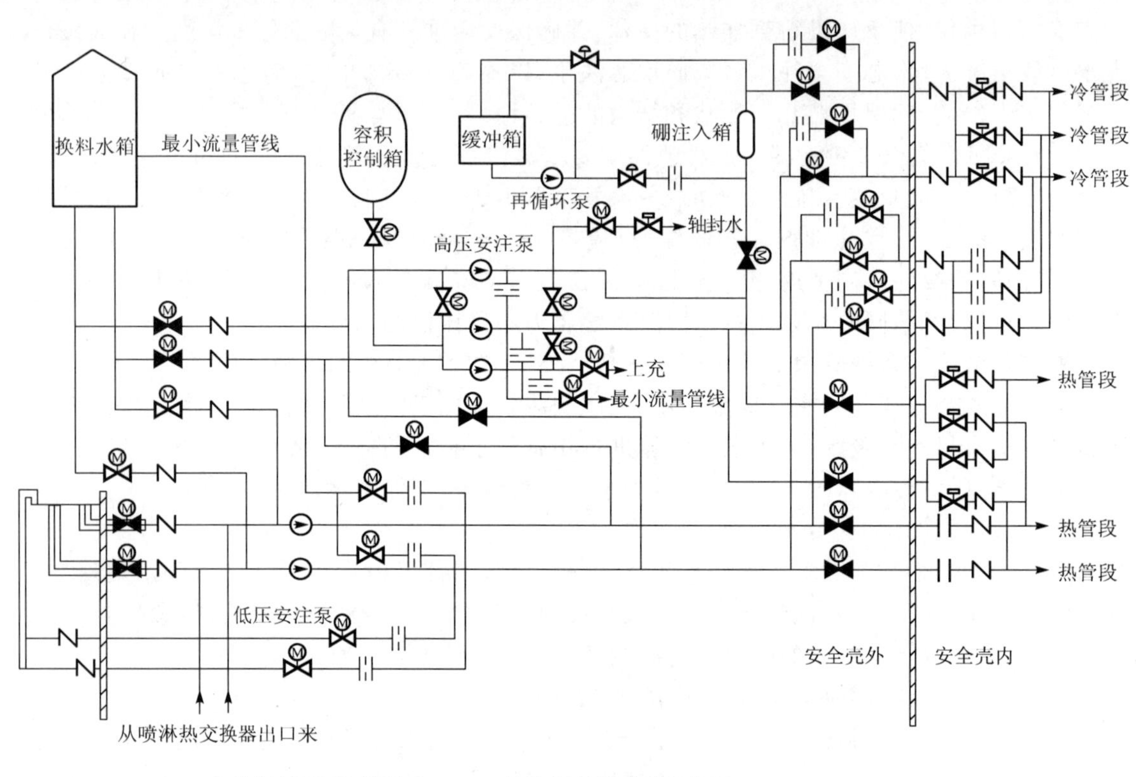

图 5-1 高压安注和低压安注系统(备用状态)

(1) 高压安注泵

高压安注泵是利用化学和容积控制系统的 3 台上充泵。电站正常运行时，它们作为化学和容积控制系统上充泵用于向一回路系统正常上充，一台运行，一台热备用，另一台冷备用。

高压安注泵为卧式多级离心泵，采用机械密封加引漏，向外泄漏为零。高压安注泵流量不大，但额定流量下总压头很大，可达到 17.67 MPa。每台高压安注泵分别由独立的应急电源供电，采用信号触发自启动，要求在 85%额定电压下启动达到全流量运行。高压安注泵在直接注入工况切换至再循环工况时，要能承受 10 s 内水温从 5 ℃上升至 150 ℃的热冲击。安注泵进出口间设有小流量旁通管线，以保护高压安注泵在主流管线隔断状态下仍能安全运行。

(2) 硼注入箱及其再循环系统

硼注入箱及其再循环系统如图 5-2 所示。硼注入箱位于高压安注泵出口，高压安注水经硼注入箱进入一回路系统冷段。正常运行状态，箱内充满硼的浓度为(7 000～9 000)×10^{-6}的硼酸溶液。发生事故时，根据安注信号打开隔离阀，由高压安注泵将硼注入箱内高浓度硼酸溶液顶入一回路系统冷段。

由于硼注入箱内高浓度硼酸溶液的硼结晶温度较高，为防止硼结晶，硼注入箱绝热并由

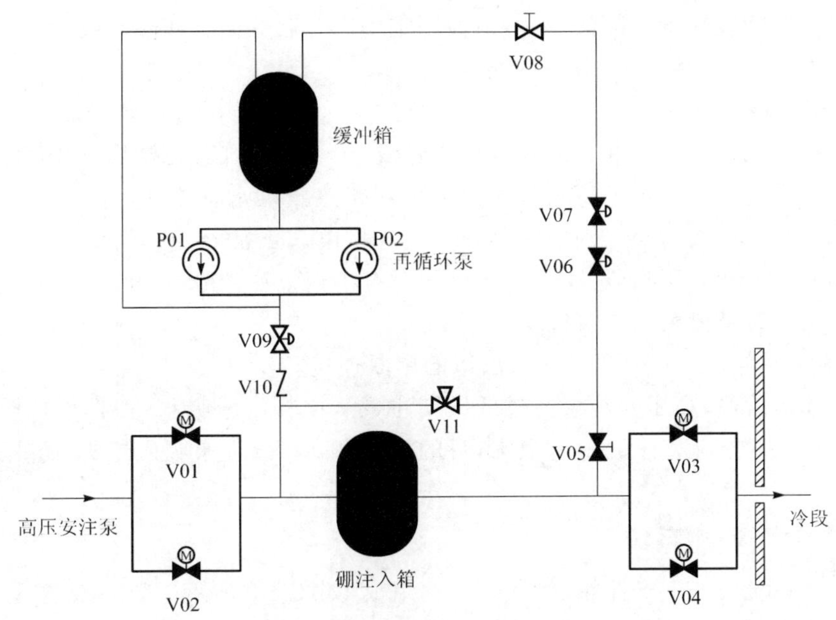

图 5-2　硼注入箱及其再循环系统

电加热器加热，以保持溶液温度。为了保持硼注入箱内温度和硼浓度均匀化，设有由再循环泵和缓冲箱组成的再循环回路。再循环泵为 2 台全密封三级离心泵，1 台泵连续运行，1 台泵备用。再循环泵从缓冲箱下部吸入硼酸溶液，自下而上经硼注入箱，再由上部返回缓冲箱。备用泵内充满核岛除盐水保养，以便在需要时能迅速启动，进出口阀门关闭，绝热罩打开。缓冲箱最初暂存来自硼和水补给系统硼制备箱的高浓硼酸溶液，随后由再循环泵将高浓硼酸溶液转运至硼注入箱。之后缓冲箱则为硼注入箱再循环回路提供缓冲能力。缓冲箱上腔与大气相通。缓冲箱配置有 2 套电加热器、1 个搅拌器和 1 个带过滤的漏斗，能在硼浓度降低时加硼。与硼注入箱相连的再循环管线和设备均采取绝热保温措施。

(3) 换料水箱

换料水箱内充满含硼水。在反应堆换料时，换料水箱中含硼水被送往堆顶换料水池以实施换料；事故时换料水箱内含硼水则用来向堆芯安全注水和向安全壳内喷淋。换料水箱贮水容量可以为全部安注泵、喷淋泵启动运行连续工作约 20 min。换料水箱内设水位监测，这对于决定何时从直接注入工况切换至再循环工况十分重要；设温度监测和电加热器以防止含硼水温度过低。参见第 4 章 4.4 节。

(4) 注入管线

高压安注泵可通过 4 条管线将含硼水输送到一回路系统。

① 通过硼注入箱冷段注入

该管线用高压安注泵将来自换料水箱中的含硼水，通过硼注入箱注入一回路系统冷段，并将硼注入箱中高浓硼溶液带入，以迅速向堆芯引入较大的负反应性。正常运行时硼注入箱和一回路系统注入管线上的隔离阀均处于关闭状态，接到安注信号后开启。每条冷段注入管线上的止回阀是管线的第二道隔离阀。

② 旁通管线冷段注入

在硼注入箱管线注水故障失效时，由控制室手动开启旁通管线隔离阀，将换料水箱含硼水通过高压安注泵直接注入一回路系统冷段。

③ 高压热段注入

高压安注泵出口设 2 条并联的热段注入管线，用于长期堆芯再淹没阶段或中、小破口情况下向一回路系统热段注水。每条管线为 2 个环路热段供水。这样，管线允许单一能动或非能动故障。管线上隔离阀分别由两路独立电源供电。正常处于关闭状态，需要时由控制室手动操作开启。在高压热段注入时，允许同时有小流量注入冷段，小流量冷段注水通过与隔离阀并联的带有节流孔板的管线实现。

④ 高压安注泵入口到低压安注泵出口的串联连接

在直接注入阶段，高压安注泵通过低压安注泵从换料水箱吸水；在再循环阶段，高压安注泵通过低压安注泵从安全壳地坑吸水，目的是提高高压安注泵吸入压头，防止泵汽蚀而损坏。

5.2.2.2 中压安注系统

中压安注系统由几个安注箱、管线及阀门组成，如图 5-3 所示。该系统全部设在安全壳内，在安全壳内的布置如图 5-4 所示。安注箱连到一回路系统的冷段。每条管线设置串联的 2 只止回阀和 1 只正常开启的隔离阀。为了对安注箱止回阀泄漏进行试验，提供了试验管线。每个安注箱装设 1 只安全阀。使用水压试验泵可由换料水箱向安注箱充水并调节其水位。

(1)安注箱

安注箱为一直立式筒体，内充硼的浓度为 2 000 mg/L 的含硼水，用加压的氮气覆盖。当一回路系统压力降到安注箱压力以下时，由氮气将含硼水压入一回路系统冷段。每个安注箱能提供淹没堆芯容积的 50%。在正常运行中，应对安注箱进行水位监测并定期取样测量含硼浓度。

(2) 安注箱隔离

安注箱隔离是由每条注入管线上的 2 个串联的止回阀来保证。每条管线上设有 1 个手控电动隔离阀，正常运行时打开，在一回路系统压力作用下依靠止回阀与安注箱隔离。当正常启动升压、降压和停堆期间，一回路系统压力低于安注箱压力时，用电动隔离阀关闭中压安注系统。

(3) 试验泵

试验泵为双缸往复式泵，最大流量下总压头大于高压安注泵的压头，可达到 24 MPa。试验泵两个机组共用，除了用来从换料水箱向安注箱充水外，还用于一回路系统水压试验。此外，在上充泵停运时，试验泵还能提供主泵轴封水。

5.2.2.3 低压安注系统

低压安注系统由 2 条独立管线组成，如图 5-1 所示。核电站正常运行期间，低压安注泵进出口电动隔离阀打开，管线仅有止回阀隔离，以便在接到安注信号后能迅速启动，从换料水箱抽水向一回路安全注水。

(1) 低压安注泵

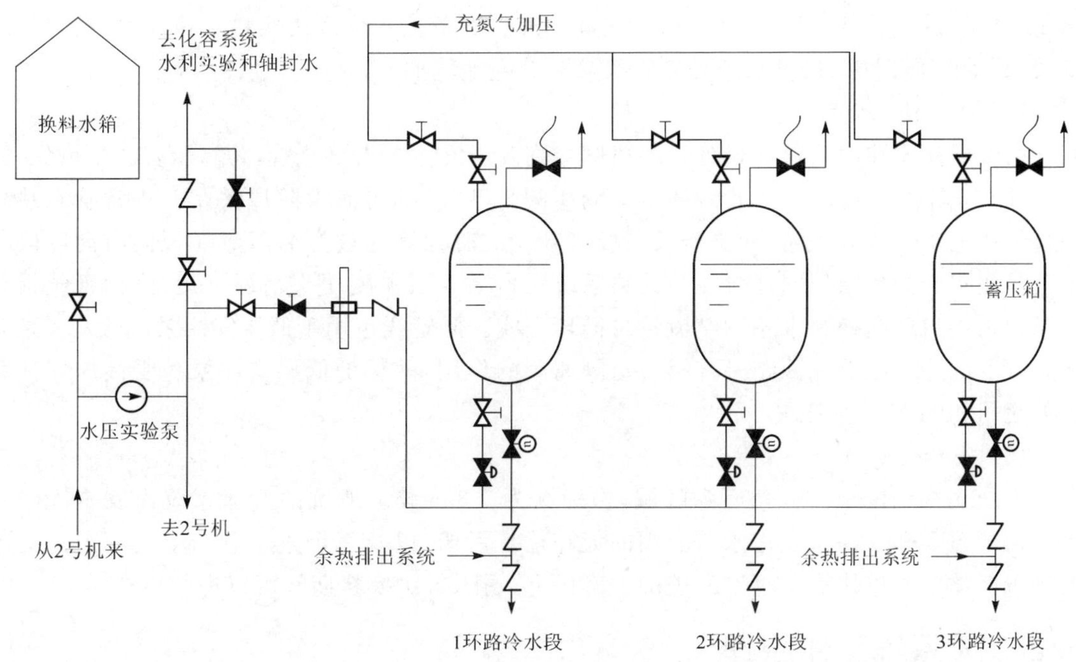

图 5-3　中压安注系统

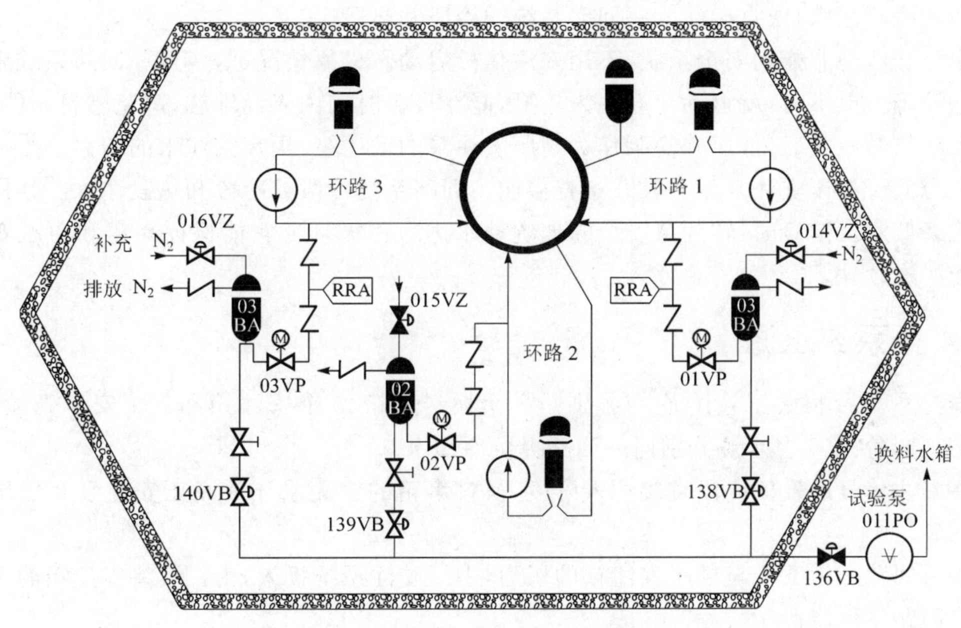

图 5-4　中压安注系统安注箱在安全壳内的布置

低压安注泵为立式单级离心泵，装有机械密封和球形推力轴承，传动轴由两个径向轴承制导，径向轴承和机械密封由泵的流体润滑。电机和机械密封热交换器由设备冷却水冷却。

与高压安注泵相比，低压安注泵额定流量很大，可达到850 m^3/h，额定流量下最大总压头可达1 MPa。在直接注入阶段，2台低压安注泵通过2条独立管线从换料水箱抽水；在再循环阶段，2台低压安注泵通过2条独立管线从安全壳地坑抽水。

(2) 低压注入管线

两台低压安注泵出口通过各自隔离阀接到高压安注泵入口总管，为高压安注泵增压，防止汽蚀。正常状态冷段注入管线的电动隔离阀打开，长期再淹没阶段关闭。正常状态热段注入管线电动隔离阀关闭，在再淹没阶段打开。此时允许通过旁通节流孔板同时向冷段管小流量注水。如果低压安注泵在一回路系统压力高于泵关闭压头情况下运行时，系统提供一条由泵出口通向换料水箱的小流量再循环管线。此管线也用于低压安注泵试验。各条安注管线上的止回阀起一回路系统第二道隔离阀的作用，并保护低压安注泵免受高压安注系统的超压和隔离安全壳。

(3) 安全壳地坑

安全壳地坑位于安全壳环廊区域内，标高为－3.5 m。地坑的过滤系统由安全壳喷淋系统两个系列和安注系统进水口公用的大碎片拦污栅，以及每个进水管口上的三道过滤筛网和飞射物防护罩构成。过滤系统的上部设有人孔，每次换料期间可以进行检查。

5.2.3 系统工作原理

事故工况下，安注信号触发后，上充泵转为安注系统的高压安注泵使用，2台泵投运(另一台允许隔离维修)，在当时一回路系统压力下，从换料水箱吸取含硼水通过硼注入箱向一回路系统冷段注水，或直接注入一回路系统的冷段和热段。

中压安注为非能动安全系统，不用安注信号启动。事故情况下，一旦一回路系统压力降到安注箱压力以下时，就自动建立注入流量，能在最短时间内淹没堆芯，避免燃料元件烧毁。

安注信号触发后，低压安注泵作为高压安注泵的增压泵，提高安注水的压力。当一回路系统压力低于低压安注泵压头时开始直接向一回路系统冷段或冷段和热段注水。当换料水箱出现某低水位信号时，转为从安全壳地坑抽水进行再循环。它能保证高压和中压安注系统功能的连续性。

5.2.4 系统水源

安注系统的水源有3个，它们分别是1个换料水箱、3个安注箱和1个安全壳地坑，在安注的不同阶段，3个水源分别向一回路提供冷却水。

在安注信号触发的冷段直接注入阶段，换料水箱的含硼水作为高压安注泵和低压安注泵的水源。

当一回路压力下降至低于安注箱的压力，中压安注系统投入，由氮气将安注箱的含硼水压入一回路系统冷段。

进入冷段再循环注入阶段后，随着安注的继续，当换料水箱水位降至低水位3(2.1 m，贮水量为200 m^3)，此时低压安注泵吸水口转向安全壳地坑。由于冷却剂通过破口泄漏以及安全壳喷淋，安全壳地坑中已经积累了足够的水，因此可以满足低压安注泵的吸水运行要求。

5.2.5　系统运行模式

5.2.5.1　备用状态

核电站正常运行时安注系统处于备用状态，如图 5-1 所示，此时：

(1) 高压安注泵作为化学和容积控制系统上充泵，1 台运行，1 台热备用，1 台冷备用；上充管线及主泵轴封注水管线运行；上充泵小流量旁通管线运行；

(2) 换料水箱至低压安注泵入口间管线充满水，管线上电动隔离阀开启；低压安注泵至换料水箱小流量管线开通；

(3) 低压安注泵至一回路系统冷段注入管线开通；

(4) 硼注入箱再循环回路运行；试验泵维持中压安注箱正常水位，氮气系统维持安注箱压力。

在反应堆停堆过程中，为防止安注系统误投入，在一回路系统压力低于 13.9 MPa 时闭锁安注信号，以防稳压器低压触发安注；冷却剂平均温度低于 284 ℃时也闭锁安注信号。但不能闭锁来自安全壳压力、蒸汽管道压力、压差的安注信号，以防蒸汽管道破裂。当一回路系统压力降至约 6.9 MPa 时，电动关闭中压安注箱隔离阀，以防安注箱不必要的动作，将含硼水注入堆芯。

5.2.5.2　安注信号的产生

高压安注和低压安注系统由反应堆保护系统响应冷却剂丧失和蒸汽管道破裂事故所产生的信号自动启动。如果自动控制电路故障，可由控制室手动启动。即使厂外电源丧失，除水压试验泵外，所有传动电源由柴油发电机组应急供电。

中压安注系统不需要外电源及启动信号就能快速响应。当一回路系统压力降到低于安注箱压力 4.65 MPa 时就开始向一回路系统冷段注水，保证快速冷却堆芯。

安注系统通过以下信号启动：

(1) 稳压器压力低低(11.9 MPa)。此信号来源于一回路系统，当一回路压力边界(包括蒸汽发生器传热管)发生破口时，稳压器压力和水位下降，有导致燃料元件烧毁的风险，所以要启动安注。

(2) 主蒸汽压力低(3.55 MPa)和 2 台蒸汽发生器流量高(超过整定值 20%)同时出现。

(3) 一回路系统冷却剂平均温度低低(284 ℃)和 2 台蒸汽发生器流量高(超过整定值 20%)同时出现。

(4) 2 条蒸汽管线间蒸汽压差高(0.7 MPa)。

(5) 安全壳内压力高于整定值(0.13 MPa)。当安全壳内发生一回路系统或蒸汽系统管道破口时发出此信号。该保护信号是上述其他保护信号的后备冗余。

(6) 手动启动安注系统信号。

上述第 2、3、4 条等三个信号均来源于二回路，它们针对不同的运行工况：

- 核电站带负荷运行时发生蒸汽管道破裂，蒸汽压力下降，流量增加，一回路系统冷却剂平均温度下降，反应堆引入正反应性。为保证反应堆足够的停堆深度，启动安注，注入高浓度硼水，以引入负反应性。上述第 2、3 条信号组合，在设计上体现了安全冗余和多样性。在高负荷时，蒸汽压力相对于“蒸汽压力低”信号整定值其裕量小，

第 2 条信号将先出现；在低负荷时，冷却剂平均温度相对于“冷却剂平均温度低”整定值其裕量小，因此第 3 条信号将先出现。蒸汽管道破裂时，安注的主要目的是向堆芯注入高浓度硼水，因此在注硼后安注系统可以停运。

- 核电站不带负荷运行时主蒸汽隔离阀关闭，此时蒸汽管道发生破裂，堆芯保护注硼依靠第 4 条信号“蒸汽管道间蒸汽压差高”启动安注。

安注信号触发后的自动动作如下：

- 反应堆紧急停堆；汽轮机脱扣；
- 安注系统投运；安全壳实行 A 阶段隔离；
- 启动应急柴油发电机组；
- 隔离主给水系统，停运汽动主给水泵；
- 启动电动辅助给水泵，辅助给水系统投运；
- 停止安全壳换气通风系统；启动上充泵房应急通风系统；将核燃料厂房及安全壳外贯穿房间通风切换到除碘过滤器管线；
- 启动设备冷却水及重要厂用水系统备用水泵。

5.2.5.3 安注系统投入后的运行

(1) 冷段直接注入阶段

该阶段是安注系统投入运行的第一阶段，利用一回路系统正常运行时冷却剂的流向，使换料水箱的含硼水和硼注入箱的浓硼酸溶液尽快地注入堆芯，如图 5-5 所示。

当接到安注信号后，冷段直接注入的过程为：

- 启动第 2 台上充泵，即高压安注泵，打开高压安注泵与换料水箱间阀门，高压安注泵从换料水箱吸水；
- 确认低压安注泵与换料水箱间的隔离阀已开启，打开低压安注泵出口通往高压安注泵入口的隔离阀，启动 2 台低压安注泵，打开低压安注泵至换料水箱的最小流量（即零流量旁通）管线上的隔离阀，确认低压安注泵与安全壳地坑间管线隔离阀均关闭，低压安注泵作为高压安注泵的增压泵运行；
- 打开硼注入箱前后隔离阀，同时隔离硼酸注入箱再循环回路；
- 隔离化学和容积控制系统容积控制箱，隔离上充管线及上充泵再循环管线，但仍然保持轴封水注入管线上的阀门打开的状态；
- 确认中压安注箱隔离阀开启；当一回路系统压力降到低于安注箱压力时，确认中压安注系统向堆芯注水，安注箱水位下降；
- 当一回路系统压力下降到低于低压安注泵出口压力（约 1.5 MPa）时，低压安注管线开始向一回路系统冷管段直接注含硼水；此时需手动关闭中压安注系统隔离阀，以防安注箱内氮气进入一回路系统；
- 当低压安注泵单泵流量超过整定值（300 m^3/h）时，自动隔离小流量旁通管线；
- 安注信号同时导致：①安注和安全壳喷淋电机房通风系统、上充泵应急通风系统启动；②燃料厂房通风系统、安全壳外贯穿件房间通风系统切换到除碘过滤器；③停止安全壳通风换气系统，安全壳大气监测系统退出运行；④辅助给水泵房通风系统启动。

在冷段直接注入阶段，各种动作基本自动完成，操纵员只需加以确认。但在安注启动后

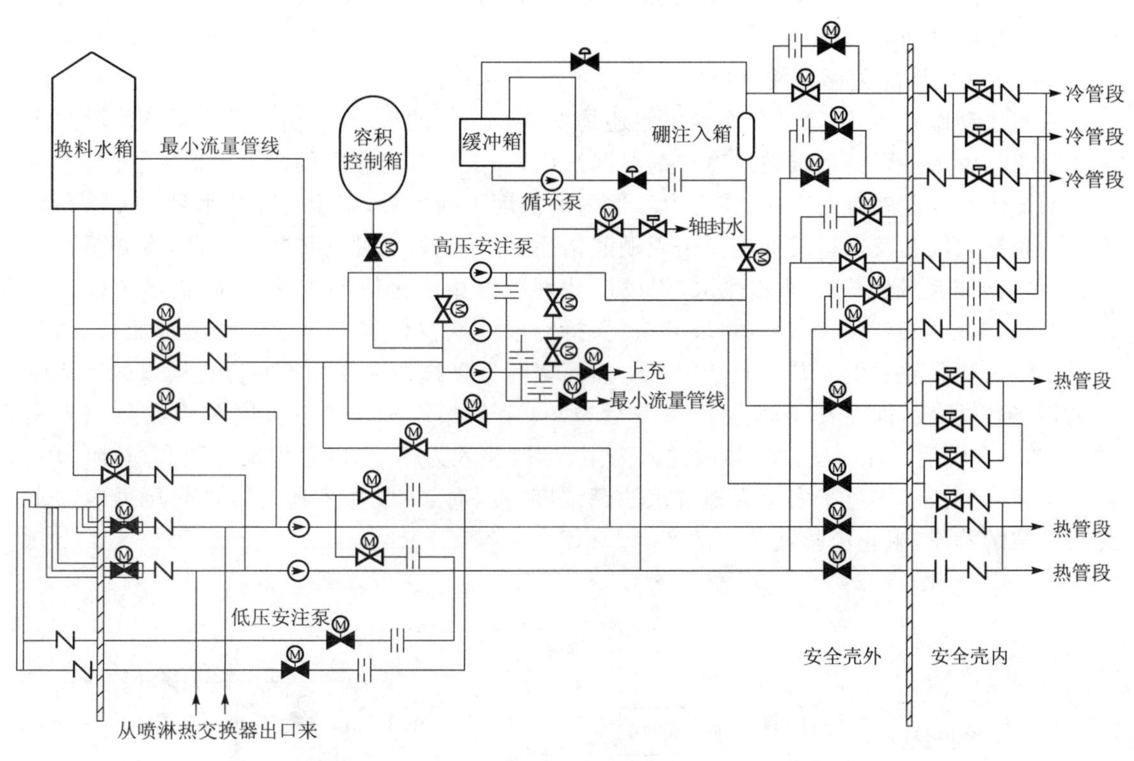

图 5-5　安注系统直接注入阶段

操纵员应首先判断安注的“真”或“假”，即是真发生一回路系统或主蒸汽系统破口，还是假信号触发的误动作。然后还须判断安注是否还有必要继续，如无必要继续安注，可根据稳压器水位、温度决定能否转入上充—下泄模式。

冷段直接注入使换料水箱水位下降，由正常水位（15.3 m，贮水量为 1 600 m^3）降至某低水位（低水位 2，5.9 m，贮水量为 580 m^3）时，安注系统向第二阶段——冷段再循环注入阶段过渡。此时自动关闭高压安注泵从换料水箱吸水阀门，同时自动开启低压安注泵到地坑的最小流量旁通管线，自动关闭两个隔离阀隔离低压安注泵到换料水箱的最小流量旁通管线，以防在再循环阶段高放射性液体污染换料水箱。但此时仍然属于直接注入阶段。

（2）冷段再循环注入阶段

随着安注的继续，当换料水箱水位降至某低水位（低水位 3，2.1 m，贮水量为 200 m^3），且安注信号仍然存在需要继续安注时，则安注进入第二阶段——冷段再循环注入阶段。此时低压安注泵吸水口转向安全壳地坑。由于冷却剂通过破口泄漏以及安全壳喷淋，安全壳地坑中已经积累了足够的水，因此可以满足低压安注泵的吸水运行要求。其转换过程如下：

· 低压安注泵地坑吸水阀门打开；
· 确认低压安注泵地坑吸水阀门打开后，关闭换料水箱吸水阀门；
· 关闭低压安注泵到换料水箱的小流量旁通管线上的另外 2 个隔离阀；
· 此时主泵轴封注水仍需继续保持运行；

· 当低压安注泵单泵流量超过整定值(300 m^3/h)时,低压安注泵到安全壳地坑的最小流量旁通管线自动隔离。

(3) 冷热段同时再循环注入阶段

从安注动作开始,不管来自换料水箱还是安全壳地坑的水,都经由一回路系统冷段注水进入堆芯。由于一回路系统破口冷却剂泄漏汽化,而蒸汽带走硼酸的能力很低,因此对于一回路系统环路冷段破口而言,会使压力容器内硼浓度不断增大,安全壳地坑水硼浓度不断减小。从而导致堆芯及燃料元件表面出现硼酸结晶,影响燃料元件的传热。为此,有必要及时改为由一回路系统热段向堆芯注水,用以反冲堆芯终止汽化使硼酸浓缩,防止堆芯硼酸结晶。但是,对于一回路系统环路热段破口,保持冷段注入仅使堆芯硼浓度轻微增加,因此并不希望转为热段注水引入其他复杂因素。然而实际上事故初期往往不能肯定破口的确切位置,因此第三阶段,即在安注动作 12.5 h 后,通过手动操作采取冷热段同时再循环注入模式,如图 5-6 所示。此时安注以热段注入为主,冷段注入为辅,用以起到反冲洗和搅拌作用,使压力壳内硼浓度接近于安全壳地坑水的硼浓度。同时,热段注入还可以消除压力容器上封头区域的蒸汽,阻止沸腾或蒸汽的产生。

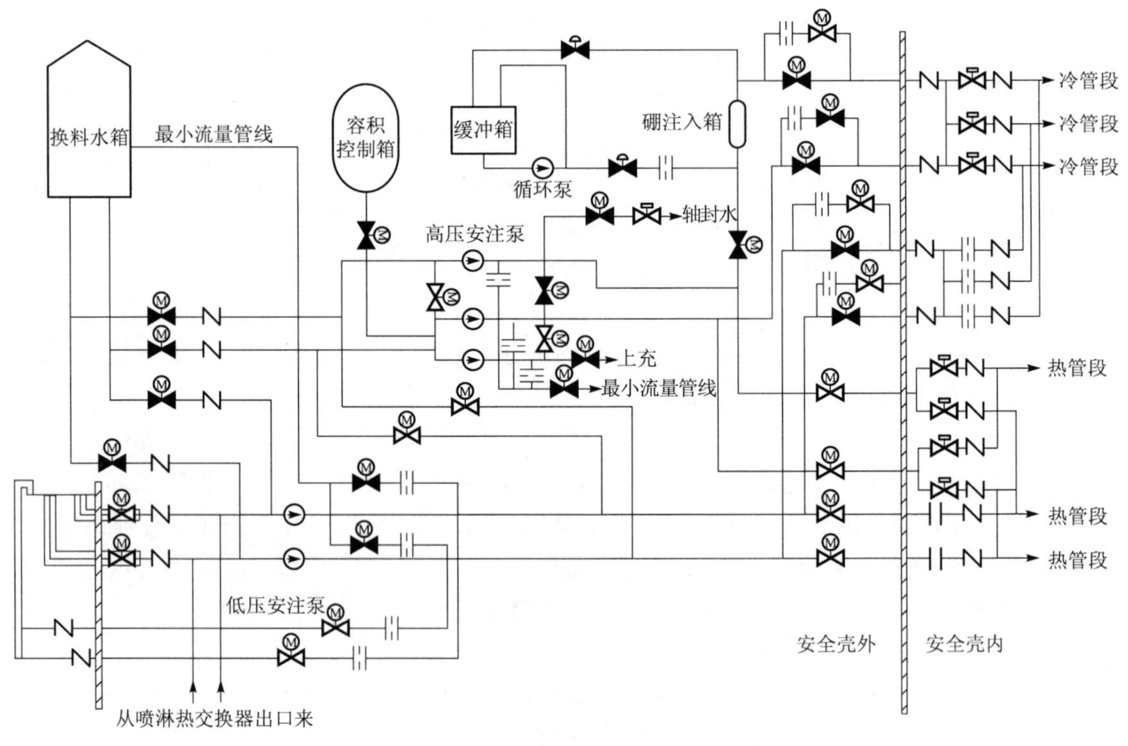

图 5-6　安注系统再循环注入阶段

其动作过程如下:

1) 打开低压安注泵通向一回路系统热段管线阀门,关闭通向冷段管线主通道阀门,打开主通道的小流量旁路阀门;

2）停运高压安注泵；

3）打开高压安注泵通向一回路系统热段管线阀门，关闭通向冷段管线主通道阀门，打开主通道的小流量旁路阀门；

4）关闭高压安注泵出口连接阀门，使高压安注泵出口分离；

5）隔离主泵轴封水注入管线；

6）低压安注泵单泵流量超过整定值（300 m^3/h）时，通往安全壳地坑的最小流量旁通管线被自动隔离；

7）如有必要，重新启动高压安注泵。

（4）长期再循环注入阶段

安注 24 h 后，通过手动操作将安注转到长期再循环注入阶段。该阶段主要动作为分离 2 个系列的高压安注泵的吸水口，使 2 个系列与 2 台低压安注泵出口一一对应。这样做的目的是考虑系统运行 24 h 后可能会出现非能动故障，以便探测并隔离泄漏。这里非能动故障是指流体承压边界破坏或影响系统内部流量的机械故障，实际上仅指失水事故后再循环阶段输送污染介质的安全设施水泵、阀门等密封损坏引起的泄漏（规定容许泄漏率小于 200 L/min）。在实施高压安注泵吸水口分离之前，如有 1 台低压安注泵不可用，则相应系列高压安注泵必须在分离前预先停运。

5.2.6 安注系统参数

典型 900 MW 核电站安注系统的主要参数如表 5-1 所示。

表 5-1 安注系统主要参数

设 备	参 数	单 位	数 值
高压安注泵	额定流量	m^3/h	34
	额定流量下总压头	MPa	17.67
	最大流量	m^3/h	约 160
	最大流量下总压头	MPa	约 4.5
	轴输入功率	kW	650
硼注入箱	容积	m^3	3.4
	溶液硼浓度	mg/L	7 000
	运行温度	℃	77～82
	运行压力	MPa	0.4～0.5
再循环泵	额定流量	m^3/h	4.6
	额定流量下总压头	MPa	0.4
	功 率	kW	8.8
缓冲箱	容积	m^3	0.55
	溶液硼浓度	mg/L	7 000
安注箱	容积	m^3	47.7

续表

设　备	参　数	单　位	数　值
	含硼水容积	m^3	33.2
	溶液硼浓度	mg/L	2 000
	压力	MPa	4.65
水压试验泵	最大流量	m^3/h	6
	最大流量下总压头	MPa	24
低压安注泵	额定流量	m^3/h	850
	额定流量下总压头	MPa	约 0.7
	最大流量	m^3/h	约 1 270
	最大流量下总压头	MPa	约 1.02
	轴输入功率	kW	355
换料水箱	容积	m^3	1 600
	溶液硼浓度	mg/L	2 000

5.3 安全壳喷淋系统

5.3.1 系统功能

当安全壳内发生反应堆一回路系统破口事故或二回路蒸汽管道破裂事故时，将导致安全壳内温度、压力升高。安全壳喷淋系统的主要作用即是用喷淋水冷却、冷凝安全壳内空气和蒸汽的混合气体，使安全壳内温度、压力维持在可承受的水平（不超过安全壳设计压力约 0.5 MPa），以保证安全壳的完整性。利用安全壳喷淋系统热交换器排出事故时释放到安全壳的堆芯余热。这是设计基准事故情况下可排除热量的唯一途径，也是专设安全设施中唯一带有冷源的系统。

此外，喷淋水中加入的氢氧化钠，能降低安全壳内挥发性裂变产物的质量分数（捕捉放射性碘），同时氢氧化钠与硼酸起中和作用，能限制对金属的腐蚀；停堆期间，当安全壳内发生火灾而消防灭火系统失效时，安全壳喷淋系统可用来扑灭火灾；在安注系统故障时，安全壳喷淋系统可作为安注系统的备用；停堆状态，换料水箱温度超过 40 ℃时，可利用安全壳喷淋系统热交换器对换料水箱进行冷却。

安全壳喷淋系统的设计要求：

（1）所有安全壳喷淋系统的设备均应设置在抗震的安全壳内和辅助厂房内；

（2）喷淋系统应具有在最大破口失水事故时足够的冷却容量；

（3）为了使喷淋水获得良好的去除裂变产物放射性碘的效果，在喷淋水中添加氢氧化钠，并选择最佳配方，使喷淋水能迅速吸收碘，同时中和硼酸，使安全壳内设备腐蚀达到最低程度；

（4）喷淋系统的设置应是冗余的，由 2 个系列组成 2 个独立的，包括安全壳地坑、喷淋泵、热交换器、化学添加喷射器、安全壳拱顶喷淋管等设备在内的喷淋管线。2个系列设备进行实体隔离(个别设备共用),对2台喷淋泵采用2个系列应急电源供电;

(5) 每个系列喷淋管线设置2个并联的安全壳隔离阀,以便当其中一个阀门损坏时,仍能保证该系列正常的喷淋功能;

(6) 电动阀在应急柴油发电机重新带负荷时最大延时为10 s,电动阀失电时维持原阀门开度,电源恢复后根据信号阀门开度达到所需位置;

(7) 喷淋信号发出后30 s内完成启动2台喷淋泵,对安全壳实施喷淋;

(8) 在由换料水箱吸水喷淋方式切换到从安全壳地坑吸水再循环喷淋时,要求喷淋系统设备能承受在10 s内喷淋水温从5 ℃升到150 ℃的热冲击;

(9) 喷淋泵要能在85%额定电压下正常启动并达到全流量;

(10) 安全壳内喷淋应有最大的分布范围和最小的相互交迭,从而使喷淋水能同安全壳内的空气、蒸汽混合气体有最大的接触面,从而获得最好的冷却、冷凝和除碘效果。

5.3.2 系统组成与流程

安全壳喷淋系统如图5-7所示。安全壳喷淋系统由相同的2个系列组成,每个系列能保证100%的喷淋功能。每个系列由1台喷淋泵、1台热交换器、1台化学添加喷射器、喷淋管和阀门组成,其中化学添加剂系统是共用的。

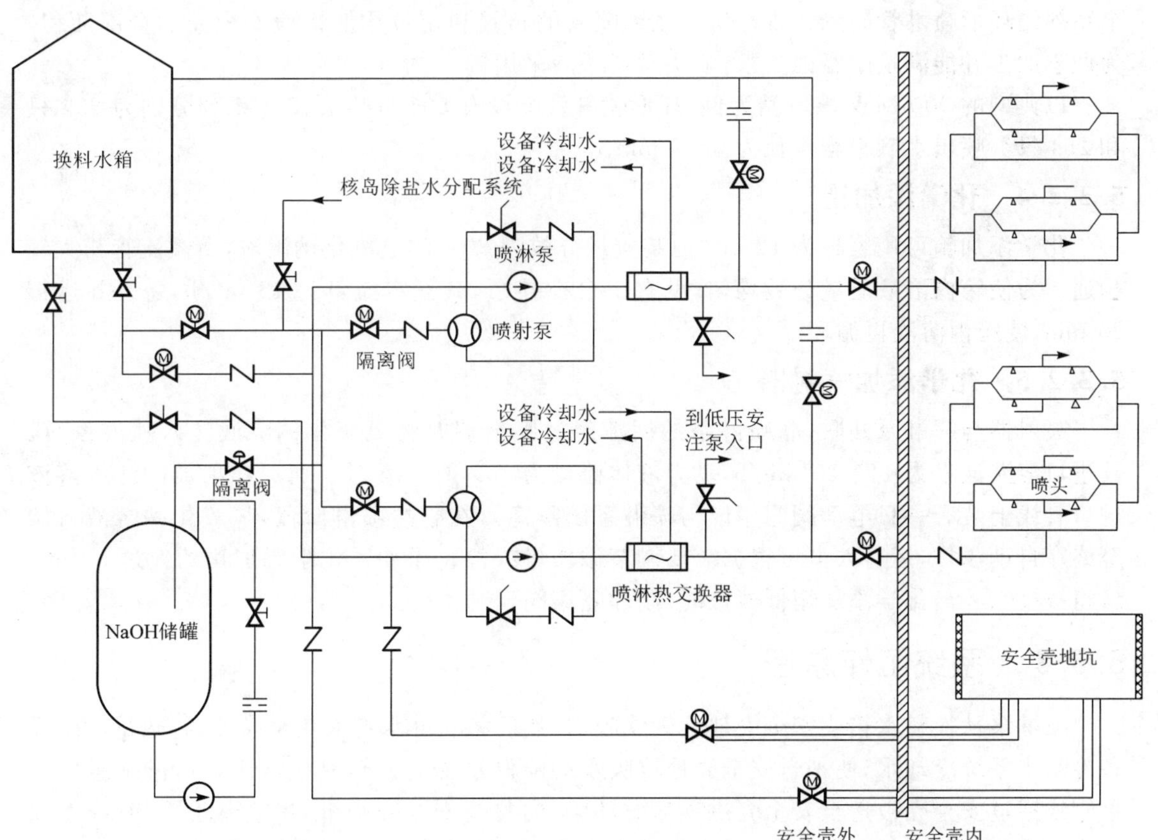

图5-7 安全壳喷淋系统

5.3.2.1 喷淋泵

喷淋泵为立式轴筒式泵。安全壳喷淋系统1个系列管线喷淋时，喷淋泵在直接喷淋流量考虑了兼容2台低压安注泵、2台高压安注泵同时参与运行的要求。喷淋泵从换料水箱或各自独立的安全壳地坑管线吸水，然后将喷淋水打入热交换器入口。喷淋泵设有小流量旁通管线以满足运行要求。

以典型的900 MW核电站为例，喷淋泵在直接喷淋状态名义流量为850 m^3/h，相应扬程1.31 MPa；在再循环喷淋状态名义流量为1 050 m^3/h，相应扬程1.15 MPa。

5.3.2.2 热交换器

来自喷淋泵出口的喷淋水进入热交换器，将热量传给设备冷却水系统冷却水（主要用于安全壳地坑吸水时的喷淋水降温，来自换料水箱的水温度本来就很低，无须冷却）。热交换器出口喷淋水经由喷淋管线穿过安全壳被送至安全壳拱顶喷淋环管。

以典型的900 MW核电站为例，热交换器为卧式直通管壳式换热器，喷淋水流过管侧，设备冷却水系统冷却水流过壳侧。热交换器管侧喷淋水流量为1 014 m^3/h，最高出口温度约120 ℃；壳侧设备冷却水系统冷却水流量约为1 920 m^3/h，最高出口温度约45 ℃。

5.3.2.3 喷淋管及喷头

每个系列2条，共4条环形喷淋管以安全壳中心线为圆心固定在安全壳的穹顶上。2个系列的环形喷淋管间隔布置。每个系列喷头的布置和定位均能覆盖安全壳的全部面积。为便于加工并能满足耐腐蚀要求，喷头材料一般采用铜。

以典型的900 MW核电站为例，环形喷淋管上设有506只喷头，2个系列分别为252只和254只。喷出水滴平均直径为0.27 mm。

5.3.2.4 化学添加箱

化学添加箱可用容积为10 m^3，内装质量分数为30%的氢氧化钠溶液，由溢流管与大气相通。为使箱内溶液质量分数均匀，设有1台搅拌泵，其额定流量为15 m^3/h，每8 h运行20 min，使箱内溶液再循环。

5.3.2.5 化学添加喷射器

喷射器与喷淋泵并联，靠喷淋泵的回流经过喷射器时将氢氧化钠溶液注入喷淋系统。其进口溶液流量为14×10^3 kg/h，动力液体流量为36×10^3 kg /h。每只喷射器的注入溶液进口管线上装有一只电动阀门用以与喷淋系统隔离。在直接喷淋阶段，氢氧化钠溶液自始至终在自动添加，运行人员可根据需要调节添加量或停止添加。化学添加箱约经过30 min后将被排空。当化学添加箱低液位时，添加隔离阀自动关闭。

5.3.3 系统工作原理

喷淋泵从换料水箱或安全壳地坑管线吸水，然后将喷淋水打入热交换器，将热量传给设备冷却水系统冷却水，使来自安全壳地坑吸水的喷淋水降温。热交换器出口喷淋水经由喷淋管线穿过安全壳被送至安全壳拱顶喷淋环管，向整个安全壳喷淋，用喷淋水冷却、冷凝安全壳内空气和蒸汽的混合气体，使安全壳内温度、压力维持在可承受的水平，以保证安全壳的完整性。

如果发生一回路管道破口，在直接喷淋阶段，化学添加箱通过化学添加喷射器向喷淋水中加入氢氧化钠，降低安全壳内挥发性裂变产物的质量分数(捕捉放射性碘)，同时氢氧化钠与硼酸起中和作用，能限制对金属的腐蚀。

5.3.4　系统水源

安全壳喷淋系统有 2 个水源：换料水箱和安全壳地坑。

当安全壳喷淋信号触发后，根据换料水箱的水位选择不同的水源。当换料水箱低水位信号没有发出，则直接从换料水箱取水，否则从安全壳地坑取水。

5.3.5　系统运行模式

5.3.5.1　备用状态

核电站正常运行时，安全壳喷淋系统处于备用状态，等待喷淋启动信号。此时：

1. 换料水箱到喷淋泵入口之间的阀门保持开启状态；

2. 喷淋管线安全壳隔离阀、安全壳地坑至喷淋泵吸水口间阀门、化学添加物回路隔离阀、热交换器壳侧设备冷却水系统冷却水阀以及试验回路阀门均处于关闭状态；

3. 氢氧化钠溶液搅拌泵间断运行。

5.3.5.2　喷淋信号

安全壳喷淋系统启动信号来源于一个自动信号——安全壳压力太高，即安全壳压力达到整定值 0.24 MPa，或者一个手动信号。

安全壳压力由安全壳内大气监测系统的 4 个探测器按 2/4 原则触发保护动作。该信号触发动作后可以立即进行手动复位(解锁)。为了防止喷淋系统意外的手动启动，对每个系列均设置 2 个按钮，2 个按钮同时按下时才能触发安全壳喷淋系统的一个系列喷淋动作。

安全壳压力保护定值及由此触发的主要保护动作如表 5-2 所示。

表 5-2　安全壳压力保护信号

信　号	压力定值/MPa	触发的主要保护动作
H1	0.12	报警
H2	0.13	安注启动
		安全壳第一阶段隔离
		紧急停堆
		汽轮机脱扣
		应急柴油发电机组启动
		主给水泵跳闸
		主给水隔离
		辅助给水系统启动
H3	0.19	主蒸汽管道隔离

续表

信 号	压力定值/MPa	触发的主要保护动作
H4	0.24	紧急停堆
		安全壳第二阶段隔离
		安全壳喷淋系统启动
		应急柴油发电机组启动

5.3.5.3 喷淋系统投入之后的运行

(1) 直接喷淋阶段

喷淋信号产生时触发喷淋系统启动。此时若换料水箱水位高于 2.1 m 整定值,则安全壳喷淋系统以“直接喷淋”方式从换料水箱吸水,向安全壳喷淋,使安全壳迅速降温降压。喷淋信号产生后,喷淋系统动作的过程如下:

- 2 台喷淋泵启动;
- 打开安全壳隔离阀,打开热交换器设备冷却水系统冷却水阀;
- 在喷淋泵启动,实现向安全壳喷淋 5 min 延时后,自动打开化学添加箱与喷射器之间的隔离阀,开始向喷淋水内注入氢氧化钠溶液。

这 5 min 的延迟时间是给操纵员诊断事故用的。如发生一回路系统破口失水事故,则需用氢氧化钠溶液降低安全壳由裂变产物放射性碘的质量分数和中和硼酸限制安全壳内金属设备的腐蚀;如属于二回路蒸汽管道破裂或纯属假信号误动作,则无须注入氢氧化钠溶液,可以人为解除氢氧化钠溶液自动注入的联锁。

利用喷淋水中氢氧化钠消除安全壳内挥发的放射性碘,其反应方程为:

$$3I_2 + H_2O \rightleftharpoons IO_3^- + 5I^- + 6H^+$$

加入氢氧化钠后,上述化学平衡向右进行:

$$2H^+ + 2NaOH + IO_3^- + I^- \longrightarrow NaI + NaIO_3 + 2H_2O$$

因为 NaI 和 $NaIO_3$ 都溶于水,这样,加入氢氧化钠后使原来游离的单质碘变成溶于水的物质,从而限制放射性碘的释放。反应生成的碘钠化合物被带入集水坑中最终被送往废液处理系统处理。

(2) 再循环喷淋阶段

直接喷淋约能持续 20 min。当换料水箱出现低水位 3 信号(定值 2.1 m),安全壳喷淋系统自动转入再循环喷淋阶段,此时喷淋泵从安全壳地坑吸水进行再循环喷淋,并通过热交换器将一回路系统释放到安全壳内的热量排向设备冷却水系统,然后再由重要厂用水系统排向大海。这部分热量包括堆芯剩余功率发热、流体和结构材料的显热、结构材料氧化放热,还可能发生锆水反应放热。

事故情况下再循环喷淋阶段可能延续运行几个月。由于喷淋流量很大,经过一段时间喷淋运行后,可以改为一个系列喷淋管线运行。

另外,安全壳喷淋系统热交换器是专设安全设施中唯一的冷源,所以当安注系统处于再循环安注阶段时,需要安全壳喷淋系统同时运行,以冷却安全壳地坑的水,将热量导出。

(3) 特殊工况

为了保证失水事故后堆芯长期余热排出，在低压安注系统和安全壳喷淋系统之间配备有连接管道，使得一个系统的水泵可以用于支援另一个系统。连接管上装有 2 个手动阀门。安全壳喷淋系统喷淋泵从安全壳地坑吸水，经喷淋热交换器冷却后的水输送到低压安注泵入口，然后经低压安注管线注入一回路，这就是安全壳喷淋系统与低压安注系统的联合运行方式。

5.3.6　安全壳喷淋系统参数

典型的 900 MW 核电站安全壳喷淋系统技术参数如表 5-3 所示。

表 5-3　安全壳喷淋系统技术参数

参数名称/单位	数　值
完全壳内最大压力时喷淋泵流量	
直接喷淋/(m^3/h)	850
再循环喷淋/(m^3/h)	1 050
喷射器驱动流量/(m^3/h)	36
化学添加注入流量/(m^3/h)	14.4
热交换器在设计结垢状态的排热能力/MW	46.8
安全壳地坑最高温度/℃	116.5
设冷水最高温度/℃	45
化学添加箱总容量/m^3	11

5.4　氢控制系统

5.4.1　系统功能

核电站正常运行时，氢控制系统用来净化安全壳内大气，即把安全壳内气体抽出，过滤后通过烟囱排出，限制安全壳内放射性气体体积分数过高，实现对安全壳内大气的间断更新；同时用来保持安全壳内部压力低于最大规定值。

在失水事故时，进行安全壳内大气取样分析氢体积分数；为防止局部氢体积分数过高，并取得正确的安全壳内氢体积分数数据，利用风机使安全壳内大气循环混合；控制安全壳内大气氢体积分数保持在足够低的水平，防止大气中氢体积分数达到 4.1%，氢与空气中氧复合造成风险（指干燥气体混合物自动合成），保证安全壳结构和密封的完整性；利用氢控制系统气体复合装置将氢、氧气体复合。

5.4.2　系统组成与流程

氢控制系统的流程如图 5-8 所示。氢控制系统由两条平行的管线组成，一条正常运行，一条备用。管线从安全壳上部穹顶抽风。每条管线于安全壳外侧进出管上均设有两个密封的蝶阀供安全壳隔离用。100%容量的电动风机使空气从安全壳顶部通过返回管道,引导空气返回到安全壳的下部,形成安全壳内大气再循环混合。风机的进出口管两侧各设有管嘴,使用一部可移动的取样装置,使之能通过两个管嘴间循环的空气小旁通流量取得气体样品。

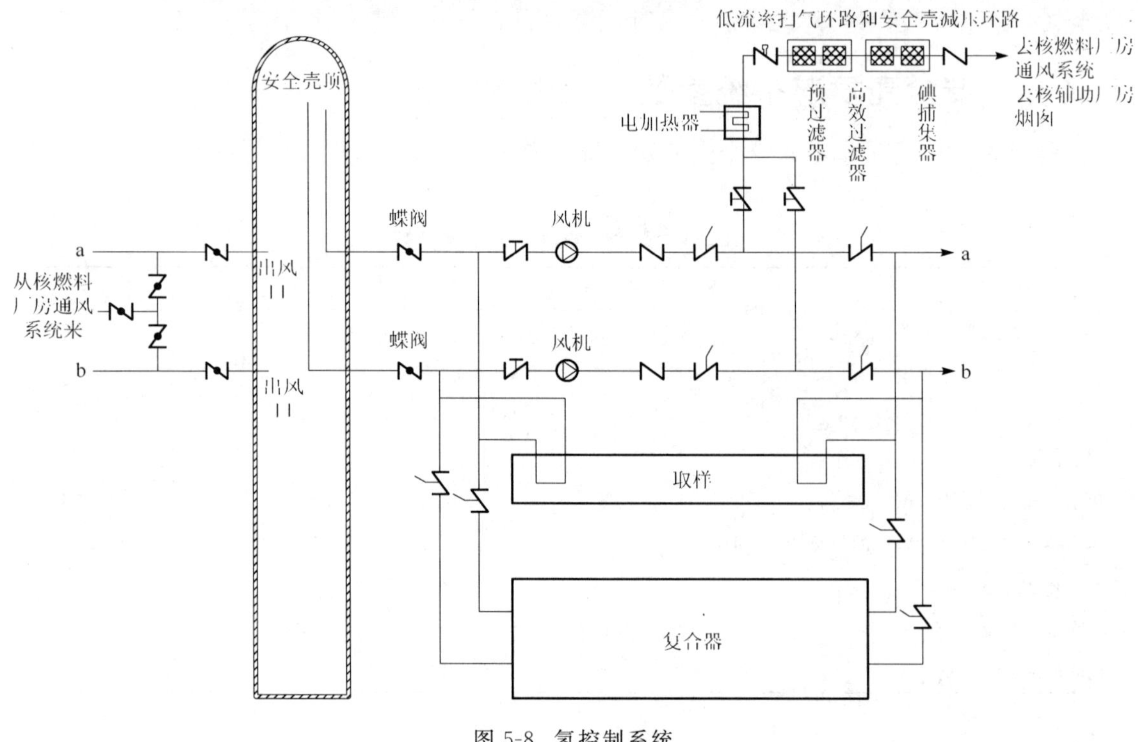

图 5-8　氢控制系统

5.4.3　主要设备工作原理

为了降低安全壳在事故下的氢气含量,核电站装备有 2 台可移动外部氢复合装置。

LOCA 失水事故时,氢气主要来源于水的辐照分解;锆-水反应产生的氢和喷淋液引起材料腐蚀产生的氢。分析计算认为,失水事故产生的氢,大部分是由于铝受喷淋溶液腐蚀的结果。如果假设电缆中全部铝受喷淋液腐蚀,则失水事故之后 22 d 氢浓度达到 4.1%的极限,如不考虑铝腐蚀则需 49 d 才能达到氢体积分数极限。因此,作为保守措施,有必要在失水事故后第 11 d 到 22 d 之间投运氢复合装置。

5.4.3.1　外部氢复合装置

正常情况下该两台外部氢复合装置分别贮藏于两个机组的燃料厂房中。在失水事故时则将两台氢复合装置全部安放在事故机组的燃料运输罐吊装大厅内(厂房标高 0 m),与氢控制系统风机进出口两端管嘴相接。

外部氢复合装置如图 5-9 所示,由 1 台空气压缩机、1 台气体加热器、1 个反应室、1 台冷却器和相应的管道、阀门、仪表组成。气体处理分气体加热、氢氧复合和排出气体冷却除水三步进行。在复合装置中空气被加热至 320 ℃,然后进入催化床,在钯催化剂作用下氢与氧合成生成水蒸气，最后经冷却将冷凝水排除，空气返回安全壳内。复合装置在标准温度压力下气体设计流量为 85～110 m^3/h。当安全壳内大气氢体积分数达到 1%～3%时，启动氢复合装置。氢复合装置投入 2 h 之内，返回安全壳气体中氢体积分数即降低至 0.1 %。

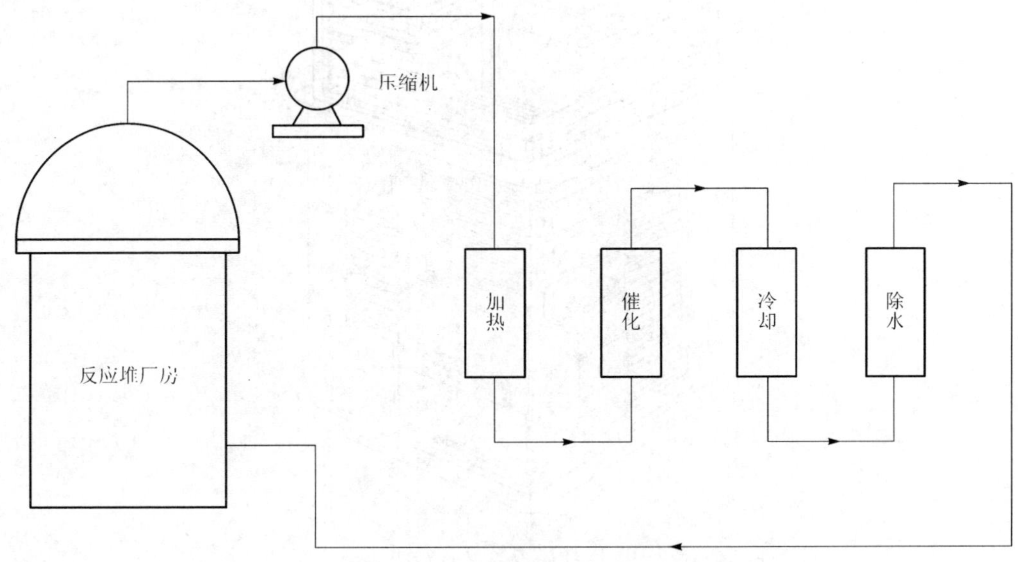

图 5-9　外部氢复合装置原理图

氢控制系统两台风机出口另设有至核燃料厂房通风系统和核辅助厂房通风系统烟囱的专用管线。管线上设有过滤净化用电加热器、预过滤器、高效过滤器、除碘活性炭过滤器(低流速扫气和安全壳减压环路)。另外，氢控制系统进入安全壳供气风口管的安全壳外侧管线上还连接有来自核燃料厂房通风系统的供气管线。

5.4.3.2　内部热力氢复合器

与外部氢复合装置不同，内部热力氢复合器是一个全封闭的设备，置于安全壳内。

内部热力氢复合器如图 5-10 所示，由入口预热段、加热复合段和混合室组成。空气靠自然对流流过入口百叶窗进入预热段，经过直管护套型电加热器使空气预热，提高氢复合器的效率，同时蒸发空气可能携带的微小水滴。预热的空气流过控制空气流量的孔板进入加热段，空气被加热到 620～760 ℃，氢和氧发生复合生成水，从而除去氢气。空气离开加热段后进入装置顶部的混合室，与安全壳内较冷的空气混合使热空气温度下降，然后返回安全壳。

5.4.4　运行

5.4.4.1　安全壳内气体放射性监测

安全壳内设有 3 个保健物理监测点。核事故时，由其中的 1 个测点和设在核辅助厂房烟囱上的测点给出保护动作信号，分别指令氢控制系统 A 系列安全壳隔离阀自动关闭和氢控制系统 B 系列安全壳隔离阀自动关闭。

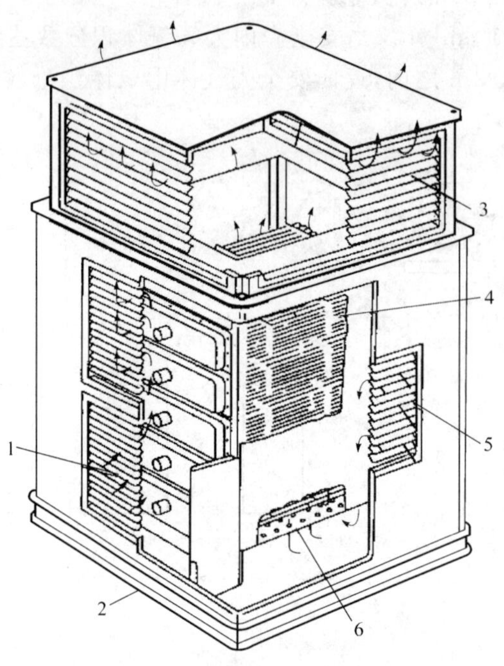

图 5-10 内部热力氢复合器示意图

1—冷却空气；2—滑橇；3—排气；4—电加热器；5—吸入口；6—流量孔板

5.4.4.2 安全壳内压力监测

安全壳内设有 4 个压力信号测点，它们在失水事故时能给出安全壳压力保护信号，这些保护信号阈值和保护动作分别是：① 0.12 MPa，低通风流量和保健物理监测系统隔离；② 0.14 MPa，安注和安全壳第一阶段隔离；③ 0.19 MPa，主蒸汽系统隔离；④ 0.24 MPa，安全壳喷淋和安全壳第二阶段隔离。

5.5 辅助给水系统

5.5.1 系统功能

5.5.1.1 正常功能

辅助给水系统作为主给水系统的后备，可向蒸汽发生器二次侧提供给水。在下列情况辅助给水系统可代替主给水系统：

(1) 在启动和一回路系统升温阶段，主给水系统不能使用时；

(2) 在热停堆阶段，不再允许使用主给水系统时；

(3) 在热停堆向冷停堆过渡阶段，直至达到余热排出系统投运条件并正式投运之前；

(4) 辅助给水系统电动泵用于向蒸汽发生器二次侧进行初充水、冷停堆后的再充水和保持水位补充水；

(5) 辅助给水系统脱气装置用于向辅助给水系统、硼和水补给系统的贮存水箱供应除气除盐水。

5.5.1.2　安全功能

核电站运行中当用于蒸汽发生器正常给水的凝汽器真空系统、凝结水抽取系统、低压给水加热器系统、汽动主给水泵系统、给水流量调节系统等诸系统中任一个失效时，辅助给水系统成为应急手段，取代主给水系统，向蒸汽发生器二次侧提供给水，用以排出堆芯余热，直至达到余热排出系统投运条件，余热排出系统正式投运，以此保护堆芯并保持设备的完整性。

核电站运行中发生事故导致安注系统动作或蒸汽发生器低低水位时，辅助给水系统将投入运行，以此排出余热，保护堆芯和设备。

辅助给水系统投运后，一回路系统放出的热量将通过蒸汽发生器由辅助给水传输给二回路，二回路通过汽机旁路系统将蒸汽排向凝汽器或排向大气。

5.5.1.3　设计要求

当蒸汽发生器主给水系统完全失去作用或主蒸汽管道破裂时，辅助给水系统投运，且必须有足够的流量来满足反应堆紧急停闭后的堆芯余热排出，以限制一回路系统温度、压力维持在允许范围之内，防止稳压器安全阀动作。辅助给水系统还应具有足够的给水时间，以维持对蒸汽发生器供水，将堆芯及一回路系统热量排出，直至余热排出系统正式运行。

5.5.2　系统组成与流程

辅助给水系统如图 5-11 所示。为满足单一故障准则，系统被设计成双系列 2×100%容量。辅助给水系统包括贮存水箱、辅助给水泵、脱气装置及相应的管道阀门。2 台并联的电动辅助给水泵组成 2×50%容量 A 系列，电动机由应急电源供电；1 台汽动辅助给水泵组成 1×100%容量 B 系列，由主蒸汽系统旁路供汽。所有设备都置于限制接近区域之外，其环境温度通过通风系统维持在 7～40 ℃。

5.5.3　系统工作原理

5.5.3.1　贮存水箱

为保证贮存水箱内的水质，水在氮气覆盖下保存，正常氮气压力为 1.1～1.12 MPa。水箱水位可以在高水位和高高水位之间变化。箱内水温依靠脱气器维持在 7 ℃以上，温度高于 50 ℃时报警。根据几种事故工况，从发生事故辅助给水系统投入到余热排出系统投运，辅助给水系统停运，可以计算出水箱贮水容积。表 5-4 为辅助给水系统不同事故工况下给水需求量。

由于蒸汽发生器给水含氧量要求控制在 0.1×10^{-6} 以下，所以辅助给水系统贮存水箱必须经由脱气装置补充入除气除盐水或来自凝结水泵的除气除盐水。当从脱气装置向贮存水箱进行充水或补水时，由常规岛除盐水分配系统向脱气装置提供除盐水。必要时也可由常规岛除盐水分配系统直接充水，不经过除气。当贮存水箱内水温低于 7 ℃时，可通过除气器加热。2 个机组的凝结水抽取系统凝结水泵的出口均与脱气装置出口相连，以便用凝汽器的水作为补充水源。当辅助给水系统投运时，应尽可能利用另一个机组的凝结水抽取系统补水，这样既比较快捷，又可留下脱气器提供反应堆硼和水补给系统的供水需求。

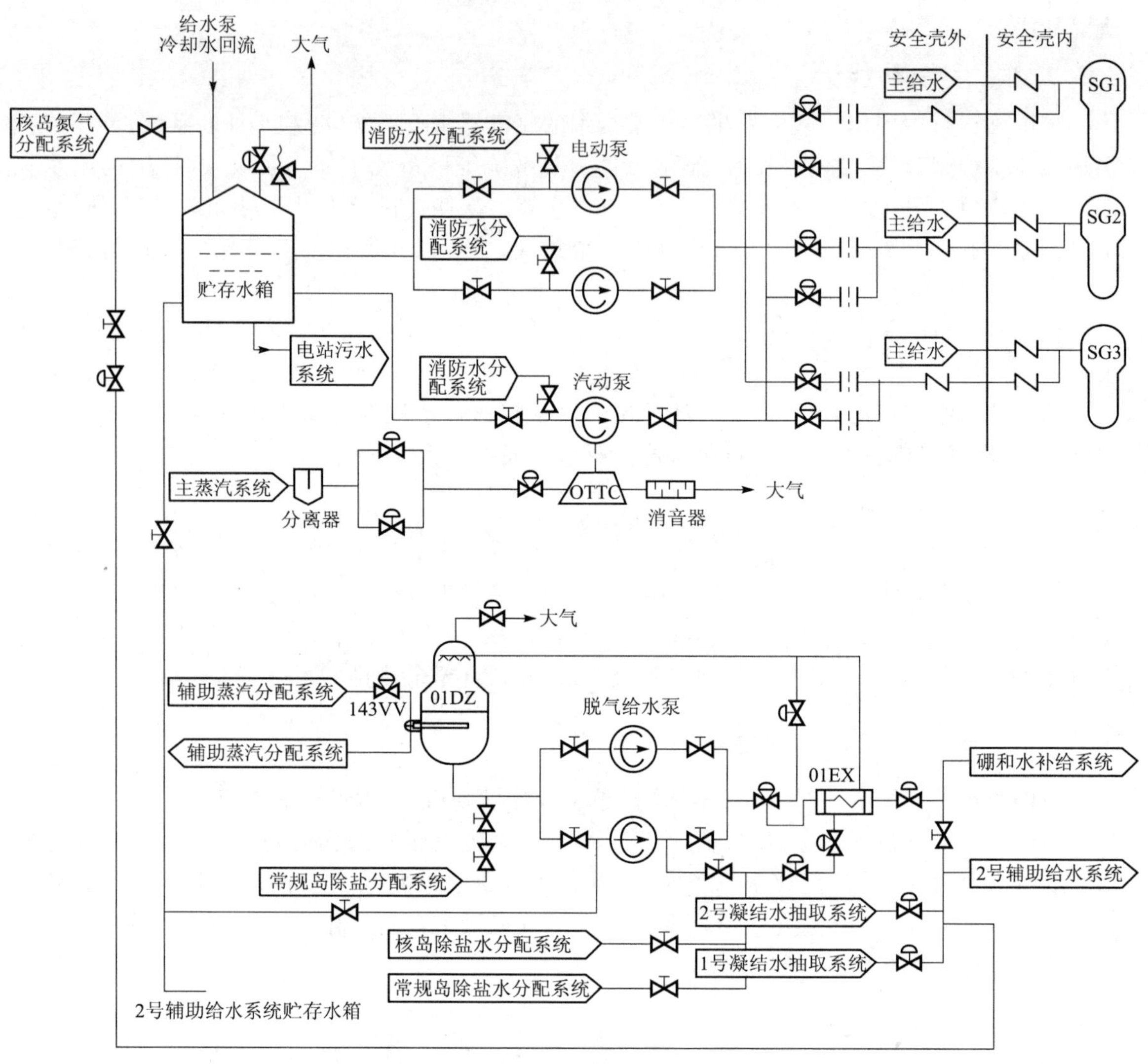

图 5-11 辅助给水系统

表 5-4 辅助给水系统事故工况下给水需求量

	失去主给水工况	失去厂外电源工况	主给水管道破裂工况
破口隔离前时间/h			0.5
由破口漏失的水容积/m³			125
热停堆时间/h(运行人员延迟＋加硼)	2	2	2.5(包括 0.5)
热停堆期间所用水容积/m³	265	238	440(包括 125)
一回路系统冷却至余热排出系统投运条件时间/h	4	8	4
冷却降温速率/(℃/h)	28	15	28
余热导出系统准备时间/h	1.25	1.25	无准备
准备期间所用水容积/m³	445	522	350
需求供水总容积/m³	710	760	790
可供使用总容积/m³	790	790	790
所用总时间/h	≥7.25	≥11.25	≥6.5

5.5.3.2　辅助给水泵

2 台电动辅助给水泵为多级卧式离心泵，另一台汽动辅助给水泵，也为多级卧式离心泵。2 台电动辅助给水泵的流量与 1 台汽动辅助给水泵的流量相等，可使一回路系统冷却剂温度在 6 h 内从热停堆状态降到 160～180 ℃。电动辅助给水泵由应急电源供电。汽动辅助给水泵的汽轮机是单级冲动式汽轮机，由主蒸汽管道上主隔离阀前 3 个分管供汽，只要其中一个供汽就能满足供汽量。转速由蒸汽调节阀控制，乏汽通过消音器直接排向大气中。汽轮机在较广的蒸汽压力范围内(8.6～0.76 MPa)运行，0.76 MPa 的蒸汽压力相当于一回路系统可使余热排出系统投运的温度。在额定流量时，汽轮机转速为 3 560 r/min。在核电站正常运行时，汽轮机供汽管道处于预热状态，且有疏水设施，以确保汽动辅助给水泵能随时启动。

5.5.3.3　脱气装置

脱气装置如图 5-12 所示。脱气装置 2 个机组共用，它由 1 台脱气器、2 台脱气给水泵、1 台再生热交换器组成。

脱气装置用于：①在向 2 个机组的贮存水箱供水之前，对常规岛除盐水分配系统的除盐水(pH＝9)进行除氧；②对辅助给水系统的贮存水箱内的水进行再处理除氧；③对来自核岛除盐水分配系统的除盐水(pH＝7)除气后，向硼和水补给系统贮存水箱供给除氧除盐水。

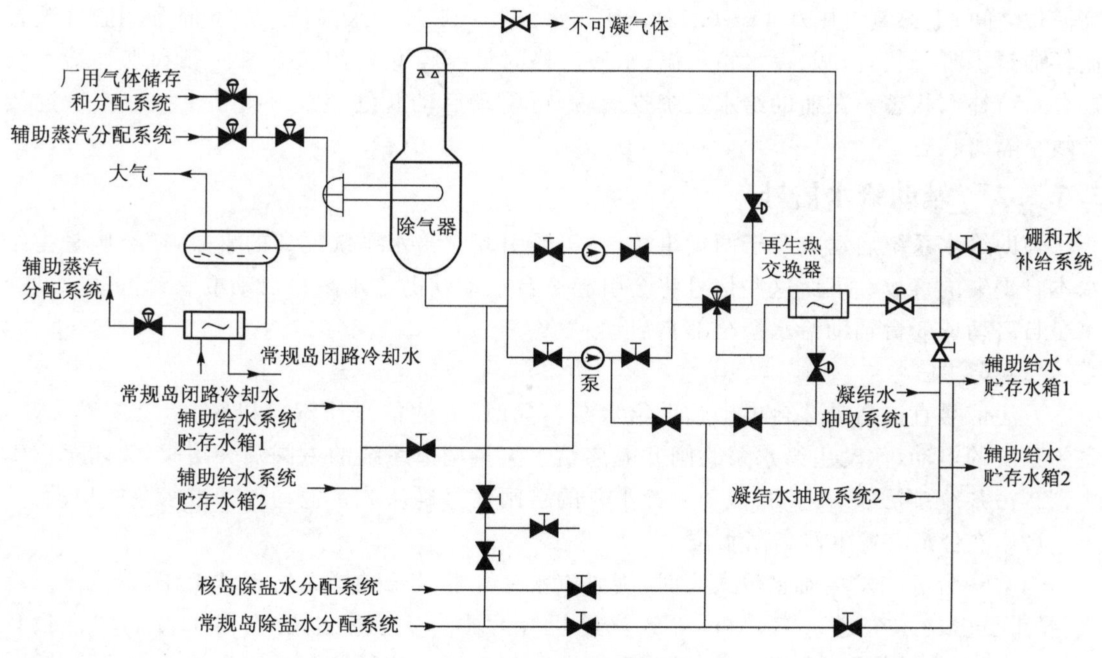

图 5-12　辅助给水系统脱气装置

当脱气器不能使用时，可直接从常规岛除盐水分配系统贮存水箱取水供应给辅助给水系统贮存水箱。2 个机组的凝结水抽取系统凝水泵的出口与脱气装置出口相连接，可用凝汽器的水作为辅助给水系统贮存水箱的补充水源。由辅助给水在蒸汽发生器内产生的蒸汽则可通过汽轮机旁路系统排向凝汽器。

常规岛除盐水分配系统的除盐水在 5～40 ℃温度下进入再生热交换器壳侧，其出口温度为 88.5～96 ℃，被加热的水从脱气器顶部喷出雾化。由脱气器水位信号控制进口调节阀开度，以保持脱气器内的水位不变。调节加热蒸汽的流量来保持脱气器的工作压力为 0.12 MPa。脱气器内不凝性气体从脱气器顶部排出。加热用蒸汽来自辅助蒸汽分配系统，蒸汽在脱气器下部的管束内凝结后，经冷却器冷却然后返回辅助蒸汽分配系统，冷却器由常规岛闭路冷却水系统冷却。经过除氧的除盐水温度约为 105 ℃，由脱气给水泵送往再生热交换器管侧将热量传给壳侧常规岛除盐水分配系统除盐水，降温后的除氧除盐水被送往相应的贮存水箱，其水温在 50 ℃以下。脱气器的除气因子(输入含氧量/输出含氧量)为 800。

5.5.4 系统水源

辅助给水系统的水源来自贮存水箱。常规岛除盐水系统和凝结水抽取系统可以给贮存水箱充水或补水。

5.5.5 系统运行

5.5.5.1 备用状态

核电站正常运行时，辅助给水系统 3 台辅助给水泵处于备用状态，与辅助给水泵对应的 6 个调节阀全开，汽动辅助给水泵汽机蒸汽管线保持加热状态。贮存水箱处在高液位和高高液位之间，上部氮气压 0.11～0.112 MPa，水温 7～50 ℃。水温低于 7 ℃时利用脱气装置循环加热。脱气装置在贮存水箱水温、水质合格时处于停止备用状态或向硼和水补给系统贮存水箱补水状态。在辅助给水系统投运后，可手动启动脱气装置。凝结水抽取系统连接管线呈隔离状态。

5.5.5.2 辅助给水信号

辅助给水系统启动来源于两类事故，一类是引起主给水系统隔离的事故，一类则是主给水本身丧失的事故。下面这些信号将会引起 2 台电动辅助给水泵自启动或 1 台汽动辅助给水泵自启动或 3 台辅助给水泵全部自启动。

(1) 安注信号

安注信号直接启动 2 台电动辅助给水泵。同时，安注信号使汽轮机脱扣，反应堆停闭，主给系统的电动、汽动主给水泵跳闸并隔离给水流量调节系统的主阀及旁路阀，关闭蒸汽发生器排污系统排污阀。电动、汽动主给水泵的跳闸信号确认 2 台电动辅助给水泵的启动。

(2) 单台蒸汽发生器高高水位

当某一台蒸汽发生器水位太高时，旋风汽水分离器及干燥器无法正常工作，蒸汽湿度增大，携带更多的水分进入汽轮机，导致汽轮机叶片损坏。当蒸汽发生器水位达到窄量程 75%时，触发汽轮机脱扣，电动、汽动主给水泵跳闸和给水流量调节系统主阀及旁路阀关闭。如果同时核功率大于 10%，反应堆脱扣。主给水泵跳闸信号触发 2 台电动辅助给水泵启动。

(3) 电动、汽动主给水泵跳闸

来自主给水系统的信号导致电动、汽动主给水泵跳闸时，汽轮机脱扣，反应堆脱扣，给水流量调节系统主阀和旁路阀关闭。在确认主给水泵跳闸之后,2台电动辅助给水泵启动。

(4) 凝结水泵供电母线电压低

当厂外电源丧失时,凝结水泵停转,主泵也将减速,此时一回路系统过热将很严重。电压降低信号是通过对凝结水泵及主泵的供电系统母线的测量而获得的。当凝结水泵及主泵的供电母线失电(电压小于65%额定电压)时,关闭蒸汽发生器排污系统排污阀,2台电动辅助给水泵延时6 s后自启动。

(5) 主泵转速低低

失去厂外电源,主泵供电母线失电,将导致主泵转速降低。由于主泵惯性飞轮和自然循环的作用,一回路冷却剂流量将会维持一定的时间,为了排出余热,需要继续提供蒸汽发生器的给水。反应堆正常运行中,当2台主泵转速降低到91.9%额定转速同时核功率大于10%时,触发反应堆紧急停闭,关闭蒸汽发生器排污系统排污阀,汽动辅助给水泵自启动。

(6) 单台蒸汽发生器水位低低

主给水泵跳闸或凝结水泵电源丧失等正常给水丧失事故发生时,蒸汽发生器的导热能力将下降。表征蒸汽发生器导热能力的参数可以是其水位或给水流量。因此当某台蒸汽发生器水位低低(达到窄量程的15%)信号出现后,触发反应堆紧急停闭,汽轮机脱扣,关闭蒸汽发生器排污系统排污阀,延迟8 min后,3台辅助给水泵自启动。

(7) 单台蒸汽发生器水位低低且其给水流量低

当某台蒸汽发生器水位低低(达到窄量程的15%)信号出现,同时主给水流量低(小于6%额定流量)时,触发反应堆紧急停闭,汽轮机脱扣,关闭蒸汽发生器排污系统排污阀,3台辅助给水泵自启动。

(8) ATWS信号

当失去二回路排热,而且反应堆停闭失效时,给出未能紧急停堆的预期瞬态(ATWS)信号。ATWS信号是两个信号组合:① 2台蒸汽发生器主给水流量小于6%额定流量;② 中间量程2个通道所测量的堆功率大于30%额定功率。ATWS信号出现后,触发反应堆紧急停闭,汽轮机脱扣,闭锁汽轮机旁路系统第三组排放阀的开启,3台辅助给水泵自启动。

(9) 手动控制

3台辅助给水泵均可手动控制其启动、停止。

值得注意的是,紧急停堆时辅助给水系统不一定启动。当发生紧急停堆时,汽轮机脱扣,给水加热回路停运,进入蒸汽发生器的主给水相对变冷,就维持一回路系统冷却剂平均温度而言,给水流量显得过大,可能会造成一回路系统冷却剂过冷。因此,当紧急停堆并出现一回路冷却剂平均温度低(低于291.4 ℃)信号时,隔离给水流量调节系统主阀,旁路阀极化运行,保持一定的开度(相当于10%的给水量),不触发辅助给水系统启动。

5.5.5.3　辅助给水系统投入之后的运行

(1) 失去主给水事故

当产生辅助给水信号7“单台蒸汽发生器水位低低且其给水流量低”时,3台辅助给水泵自启动。

当产生辅助给水信号6“单台蒸汽发生器水位低低”时,8 min后3台辅助给水泵自动启动。

当产生辅助给水信号3“电动、汽动主给水泵跳闸”时,2台电动辅助给水泵自启动。

(2) 事故引起失去正常给水

当产生辅助给水信号5“主泵转速低低”时,汽动辅助给水泵自启动。

当产生辅助给水信号4“凝结水泵供电母线电压低”时,2台电动辅助给水泵6 s后自启动。

(3) 事故导致主给水中断

当产生辅助给水信号2“单台蒸汽发生器水位高高”时,2台电动辅助给水泵自启动。

当产生辅助给水信号1“安注信号”时,2台电动辅助给水泵自启动。

(4) ATWS

当产生辅助给水信号8“ATWS信号”时,3台辅助给水泵自启动。

一旦辅助给水系统投入运行,主控室运行人员应手动控制辅助给水系统,维持蒸汽发生器的正确水位。贮存水箱的水量应足够维持2 h热停堆,4 h冷停堆至余热排出系统启动及1.5 h反应堆的重新启动所要求的需求量。在延长的热停堆及不可预见的反应堆启动工况下,可以启动脱气装置,利用常规岛除盐水分配系统除盐水脱气后给辅助给水系统贮存水箱补充除氧除盐水。

5.5.5.4 辅助给水系统贮存水箱运行

贮存水箱顶部覆盖氮气,压力维持在0.11～0.112 MPa,低压报警0.11 MPa,高压报警0.113 MPa。贮存水箱内水温由脱气装量保持在7 ℃以上,水温低于7 ℃时低温报警,高于50 ℃时高温报警。贮存水箱水位不进行控制,可在高水位和高高水位之间变化:

(1) 低低水位时,发低低液位报警。此时如不能用新的给水向水箱补水,应停运电动和汽动辅助给水泵,以避免水泵损坏;

(2) 低水位时,发低液位报警。对应于由热停堆向冷停堆过渡所必需的有效水量;

(3) 高水位时,对应于正常的贮水量;

(4) 高高水位时,停止向贮存水箱充水。

辅助给水系统贮存水箱的充水及补水的水源来自:① 凝结水抽取系统,这是第一选择水源。应尽可能从另一个机组的凝结水抽取泵的凝结水抽取系统连接口(或者从本机组)向贮存水箱充水或补水。其好处是供水比较快捷,且留下本机组脱气装置供可能出现的硼和水补给系统需求时使用;② 常规岛除盐水分配系统的除盐水经脱气装置除气后向贮存水箱供水;③ 常规岛除盐水分配系统的除盐水不经除氧直接向贮水箱供水。这种情况仅适用于比较紧急的工况。

5.5.5.5 脱气装置的运行

脱气装置运行流程见脱气器工作原理图5-12。脱气装置由现场手动控制启动。常规岛除盐水分配系统除盐水(5～40 ℃)经再生热交换器,升温至88.5～96 ℃排至脱气器。脱气器水位根据水位监测信号由调节阀控制,压力根据压力监测信号通过脱气器蒸汽加热进口调节阀控制在0.12 MPa。脱气器蒸汽加热后,蒸汽经水箱、冷却器后返回辅助蒸汽供应系统,水箱水位根据水位监测信号由调节阀控制。

5.5.5.6 其他稳态运行

(1) 蒸汽发生器充水

需要给蒸汽发生器首次充水或停堆连续充水时,由2台电动辅助给水泵运行,贮存水箱水位由脱气装置或凝结水泵充水维持。对蒸汽发生器充水的同时，由给水化学取样系统取样分析。

(2) 电站启动

核电站启动时，2 台电动辅助给水泵运行，维持蒸汽发生器水位于零负荷水位±5%，脱气装置运行。由于此时二回路压力低，打开电动辅助给水泵隔离阀时应特别小心。

(3) 延长热停堆

延长热停堆时，贮存水箱可由另一个机组的凝结水抽取系统补水，脱气装置可用于硼和水补给系统贮水箱充水，流量调小至 30%控制阀开度。

(4) 辅助给水系统贮存水箱充水或补水

手动控制 2 个机组的凝结水抽取系统的凝结水向贮存水箱充水或补水。也可采用来自常规岛除盐水分配系统的除盐水经脱气装置除氧后对贮存水箱充水或补水。

(5) 硼和水补给系统贮存水箱补水

硼和水补给系统贮存水箱需要补充水时，用来自核岛除盐水分配系统来的 pH 为 7 的除盐水，经脱气装置除氧后给硼和水补给系统贮水箱补水。此时应注意防止常规岛除盐水分配系统 pH 为 9 的除盐水对硼和水补给系统的污染，为此在脱气器控制盘上设置有报警信号。

5.5.5.7　特殊瞬态运行

(1) 汽动辅助给水泵汽轮机超速

汽轮机超速时进汽快关阀由电转速 110%信号或机械保护转速 115%信号触发关闭。事故消除后进汽快关阀需就地将其复置于开启状态。

(2) 3 台辅助给水泵过流量保护

2 台电动辅助水泵允许 200%流量。过流量一般发生在电厂启动时或蒸汽发生器主给水管、主蒸汽管破断时，此时可在主控室控制电动辅助给水泵隔离阀即可。汽动辅助给水泵由于流量随汽轮机蒸汽压力高低变化，所以无过流量危险。

(3) 切换脱气装置运行

停堆和再启动时，脱气装置运行，用常规岛除盐水分配系统除盐水脱气后给辅助给水系统贮存水箱补水，贮存水箱则用来给蒸汽发生器初充水、补水或冷停堆后的再次充水。正常发电运行时根据水质指标，或停止脱气装置运行，或给贮存水箱中除盐水除氧，或切换至向硼和水补给系统贮水箱充水。向硼和水补给系统贮水箱充水时，必须使用来自核岛除盐水分配系统 pH 为 7 的除盐水并经脱气装置除氧。

5.5.5.8　辅助给水泵启动、停止

(1) 电动辅助给水泵

电动辅助给水泵自动启动时不需要初始润滑。手动启动时需先启动润滑泵，润滑油和马达由水冷却器冷却。电动辅助给水泵手动启动时，电动辅助给水泵隔离阀由全开置于定位器控制，停运后则需把控制阀全开。

(2) 汽动辅助给水泵

汽动辅助给水泵启动前汽轮机蒸汽快关阀全开，启动时打开隔离阀，汽轮机运转，汽量调节可在主控室或就地控制调节阀开度。

5.5.5.9 其他运行工况

(1) 失去仪表用压缩空气分配系统仪表用压缩空气

失去仪表用压缩空气分配系统仪表用压缩空气时,蒸汽发生器主给水隔离,反应堆停闭,辅助给水系统3台辅助给水泵启动,40 min后蒸汽发生器达到高高水位。仪表用压缩空气分配系统压缩空气波动箱可供汽轮机速度控制器10 h运行所需的压缩空气。

如果失去仪表用压缩空气分配系统压缩空气只影响辅助给水系统时,电动和汽动辅助给水泵隔离阀打开,汽动辅助给水泵汽轮机隔离阀打开,汽动辅助给水泵启动。由于此时主给水系统正常,反应堆不停闭,运行人员需手动停止汽动辅助给水泵。

(2) 失去厂外电源

失去厂外电源时,辅助给水系统辅助给水泵自启动。此时如余热排出系统运行,应急电源带余热排出系统水泵,辅助给水系统则不供应急电源。

(3) 一台蒸汽发生器主给水管破断

主给水管破断时,由蒸汽发生器进出口压差监测发出报警,手动关闭破断管线的隔离阀。计算结果认为3台辅助给水泵投运,破断管线最大流量达250×10^3 kg/h,此时另两台蒸汽发生器仍可有45×10^3 kg/h给水。

5.5.6 辅助给水系统参数

典型900 MW核电站的辅助给水系统主要技术参数如表5-5所示。

表5-5 辅助给水系统主要技术参数

设 备	参 数	单 位	数 值
流体			除盐除氧水
	pH		9
电动给水泵	流量	m^3/h	115.2
汽动给水泵	流量	m^3/h	213.1
除氧器	流量	m^3/h	60.1
贮存水箱	容积	m^3	790
汽动给水泵汽轮机	蒸汽流量	kg/h	约24×10^3
	蒸汽设计压力	MPa	8.6
	零功率蒸汽压力	MPa	7.6
	运行蒸汽压力范围	MPa	7.6～0.76

复习题

1. 专设安全设施怎么定义?
2. 专设安全设施的功能是什么?其在一些事故中起什么作用?
3. 专设安全设施有哪些设计准则?

4. 安注系统有哪些功能?
5. 安注系统包括哪几个部分?
6. 描述中压安注箱的安注原理、系统流程和主要设备。
7. 描述高压、低压安注系统的工作原理、系统流程和主要设备。
8. 有哪些信号启动安注系统投运?
9. 描述安注系统投运后的运行方式。
10. 安全壳喷淋系统有哪些功能?
11. 描述安全壳喷淋系统流程及主要设备。
12. 为什么喷淋液需要加药?
13. 描述氢控制系统氢气复合装置的用途、工作原理和运行方式。
14. 辅助给水系统有哪些功能?
15. 描述辅助给水系统的流程和主要设备。
16. 描述脱气装置的工作原理。
17. 有哪些信号触发启动辅助给水系统?
18. 描述辅助给水系统投运后的运行方式。

第6章　安全壳及其附属系统

6.1　概　述

对于压水堆型核电站，反应堆厂房即是指安全壳。安全壳是一个将反应堆本体及一回路蒸汽发生器、主泵、稳压器、管道、阀门等设备包围集中在一起的密封建筑。安全壳能承受一定的内压，一旦发生事故，密封的安全壳能防止放射性物质扩散，不致污染周围环境。因此，安全壳是确保核电站安全的最后一道屏障，是一个极其重要的建筑物。

压水堆型核电站安全壳如图 6-1 所示。压水堆压力容器置于安全壳中心位置，一回路各环路采取对称布置，用以改善压力容器的受力。安全壳内设备应合理布局，使其适应在断电事故时实现自然循环冷却堆芯；使蒸汽发生器、稳压器位置高于压力容器，以便失水事故时冷却剂能够回流淹没堆芯；使管道设备便于安装、维修；使安全壳尺寸尽量缩小以降低造价。

安全壳内以主屏蔽、二次屏蔽和堆顶换料水池结构构成安全壳内主要混凝土结构框架。这个框架在各高度层支承管道设备及装卸料机。主屏蔽用来支承压力容器，保护相邻金属构件不受过量照射，并在停堆后为工作人员提供生物屏蔽。二次屏蔽用来包围主系统各设备，防止内部碎片飞散，提供生物屏蔽便于工作人员进入检修设备。二次屏蔽通过楼板与主屏蔽、堆顶换料水池结构连接。堆顶换料水池混凝土结构内衬不锈钢板。一回路的几条环路和蒸汽发生器、主循环泵等设备均匀对称布置于堆顶换料水池周围的环室内。稳压器也置于两个环路之间的环室内。环形吊车位于安全壳顶部，支承在安全壳环吊支架上。为了便于反应堆核燃料的装卸和运输，从反应堆到堆顶换料水池，直至安全壳外的乏燃料贮存厂房水池，连接成一条水通道。安全壳大厅内设有装卸料操作的配套设施。为保障一回路失水事故和蒸汽管道断裂事故下安全壳的安全，安全壳内设有喷淋系统。中压安注系统安注箱布置在环室的外侧，其位置低于压力容器冷却剂进出口接管。安全壳底部设置有两个地坑，一个为再循环地坑，用于安注系统和安全壳喷淋系统投运时集水并吸水再循环，兼作去污水集水坑；另一个为堆腔地坑，用于收集堆腔渗漏水。

6.2　安全壳结构原理

6.2.1　安全壳功能

安全壳是压水堆型核电站多道屏障的最后一道安全屏障，因此它的主要功能是：

(1) 在核电站正常运行时对反应堆及一回路系统的放射性辐射提供生物屏障，限制安全壳内放射性流体泄漏到环境；

(2) 在压水堆一回路、二回路发生泄漏事故时，承受内压，并限制安全壳内放射性物质

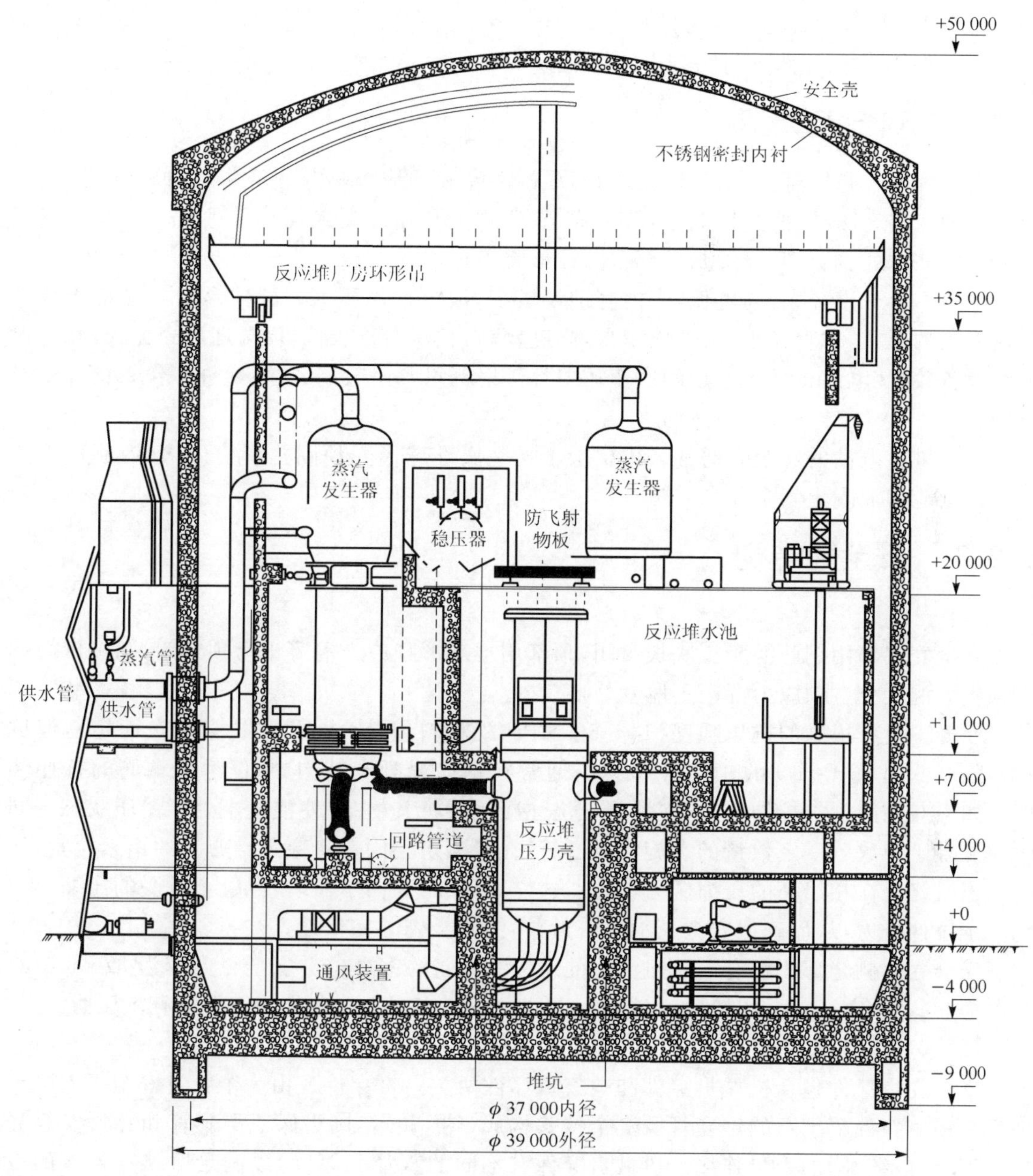

图 6-1　压水堆安全壳内布置

泄漏到环境；

(3) 防止外部飞射物袭击，保护安全壳内反应堆和设备；同时也阻止事故时内部碎片飞射出安全壳。

为使安全壳实现上述安全功能，安全壳应满足下列设计要求：

(1) 为核电站满功率运行时的放射性辐射提供足够的屏蔽；

(2) 具有足够的承压、密封性能。在发生一回路失水事故和二回路蒸汽管道、给水管道破裂事故时，能承受 0.52 MPa 内压，并限制放射性物质向安全壳外泄漏；

(3) 具有足够的抗地震应力的性能；

(4) 具有防内、外部飞射物袭击的性能。

6.2.2 安全壳类型

电站堆安全壳按材料分，有钢壳、钢筋混凝土壳和预应力混凝土壳等几种；按结构分有单层壳和双层壳两种；按其性能分，有干式壳、湿式壳和冰冷凝式壳等几种；按形状分，有球形壳、平底、球底、椭球底、球顶、椭球顶圆柱形壳等多种。

球形安全壳直径大，高度低，壳内容纳设备多，但占地面积大。圆柱形安全壳是压水堆普遍采用的形状，它直径小，占地面积少，高度较高，相对造价较低，但与球形壳比较，其壳内容纳设备较少，电站正常运行期间由于放射性辐射剂量水平较高，故不允许工作人员进入安全壳。

压水堆核电站的安全壳通常采用单层干式平底准球形壳顶圆柱形筒体，其内侧覆盖有钢衬的预应力混凝土安全壳。

6.2.3 安全壳结构

(1) 壳体

安全壳底部用钢筋混凝土底板封闭，顶部用准球形预应力混凝土穹顶封闭，圆柱形筒壁为预应力混凝土。预应力混凝土厚 0.9 m。

混凝土具有很高的抗压强度(14～56 MPa，视材料组分、放置方式、含水量而定)，但抗拉伸强度只有抗压强度的 10%～20%。通常在钢筋混凝土结构中，仅考虑钢筋的拉伸强度。如果对钢筋预加拉伸应力，在混凝土浇注凝固后将其松弛，使混凝土处于受压状态。同时在混凝土中放置一定数量的螺旋状空心管，在混凝土凝固后将穿过空心管的钢索拉紧，使混凝土始终处在相当高的压缩应力状态。这样，当安全壳内承压时，混凝土所受的压缩应力仍大于拉伸应力，从而确保安全壳承压密封，确保安全壳的完整性。

安全壳内侧全部覆盖有一层防泄漏的厚为 6 mm 的钢衬里。安全壳内径为 37 m，中心高度为 56.7 m，壳内有效空间约 49 000 m^3(图 6-2)，安全壳筒壁外侧还设置有承压肋。

(2) 安全壳贯穿件

安全壳贯穿件包括机械贯穿件和电气贯穿件两类。贯穿件是由一个穿过安全壳混凝土壁面并锚固在混凝土上的钢套管及 2 个接头构成(图 6-3)。接头保证了套管和穿过安全壳的管道(或电缆)间的密封连接。机械贯穿件有不同的直径和厚度，以满足所贯穿连接的设备的尺寸和传递机械载负的要求。贯穿管道在安全壳两侧均设有隔离阀，用于事故状态安全壳隔离。

安全壳贯穿件分 10 个类型，有电缆贯穿件、管道贯穿件、核燃料运输管道贯穿件以及管道、电缆备用贯穿件。其中电缆贯穿件的密封性由钢套筒内充满 0.35 MPa 加压氮气来保证；备用贯穿件两端侧板上装有密封栓塞。管道贯穿件内可以是单根管道，也可以是多根管道，视安全和设计要求而定。大部分贯穿件垂直于安全壳筒体壁面，焊接在安全壳内侧的侧板上，但也有少数斜穿过安全壳的贯穿件；焊接在固定于安全壳外侧的侧板上的贯穿件；安装在阀基上的贯穿件；以及贯穿钢套筒直径与贯穿管道直径相同，两端与管道直接相连的贯

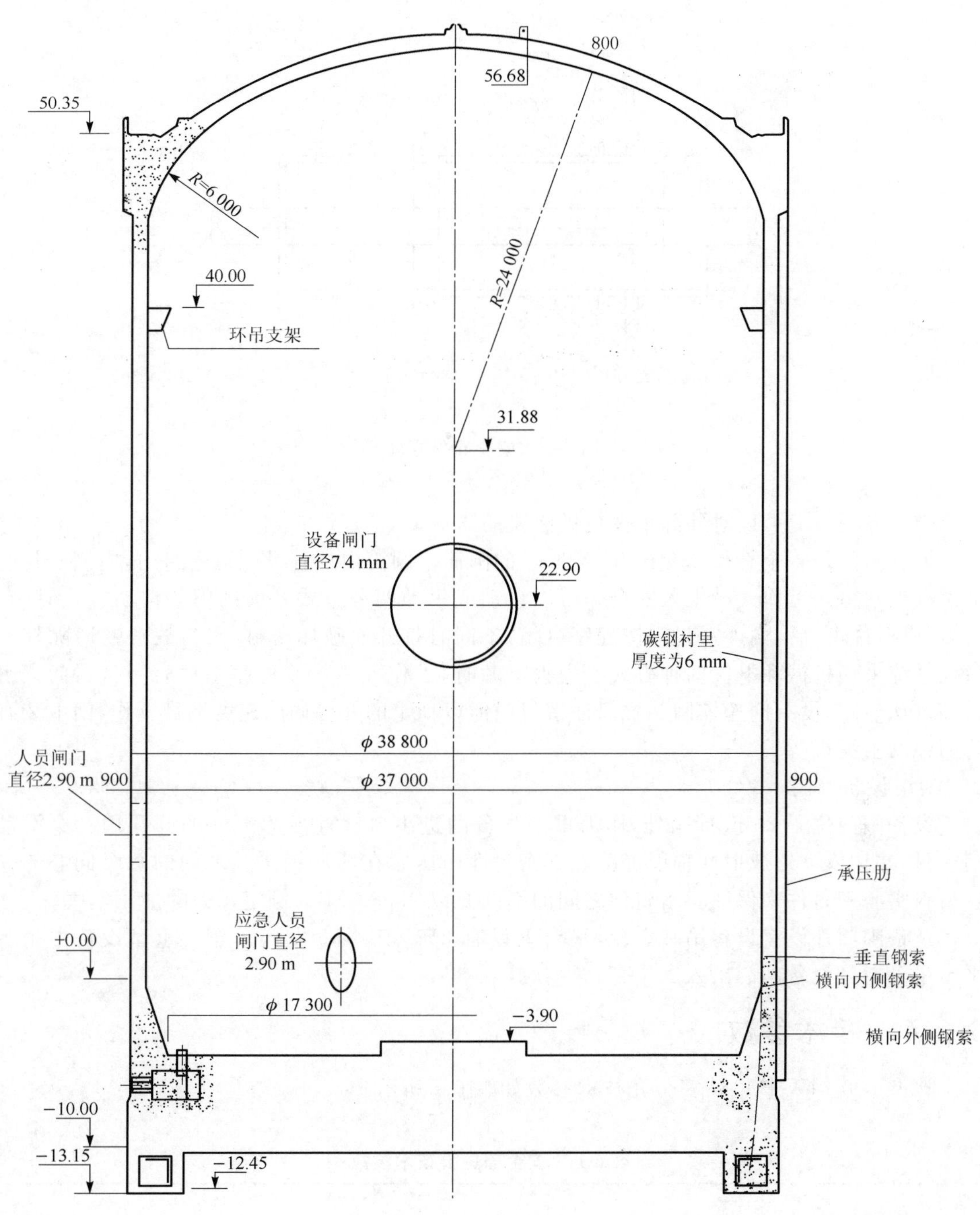

图 6-2　压水堆核电站安全壳

穿件。

(3) 人员闸门

人员闸门设在标高 8 m 处，供工作人员经与辅助厂房连接的专用通道出入安全壳。另外在 0 m 标高处还设有一个应急用人员闸门，供工作人员在应急情况通过更衣室厂房出入

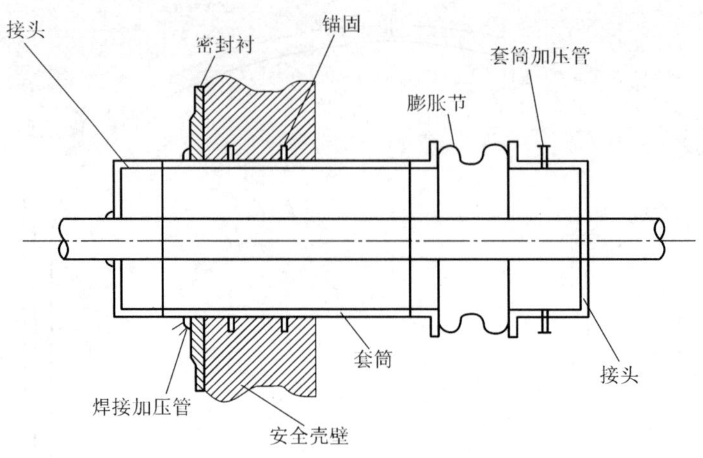

图 6-3 安全壳贯穿件

安全壳。专用通道可以对外部事件提供必要的防护。

人员闸门是一个直径 2.9 m，长 5.4 m 的圆筒。圆筒内外各设一道密封门，内侧密封门上设有观察窗。工作人员出入安全壳可以自动或手动两种方式开关闸门。自动方式时，在获得“通行许可”后，内外密封门按程序启闭，不同时打开而破坏密封(人为故意畅通除外)，联锁系统采用机械和电气两种方式。失去电源时，工作人员可按程序手动启闭密封门。密封门自动启闭，设有门速控制装置保证密封门能以稳定的并可调的速度平稳工作，门上装有防回弹的阻尼机构。

(4) 设备闸门

设备闸门位于 20 m 标高处，作为重型设备的进出口。直径 7.4 m 的开孔用一个滑动门密封，并构成一道放射性辐射屏蔽。其密封性由压紧在两块钢法兰之间的两个同心的弹性材料实心密封件来保证。密封件之间的空间充以 0.583 MPa 额定压力的加压空气。

设备闸门外设有设备吊装平台，平台上设有 250×10^3 kg 龙门吊车。重型设备由吊装平台吊车通过设备闸门出入安全壳。

6.2.4 技术参数

典型 900 MW 核电站安全壳技术参数如表 6-1 所示。

表 6-1 安全壳主要技术参数

参 数	数 值
设计压力/MPa	0.52
设计温度/℃	145
24 h 内允许泄漏量/安全壳内空气质量/%	0.3
内径/m	37
中心高度/m	56.7

续表

参　数	数　值
壳厚/cm	90
有效容积/m^3	49 000
安全壳重/10^3 kg	约 28 000
内部构筑物重/10^3 kg	约 20 000
反应堆构件重量/10^3 kg	约 2 000
事故下压力升至 0.52 MPa 所需时间/s	22(10 min 后压力开始下降)
运行压力/MPa	0.094～0.106
停堆期间壳内温度/℃	15～35

注:电站带功率运行时,安全壳保持很低的正压以监测可能的泄漏。在停闭状态,通风系统将安全壳维持在不太低的负压状态。

6.3　安全壳通风系统

6.3.1　安全壳连续通风系统

安全壳连续通风系统用于核电站正常运行时连续地带走安全壳内设备释放出来的热量(堆坑及控制棒驱动机构另有专门通风冷却系统),用以保持适于设备运行和工作人员在安全工作区活动的环境温度。

6.3.1.1　系统组成与流程

安全壳连续通风系统流程如图 6-4 和图 6-5 所示。

安全壳连续通风系统为核电站正常运行时连续工作的安全壳内安全壳连续通风系统。系统分为主通风和穹顶通风两部分。主通风部分有负荷容量各为 50%的 3 组通风系列。每组通风系列包括 1 台缓冲阻尼器、1 台预过滤器、1 组冷冻水盘管冷却器、1 台风机和逆风挡板。穹顶通风部分由不锈钢风管、2 台 100%容量并联安装的风机以及有关阀门组成。

主通风 A、B、C 三个系列分别于安全壳标高 36 m 处设抽风口,穹顶抽风口标高为54 m。穹顶通风风机出口被送往主通风 B 系列抽风口,或安全壳换气通风系统抽风口。A、B、C 系列预过滤器设有旁路管线。三个系列风机出口汇合于 0 m 标高送风母线,然后分别送风至安全壳内各设备间,送风母线分别与安全壳换气通风系统、安全壳地坑通风系统、安全壳内部过滤净化系统管线相连接。B 系列抽风管还设有与安全壳换气通风系统的连接管。

6.3.1.2　系统运行

在反应堆正常功率运行和热停堆期间,以及反应堆降温降压到冷停堆的过渡期间,安全壳连续通风系统运行。正常情况下,主通风 3 台风机两台运行,1 台备用;穹顶风机 1 台运行,1 台备用。

在冷停堆期间,通常安全壳连续通风系统不工作,但为了使安全壳内温度保持在允许范围之内,安全壳连续通风系统可与安全壳换气通风系统同时一起运行。

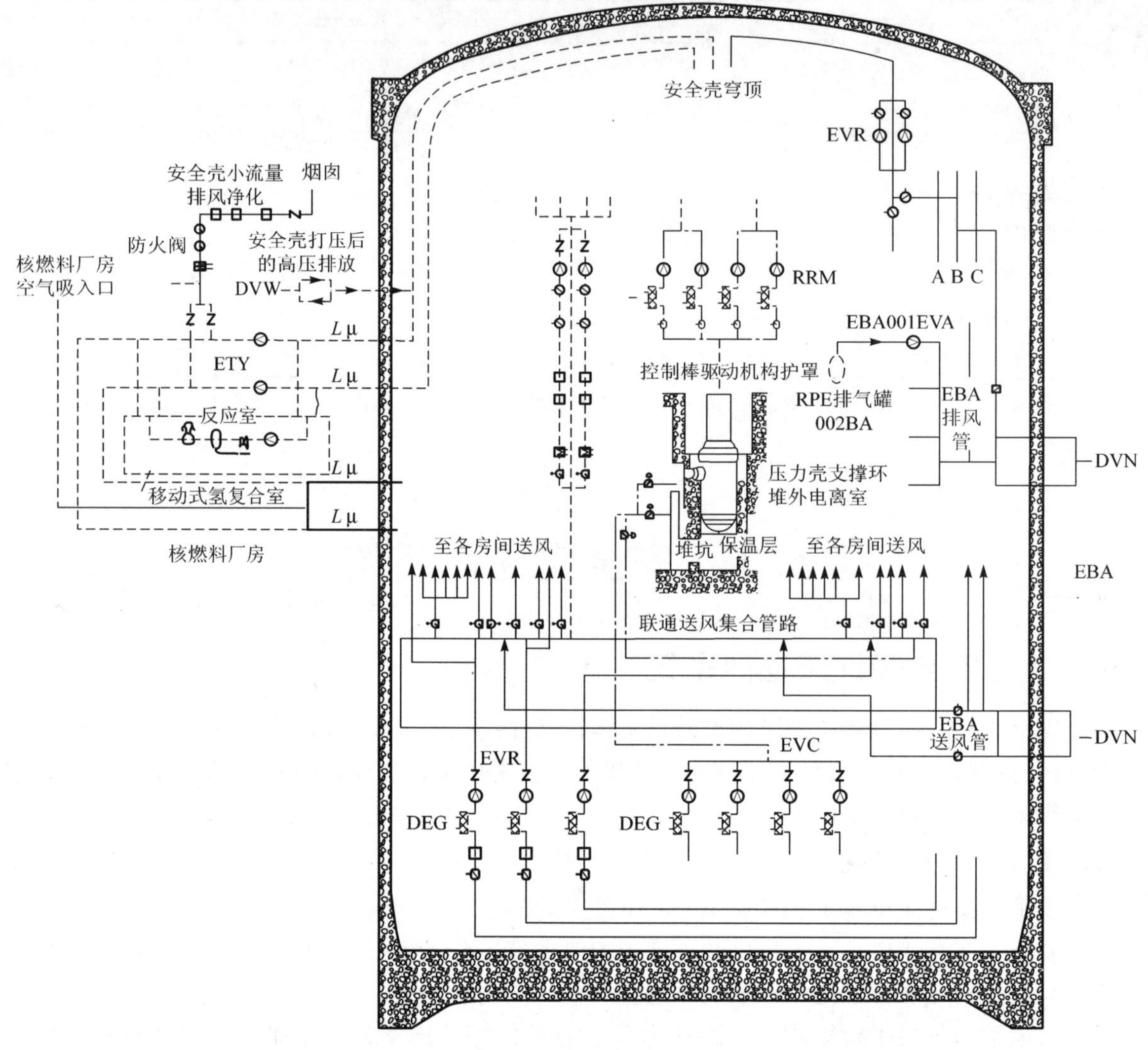

图 6-4 安全壳通风系统示意图

安全壳连续通风系统可使操作层区域温度降至 40 ℃以下，其他区域温度在 55 ℃以下。运行中如失去安全壳连续通风系统，反应堆安全壳内温度将上升，估计 48 h 后安全壳内温度将上升至 60 ℃，这时由于温度上升会引起混凝土壁和圆顶变形，影响到安全壳的密封性能，因此应考虑停闭反应堆。

6.3.2 安全壳换气通风系统

6.3.2.1 系统功能

安全壳换气通风系统用于反应堆冷停堆期间维持一个可以接受的环境温度，使工作人员能进入安全壳内工作；在最短时间内降低安全壳内放射性气体的浓度，以允许工作人员进入安全壳。同时用来在核电站停闭阶段维持核岛排气疏水系统的通风水箱（排气罐）获得轻

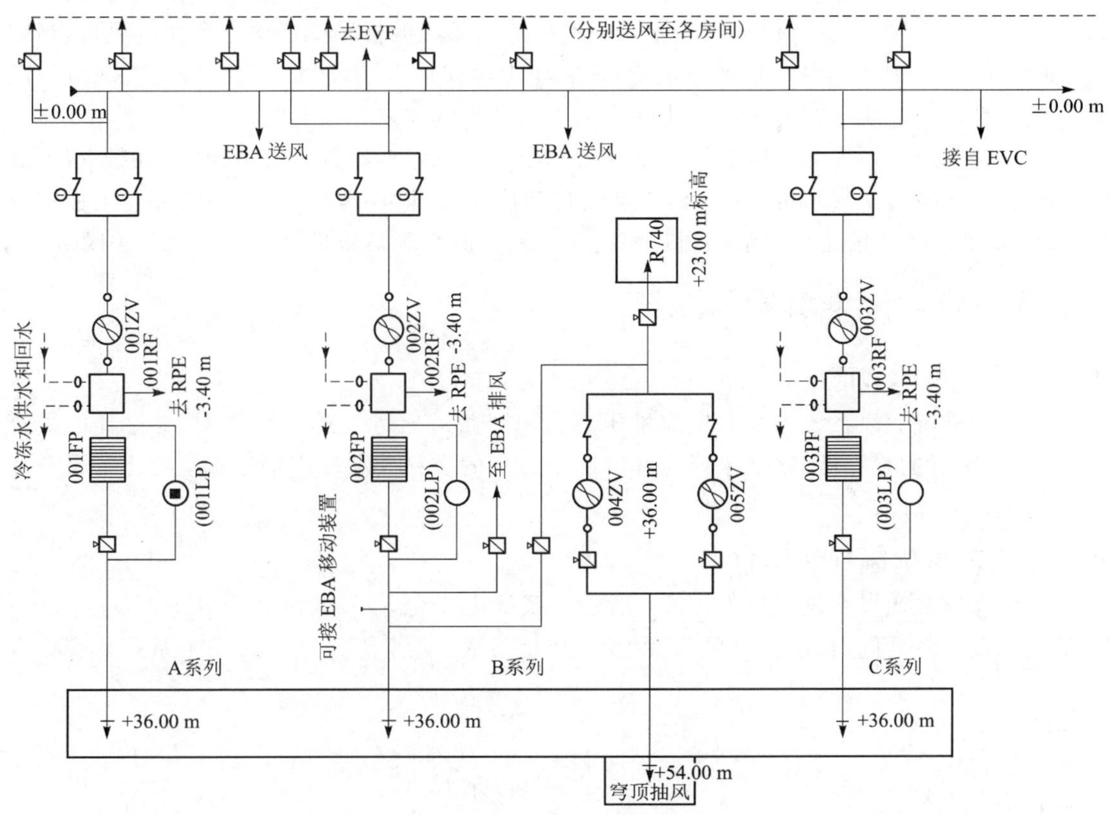

图 6-5　安全壳连续通风系统

微的负压，抽走积聚在排气与疏水系统通风水箱上的裂变气体。

6.3.2.2　系统组成与流程

安全壳换气通风系统为直流式通风系统，系统送风管和排风管分别接在核辅助厂房通风系统的送、排风管上，由核辅助厂房通风系统的风机、过滤器确保送风和排风功能（见图 6-4）。安全壳换气通风系统排风管设在安全壳内 0 m 标高及以上各标高楼层和核辅助厂房 11.5 m 标高楼层。安全壳内安全壳换气通风系统设有 1 台风机用于抽走安全壳内排气疏水系统通风水箱上部的裂变气体。该管线与安全壳换气通风系统排风抽气管线连接。安全壳换气通风系统抽气管线上还连接有安全壳连续通风系统穹顶风机出口管线和安全壳连续通风系统主通风 B 系列抽气管线。安全壳换气通风系统送风管进入安全壳后与安全壳连续通风系统送风母线相连接，将风送往安全壳内各设备间。冷停堆期间安全壳内温度要求在 15～35 ℃。核电站正常运行时安全壳换气通风系统停运，安全壳隔离阀关闭。

6.3.2.3　系统运行

当一回路系统压力低于 3.2 MPa，冷却剂温度低于 177 ℃时，启动安全壳换气通风系统来保障工作人员进入安全壳内的环境温度。当一回路系统温度、压力超过上述数值时，则需启动安全壳氢控制系统来保障。安全壳换气通风系统的设计换气量为不低于向安全壳内送入每小时一个安全壳体积的换气量。

启动安全壳换气通风系统程序为:①手动打开安全壳换气通风系统安全壳隔离阀;②关闭安全壳连续通风系统;③启动用于安全壳换气通风系统的核辅助厂房通风系统风机,当安全壳内温度低于 15 ℃时,启动加热盘管;④启动 1 台安全壳换气通风系统风机以保持核岛排气疏水系统的通风水箱的负压并排除水箱上部裂变气体。

核岛排气疏水系统的通风水箱系统共有 8 个安全壳隔离阀置于安全壳内外侧 4 根管线上,事故时(如换料事故),可在 3 s 内手动或自动快速关闭隔离阀。手动关闭可在主控室或 20 m 标高平台按动按钮。自动则通过核电站辐射监测系统信号指令隔离阀自动关闭。

6.3.3 安全壳堆坑通风系统

6.3.3.1 系统功能

安全壳堆坑通风系统主要对反应堆压力壳一回路进出口管道的贯穿件、支撑环的贯穿件、电离室附近的贯穿件、略低于反应堆空腔密封环的贯穿件和反应堆堆坑混凝土等设备和构筑物进行通风冷却。

6.3.3.2 系统流程和运行

安全壳堆坑通风系统流程如图 6-6 所示。系统由 4 台 50%容量盘管冷却器、4 台 50%容量风机及一系列阀门、不锈钢风管、混凝土风道组成。4 个管线并联成 2 个系列。安全壳

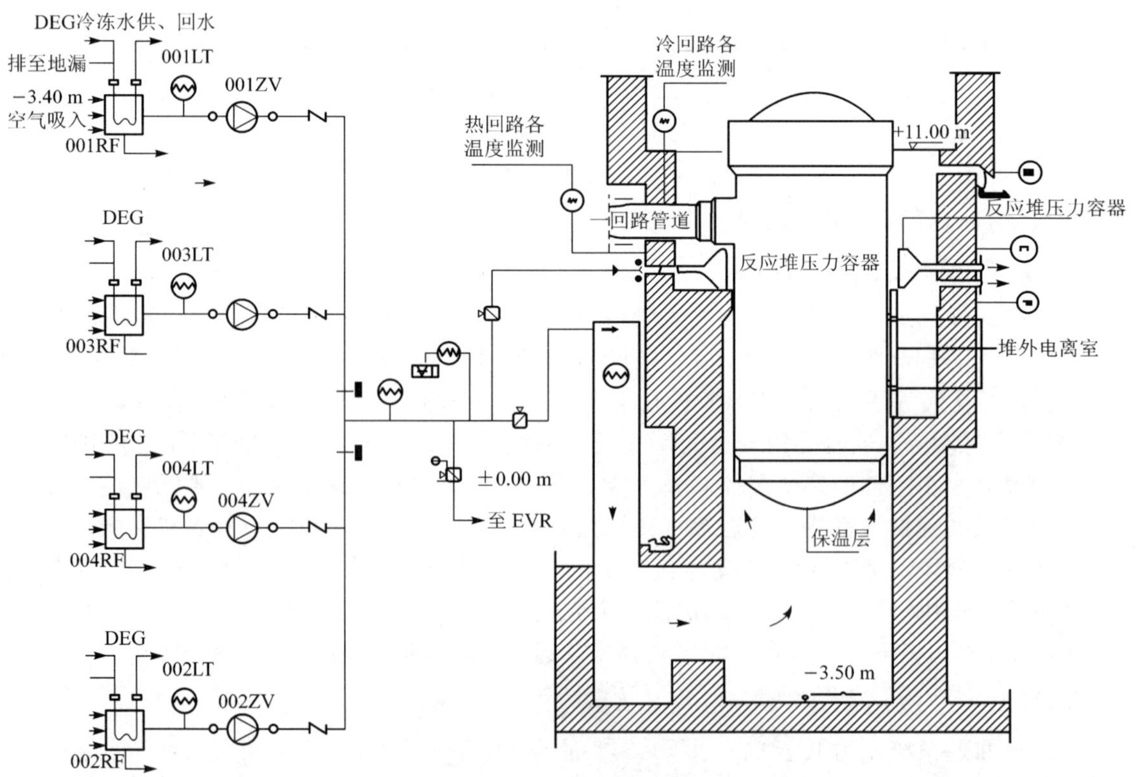

图 6-6 安全壳堆坑通风系统

内经安全壳堆坑通风系统冷却的冷风被送往上述设备及混凝土构筑物风道。

核电站正常功率运行或热停堆时，安全壳堆坑通风系统投入运行，用来维持：①堆外电离室附近空气的最高温度小于 50 ℃；②反应堆堆坑处空气和反应堆支撑环贯穿件的最高温度小于 75 ℃；③堆坑混凝土表面最高温度小于 80 ℃。

2 个系列各 1 台风机运行，1 台备用。风机由 2 个不同系列的电源供电。安全壳堆坑通风系统需在控制棒提升前启动。安全壳堆坑通风系统在冷停堆约 140 h 后停运。冷停堆期间如安全壳内气温较高，可打开安全壳堆坑通风系统与安全壳连续通风系统的连通阀，启动 1 台以上安全壳堆坑通风系统风机，配合安全壳换气通风系统降低安全壳温度。

6.3.4　控制棒驱动机构通风系统

控制棒驱动机构通风系统用来将控制棒驱动机构护罩内的热空气抽出，以降低驱动机构处的温度。

控制棒驱动机构通风系统流程如图 6-7 所示。控制棒驱动机构通风系统共有 4 个并联

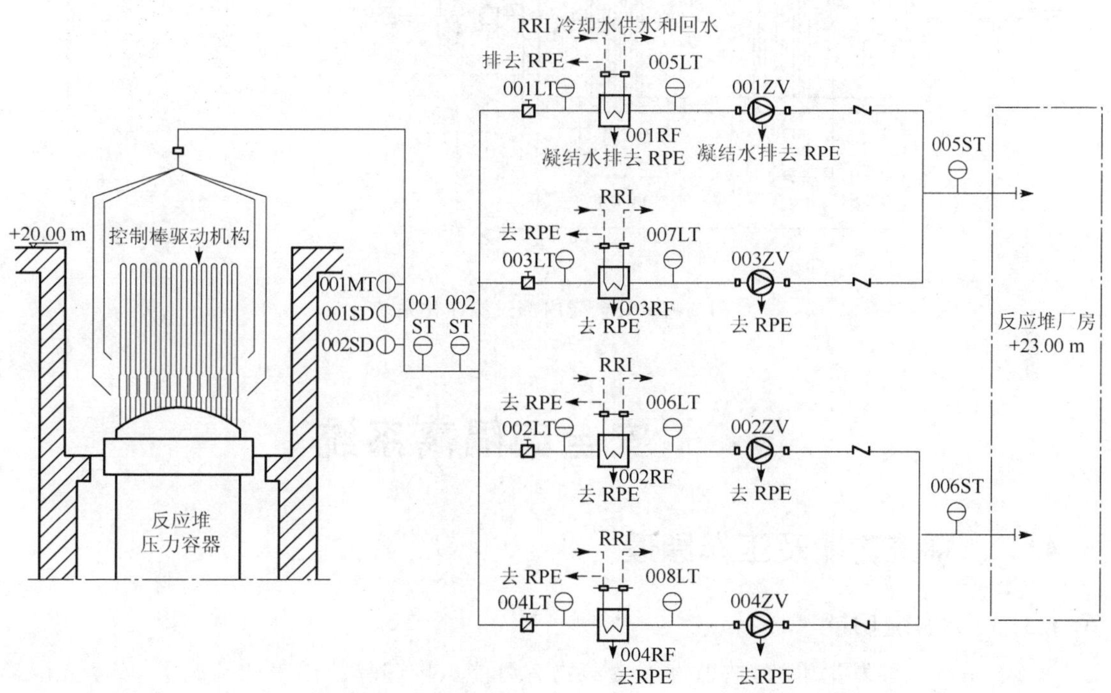

图 6-7　控制棒驱动机构通风系统

的单元，每个单元由 50%容量的 1 台冷却器、1 台风机和相应的阀门管道组成。控制棒驱动机构通风系统被冷却后的气流排往安全壳连续通风系统抽气口。

6.3.5　安全壳内部过滤净化系统

安全壳内部过滤净化系统也称除碘过滤系统。主要用来去除事故状态释放到安全壳内的放射性裂变气体和挥发性裂变产物，其主要核素为放射性碘。

安全壳内部过滤净化系统流程如图 6-8 所示。安全壳内部过滤净化系统有 2 个 100% 容量的单元,每个单元包括 1 台专用过滤器、1 台活性炭过滤器和 1 台风机。系统抽气口处于安全壳连续通风系统送风口和安全壳内抽气口。过滤净化后则向安全壳环形空间送风。

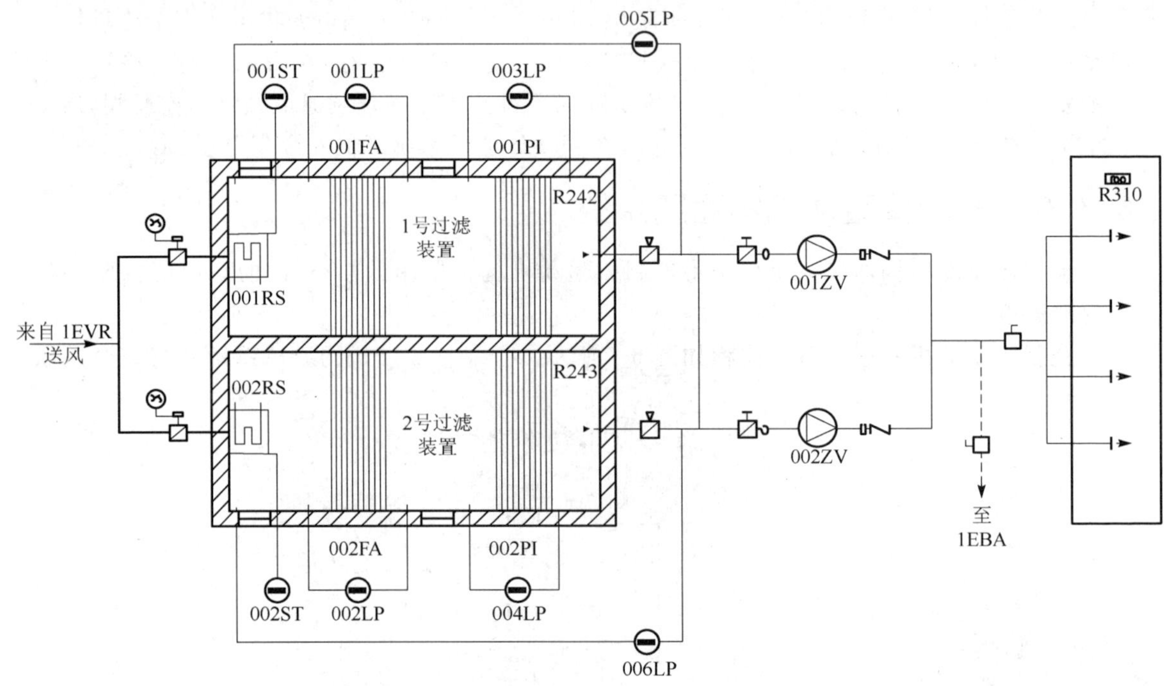

图 6-8 安全壳内部过滤净化系统

6.4 安全壳隔离系统

6.4.1 系统功能及工作原理

6.4.1.1 系统功能

当电站压水堆发生事故,放射性裂变产物有可能从堆芯释放出来的情况下,安全壳隔离系统用来确保核反应堆最后一道安全屏障——安全壳的密闭,阻止放射性物质向周围环境泄漏扩散。安全壳隔离系统应能保持安全壳整体的密闭性,保证核电站正常运行时将停闭的或有缺陷的贯穿安全壳的系统管道实现隔离,在事故下按程序分阶段将贯穿安全壳的系统管道局部或全部隔离。

6.4.1.2 工作原理

安全壳隔离系统隔离阀的典型配置状态如图 6-9 所示。其主要隔离类型为安全壳内侧 1 只手动闭锁阀或 1 只自动隔离阀,外侧 1 只手动闭锁阀或 1 只自动隔离阀。用于进入管线的隔离,可以在安全壳内侧设 1 只止回阀,外侧 1 只手动闭锁阀或 1 只自动隔离阀。用于安全壳内闭合管线的隔离，则仅需在安全壳外侧设2只手动闭锁阀或2只自动隔离阀。隔离阀之间管段，如果会因隔离使保留在其内的流体热膨胀承高压时，则需在安全壳内侧改设止回阀，或安装安全阀提供超压保护。

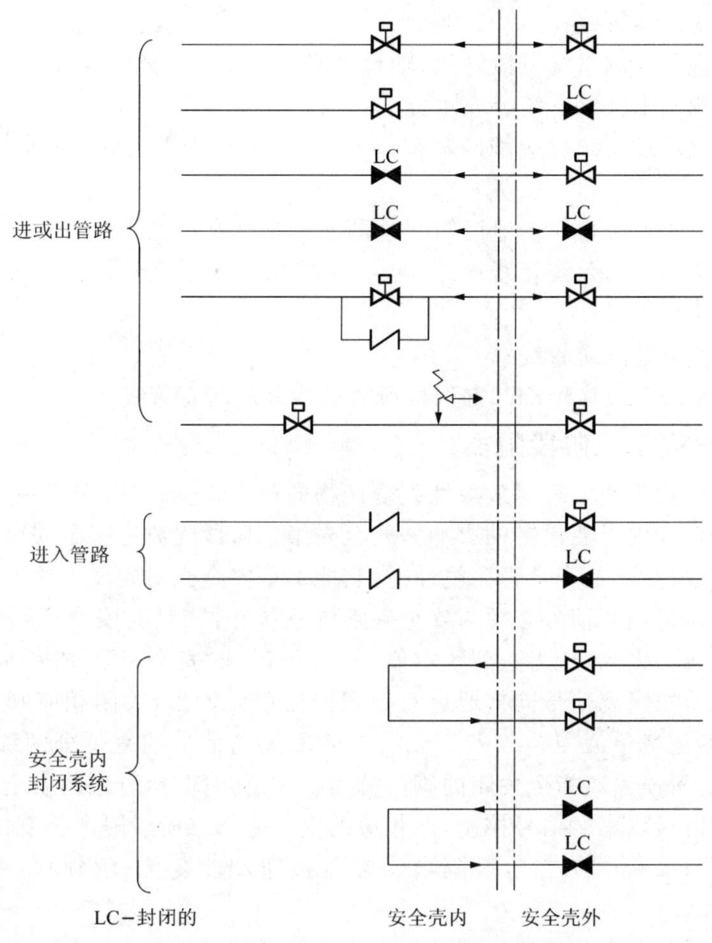

图6-9　安全壳隔离系统隔离阀的典型配置

6.4.2　安全壳隔离阶段划分

6.4.2.1　安全壳第一阶段隔离

伴随安注信号的另一个自动动作是安全壳第一阶段隔离，其目的是当一回路系统出现破口时，参与对裂变产物的隔离和屏蔽，防止安全壳内放射性物质扩散到安全壳外。

安全壳第一阶段隔离信号来源于安注信号，也能通过手动控制给出触发信号。

安全壳第一阶段隔离信号通过双稳态记忆单元输出，关闭相应的阀门。如需重新打开这些阀门，需要给记忆单元复位。该操作无时间延迟限制，复位后阀门保持关闭状态，但可由操纵员在主控室重新开启。

安全壳第一阶段隔离信号同时关闭位于安全壳贯穿管道上的一批阀门。被隔离的阀门原则上在短期内不会导致安全壳内重要设备的损坏，否则不实施隔离。安全壳第一阶段隔离信号分 A、B 两个系列，一般情况下，A 系列安全壳第一阶段隔离信号控制安全壳内侧隔离阀传动机构执行关闭，B 系列控制安全壳外侧隔离阀。

安注系统启动时，安全壳实行第一阶段隔离，对以下系统发生作用：

（1）安注系统试验管线；

（2）化学和容积控制系统下泄管线、轴封水回程管线和上充管线；

（3）反应堆硼和水补给系统补充水分配管线；

（4）核岛排气疏水系统反应堆冷却剂排放管线、工艺排水管线、地面排水管线、含氢废气排放管线；

（5）设备冷却水系统稳压器泄压箱和过剩下泄热交换器管线；

（6）蒸汽发生器排污系统管线；

（7）氢控制系统管线；

（8）核岛氮气分配系统管线；

（9）核取样系统除反应堆冷却剂取样所需管线外的所有管线。

6.4.2.2 安全壳第二阶段隔离

安全壳第二阶段隔离实现对放射性裂变产物的包容，它与安全壳第一阶段隔离相比，此时不再考虑对安全壳内重要设备的影响。安全壳第二阶段隔离完善了安全壳喷淋系统的功能，当发生失水事故并危及安全壳完整性时，它能保证安全壳对裂变产物的包容。

安全壳第二阶段隔离信号来源与安全壳喷淋系统相同，且与安全壳喷淋系统同时触发动作。当安全壳压力太高，压力达到整定值（0.24 MPa）时安全壳第二阶段隔离动作。

安全壳第二阶段隔离信号同样通过双稳态记忆单元输出，关闭相应阀门。如需重新开启这些阀，需要给记忆单元复位。安全壳第二阶段隔离信号的复位分两级，可进行部分复位，即安全壳第二阶段隔离指令关闭的阀门分为①和②两部分，分别由安全壳第二阶段隔离①和安全壳第二阶段隔离②信号控制，而相应的安全壳第二阶段隔离②复位按钮仅复位（解锁）②部分的阀门；安全壳第二阶段隔离①复位按钮却能复位（解锁）①和②两部分所有阀门。

安全壳第二阶段隔离也能通过手动控制给出触发信号。

安全壳第二阶段隔离在安全壳第一阶段隔离基础上实现除专设安全设施系统和主泵轴封以外的几乎所有贯穿安全壳的管线的隔离。

安全壳喷淋系统启动时，安全壳实行第二阶段隔离，对以下系统发生作用：

（1）设备冷却水系统反应堆主泵冷却管线、控制棒驱动机构通风冷却器管线、反应堆余热排出系统热交换器冷却管线；

（2）核岛冷冻水系统管线；

（3）仪表用压缩空气分配系统管线；

（4）核取样系统在第一阶段隔离时未关闭的冷却剂取样所需的管线。

此外，在安全壳压力低达 0.12 MPa 时，压力信号对氢控制系统烟囱低流量排放管线和烟囱保健物理监测系统管线发生作用，实行隔离；安全壳压力高达到 0.19 MPa 时，压力信号对主蒸汽系统管线发生作用，实行隔离；安全壳内气体放射性增高信号对氢控制系统和核岛排气疏水系统管线发生作用，实行隔离。

复习题

1. 描述电站压水堆安全壳内的结构和布置。
2. 安全壳有哪些功能?
3. 电站堆安全壳有哪些主要类型?
4. 试述典型900 MW压水堆安全壳结构特点及主要技术参数。
5. 安全壳贯穿件结构主要有哪些类型? 画出典型贯穿件结构示意图。
6. 说出安全壳连续通风系统、安全壳换气通风系统、安全壳堆坑通风系统、控制棒驱动机构通风系统、安全壳内部过滤净化系统等系统功能、流程及运行方式,它们之间的相互关系。
7. 安全壳隔离系统有什么用途? 分哪两个阶段?
8. 安全壳隔离系统隔离阀有哪些配置方式?
9. 说出安全壳隔离系统分阶段动作的相关系统管线。

第7章　核岛排气和疏水系统及硼回收系统

7.1　概　述

像所有工业设施运行时会产生废物(废气、废热、粉尘、废液、废渣、化学物等)一样,压水堆核电厂在投运发电后会产生各种废物,其中包括带放射性的废液、废气和固体废物。

为了保护周围环境免遭放射性污染,防止对周围居民和工作人员过量的放射性辐照,所有放射性废物在排放到环境或被重新利用之前,必须进行处理,使其达到规定的允许放射性标准。对于一些不能回收利用,不能向环境排放的放射性废物,则必须进行最终收集、处置贮存。为此,核电厂在核岛设置了一整套放射性废物处理系统,从而实现对放射性废物的收集、贮运、处理、监测、排放、再利用及最终处置贮存的功能。

7.1.1　放射性废物的来源

放射性废物呈气体、液体、固体三种物理形态,有各自不同的来源。排出物的分类如图7-1所示。

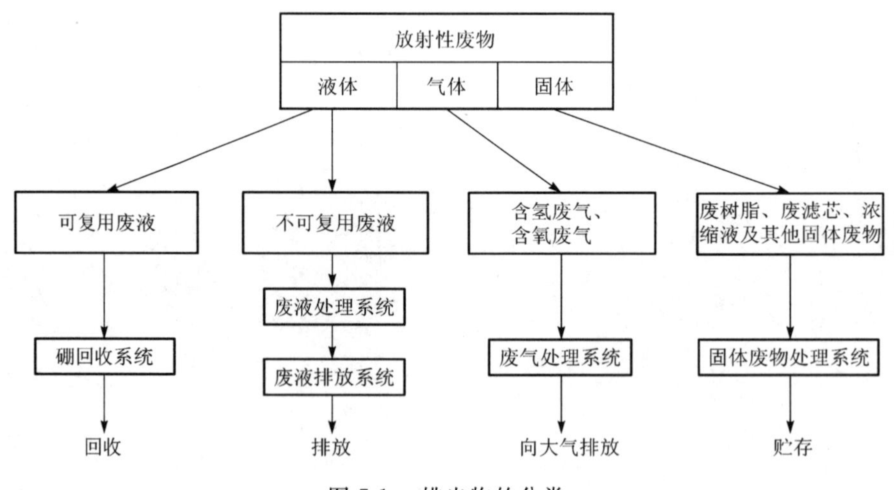

图7-1　排出物的分类

7.1.1.1　放射性废液

放射性废液可划分为两大类别:

(1) 可复用的一回路排水。这种可复用的一回路排水是指压水堆瞬态工况时,从一回路排出的含氚的未暴露在空气中的,带放射性的一回路冷却剂。这种瞬态工况为一回路冷却剂温度升高，体积膨胀；一回路改变硼浓度（稀释、加硼）引起的一回路排水。另外，这类排水还来自一回路卸压箱的冲洗、排空；压力壳或主泵密封泄漏等。这种可复用的一回路排水将被送往硼回收系统进行处理后返回一回路再利用。

（2）不可复用的废液

不可复用的废液来源于不可复用的工艺排水、地面排水、化学废液和公用废水。

1）工艺排水。工艺排水是指含氚的已暴露在空气中的放射性疏排水。如来自废气处理系统的排水；硼回收系统一回路排水贮存水箱水位过高溢出的水；所有运载一回路水的系统设备（化容系统、余热排出系统、安注系统、反应堆水池及乏燃料水池的处理和冷却系统）的排水，以及对一回路取样的排水。这部分水被送往废液处理系统处理后排放。

2）地面排水。地面排水是指从地面收集的不带放射性的，或略被放射性污染的水，在监测后或直接排放，或送往废液处理系统处理后排放。

3）化学废液。这是指受化学污染的水，来自辅助系统设备的去污水；热试验室及取样。这部分水在监测后或直接排放，或过滤后排放，或送往废液处理系统处理后排放。

4）公用废水。来自淋浴水、洗涤水和使用去污剂的去污水，带有较弱的放射性，可在监测后直接排放或经废液处理系统处理后排放。

7.1.1.2　放射性废气

放射性废气划分为两个类别：

（1）含氢废气。指一回路冷却剂容器或一回路排水贮存箱等设备的排气和扫气。主要来自硼回收系统中的脱气塔；化容系统中的容积控制箱；反应堆冷却剂系统的卸压箱和硼回收系统的前置贮存箱等。这部分气体将被送往废气处理系统处理后排放。

（2）含氧废气（即不含氢废气）。指来自在空气环境中的贮存容器的排气，如化容系统容积控制箱为进入氢压状态而进行氮清扫前的空气环境排气。这部分废气如和一回路冷却剂相关，则有可能被放射性气体意外污染。这些废气在监测之后，被直接送往烟囱向大气排放。

7.1.1.3　放射性固体废物

放射性固体废物主要来自上述废液、废气处理系统，它们包括：① 各种离子交换器（硼回收系统、废液处理系统、化容系统等净化用）的废树脂；② 过滤器（硼回收系统、废液处理系统、废气处理系统、化容系统等过滤用）的失效滤芯；③ 蒸发分离（硼回收系统、废液处理系统的蒸发器）得到的浓缩液；④ 来自被污染的废零部件和工具，现场使用后的被污染的手套、工作服、塑料制品、废纸、废布等防护用品和杂物。

所有这些固体废物将在生物防护条件下被送往固体废物处理系统处置贮存。

另外，对于出堆的乏燃料组件的处理，是在核电厂外进行的。核电厂仅对其进行暂存，最终将从乏燃料贮存水池中取出运往乏燃料处理厂。因此，乏燃料组件将不作为固体放射性废物在核电厂放射性废物处理系统中对其进行处理。

7.1.2　典型电功率为 900 MW 压水堆核电厂放射性废物处理系统

典型电功率为 900 MW 压水堆核电厂放射性废物处理系统一般设置了 6 个系统，它们分别为：

(1) 核岛排气和疏水系统;
(2) 硼回收系统;
(3) 废液处理系统;
(4) 废气处理系统;
(5) 固体废物处理系统;
(6) 废液排放系统。

限于篇幅,本章主要介绍核岛排气和疏水系统、硼回收系统两个系统,其余几个系统可参考辐射防护教材。

7.2 核岛排气和疏水系统

7.2.1 系统功能

核岛排气和疏水系统用来收集电站核岛产生的全部气体和液体排出物,分类送往相应的处理系统。失水事故时,可将收集在核辅助厂房和燃料厂房中的放射性废液再注入反应堆厂房。

7.2.2 系统收集管网

7.2.2.1 可复用排水的收集(图 7-2)

(1) 稳态工况一回路排水的收集

这部分排水包括化容系统过剩下泄;压力壳 1 号密封引漏;主泵 2 号和 3 号轴封引漏;稳压器卸压箱的间断排水;以及所有回收的未被空气污染的一回路泄漏水。

这部分排水温度低于 60 ℃时直接收集在安全壳内的冷却剂排水箱中。来自稳压器和余热排出系统安全阀的温度高于 60 ℃的卸压排水,则先排入卸压箱,经冷却后再转送到冷却剂排水箱。

冷却剂排水箱容积 5 m^3。为防止空气进入,箱内充氮气,由核岛氮气分配系统减压阀保持氮气压力高于大气压。当压力降到 0.12 MPa 时自动补氮气。由卸压阀 V04 限制箱内氮压过高,当压力达到 0.16 MPa 时 V04 阀打开,降至 0.14 MPa 时关闭。V04 阀回座关闭失效时,由 V01 阀在压力降至 0.115 MPa 时关闭。卸压排气到含氢废气处理系统。由核取样系统取样测量排气中氧及裂变气体含量,含量过高需更换气垫。

安全壳内设有 2 台排水泵,用来将一回路排水箱内排水送往硼回收系统。其额定流量为 18 m^3/h。排水箱设有水位控制,高水位时排水泵自启动,低水位时排水泵自动停止。

(2) 瞬态工况一回路排水的收集

这部分排水包括反应堆停闭和启动过程中的排水;改变冷却剂硼浓度的排水;以及负荷变化引起一回路冷却剂平均温度变化的排水。由于这部分排水量较大,故通过化容系统下泄管线容控箱前的三通阀直接排入硼回收系统的前置贮存箱中。

在基本负荷运行状态,典型电功率为 900 MW 压水堆核电厂两个机组可复用废水平均排出量每个循环约为 7 412 m^3,在跟踪负荷下为 32 600 m^3。这部分排水全部由核岛排气和疏水系统收集,送往硼回收系统处理后供一回路再利用。

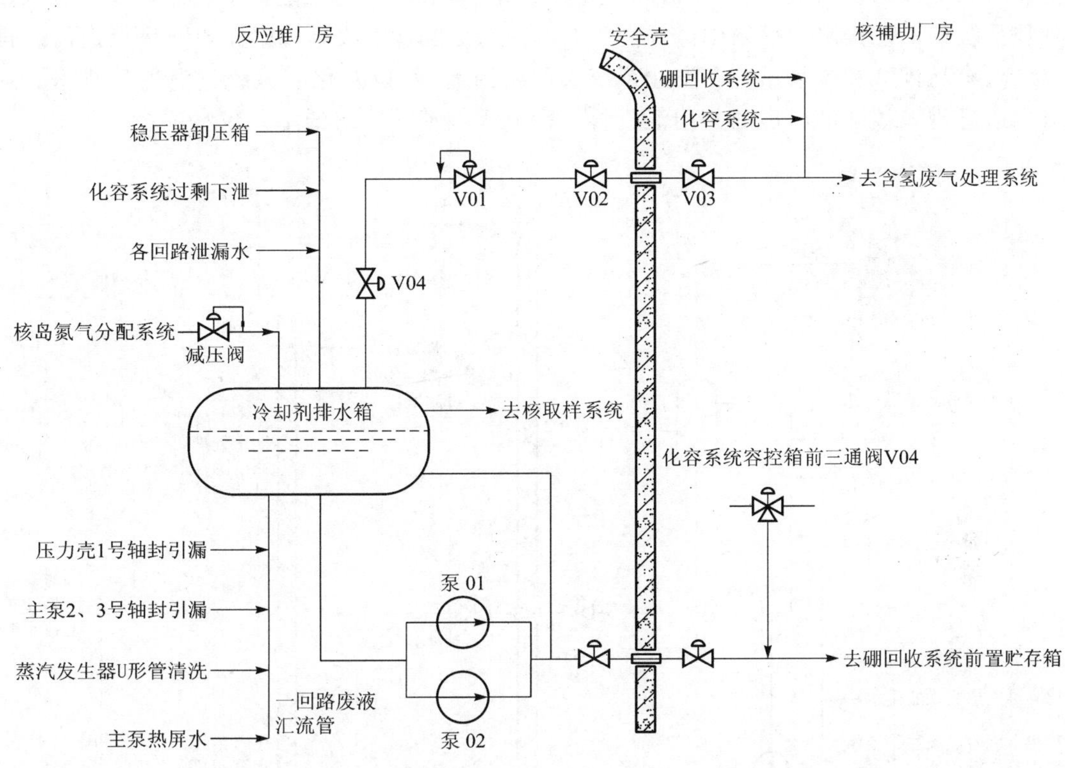

图 7-2　可复用排水的收集

7.2.2.2　不可复用废水的收集

(1) 工艺废水的收集(图 7-3)

1) 安全壳内标高＋2.7 m 以上设备的工艺排水，通过工艺排水汇流管靠重力直接排往废水处理系统工艺排水贮存箱。这部分排水包括反应堆水池及乏燃料水池冷却和处理系统过滤器和排渣泵的排水；堆顶换料水池的溢流；安全壳通风系统分离器凝结水等。

2) 在安全壳内工艺排水汇流管标高以下设备的工艺废水，则排入安全壳内工艺排水箱中。这部分排水包括余热排出系统水泵和热交换器的排水；化容系统再生热交换器的排水；核岛排气和疏水系统冷却剂排水箱的溢流和输送水泵的排水；以及余热排出、化容、安注、反应堆水池及乏燃料水池冷却和处理等系统阀门的引漏水等。排水箱内工艺废水由排水泵排向工艺排水汇流管。

3) 核辅助厂房标高为＋5 m 的汇流管收集化容、反应堆水池及乏燃料水池冷却和处理、硼回收、废液处理系统除盐器和过滤器的排水，靠自重经工艺排水汇流管自行流入废液处理系统的工艺排水贮存箱中。标高为±0 m 的汇流管则收集化容系统水泵和热交换器的排水以及阀门的引漏；硼和水补给系统贮存箱和过滤器的排水；废液处理、硼回收系统贮存箱及水泵的排水。然后将这部分废水汇集到核辅助厂房的工艺疏水坑中，由水泵送往废液处理系统工艺排水贮存箱。

4) 核燃料厂房标高＋6 m 的汇流管收集乏燃料贮存水池的溢流；反应堆水池及乏燃料

水池冷却和处理系统水泵、热交换器和过滤器的排水，靠自重经工艺排水汇流管自行流入废液处理系统的工艺排水贮存箱中。标高为±0 m的汇流管则收集核取样系统热交换器的排水；化容、核岛排气和疏水系统和安注系统阀门密封泄漏；以及化容系统过滤器的排水。这些排水通过进入核辅助厂房的共用汇流管自行流入核辅助厂房的工艺疏水坑。

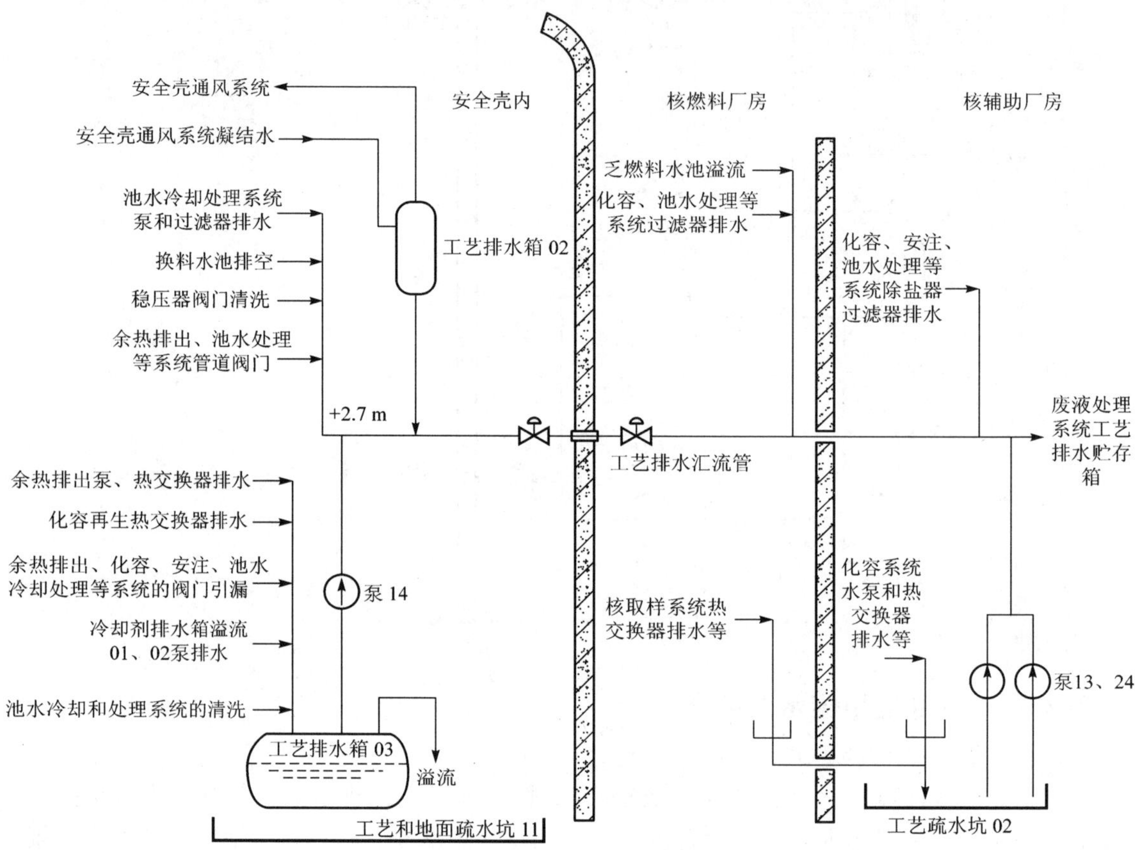

图 7-3　工艺废水收集管线

(2) 地面排水的收集(图 7-4)

1) 安全壳内地面废水和化学废水收集在安全壳内总地面疏水坑中，包括安全壳内各楼层疏水网的排水；压力壳及堆芯测量系统房间的泄漏；工艺排水箱的溢流；事故时核辅助厂房和核燃料厂房污水坑的再注入；以及收集在油水分离箱中的主泵地面疏水向总集水坑的排水。这些废水用排水泵排到废液处理系统化学废水贮存箱。

2) 核燃料厂房的地面废水由核燃料厂房地面疏水坑收集，包括核岛冷冻水系统冷却装置疏水；燃料厂房通风系统盘管疏水；以及蒸汽发生器排污系统的疏水。另外来自安全壳喷淋系统等处含苛性钠的泄漏水由核岛排气和疏水系统污水坑收集。这些废水用排水泵排到废液处理系统地面排水贮存箱。

3) 核辅助厂房的地面排水收集在核辅助厂房地面疏水坑中，由输送泵送往废液处理系统的地面排水贮存箱中。这些排水包括设备冷却水系统、核岛冷却水系统、蒸汽发生器排污

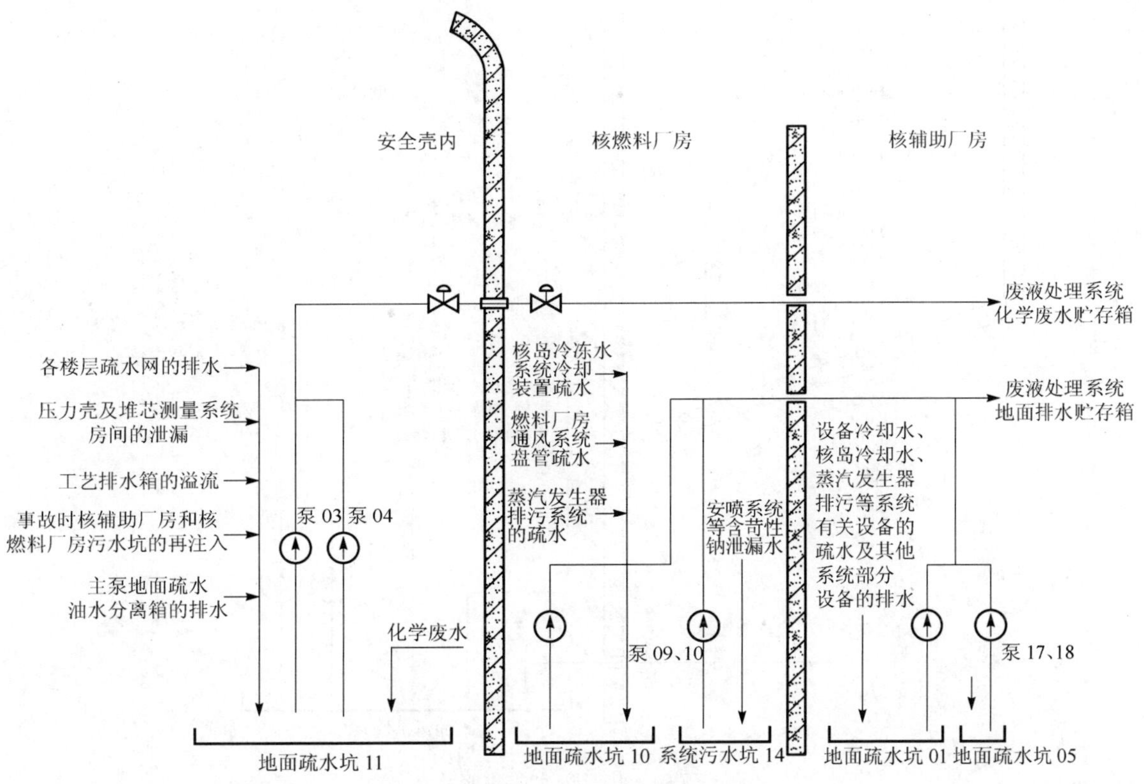

图 7-4　地面排水收集管线

系统有关设备的疏水；硼回收系统蒸发器的溢流和疏水；废液处理系统过滤器的疏水；以及硼回收系统浓缩液贮存箱水力密封溢流等。

(3) 化学废水的收集(图 7-5)

化学废水包括来自乏燃料厂房乏燃料屏蔽罐冲洗池的排水；电气厂房与安全壳相连接厂房的污染工具车间和热室的废水；核辅助厂房废液处理系统的酸和苛性钠贮存箱及相关泵的疏水；以及其他辅助系统设备的去污水。所有这些废液都被收集在核辅助厂房的化学废水污水坑内，然后由排水泵送往废液处理系统化学废水贮存箱中。但设备冷却水系统波动箱的排水则自行排入废液处理系统化学废水贮存箱。

(4) 公用废水的收集

公用废水由放射性废水回收系统收集。放射性废水回收系统为两个机组共用，用来回收热洗衣房、热更衣室、机组热化学分析室、机组热工具间产生的放射性或可能带放射性的废液。废液经贮存和取样后，被送往废液处理系统处理后排放或直接通过废液排放系统排放。

典型电功率为 900 MW 压水堆核电厂不可复用废水的年排放量及其处理方法详见表 7-1。

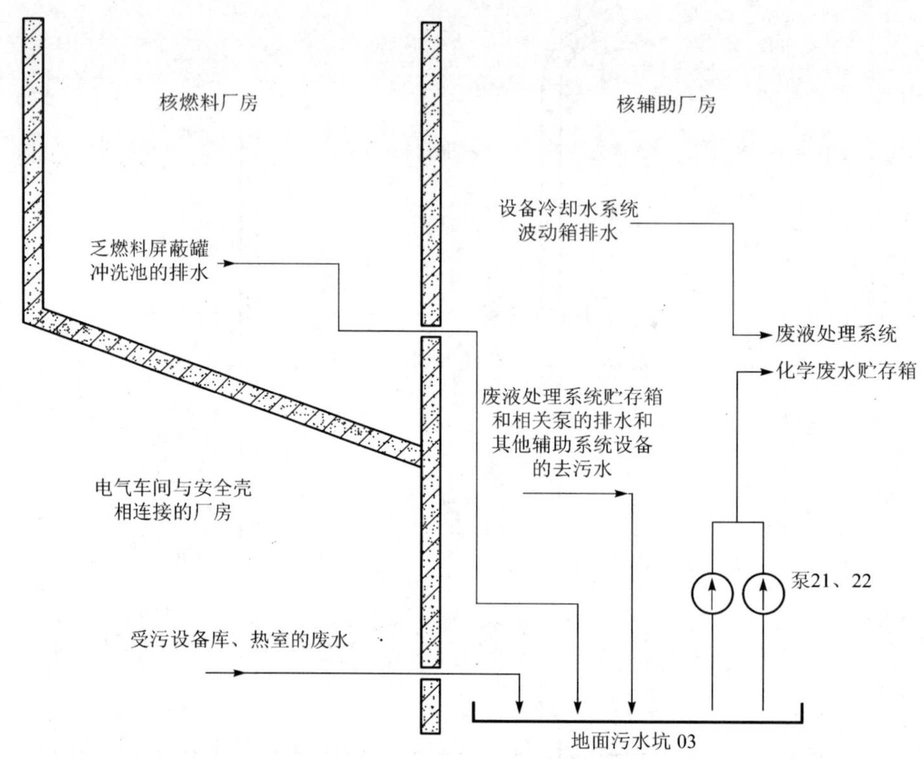

图 7-5　化学废水收集管线

表 7-1　不可复用废水

类　别	排放量/(m^3/a)	收集和处理
工艺废水	4 500	2 500 m^3/a 来自除盐装置疏水，2 000 m^3/a 来自一回路泄漏和疏排水。由核岛排气和疏水系统收集，经废液处理系统处理，废液排放系统排放
地面排水	10 000	由核岛系统收集，经废液处理系统处理，由废液排放系统排放
化学废液	3 000	由核岛排气和疏水系统收集，经废液处理系统处理，由废液排放系统排放
公用废液		由放射性废水回收系统及核岛排气和疏水系统收集，经废液处理—废液排放系统排放，或监测后稀释排放

7.2.2.3　废气的收集

（1）含氢废气的收集

含氢废气来源于：一回路卸压箱的废气；安全壳内冷却剂排水箱的废气；化容系统容积控制箱的扫气和排气；硼回收系统前置贮存箱和排气冷凝器的排气。所有这些废气被送往废气处理系统含氢废气处理系统的缓冲箱中。

（2）含氧废气的收集

含氧废气（即不含氢废气）来源于：硼回收系统的中间贮存箱；废液处理系统的工艺排水贮存箱；固体废物处理系统浓缩液和废树脂贮存箱；硼回收系统和化容系统过滤器和除盐

器；核取样系统通风柜；硼回收系统除气器；硼回收系统和废液处理系统蒸发器；化容系统热交换器；一回路通风系统等的排气。所有这些废气被直接排往废气处理系统含氧废气处理分系统的风机吸入口，并经核辅助厂房通风系统排到烟囱。

7.3　硼回收系统

7.3.1　系统的功能

7.3.1.1　主要功能

硼回收系统用来收集贮存来自核岛排气和疏水系统的一回路放射性废水，并对这些放射性废水进行处理，将废水中的放射性产物和腐蚀产物去除，为核电厂分离出再生的合格的一回路补给水和一定浓度的硼酸溶液，供一回路复用，以减少放射性废水的排放量。

7.3.1.2　辅助功能

(1)和化容系统下泄管路连接，用于压力容器开盖前的反应堆冷却剂的除气；

(2)将来自核岛除盐水分配系统的除盐水脱氧后补给硼和水补给系统；

(3)当硼和水补给水系统纯水箱贮存的补给水不合格时，进行再处理；

(4)以排放蒸馏液的方式实现反应堆冷却剂的排氚。

硼回收系统的处理容量与反应堆冷却剂系统正常升降温度程度和次数，与电站升降负荷程度和次数，以及与补偿核燃料消耗的硼稀释排水、反应堆冷却剂系统泄漏、维修排水等有关。典型电功率为 900 MW 压水堆核电厂预计每年待处理这类废水近万吨，所接收处理废水的硼含量为 10～1 100 mg/L。

硼回收系统属于间歇运行系统，时间负荷因子约为 30%，故硼回收系统的处理废水能力约在 4～6 t/h，年回收硼约 70 t。硼回收系统提供的再生一回路冷却剂纯水含硼量要求低于 5 mg/L，氧含量低于 0.1 mg/L；再生硼酸溶液的含硼量要求达到 7 000 mg/L。去除放射性产物的效率为 99.9%。

7.3.2　系统组成及流程

该系统主要由净化、硼水分离和除硼三部分组成，硼回收系统流程原理框图如图 7-6 所示。具体又分为前置贮存、净化、除气、中间贮存、蒸发分离、蒸馏液监测、浓缩液监测和除硼等 8 个工段。其中净化部分包括前置贮存、净化和除气 3 个工段，设置 2 条完全相同的序列，各用于 1 台机组，必要时又可互为备用；硼分离部分包括 3 台中间贮存箱、2 套蒸发装置、2 台蒸馏液监测箱和 1 台浓缩液监测箱，为 2 台机组共用；除硼部分包括 3 台除硼床，1 号、2 号机组化容系统下泄流除硼各用 1 台除硼床，其余 1 台为 2 个机组共用。

硼回收系统的流程图见图 7-7。下面按一个序列来描述其工艺流程。

7.3.2.1　前置贮存工段

前置贮存部分位于硼回收系统的最前面，用来接收暂存来自核岛排气和疏水系统的一回路废水，并向净化段输送废水。对应于电厂 2 台机组，前置贮存段设 2 套并列的管线。每个管线由 1 个前置贮存箱、1 台供料泵和相应的仪表、阀门、管道组成。利用前置贮存箱可

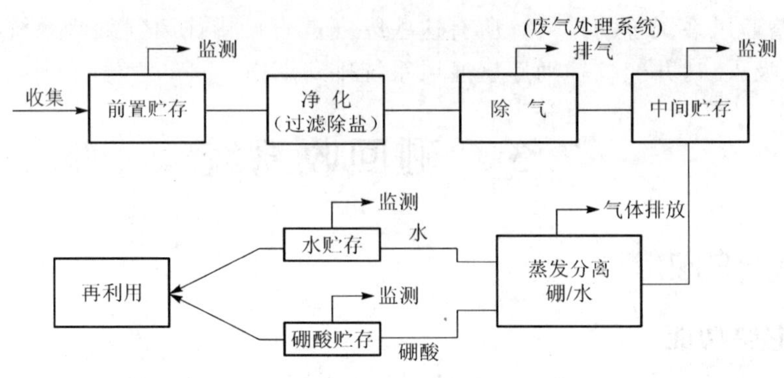

图 7-6 硼回收系统流程原理框图

以去除废水中部分寿命较短的放射性产物。

7.3.2.2 净化工段

对应于核电厂 2 台机组,净化段同样设有 2 套并列的管线。每条管线由 2 个过滤器、2 个离子交换器以及相应的仪表、管道阀门组成。由于排出液中含有的阳离子杂质多于阴离子杂质(不包括硼),所以排出液首先通过阳离子交换器(即阳床),然后再通过装有阳离子和阴离子的交换器(即混床)。

7.3.2.3 除气工段

来自前置贮存箱的一回路废水经净化段除盐、过滤后,被送往除气装置。除气部分同样设有 2 个系列管线。每个系列包括 1 台除气塔、1 台再生热交换器、1 台冷却器、1 台排气冷凝器、1 台水泵以及相应的仪表、阀门管道组成。硼回收系统除气部分设备通称为脱气装置,它用来去除溶解在排出液中的氢气、裂变气体和其他气体,能使除气塔入口容积放射性为 $1\times10^{13}\,Bq/m^3$(约 275 Ci/m^3)的气体的除气因子达到 10^6。

7.3.2.4 中间贮存工段

来自净化、除气的一回路排水被送入中间贮存。中间贮存作为硼回收系统净化、除气与蒸发分离之间的缓冲,电厂 2 台机组共设有 3 个 350 m^3 的中间贮存箱,相对于每个机组处理系列各有 1 个贮存箱,第 3 个贮存箱为两组共用。这样为一回路冷却剂提供了足够的贮存容量。

7.3.2.5 硼水分离工段

来自中间贮存箱的一回路水分别由供料水泵送入蒸发分离装置。蒸发分离装置由蒸发器、再生热交换器、冷却器、加热器、冷凝器、水泵及仪表、管道、阀门等设备组成。

7.3.2.6 蒸馏液和浓缩液监测工段

蒸馏液监测箱(2 台)接收来自硼水分离工段的蒸发器的蒸馏液,用来暂存并对蒸馏液进行取样监测。

浓缩液监测箱(1 台)接收来自蒸发器底部的浓缩液,用来暂存并对浓缩液进行取样监测。

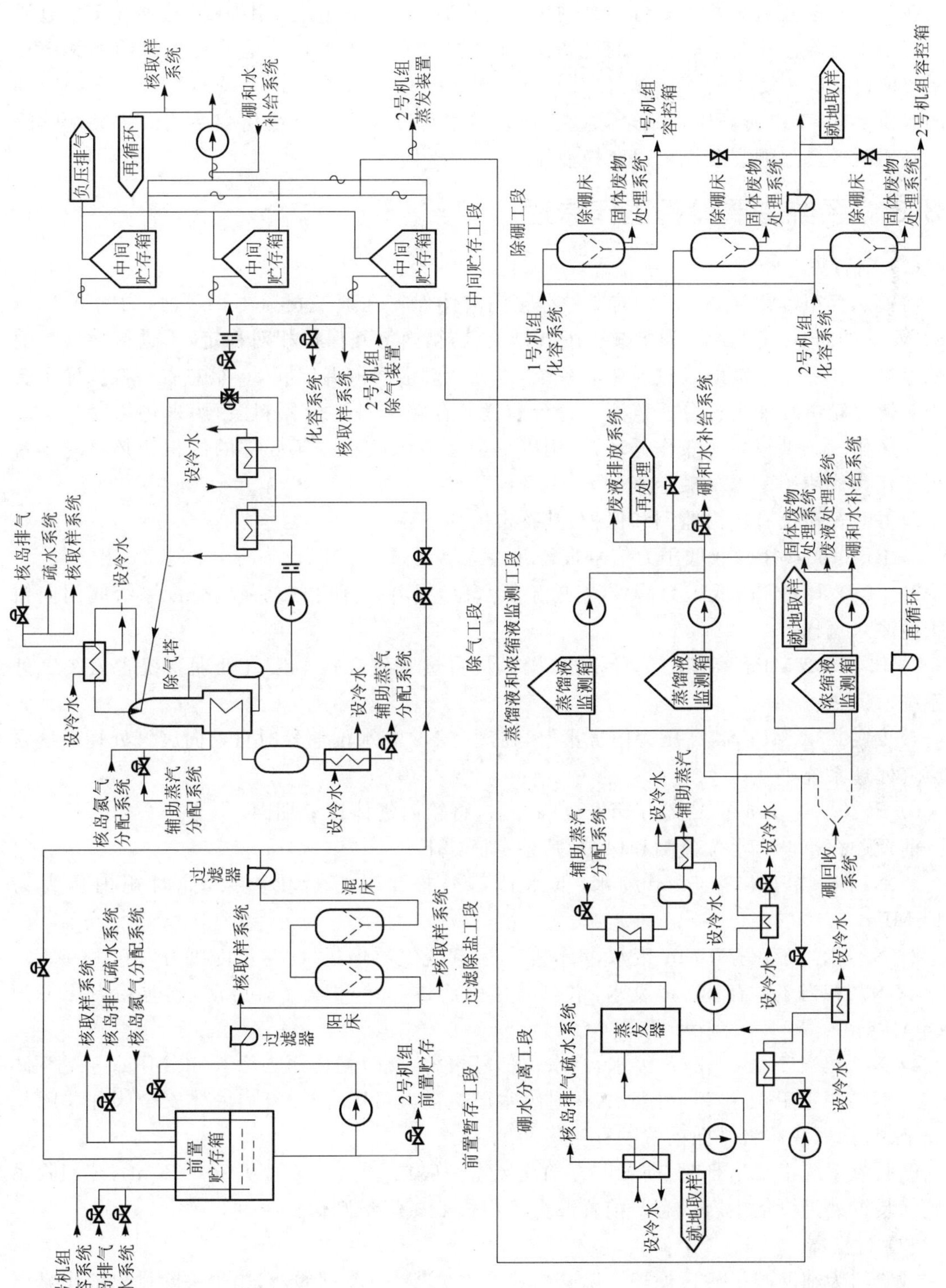

图 7－7　硼回收系统的流程

7.3.2.7 除硼工段

在2个蒸馏液监测箱的2台水泵的出口还设有3台并联的除硼阴床除盐器和1个过滤器。其中1台除盐器及串联其后的过滤器，在必要时专门用来将蒸馏液在提供给硼和水补给系统前再次除去所含的少量硼，使其符合当时电站反应堆冷却剂系统运行所要求的冷却剂的水质要求，予以再利用。其余除盐器则分别用于接收2台机组化容系统低浓硼水的除硼。必要时3套除硼装置也可以互换使用。

7.3.3 系统主要设备工作原理

(1) 前置贮存箱

前置贮存箱容积为80 m^3。前置贮存箱内液体保持在氮气覆盖下，氮气压力为0.12～0.32 MPa，防止空气进入。为了减少废气排放量，箱内氮气保持相对稳定，不进行换气。前置贮存箱配备有1个辅助蒸汽加热的系统，以维持硼酸溶液温度在50 ℃左右。核取样系统用来对暂存箱中废液进行分析监测。每台前置贮存箱配备1台供料泵，用来将暂存箱中废液送往净化段。供料泵还兼作循环泵，用以尽量减少沉淀物在箱底部的沉积。必要时2台泵可相互替代使用。水泵额定流量为27.2 m^3/h。

前置贮存箱设有压力监测和保护，其整定值如下：

1) P1：0.11 MPa，低低压力信号报警并停运供料泵；

2) P2：0.12 MPa，低压力信号(对应于低水位)报警并开启核岛氮气分配系统阀门向暂存箱内注入氮气；

3) P3：0.32 MPa，高压力信号报警，操纵员将过剩氮气排至废气处理系统含氢废气处理系统；

4) P4：0.33 MPa，高高压力信号报警，在没有N5高水位信号时自动向废气处理系统含氢废气处理系统排气；

5) P5：0.34 MPa，前置贮存箱安全阀开启，将箱内气体排入烟囱。

前置贮存箱设有水位监测和保护，其整定值如下：

1) N1：相当于贮存5 m^3废水，低水位信号报警并停运供料泵，此时箱内压力为0.12 MPa；

2) N2：相当于贮存10 m^3废水，水位信号引起脱气器停运，此时箱内压力为0.13 MPa；

3) N3：相当于贮存20 m^3废水，水位信号引起供料泵和脱气器启动，此时箱内压力为0.15 MPa；

4) N4：相当于贮存52 m^3废水，高水位信号报警，此时箱内压力为0.32 MPa；

5) N5：相当于贮存75 m^3废水，此时废水已达最大可用容积，开启液体安全阀并关闭气体安全阀，箱内液体将排向前置贮存箱房间地坑。

硼回收系统正常运行时，前置贮存箱内废水一般在10～28 m^3，从20～28 m^3，硼回收系统脱气装置处于投运生产状态。前置贮存箱内覆盖氮气量则保持不变。

(2) 过滤器

过滤器为细网眼机械过滤器。除盐床进料过滤器，即前过滤器，用于去除排出液中悬浮物和直径大于5 μm的不溶性颗粒杂质。流体通过过滤器的流速为1 cm/s，使过滤效率达到98%。每台过滤器允许的最大压降为0.25 MPa，以保证足够的净化流量和最大的过滤效率。另外，需防止净化流量、压力的突变，以避免引起积累在滤芯上的固体杂质突然释放。后过滤器设在 2 台离子交换器之后，用来滞留离子交换器出口净化水中可能夹带的树脂或碎树脂(直径大于 25 μm)，防止其进入除气装置。

过滤器的滤芯可由远距离操作进行更换。

(3) 除盐床

硼回收系统 2 个系列共设置 7 台除盐床，其中阳床 2 台，混床 2 台，除硼床 3 台。除盐床额定流量 27.2 m^3/h，最大允许压降 0.15 MPa。为防止树脂分解，除盐床最高温度被限制在 60 ℃以下。

阳床内装有强酸型阳离子交换树脂(H^+ 型磺酸树脂)，有较强地去除阳离子杂质的能力，并对铯具有高选择性能和较好的拦截作用。

混床按一定配比装入强酸型阳离子交换树脂和强碱型阴离子交换树脂(四元铵)，具有全面除盐和调节 pH 酸碱度的功能，且能较彻底地去除弱碱性阴离子(如碲、钼)。

3 台除硼床都是阴离子交换器。2 台用于 2 个机组在反应堆运行的核燃料燃耗末期，当堆冷却剂硼浓度在 150～10 mg/L 范围时，除硼至硼浓度在 5 mg/L 以下。其中 1 台通常用于蒸馏液的除硼，必要时也作为另 2 台的备用。

衡量一个离子交换器的净化能力常用去污因子表示。去污因子是树脂床进出口液体中特定核素的浓度或放射性强度之比。每个离子交换器的去污因子为 10～100。

(4) 除气装置

除气装置采用热力除气法，其除气装置结构图见图 7-8。

热力除气的目的是为了深度除气，经过滤除盐后的一回路废水首先进入再生热交换器管侧，料液被加热到 70～95 ℃后进入除气塔。为了增加气体的扩散面积，料液从塔顶以雾状喷入除气塔内，使大部分气体从水中释出。除气塔下部由辅助蒸汽分配系统的蒸汽加热，使料液处于饱和状态，促使水中剩余气体继续释出。正常状态，来自辅助蒸汽分配系统的蒸汽流量在 2.5 t/h 以下，由塔顶压力控制。除气塔温度为 113 ℃，塔顶蒸汽压力为 0.15 MPa。塔顶不凝结气体(氢、氮、氪、氙等)和蒸汽从顶部排入排气冷凝器中。

排气冷凝器由设备冷却水系统盘管冷却。凝结水靠重力流回除气塔，而不凝结气体则排往废气处理系统的含氢废气处理部分。除气后的料液温度为 113 ℃，压力为 0.16 MPa，由水泵以 27.2 m^3/h 的流量，经过再生热交换器壳侧冷却到 50～75 ℃，再经过冷却器壳侧降温至 50 ℃以下，送往中间贮存箱。

冷却器由设备冷却水系统设冷水冷却。料液除气流量(即进料流量)由除气塔水位控制。在除气塔投运加热阶段或除气因子不满足要求时，除气装置可使料液进行再循环。检修冷停堆工况，专为冷却剂进行净化、除气时，除气后的冷却剂返回化容系统容积控制箱。

除气是硼回收系统的重要环节，在冷却剂放射性组分中，裂变气体占 90%以上，而即使 90%的裂变气体被去除，其剩余部分的放射性比活度仍与其他核素的比活度总和基本相等。因此，为了使再生的一回路补给水放射性水平显著降低，除气塔除气率应尽量高。

(5) 中间贮存箱

3 个 350 m^3 的中间贮存箱顶部与含氧废气处理系统连接，进行连续抽气保持负压，以使贮存箱不断换气，防止有害气体在贮存箱上部积聚。每个贮存箱均设有电加热装置，用以维持硼酸溶液的温度。3 个中间贮存箱配备 1 台共用水泵，额定流量为 100 m^3/h，水泵的

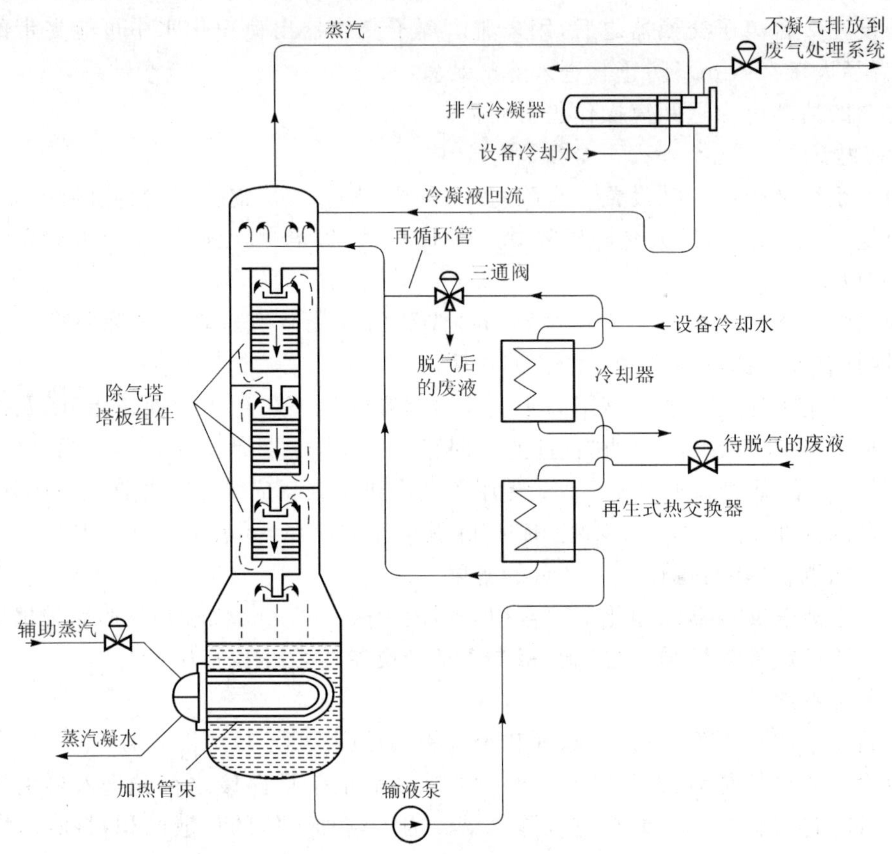

图 7-8 硼回收系统除气装置结构图

作用：

- 对中间贮存箱中的水进行循环搅拌，使水中成分混合均匀，以便取样监测；
- 必要时利用该水泵可将一个中间贮存箱内液体转送到另一个中间贮存箱；
- 可将硼和水补给系统纯水贮存箱内的水送到中间贮存箱；
- 当蒸发装置不能使用或中间贮存箱内水的含氧量过高时，利用该水泵可将中间贮存箱内液体送往废液处理系统的工艺排水箱。

(6) 蒸发分离装置

硼回收蒸发分离装置结构图如图 7-9 所示。

蒸发装置用来将可复用的一回路排水分离成硼含量低于 5 mg/L，氧含量低于 0.1 ml/m^3 的蒸馏凝结水和硼含量为 7 000 mg/L 的浓硼酸溶液，并分别送往蒸馏液监测箱和浓缩液监测箱。

来自中间贮存箱的料液由供料水泵在 5 m^3/h 额定流量下通过再生热交换器管侧升温后送到蒸发器与再循环泵入口之间的再循环管线，由再循环泵进行再循环。再循环管线中的加热器是管壳式热交换器。料液被壳侧的辅助蒸汽分配系统蒸汽加热，经预热和部分蒸发(管中料液并不蒸干)后进入蒸发器中汽化。蒸汽流在蒸发柱中上升经过上部金属筛网与回流液接触，对蒸汽进行洗涤，使蒸汽达到低硼浓度。蒸发柱顶部压力约 0.11 MPa(相当于

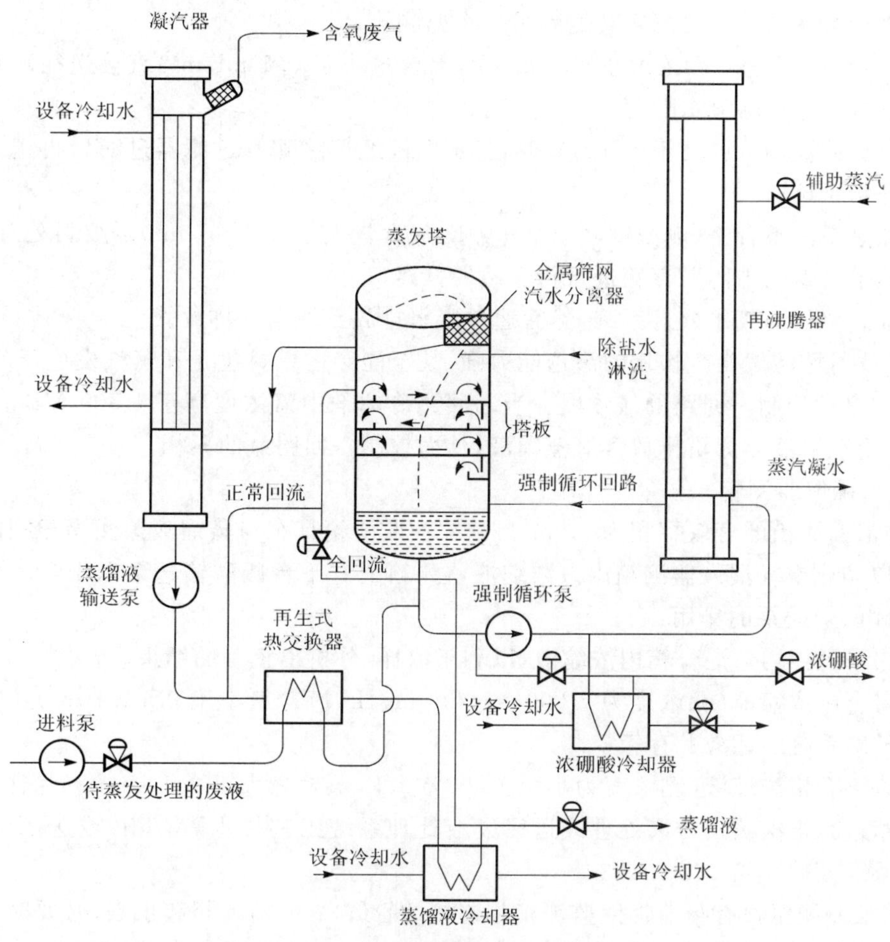

图 7-9　硼回收蒸发分离装置结构图

纯水饱和温度 102.3 ℃)。蒸汽进入冷凝器之前经蒸发器上部的旋风式汽水分离器除去蒸汽中夹带的液滴。分离出的液体定期排回蒸发柱中。

冷凝器由管侧设备冷却水冷却,蒸汽在 96 kPa 负压力下冷凝(相当于蒸馏液温度 98.5 ℃),蒸馏液沿管壁向下流动至冷凝器底部,蒸馏液由蒸馏液输送泵以 4.0 m^3/h 额定流量经过再生热交换器和冷却器冷却到低于 50 ℃后送往蒸馏液监测箱。冷却器由管侧设备冷却水进行冷却。冷凝器内不凝结气体从顶部排往废气处理系统含氧废气处理系统,使冷凝器的除氧因子达到 10^2。蒸发器供料液流量由蒸发器水位信号控制,蒸发器的蒸发率由加热器的加热蒸汽流量控制。当蒸发器中浓缩液的硼浓度达到 7 000 mg/L 时,由再循环泵将浓缩液经过冷却器冷却后送往浓缩液监测箱。每次输送 250 L,间断进行。

(7) 蒸馏液监测箱

2 个机组共设置了 2 个容积为 70 m^3 蒸馏液监测箱,每个监测箱装有浮动顶盖,避免了蒸馏液与空气接触。浮动顶盖以核岛除盐水分配系统提供除盐水作润滑的弹性薄膜确保其密封性。每个监测箱配备 1 台水泵,其额定流量为 27.2 m^3/h。水泵的作用:

- 在取样前将监测箱内的蒸馏液循环搅拌均匀混合，使其获得正确的取样分析结果；
- 将蒸馏液从一个监测箱转送到另一个监测箱；
- 将合格蒸馏液（硼浓度小于 5 mg/L，氧含量小于 0.1 ml/m^3）直接送往硼和水补给系统的除盐除氧水贮存箱；
- 当蒸馏液硼浓度高于 5 mg/L 时，将蒸馏液经过除硼及过滤器过滤后再送往硼和水补给系统；
- 如蒸馏液不合格（硼浓度高于 5 mg/L，氧含量大于 0.1 ml/m^3）需要再处理时，可将蒸馏液返回中间贮存箱进行再次蒸发分离；
- 或直接排向废水处理系统，然后通过废水排放系统向外排放。

由于放射性性裂变产物氚的渗透能力强，甚至能穿透燃料包壳和蒸汽发生器的 U 形传热管，因此必须控制一回路的氚浓度。当一回路冷却剂中氚浓度高于 1 500 MBq/m^3 时，须通过这 2 个蒸馏液监测箱排放含氚蒸馏液，从而控制一回路氚的累积。

(8) 浓缩液监测箱

浓缩液监测箱的有效容积为 10 m^3。浓缩液监测箱具有与蒸馏液监测箱相同的浮动密封顶盖，以防止空气混入监测箱内。浓缩液监测箱配有 1 台硼酸输送泵以 10 m^3/h 额定流量运行，硼酸输送泵的作用：

- 用来搅拌均匀混合箱内浓缩液，以利于取样，分析出正确的结果；
- 将合格浓缩液（硼浓度为 7 000～7 700 mg/L，氧含量小于 0.1 ml/m^3）送往硼和水补给系统的硼酸贮存箱；
- 将不合格浓缩液（硼浓度为小于 7 000 mg/L，氧含量大于 0.1 ml/m^3）送往中间贮存箱进行再次蒸发分离处理或送往废液处理系统工艺排水贮存箱，或送往 TES 系统浓缩液贮存箱。

浓缩液监测箱设有与蒸馏液监测箱相连接的管线、2 个隔离阀和水表，必要时用来适当调低浓硼酸溶液的浓度。在再循环搅拌管线上还设有 1 台硼酸溶液过滤器用来过滤循环搅拌出的杂质。

7.3.4 系统运行模式

7.3.4.1 再利用和排放

硼回收系统料液来自核岛排气和疏排水系统所收集的可复用的一回路排水。这部分从一回路排出的可复用的放射性废液被硼回收系统处理后，得到的产品为可送回一回路再利用的水和浓硼酸溶液。这两种产品将通过与化容系统相连接的硼和水补给系统最终被重新注入反应堆冷却剂系统。

正常运行状态，硼回收系统不向外排放废水。在特殊情况下，为限制可接受的反应堆冷却剂系统冷却剂的放射性本底水平，特别是需要降低水中氚这一极难处理的核素时，可以通过废液处理系统处理后向外排放一部分蒸馏液监测箱或中间贮存箱中的水。

7.3.4.2 常规运行

硼回收系统处理一回路排水采用前后两个流程独立运行的方式。这两个流程是净化除气中间贮存流程和具有监测和除硼功能的蒸发分离流程。

(1) 净化除气中间贮存流程

该流程投运后能自动连续运行(也可手动控制恢复)。前置贮存箱高水位时,使流程自动投入,并报警,提醒运行人员确认流程已启动。低水位时流程自动停止,并报警,提醒运行人员确认流程已停止,进行必要的停运操作。

当净化除气的排水送往中间贮存箱,中间贮存箱达到高水位时,打开第 2 个贮存箱进口阀,隔离达到高水位的贮存箱。被隔离的充满料液的中间贮存箱投入再循环运行,以达到料液均匀化并提供监测。根据取样分析结果,中间贮存箱内料液将被送往后面的蒸发分离流程,或进行再循环处理,或排往废水处理系统。

(2) 蒸发分离流程

蒸发器由手动控制投运。流程在进行整体调节后,通过进料液流量和压力监测,使流程稳定运行。蒸馏冷凝水被送往蒸馏液监测箱(浮顶封闭覆盖),当其充满水后被隔离,第 2 个监测箱投入使用。浓缩液自动地从蒸发器底部抽出进行硼密度测量,并贮存于浓缩液监测箱中。

7.3.4.3　脱气装置的运行

用辅助蒸汽系统的蒸汽加热料液使其汽化,用再循环管线调节脱气装置稳定运行。

7.3.4.4　蒸发器的运行

蒸发器由手动投运,从某一中间贮存箱进料,由一个带有泵和加热器的再循环管路加热,热源来自辅助蒸汽系统。

7.3.5　硼回收系统技术参数

典型电功率为 900 MW 压水堆核电厂硼回收系统技术参数见表 7-2。

表 7-2　硼回收系统技术参数

参数名称/单位	数　值
预计待处理料液量(2 台机组)	
电站基本负荷运行/(m^3/a)	8 000
电站负荷跟踪运行/(m^3/a)	约 24 000
贮存容量/m^3	
前置贮存箱	80×2
中间贮存箱	350×3
蒸馏液监测箱	70×2
浓缩液监测箱	10×1
泵及管线流量/(m^3/h)	
净化和除气管线	27.2×2
中间贮存循环泵	100×1
蒸发器供水	5×2

续表

参数名称/单位	数　值
蒸馏液输送	4×2
蒸馏液监测箱循环泵	27.2×2
浓缩液监测箱循环泵	10×1
除硼管线	27.2
过滤器	
除盐前流量/(m^3/h)	27.2×2
后过滤器/流量/(m^3/h)	27.2×3
硼酸溶液过滤器流量/(m^3/h)	10×1
过滤孔径/μm	5.0
除盐床　压力/MPa	0.2～0.3
温度/℃	≤50
混床流量/(m^3/h)	27.2×2
阳床流量/(m^3/h)	27.2×2
阴床(除硼)流量/(m^3/h)	13.6×3　最大 27.2×3
除气塔　额定流量/(m^3/h)	27.2×2(18～36 之间变化)
除气因子	10^6
蒸发器　额定流量/(m^3/h)	4.0×2(蒸馏液)
浓缩液特性	含硼 7 000 mg/L

复 习 题

1. 放射性废物处理系统的功能是什么?
2. 放射性废物有哪些主要来源?
3. 放射性废物处理包括哪几个系统?
4. 核岛排气和疏水系统的功能是什么?
5. 核岛排气和疏水系统怎样分类收集废液?
6. 核岛排气和疏水系统怎样分类收集废气?
7. 固体废物包括哪几种?
8. 硼回收系统有哪些功能?
9. 简述硼回收系统及其主要设备。
10. 为什么硼回收系统对于一回路废液处理工艺流程采用先经过离子交换处理后再进行蒸发分离处理的方式?

11. 描述硼回收系统除气装置的工作原理。

12. 描述硼回收系统蒸发分离的工作原理。

13. 综合分析反应堆冷却剂系统及稳压器、化学和容积控制系统及容控箱、硼和水补给系统和硼回收系统之间在电站运行中的相互关系。

索 引

(本索引按汉语拼音排序,每个词条后面的数字,是它在本书中首次出现地方的页码)

A

安全壳 218
安全壳地坑 194
安全壳第二阶段隔离 230
安全壳第一阶段隔离 229
安全壳堆坑通风系统 226
安全壳隔离系统 228
安全壳贯穿件 220
完全壳换气系统 224
完全壳连续通风系统 223
完全壳喷淋系统 200
安注箱 192
安注信号 195

B

不可复用废水的收集 235

C

长期再循环注入阶段 199

D

低压安注 192
低压安注泵 193
堆内构件 36
堆芯安全注入系统 188
堆芯吊篮 38
堆芯富度集分区 24
堆芯下部支承板 38
堆芯下栅格板 39
堆芯下部支承柱 39
堆芯二次支承组件 39
堆芯围板幅板组件 39
堆内热屏组件 40
堆内样品辐照监督管 40
堆芯上部(导向管)支承板 41
堆芯上栅格板 40
堆芯上部支承柱 43
堆芯温度测量装置 42
堆内中子注量率测量装置 52

E

俄罗斯 VVER 系列堆本体 60
俄罗斯 VVER 系列蒸汽发生器 90
俄罗斯 VVER 系列冷却剂泵 107
二回路系统 3

F

反应堆本体 1
反应堆堆芯 1
反应堆换料水池和乏燃料水池的冷却和处理系统 161
反应堆压力容器 1
放射性废物的来源 232
沸水堆 7
辅助给水泵 210
辅助给水系统 208

G

高压安注 190
高压安注泵 190
工艺废水的收集 235
公用废水的收集 237

H

核岛排气和疏水系统 234
核燃料 1
化容系统除盐床 136
化容系统非再生热交换器 134
化容系统净化回路 131
化容系统容积控制箱 132
化容系统上充泵 133
化容系统上充回路 131
化容系统下泄回路 129
化容系统再生热交换器 134
化容系统主泵轴封注水和过剩下泄回路 131
化学添加喷射器 202
化学添加箱 202
换料操作 162
换料水箱 172
换料原则 161

K

可复用废水的收集 234
可控泄漏流体动态型轴封 97
可燃毒物棒组件 32
控制棒导向管 28
控制棒驱动机构 47
控制棒驱动机构通风系统 177
控制棒组件 30
控制棒组件导向管 43
控制系统 2
快中子堆 17

L

冷段再循环注入阶段 197
冷段直接注入阶段 196
冷却剂 2
冷却剂泵电动机结构 101
冷却剂泵防逆转装置 102
冷却剂泵惯性飞轮 102
冷却剂泵结构 94
冷却剂泵止推轴承 102
冷却剂泵轴密封组件 97
冷却剂堆内流向 56
冷却剂堆内旁通流 56
冷却剂环路测温旁路 72
冷却剂环路分段 71
冷却剂环路系统 70
冷却剂系统设备支撑 74
冷却剂系统一回路压力边界 70
冷却剂系统运行工况 123
冷热段同时再循环注入阶段 198

M

慢化剂 2

N

内部热力氢复合器 207

P

喷淋泵 202
喷淋管 111
喷淋信号 203
硼注入箱 190
硼和水补给系统 144
硼和水的补给 149
硼化和稀释 149
硼回收系统 239
硼回收系统除气工段 240
硼回收系统硼水分离工段 240
硼浓度 32
硼酸浓度 148
屏蔽 3

Q

轻水慢化堆 7
氢控制系统 205

R

燃料棒端塞 28
燃料包壳管 27
燃料芯块 26
燃料芯块压紧弹簧 28
燃料元件棒 26
燃料元件隔热片 28

燃料组件 25
燃料组件定位格架 29
燃料组件骨架 28
燃料组件上、下管座 28
人员闸门 221
熔盐堆 17

S

设备冷却水系统 174
设备冷却水系统第二类用户 175
设备冷却水系统第二类用户热负荷 179
设备冷却水系统第一类用户 175
设备闸门 222
石墨气冷堆 13
石墨水冷堆 13

T

脱气装置 211

W

外部氢复合装置 206

X

销爪式磁力提升型驱动机构 47
卸压箱 121

Y

压力壳脆性转变温度 58
压力壳顶盖 45
压力壳辐照影响 59
压力壳密封环 46
压力壳温差应力影响 60
压力容器(压力壳)筒体 45
压水堆 7
压水堆稳压器安全阀组 111
压水堆稳压器结构 110
压水堆稳压器水位控制系统 115
压水堆稳压器压力控制系统 115
压水堆稳压器运行 113
余热排出泵 157
余热排出热交换器 157
余热排出系统 154

Z

蒸汽发生器 76
蒸汽发生器传热管束组件 79
蒸汽发生器给水 87
蒸汽发生器管板 79

蒸汽发生器结构 78
蒸汽发生器排污 89
蒸汽发生器汽水分离组件 81
蒸汽发生器水位 84
蒸汽发生器筒体组件 80
蒸汽发生器下封头 78
蒸汽发生器自然循环 83
正常补给的操作方式 153
中压安注 192
中子源棒组件 34
重水堆 11
重要厂用水系统 182
重要厂用水系统水生物捕集器 184
贮存水箱 209
专设安全设施 2
阻力塞棒组件 35
最终热阱 3

参考文献

[1] 朱继洲．大亚湾核电站系统及运行(320 教材)．大亚湾核电站培训中心，1998.
[2] 濮继龙．高级运行(353 教材)．大亚湾核电站培训中心，1998.
[3] 陈铁镛，唐炳生，韩维奋．压水堆核电站基础培训．大亚湾核电站培训中心，1994.
[4] 苏州热工所译自《FORMATION PREPARATOIRE SIMULATEUR PWR 900》．90 万千瓦压水堆系统及运行课程．广东核电合营有限公司生产部，1987.
[5] 核能与热能发电站技术手册．广东核电合营有限公司生产部，1989.
[6] 邬国伟．核反应堆设计原理．上海交大动力机械系，1987.
[7] 姜正发．核反应堆结构与教材．上海交大动力机械系，1988.
[8] 薛汉俊．核电站系统设备．上海交大动力机械系，1985.
[9] 薛汉俊．核能动力装置．上海交大动力机械系，1989.
[10] 朱继洲，俞保安．压水堆核电站运行．北京：原子能出版社，1982.
[11] 陈济东．大亚湾核电站系统及运行．北京：原子能出版社，1994.
[12] Erik S. Pedersen Nuclear Power Volume 1、2. Nuclear Power Plant Design, Nuclear Power Project Management. Ann Arbor Science Publishers，1978.
[13] 夏延龄．大亚湾核电站核岛系统与设备(培训教材)．大亚湾核电站培训中心，核工业研究生部，2000.
[14] 连培生．原子能工业．北京：原子能出版社，2002.
[15] 孔昭育等译．龚云峰等校．核电厂培训教程．北京：原子能出版社，1992.
[16] 秋穗正，等．反应堆结构及动力设备(VVER 系列)．西安交大核电站系列教材(811)，1998.
[17] 臧希年，等．核电厂系统及设备．第 1 版．北京：清华大学出版社，2007.
[18] 广东核电培训中心．900 MW 压水堆核电站系统与设备(上册)．北京：原子能出版社．
[19] 核电秦山联营有限公司．核电厂高级运行(上册)．